职业院校餐饮类专业新形态教材

中国烹饪工艺学 粤菜教程

黄明超 编著

机械工业出版社

本书主要介绍了中国烹饪工艺中的粤菜烹饪工艺，内容包括从原料选择到制成成品。在编写烹饪工艺时充分吸收广东、粤港澳大湾区和其他地区生产实践中的成熟新工艺，突出了理论与实践的结合。本书在烹饪工艺的规范化操作、量化分析和体系建立等方面都有创新。

此外，对中国烹饪的发展历程和四大菜系粤菜、鲁菜、川菜、苏菜（淮扬菜）的特点进行了分析介绍，对粤菜的发展做了专章论述。

本书适用于中高职院校的烹饪职业教育，除适用于学历教育教学外，还可作为职业技能培训教材。

本书配有电子课件，凡使用本书作为教材的教师可登录机械工业出版社教育服务网 www.cmpedu.com 注册后下载。咨询电话：010-88379534，微信号：jjj88379534，公众号：CMP-DGJN。

图书在版编目（CIP）数据

中国烹饪工艺学粤菜教程 / 黄明超编著. -- 北京：机械工业出版社，2024.8. --（职业院校餐饮类专业新形态教材）. -- ISBN 978-7-111-76088-7

I. TS972.117

中国国家版本馆 CIP 数据核字第 2024GC8626 号

机械工业出版社（北京市百万庄大街22号　邮政编码100037）
策划编辑：卢志林　范琳娜　　责任编辑：卢志林　范琳娜
责任校对：郑　雪　张　薇　　责任印制：李　昂
河北泓景印刷有限公司印刷
2024年10月第1版第1次印刷
184mm×260mm · 23.75 印张 · 543 千字
标准书号：ISBN 978-7-111-76088-7
定价：59.80 元

电话服务　　　　　　　　　　网络服务
客服电话：010-88361066　　　机　工　官　网：www.cmpbook.com
　　　　　010-88379833　　　机　工　官　博：weibo.com/cmp1952
　　　　　010-68326294　　　金　书　网：www.golden-book.com
封底无防伪标均为盗版　　　机工教育服务网：www.cmpedu.com

前　言

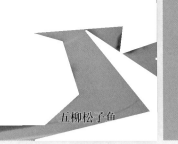
五柳松子鱼

烹调师是人类美食的创作者，人类健康的守护者。

中国烹饪是世界三大烹饪流派之一，是东方烹饪的代表。中国饮食文化是世界饮食文化的珍宝。粤菜是中国四大菜系之一，其发展快速、风格独特、味道精妙。2018年4月广东省委、省政府以"粤菜师傅"人才培养为抓手，以促进就业创业为导向，推出了"粤菜师傅"工程。"粤菜师傅"工程推出后各地轰轰烈烈开展粤菜技能人才培训活动，各院校也创造条件开办烹饪专业。如今，"粤菜师傅"工程已经辐射到广西、四川、贵州、云南、西藏、新疆等地，与当地进行技能培训协作，"粤菜师傅"工程通过培养具有跨文化沟通能力的粤菜师傅把粤菜文化推向世界，增强我们的文化自信。"粤菜师傅"工程的高质量发展需要配套的教材，本书能够满足需求。

中国烹饪在世界上享有盛誉，中国饮食文化已经走向世界，随着社会的不断进步，烹饪职业的从业者日益增加，发展前景光明的烹饪职业教育、烹调师的自我提升需要与时俱进的教材。充实完善烹饪学科的理论体系，承担烹饪专业人才培养重任，促进烹调师自我素质的提高和弘扬中国饮食文化是编写本书的基本宗旨。

本书以中式烹调师的职业技能要求为研究对象，以粤菜烹饪工艺为编写重点，侧重于工艺技术的详解，以烹饪工艺流程和工艺分类为线索展开编写，理论、原理与职业实践紧密结合；在把道理讲清楚的同时更注重把工艺方法讲明白，让读者会操作、善思考、能创新；充分满足烹饪职业教育、在职培训培养重厨德、精厨艺、明厨理现代烹调师的需要。本书有以下几个特色：

1. 科学性

经过前辈不懈的探索和研究，中国烹饪工艺技术初步形成体系。随着科学技术的迅猛发展，饮食需求不断发生变化，中国烹饪由"术"向"学"的演进已成为必然。努力使中国烹饪的理论与实践朝科学化发展是我们的目标。我们一方面运用现代科学的理论和方法对以往成果以及新出现的工艺和观点进行分析取舍，一方面注重吸收新科研成果的精髓，并把它注入中国烹饪的理论体系与实践中，使中国烹饪工艺理论与实践具有科学性。

2. 创新性

基于职业实践，本书从新角度对烹饪理论进行了总结，主要的创新有以下几点：

1）提出了烹调方法分类的新观点，基本解决烹调法分类的问题。首次明确了传热介质、烹调技法和烹调法三者的关系，绘制了关系图。

2）总结了烹饪工艺流程，明晰了工艺流程中的各道工序与相关工艺方法、所属工艺阶段、相关责任岗位的关系。

3) 设计了菜品制作工艺解说表，使菜品的制作工艺及要领一目了然。

4) 建立了刀法体系，对刀法进行了科学的归类。

5) 建立了原料刀工成型几何概念，便于刀工成型体系的规范化。

6) 总结了菜品造型艺术体系，详尽剖析了菜点艺术形成的整个过程。

7) 对调味理论重新整理归纳，使调味工艺能更快地走上科学化、规范化之路。

8) 对菜品的香气提出了较完整的理论体系。

3. 规范性

规范性是烹饪学科发展的前提，是现代烹饪职业教育的必然要求。本书在概念含义、名词术语、工艺方法、文字表述等方面除做到准确外，特别注重规范化。书中涉及的粤菜相关词汇，除个别难以换用的名词术语外，一律不使用方言。

4. 理论性

本书力求不仅给读者解决单个问题的具体方法，更重要的是给读者分析问题和解决问题的钥匙。为此，本书注重基础理论论述的深度、广度，充分吸收其他学科的知识及本专业新的理论。在表述方面通俗易懂，使读者能轻松理解和掌握烹饪理论，并在学习中产生兴趣，引发思考。

5. 实用性

本书不仅注重理论性，也注重实用性。工艺方法都经过实验或实践验证，配有插图和表格，典型菜品配有实操视频，帮助读者对基本技能的掌握和对工艺知识的理解。本书有配套教材《中国烹饪工艺粤菜实训教程》，两本书配合使用可实现一体化教学，强化了理论与实践相结合。本书还涵盖了大量的实用知识，并尽量吸收本专业的新知识、新工艺、新设备、新技能等内容，与时俱进。

本书既是职业教育教材，也是探索职业教育新模式的尝试。本书适用于烹饪相关专业中高职院校学生和参加中式烹调师职业技能等级认定培训的考生，同时也适合在职人员进修提高之用。

烹饪工艺未来的发展方向是科学。摆在面前的就有很多需要研究的课题，如续加热对不同原料的影响、味型的科学搭配、食材营养素在火候和调味作用下的变化、菜品原料的科学搭配等。这些课题只有用科学态度和专业知识才能摆脱主观经验的束缚和误导，避免盲目的"创新"，促进中国烹饪工艺的健康发展。烹饪工艺能够朝科学的方向健康发展就必须重视烹饪高级人才的培养。烹饪高级人才的培养模式应以实验和科学研究为主要学习手段。

中国烹饪工艺理论上若没有突破就难以发展，方法上若没有突破就难以适应时代的需要。但是，如果脱离烹饪生产的实际，忽视烹调师队伍的文化现状，"突破"也就没有现实意义。本书在理论、方法上进行了大胆的突破探索，虽经不断修改，但出现错漏之处在所难免。在此，恳请读者给予宝贵的指正意见和建议。

编者

2024 年 1 月

东江盐焗鸡

目 录

前言

1 绪论 ······ 1
- 1.1 烹调师的职业道德 ······ 1
- 1.2 烹饪、烹调与烹制 ······ 4
- 1.3 中国烹饪的形成与发展 ······ 5
- 1.4 中国烹饪工艺学研究的内容 ······ 9
- 1.5 厨房生产组织结构 ······ 12
- 1.6 烹饪学科的学习方法与相关学科 ······ 13

2 粤菜概述 ······ 17
- 2.1 粤菜的形成与发展 ······ 17
- 2.2 粤菜的发展优势 ······ 23
- 2.3 广东名菜总体特征的量化分析 ······ 26
- 2.4 粤菜的组成 ······ 35
- 2.5 粤菜的特点 ······ 38

3 烹饪原料 ······ 42
- 3.1 烹饪原料概述 ······ 43
- 3.2 烹饪原料的保存 ······ 45
- 3.3 畜类原料 ······ 47
- 3.4 禽类原料 ······ 51
- 3.5 水产类原料 ······ 54
- 3.9 粮食类原料 ······
- 3.10 调辅原料 ······ 77

目 录

4 鲜活原料初加工工艺 ... 82
- 4.1 鲜活原料初加工 ... 83
- 4.2 蔬菜初加工工艺 ... 84
- 4.3 水产品初加工工艺 ... 89
- 4.4 禽类初加工工艺 ... 95
- 4.5 畜类初加工工艺 ... 97

5 干货原料涨发工艺 ... 99
- 5.1 干货涨发加工的重要性和基本要求 ... 99
- 5.2 干货涨发加工的方法及原理 ... 101
- 5.3 干货涨发加工实例 ... 106

6 烹饪原料精加工工艺 ... 118
- 6.1 刀工的意义和基本要求 ... 119
- 6.2 刀工工具的使用和保养 ... 121
- 6.3 刀法的运用 ... 123
- 6.4 原料的成型 ... 133
- 6.5 原料的分档与整料出骨 ... 139

7 配菜工艺 ... 149
- 7.1 配菜的类型、作用及技能要求 ... 150
- 7.2 配菜的方法 ... 152
- 7.3 料头 ... 156
- 7.4 菜品的命名 ... 159

8 食材烹前预制工艺 ... 163
- 8.1 馅料制作原理及工艺 ... 163
- 8.2 烹饪原料的初步熟处理 ... 174
- 8.3 上浆、上粉、拌粉 ... 183
- 8.4 原料烹前造型的基本工艺 ... 192
- 8.5 排菜 ... 196

9 烹调的火候与调味原理 ... 199
- 9.1 烹与调的概念 ... 199
- 9.2 火候 ... 203

9.3   调味 ·· 215

10 烹调方法的理论与应用 ·· **233**

    10.1   烹调技法 ·· 233

    10.2   烹调技法与烹调法的关系 ·· 240

    10.3   烹调法分述 ·· 241

    10.4   主食的烹调方法 ·· 314

11 菜品的造型艺术 ·· **320**

    11.1   菜品造型艺术的特点及造型的一般要求 ·· 320

    11.2   热菜造型艺术 ·· 324

    11.3   冷菜造型艺术 ·· 331

    11.4   菜品造型艺术的设计 ·· 334

    11.5   食品雕刻 ·· 336

12 宴席菜单编写与菜品销售核算 ·· **344**

    12.1   宴席菜单的编写 ·· 344

    12.2   毛料量的计算 ·· 350

    12.3   菜品成本核算 ·· 360

    12.4   菜品售价计算 ·· 363

参考文献 ·· **372**

棉花淋鸡丝

1 绪 论

【学习目的与要求】

本章是研究烹饪理论与技术的入门篇。通过本章的学习，熟悉本课程的研究对象，清楚研究内容，明确研究方向，掌握研究方法，了解研究对象与相关学科的关系，并理解有关的基本概念，为深入研究烹饪打下基础。中国烹饪工艺学研究内容、研究方法、烹调工艺流程是学习重点，烹饪、烹调、烹制三者的区分及食品分类是学习难点。

本章也强调了合格的烹调师所必须具备的职业道德。

【主要内容】

烹调师的职业道德

烹饪、烹调与烹制

中国烹饪的形成与发展

中国烹饪工艺学研究的内容

厨房生产组织结构

烹饪学科的学习方法与相关学科

1.1 烹调师的职业道德

1.1.1 职业道德概念

职业道德是职业人员从事某种职业活动必须遵守的行为规范。职业人员必须拥有良好的职业道德，才能获得长远发展。

1.1.2 职业道德的基本特征

1. 职业性

职业道德的内容与职业实践活动紧密相连，反映着特定职业活动对本职业人员职业行为的道德规范。每一种职业道德都只规范本职业人员的职业行为，在特定的职业范围内发挥作用。

2. 实践性

职业行为过程就是职业实践过程。只有在职业实践过程中才能体现出职业道德对本职业承担的特定职业责任和职业义务的规范作用。

3. 继承性

职业道德在长期职业实践过程中形成。在不同的社会经济发展阶段，同样的职业如果服务对象、服务方式、职业效用没有太大变化，职业责任和义务相对稳定，其道德要求的核心内容将会被继承和发扬。

4. 多样性

不同的行业和职业其职业责任和义务有所不同，形成各自特定的职业道德标准。由于各种职业道德都有具体、细致的要求，因此其表达形式也就多种多样。

5. 约束性

职业道德虽然不像法律法规那样必须严格遵守，但它是介于法律和道德之间的一种特殊的规范。它既要求职业人员自觉遵守，展现其美德，又带有一定的强制性。违反职业道德必然受到舆论的谴责，同时还会受到相关制度、纪律的惩罚。

餐饮业的行业特点决定了该行业的职业道德内容。餐饮行业的职业道德是指在餐饮（含烹调）职业活动中应遵循的、体现餐饮（含烹调）职业特征的、调整餐饮（含烹调）工作关系的职业行为准则和规范。

1.1.3 合格烹调师的基本标志

一个合格的烹调师首要条件是具备良好的职业道德。不具备职业道德的烹调师即使身怀绝技也绝不能成为合格的烹调师，反而是社会的祸害。

重厨德、精厨艺、明厨理是现代烹调师的基本标志。重厨德就是要重视厨德的修炼，把厨德作为学艺的前提。精厨艺就是精炼厨艺，以精益求精的态度对待自己的厨艺。明厨理就是要明白烹饪的道理，在烹饪上要克服盲目性，遵循科学性。

1.1.4 烹调师的职业道德守则

1. 忠于职守，爱岗敬业

烹饪是向公众提供安全、健康、美味的菜点，满足人民群众饮食生活的需要。研究烹饪不仅造福大众，而且为弘扬和传承传统饮食文化做贡献。社会主义核心价值观指出，敬业是对公民职业行为准则的价值评价，要求公民忠于职守，克己奉公，服务人民，服务社会，充分体现了社会主义职业精神。烹调师应认识到自己工作的意义，热爱本职工作，积极钻研业务，履行工作职责。要克服烹饪工作"低人一等"的陈旧观念，树立"行行出状元""烹饪是高尚职业"的思想；克服"烹调工作简单易做"的想法，树立"烹调工作讲科学、重研究"的思想，实现从业、敬业、乐业和成业的完美结合。

2. 讲究质量，注重信誉

在日常工作中，烹调师应以高度的热情和责任感对待每一刀、每一勺、每一块原料、每一个菜品，重视菜品质量，把满足客人的需求看作自己的责任。要实事求是，对待业务要重信誉、讲诚信，严把质量关，不偷工减料，不使用来源不明的原料。

3. 尊师爱徒，团结协作

烹饪工作中，人际关系和环境气氛的和谐程度对工作效率的提高有极其重要的作用，因此，在工作中应尊重师长、耐心授徒、团结协作。

尊重师长就是要尊重师傅、老师和一切有经验的人，虚心向他们学习，主动向他们请教。在技术方面，可以解放思想，大胆突破。

耐心授徒要求师傅、老师克服"教会徒弟，饿死师傅"的保守思想，热情、耐心地向徒弟、学生、新员工和青年员工传授技艺和思想品德，促进他们成才；要克服"唯我独尊"的思想，乐于与徒弟、学生、青年烹调师探讨问题，鼓励他们积极创新，要做到乐教、善教。

团结协作要求同事间在工作上互相帮助、互相配合；技术上互相交流、学习，取长补短；思想上互相沟通、互相理解，在同事间、上下级间营造良好的人际关系。

4. 积极进取，开拓创新

人对饮食的需求是无止境的。一个烹调师应以满足人们对饮食的需求为己任，积极进取，开拓创新，不断开发出安全、健康、好滋味的新菜点，丰富人们的饮食生活。

烹调技术是一门古老的工艺，到目前为止，它仍以手工操作为主，经验决定了菜品质量。与现代技术相比，它既有根基深厚的一面，也有相对落后的一面。要使烹调工艺赶上现代社会发展的步伐，烹调师就要积极进取、开拓创新。

鉴于在餐饮行业中对创新的某些误解，烹调师应把握好创新的三个要点。

1）创新不能脱离群众的普遍要求。脱离群众的需要是不切实际的，这不叫创新。

2）创新应尊重科学。创新应该在科学理论指导下进行，不是盲目的行为。

3）创新应讲究效益。没有效益的创新是毫无意义的，创新既要讲究社会效益，也要讲究经济效益。

5. 遵纪守法，讲究公德

1）烹调师应严格遵守国家和地方的法律法令，做守法的好公民。

2）烹调师应严格遵守国家保护濒危动植物的法令，任何情况下拒烹受保护的动植物。烹调师还应树立环保的观念，做环保的促进者而不是破坏者。

3）烹调师应带头遵守行规店规，自觉遵守企业规章制度、纪律。

4）严格履行合同和协议，保持良好的个人形象。

5）遵守卫生法规，养成良好的卫生习惯，敬畏客人的身体健康和饮食安全，确保食品卫生。

1.2 烹饪、烹调与烹制

烹饪、烹调和烹制是烹饪工艺中的三个常用词。烹饪科学化需要有规范的术语。根据烹饪、烹调和烹制三词的起源和构词来看，它们有着不同的含义。

1.2.1 烹饪

烹饪一词始见于《周易·鼎》，文中说道："以木巽火，亨饪也。"亨即烹，作加热解。饪的意思就是使食物成熟。两字合成烹饪一词，其最早的含义是指运用加热的方法使生的食材变成熟的食物。

后来出现了两个与"烹饪"含义基本相同的词，其中一个是约在唐代出现的"料理"。"料理"不久便东渡日本，保留其基本含义，成为制熟食物的专用词。中国使用该词的地方主要在台湾省。另一个是宋代出现的"烹调"，该词与"烹饪"并存混用了较长时间。

社会的进步促进餐饮业的发展，而餐饮业的发展又使得"烹饪"的含义日益丰富。烹饪学科的发展，要求其名词术语必须科学化、规范化，因此学术界将"烹饪"与"烹调"分开，明确了各自的含义。

烹饪被赋予一个较广泛的含义，成为学科的冠名词，叫烹饪学。烹饪是菜肴点心等熟制的过程，包括菜肴点心的制作和生产、菜肴点心价值的实现、消费菜肴点心的功用及系统运作中所体现的文化等四方面的内容。

菜肴点心的制作或生产指从原料到成品的加工过程，它可能是一个生产性的加工过程，也可能是非生产性的个别制作过程。菜肴点心价值实现的途径主要是销售。消费菜肴点心的功用指消费者由品尝菜肴点心所获得的包括生理上的需要和心理上的满足。烹饪文化则是在这个系统运作中形成的观念、习俗和价值观等方面的总和。

由于学科名称由烹饪冠名，因此本学科内广义的、泛指的概念也都加上烹饪作为定语，如烹饪原料、烹饪工艺、烹饪文化等。

1.2.2 烹调

烹调被赋予一个中等范围的含义，专指制作菜肴点心的专门技术。根据菜肴点心制作的一般过程可以知道，这项专门技术包括选料技术、初加工技术、刀工技术、预制技术、调味技术、加热技术、造型技术等多项分支技术。每项技术都有其工艺方法、技术要领和技术标准。烹调研究的是菜肴点心制作的所有技术问题及影响质量的因素。烹调是研究食物原料的特性、用途、初加工、切配、火候、调味、烹调方法、成菜技艺等，使菜肴点心具有特定的色、香、味、形、口感和营养卫生标准的一门学问。烹调研究的目的是向人们提供多式多样的名菜美点。

除凉菜外，菜肴的烹调以加热技术为核心，其他各项技术或是满足加热的要求，或是辅助顺利加热，或是通过加热使成品达到最佳效果。因此，烹调方法（烹调技法和烹调法）

的定义与划分就与加热关系十分密切。

点心的烹调也是以加热技术为核心。点心的加热方式已成为其分类的一个依据，其生产过程中的工作岗位分工也是按加热方式来确定的。

1.2.3　烹制

相对于烹饪、烹调，烹制的含义范围最小。烹制是指菜肴点心的具体制作方法和过程。广义的烹制指某个具体的菜肴或点心从选料到制成成品的方法和过程，而狭义的烹制仅指具体菜肴点心成型、加热的方法和过程。

烹制是生产具体成品的工艺过程，是食品最后成型的工艺技术。从工艺技术运用的稳定性来看，烹制可分为标准化烹制和随意性烹制两大类。

标准化烹制指每次的工艺流程、每道工序及每项工艺方法都十分规范，工艺结果再现性非常强的烹制。标准化烹制能使生产加工效率大大提高，产品质量非常稳定。标准化烹制是技术成熟的表现，也是工艺技术发展的方向。

随意性烹制指由操作者根据个人的经验、体会和想法运用工艺技术的烹制。随意性烹制是工艺技术尚未成熟、工艺设备尚不先进时期必然存在的现象，也是产品创新、技术改革、新产品开发的必然过程，有其存在的合理性，一旦时机成熟，便要将其转化为标准化烹制。

从烹制的适应对象来看，烹制还可以分为规范性烹制和个性化烹制两大类。

规范性烹制就是按规定的工艺流程进行烹制加工，获得规定的成品品质。它满足的是大多数消费者的需求。规范性烹制是在标准化烹制的基础上进行的，它可以进行规模化生产，因此可以提高生产速度，降低生产成本。规范性烹制最重要的是把握好消费者的需求。

个性化烹制就是按消费者的个别要求进行烹制加工，它满足的是消费者的个别需要。尽管个性化烹制的成品各种样式，但它不等于随意性烹制，它的标准是消费者的喜好。随着人们对饮食生活需要的提高，个性化需求必然呈上升的趋势。

规范性烹制和个性化烹制都反映了餐饮市场的需要，都需要进一步研究和发展。

烹制是烹调技术中的主要内容，烹制的核心内容是工艺。烹制工艺源自民间，被专业烹调师加以改进，并不断吸收各地及国外技术精华使之完善与发展。随着烹饪科学研究的不断深入，烹制工艺将继续发展，今后的发展方向是科学烹饪，具体来说就是充分利用现代科研成果和科学理论指导工艺的改革，抛弃不合理、不科学的旧工艺，完善传统工艺，开发新工艺，满足人们对安全、健康、美味的饮食需求。

1.3　中国烹饪的形成与发展

1.3.1　中国烹饪的诞生

中国烹饪的诞生是以用火烧熟食物为标志，大致经历了萌芽期、形成期、发展期和繁荣期等几个历史阶段。

1. 萌芽期（火烹时期）

人类在何时开始用火烧熟食物，目前尚无定论，但考古证明，早在北京猿人时期已经开始使用火了。自人类开始用火烧熟食物来食用，中国烹饪进入了萌芽期。

烹饪的起源是人类进化过程中的里程碑。人类自觉用火烧熟食物的饮食方式是人类与动物的区别之一。烹饪起源时期，人类大致处于只能制造和使用石器工具和木棒的石器时代，当时人类以食用植物性原料为主，动物性原料为辅。熟制肉料的方法是把肉料直接放在火堆里烧，用木棒穿起来烤（即炙），用黏土包裹起来烧（即所谓"炮"，亦称泥烤），放在烧热的石块上烙等。

2. 形成期（陶烹时期）

在长期的泥烤食物过程中，古人发现黏土具有经火烧成陶的特性，慢慢做出了一些简单的烹饪工具和生活用具。迄今发现的最早的陶器是在8000年以前制造的，用于烹制的有煮食物用的陶鬲、陶鼎、陶釜和蒸食物用的陶甑、陶瓶等。我国的农业大国地位及人们以谷物为主的饮食结构和模式基本在这一时期奠定和形成。

3. 发展期（铜烹时期）

青铜器的出现使烹饪获得更大的发展机会。青铜炊具比陶器灵巧、牢固，使用更方便，而且青铜炊具款式多样，有鼎、鬲、甗、甑等。青铜炊具的出现使油炸和锅煎的烹调技术得以诞生。这个时期青铜刀具开始应用，原料可分割后烹制。

4. 繁荣期（铁烹时期）

铁制炊具的出现进一步改善了烹调的条件，烹调方法逐渐增多。铁制的刀具比铜制的锋利，使原料的刀工加工工艺逐步变得精细。在唐代有鸡蛋肉糜做的丸子，块、片、丝、丁等形状的菜品已经常出现。宋代出现了剞刀技术，菜点品种明显增多，筵席逐步丰盛华贵。清代出现的满汉全席集当时我国名菜佳肴之大成，是我国烹饪精华的体现。

这一时期不断引进外来原料，面食、小吃的加工工艺也获得了很大的发展。烹调技术的发展和菜点品种的繁荣使烹饪理论逐步成熟，著名的食疗、烹饪或与烹饪有关的书籍不断涌现。

中华人民共和国成立后，特别是改革开放后，烹饪事业迅猛发展，除了工艺继承与创新并举，菜点发掘与开发结合外，还将烹饪科学的研究提到了重要的地位。随着烹饪教育持续发展，现代科学成果和理论的不断引入，中国烹饪正走向现代化、科学化的新时代。

1.3.2　中国菜的特点

中国菜是中国烹饪工艺技术的结晶，地方菜的总代表。中国菜与法国菜、土耳其菜为世界饮食三大风味流派的代表。中国菜属于以农业为基础的东方流派，法国菜属于以畜牧业为基础的西方流派，土耳其菜属于以牛羊肉为主的亚欧流派。

中国菜具有以粮为主、搭配合理、用料广泛、加工精细、重视火候、讲究调味、品种多变、风味繁多、注重养生等特点。

1.3.3 中国地方风味特色

选用本地特有的烹饪原料，以本地惯用的烹调方法，制作出符合本地口味的菜肴风味，称为地方风味特色。中国烹饪经过漫长的发展历程，形成了鲜明的地方风味特色。

一般来说，各地菜肴风味特色的形成与不同地区的物产、气候、风俗习惯、历史传统、经济发展状况、文化风尚等因素有着密切关系。

学术界对地方风味有多种划分方法，如菜系说、饮食文化圈说、烹饪风味流派说等，或直接按省级行政区、直辖市划分地方菜系。所谓菜系指地方菜肴风味体系。中国四大菜系指粤菜、川菜、鲁菜、苏菜（淮扬菜），还有八大菜系、十大菜系之分，但是除四大菜系外，其他菜系的划分都没有明确定论。饮食文化专家赵荣光提出，饮食文化圈是"由于地域、民族、习俗以及宗教等原因，历史地形成的不同风格的饮食文化区域性类型"。饮食文化圈说将中国菜分为东北、京津、黄河下游、长江下游、东南、中北、黄河中游、长江中游、西南、西北、青藏高原及素菜12个部分。饮食文化专家王子辉提出的烹饪风味流派说则把中国菜分为以广东菜为主的岭南风味流派、巴蜀风味流派、齐鲁风味流派、淮扬风味流派和秦陇风味流派。

中国菜中的四大菜系不仅风味特色十分鲜明，而且在位置上恰好分布在中国东南西北四个方位，这使影响人们口味、饮食习惯的地理因素涵盖比较全面，人们通过这四个地方菜系来了解中国菜的风味与风格是有一定道理的。下面简单介绍川菜、鲁菜、苏菜（淮扬菜）的特点，粤菜特点将专章论述。

1. 川菜的主要特点

川菜以成都菜、重庆菜、自贡菜等地方风味菜为主体，其特点是：

1）尚滋味，好辛香，味型多变，变化精妙，麻辣香烫，调味离不开三椒（辣椒、花椒、胡椒）。

2）烹调方法划分细致，尤其精于小炒、小煎、干煸、干烧。

3）炒制菜肴习惯不过油、不换锅，急火短炒，芡液现炒现兑，一锅成菜。

4）原料广泛选用当地特产，擅长禽畜，多用山珍野味。

5）菜品的地方特色、乡土风味十分浓厚。

川菜的代表菜有鱼香肉丝、水煮牛肉、毛肚火锅、麻婆豆腐、回锅肉、小煎鸡、毛血旺、酸菜鱼、灯影牛肉、夫妻肺片、蒜泥白肉、怪味兔丁、干煸牛肉丝、麻辣仔鸡、甜烧白等。

2. 鲁菜的主要特点

鲁菜以济南菜、胶东菜两地的风味菜为主体，在北方享有很高的声誉，影响较广，被称为北方菜的代表，其特点是：

1）选料以畜禽、水产为主，善烹海产。

2）调味极重纯正醇浓，以咸为主，擅用酱料，多用葱蒜。
3）重视火候，形成滑、香、脆、嫩、鲜的风格。
4）精于制汤和用汤。
5）烹调技法以爆、炒、烧、扒、炸、熘、蒸、拔最具特色。

鲁菜的代表菜有清蒸加吉鱼、黄焖鱼翅、九转大肠、葱烧海参、油爆双脆、糖醋黄河鲤鱼、原壳鲍鱼、酱爆肉丁、锅烧肘子、炸熘肝尖、拔丝苹果等。

3. 苏菜（淮扬菜）的主要特点

苏菜全称江苏菜，以淮扬菜、金陵（南京）菜、苏锡（苏州、无锡）菜、徐海（徐州、连云港）菜为主体，其中以扬州、淮安、镇江三个地方风味所组成的淮扬菜成名最早，最具特色，影响最为深远。其特点是：

1）注重选用鲜活原料，善烹江鲜家禽。
2）刀工精细多变，花式菜点突出。
3）因料加工施艺，讲究烹制火工。
4）调味清淡适口，务求突出本味。
5）烹调技法以炖、焖、蒸、烧、煨、焐、炸为主。

苏菜的代表菜有清蒸鲥鱼、盐水鸭、无锡脆鳝、水晶肴蹄、软兜长鱼、美人肝、卤鸭肫肝、凤尾对虾、常熟叫花鸡、霸王别姬等。

淮扬菜的特点与苏菜大致相近：

1）选料以鲜活为主，制作精细。
2）刀工运用灵巧，菜肴拼摆华丽，花式菜点突出。
3）调味重原汁原味，清淡适口，醇和宜人，口味讲究清、鲜、甜、香。
4）烹调技法擅长炖、焖、烧、煮、炒。

淮扬菜的代表菜有清炖蟹粉狮子头、三套鸭、松鼠鳜鱼、春笋烧鮰鱼、扒烧整猪头、荷叶粉蒸肉、油淋仔鸡、拆烩鲢鱼头、大煮干丝、雪花蟹斗等。

1.3.4 中国餐饮食品的分类

中国烹饪工艺的成品就是餐饮食品。按食品属性分类，餐饮食品分为主食和副食两大类。分类内容如图1-1所示。

热荤菜是一种选用荤料、制作精心、口味鲜美、口感脆嫩的精美菜品，是高档宴席的一个组成部分，能够反映宴席的主题或规格。大菜指由各种烹调法制作而成的菜品。凉拌菜是调料与食材拌匀加以简单摆砌的冷菜。拼盘要将食材摆砌成特定图形。像生拼盘则要摆砌成动物、植物或景物的形象。汤是用煲法、炖法、烩法或滚法烹制而成的汤。汤水中不调入芡粉的为汤。羹则要在汤水中调入芡粉，使汤水变得稍稠带滑。羹用烩的方法烹制而成。甜菜是以甜味为主味的菜品。糖水中不调入淀粉，通常是清甜滋润的。露是在甜液体里调入了淀粉，质稠而柔滑。除糖水和露外，所有非面点的甜味食品都属于甜品，如双皮奶、杏汁炖官燕、雪蛤炖木瓜等。

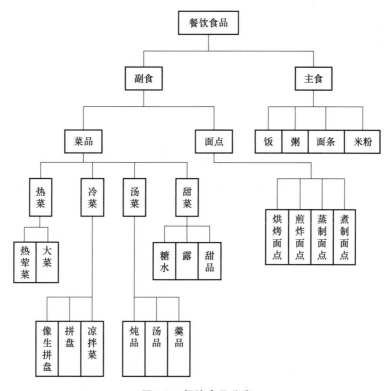

图 1-1　餐饮食品分类

1.4　中国烹饪工艺学研究的内容

1.4.1　烹饪工艺

烹饪工艺的任务是向人们提供更多安全、健康、美味的食品，其研究的主要内容有以下八个方面。

1. 原料的选用

烹饪原料是烹饪工艺的物质基础。烹饪原料的选用是为烹饪做物质准备，包括对烹饪原料的认识、选择及挑选三个方面。对烹饪原料的认识就是要了解原料的自然特性、滋味、产地、季节性、用途、营养成分及卫生安全等。烹饪原料的选择是根据菜点设计的风味、烹调方法的选用和食用者的年龄、性别、习惯、身体状况等方面的要求来确定的。烹饪原料的挑选就是对原料的具体选取，善于分辨原料的品质（如新鲜度、成熟度、纯度、真伪等）和规格（如大小、形状、干湿度等）。

2. 原料的初步加工

原料的初步加工是烹饪工艺的开始，包括鲜料的整理、活料的宰杀、干料的涨发等。

鲜料的整理具体指肉料的整料出骨、分档取料，蔬菜的择洗，原料整理后的妥善保管。

活料的宰杀主要是指水产品、禽类和畜类原料中的鱼、鸡等的宰杀。猪牛羊等大型动物是宰杀好送货的。宰杀包括放血、煺毛（去鳞）、取脏和整理（躯体整理和内脏整理）四个方面的工艺。

干料的涨发是烹饪工艺技术中的一个大类，要求能根据干料的特性选用恰当的涨发工艺，使干料满足烹调和食用的要求。

3. 原料的切配

原料的切配是烹饪工艺中的重要环节，是菜点质量三大决定性因素的首要因素。原料的切配包括原料的刀工、腌制、馅料制作、配菜等内容。原料切配中每一个步骤、每一个结果对下道工序都有重要的影响。

4. 菜品的烹调

菜品的烹调是烹饪的核心工艺。菜品的烹调包括预制、火候的运用及调味三个方面，而火候和调味则是影响菜品质量的关键因素。一个菜品烹制是否成功就要看菜品烹调过程中工艺的运用，因此烹饪工艺流程中的所有环节都应配合、支持菜品烹调这个环节。

5. 菜品的造型

菜品的造型就是对菜品的美化，是烹饪工艺必不可少的环节。菜品具有良好的造型能提高菜点的档次，使食用者获得美的享受，增加食用者的愉悦感。菜品制作完成之后需要对其摆盘造型，但造型的工作并不是此时才开始，而是在第一道工序时就已经开始了。

6. 菜品的卫生保证

菜品的卫生保证是烹饪工艺中的特别内容，是为了保障食用者的健康而必须做到的。菜品的卫生保证包括原料卫生、制作环境卫生、炊具卫生、科学烹饪、餐具卫生和操作者个人卫生等内容。原料和环境的清洁卫生也是使菜品具有良好滋味的重要保证。

7. 菜品的核算

菜品的核算包括用料量核算、成本核算、售价计算和营养成分含量计算等四方面内容。

用料量核算指需用毛料量和可得净料量的核算。

成本核算包含菜品总成本核算、毛利率、净料率、净料单价、成本分析、毛利率分析、两种毛利率之间换算等内容。

售价计算要求掌握在不同条件下菜品的理论售价。

营养成分含量计算主要指蛋白质等营养素含量、热量、营养素需要量的计算。

8. 外来烹饪工艺和外来菜肴的风味特点

熟悉和了解外来烹饪工艺和菜肴的风味特点有着重要的意义，能够丰富本地烹饪工艺方法，对发展本地菜肴风味很有帮助。借鉴外来的先进技术，启发创新思路，对开发本地菜肴风味也大为有益。

1.4.2 烹调工艺流程

烹调工艺流程指从选择烹饪原料开始到菜品完成的整个工艺过程。烹调工艺流程是菜品形成过程和责任岗位的准确反映，是烹调工艺学习的重要内容，是生产组织与管理的基础。烹调工艺流程如图 1-2 和图 1-3 所示。图 1-2 是一般烹调工艺流程，描述的是菜品形成的全过程。图 1-3 附加了每道工序对应的工艺方法、所属烹调阶段和责任岗位。

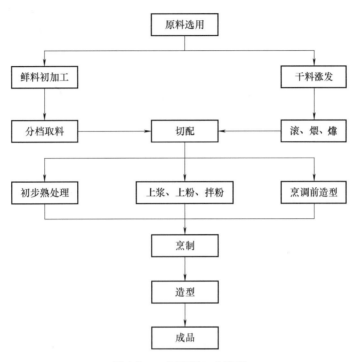

图 1-2　一般烹调工艺流程

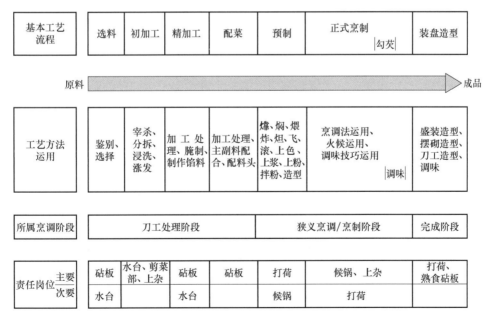

图 1-3　烹调工艺全流程

1.5 厨房生产组织结构

厨房是烹调菜肴的地方,是烹饪工艺运用的基本单位。粤菜厨房的生产组织是按照分工细致、职责明确、相互配合的原则构建的。

粤菜厨房的生产组织大致分两大部分、七个主要岗位。以砧板为中心,由砧板、水台、剪菜组成准备工艺组,称外线或开线;以候锅为中心,由候锅、上杂、打荷、传菜组成制作工艺组,称内线或里线。

1. 砧板岗的主要职责

1)管理原料。

2)切改原料、腌制原料、制作馅料。

3)配菜。

4)编制购料计划。

5)熟食砧板负责熟品的斩砌。

2. 水台岗的主要职责

1)保养鲜活原料。

2)宰杀鲜活原料。

3)部分原料的精加工,如斩排骨、斩生的鸡块、剪虾等。

3. 剪菜岗的主要职责

1)保管各类瓜果蔬菜。

2)浸洗剪切各类瓜果蔬菜。

3)浸发一般干货,如干鱿鱼、冬菇、粉丝等。

4. 候锅岗的主要职责

1)烹制菜肴及粉面等。

2)调制复合调味品。

3)半成品、各类干货原料的预制。

4)监督成品质量。

5. 上杂岗的主要职责

1)蒸、炖、焗、煲等菜肴的制作,熬上汤。

2)涨发各类干货,如鲍鱼、鱼翅等海产品。

3)保管本岗位制作的原料及半成品。

6. 打荷岗的主要职责

1)协助候锅烹制菜肴。

2)原料烹前的初步熟处理、上浆、上粉、拌粉、造型等。

3)菜肴烹制后的配盘、造型。

4）指挥宴席上菜次序。
5）指挥传送菜肴。
6）收尾工作。

7. 传菜岗的主要职责
1）传送成品到备餐间。
2）领取原料。
3）协助加工原料。
4）准备生产用的餐具。
5）清洁卫生工作。

以上各工作岗位的职责只是对一般的烹饪工艺工作而言的，每个厨房应根据具体情况作适当的补充，如卫生、开发新菜品、成本控制、质量监督、考勤、财产保管等。

1.6 烹饪学科的学习方法与相关学科

烹饪是一门古老的工艺，但是烹饪学科则是一门新的学科。学习烹饪学科必须树立实践观、基础观、创新观、扩展观四大观念。

1.6.1 烹饪学科的学习方法

1. 实践观

烹饪理论源于烹饪实践，烹饪实践是检验烹饪理论的唯一标准。烹饪理论的总结必须尊重实践，符合客观实际。烹饪理论的学习必须理论联系实际，注重从实际中发现问题，分析和解决问题，重视运用相关理论指导实际操作。

学习中，要注意克服盲目相信个人经验、个别经验，把个人经验、个别经验当作实践，因而妄自尊大不思进取的思想，把视野放宽一点。

学习中，还要注意克服重实操轻理论，不相信理论指导作用的思想。针对本学科学习对象的实际情况，重视知识的重点在于重视理论，重视运用理论知识去解决实际问题。学习理论的目的是为了更好地解决实际问题。

2. 基础观

要掌握一门学科，首先要打好这门学科的基础。学习烹饪同样要先学好烹饪的基本原理、基本方法和基本技能，只有具备扎实的基本功，才能发展得更好。

要正确处理好基本功与新品种学习的关系，不要把学会几道潮流品种就看作功底深厚，也不要把学习新品种看成不重视基本功训练。基本功的训练应当结合新品种的学习与开发。

随着时代的发展和科学的进步，烹饪基础的内涵也在提升，原有的基本原理也会有新的认识，原有的基本方法和技能就需要改进或提高。

3. 创新观

学科发展需要创新。创新是烹饪学科发展的前提与法宝。烹饪经过漫长的发展，目前初步形成一个学科，这是前辈们不断创新的结果。虽然烹饪有悠久的历史、古老的技艺，但目前仍是一个不十分成熟的新学科，需要通过创新求发展。因此，学习烹饪要树立创新的观念。

饮食生活进步需要创新。人对饮食的需求是无止境的。我们应以满足人们对饮食的需要为己任，积极进取，开拓创新，不断开发出安全、健康、美味的新菜点，丰富人们的饮食生活。

创新就是对原有认识、原有习惯和原有工艺的更新，使其符合现代化的要求。

烹饪创新是一个艰难的过程，它需要了解原有状态的不足，需要充分认识创新目标的要求，还要有能力实现两者的转换。原有菜品改头换面而成的或随意拼凑的菜品、不科学的加工方法都不属于创新。烹饪创新必须把握好三个要点。

1）创新不能脱离群众的普遍要求。

2）创新应尊重科学。创新应该在科学理论指导下进行，不能是盲目的行为。

3）创新应讲究效益。没有效益的创新就毫无意义。创新既要讲究经济效益，也要讲究社会效益。

4. 扩展观

当今学科间的相互渗透日益广泛，某一学科受其他学科的影响越来越大。烹饪涉及多个学科，借助其他学科的知识，吸收其他学科的研究成果对烹饪学习尤为重要。

在学习中，要放弃那种从菜品到菜品、从技术到技术的纯技术学习方法，要注意学习相关理论知识，还要在学习专业知识的基础上主动学习和吸收相关学科的知识，促进专业知识和技能的提升。

学习中，除了树立以上四个观念外，还应掌握抓重点、找关键、善于归纳总结等技巧。

1.6.2 与烹饪相关的学科

学习烹饪学不仅要学习本专业的基本知识，还要从其他学科吸收相关知识。与烹饪有关的学科主要有以下几个。

1. 生物学

大部分烹饪原料都属于生物的范畴，通过生物学知识可对烹饪原料进行分类、选择及开发。

2. 化学

在研究烹饪原料的化学组成与性质，以及烹饪原料在烹调过程中的化学变化规律时，需要运用化学知识。

3. 解剖学

认识肉类原料组织结构及运用整料出骨技能时，需要运用解剖学知识。

4. 物理学

物理学中的力学、热学、电学等知识对烹调中的刀工、加热、调味、设备运用与开发等方面的研究都有重要的指导作用。

5. 营养学

食品营养分析、菜品和宴席的搭配需要运用营养学知识，以满足现代人营养均衡的需求。营养学为掌握合理烹调、平衡膳食的技巧提供了理论依据。

6. 卫生学

卫生学知识指导烹调出安全、健康的食品，并对烹调工艺起规范作用。

7. 生理学

运用生理学知识能够了解人的味觉、嗅觉方面的要求，对提高食品品质起指导作用。

8. 心理学

在进入感性消费时代之后，人们的个性需求日益增大，烹饪新产品的开发必须要了解人们的心理要求。

9. 美学

菜品成品的造型、组合，以及食品雕刻、原料造型拼盘、餐桌和展台的布置等方面都需要运用美学知识。

10. 民俗学

在研究地方菜、少数民族菜的形成、发展及其风味特点时需要运用民俗学知识。

11. 市场营销学

烹饪涉及产品的开发和流通问题，因此与市场营销学有密切联系。

12. 管理学

绝大多数的饮食产品由餐饮企业进行生产。为了生产顺利，满足消费者需求，需要运用管理学知识，以加强餐饮企业的生产管理、服务管理、成本管理、物资管理等。

此外，与烹饪有关的学科还有考古学、社会学、历史学、文学、数学等。

关键术语

职业道德；烹饪；烹调；烹制；原料选用；菜品核算；地方风味特色；烹调工艺流程；烹饪风味流派；中国四大菜系；热菜；甜菜。

复习思考题

1. 职业道德有哪些基本特征？烹调师的职业道德守则有哪些具体内容？
2. 烹饪、烹调、烹制三者如何区别？有何联系？
3. 川菜、鲁菜、苏菜各有哪些特点？
4. 中国菜有何特点？
5. 中国烹饪的发展经历了哪几个阶段？

6. 学习烹饪工艺学应树立哪些观念？
7. 中国烹饪工艺学研究哪些主要内容？
8. 为什么要掌握各地烹饪工艺和菜品的风味特点？
9. 烹饪与哪些学科有联系？
10. 在中国人的饮食习惯中，主食包括哪些？
11. 在餐饮食品分类中，菜品如何分类？
12. 重厨德、精厨艺、明厨理是现代烹调师的基本标志，试解释其含义。
13. 烹饪工作的性质是什么？

2

粤菜概述

【学习目的与要求】

通过本章的学习，了解粤菜从低级向高级、从默默无闻到赫赫有名的发展历程。了解这一历程，不仅可以掌握粤菜的特点，还可以找到粤菜快速发展的原因，为研究粤菜、研究广东饮食文化奠定基础。粤菜的组成及特点是学习重点，粤菜的发展历程及优势是学习难点。

【主要内容】

粤菜的形成与发展
粤菜的发展优势
广东名菜总体特征的量化分析
粤菜的组成
粤菜的特点

2.1 粤菜的形成与发展

粤菜以菜品风味独特、风格高雅大气、选料广博奇杂、技法灵活善变而独树一帜，远近闻名。

人类文明发展的历史过程受政治、经济、文化等多种因素的综合影响。饮食文化的发展也不例外，其发展过程是一个由多种社会历史因素制约的动态过程。此外，饮食文化的发展还受自然环境变化的制约。为此，除了形成各地区间的差异外，还形成了饮食文化的发展与人类文明进步趋势一致，但发展进程并不完全一致的运动规律。粤菜就是按这种客观规律发粤菜发源于中国岭南地区。据考古发现，广东最早出现的人类是马坝人。原始人类马坝人生存年代距今约十二万九千年。在马坝人生活的年代，岭南地区的古人类已经懂得利用自然火来烧熟食物。尽管这种用火是非常简单、缺乏技巧的，但它毕竟是一种自觉的行为。这是人类摆脱漫长生食走向饮食文明的开端。在这个基础上，粤菜开始萌芽，到秦汉初步形成风格的雏形。经过隋唐宋元较长的成长期，基本奠定南方食制，自成一格。在明清时期，内外因素使粤菜兴旺鼎盛，粤菜的独特风格更加明显。

中华人民共和国成立后，粤菜走上了发展的快车道，技术创新，科研加强，使得粤菜的影响力迅速扩大，不断寻求新食料，不断开发新产品，不断研究新技术，不断完善烹饪理论，形成发展粤菜的新风尚和新动力，粤菜进入了繁荣兴盛期。

2.1.1　粤菜的萌芽期

人类有意识地用火烧熟食物，是人类进化史上一个重大事件，是人类发展史上的一个里程碑。这使人类改变了生吞活剥、茹毛饮血的野蛮生活方式，改善了人类的健康状况，延长了寿命，同时提高了食物的可食性，扩大了食物的范围，逐渐养成定时进食的习惯，为形成良好的饮食礼仪，促进饮食文明进步打下了基础。

这个时期的食物大体用两类方法烹熟：一类是直接加热法，如炮——把动物连皮放在火里烧；燔——把肉料贴于篝火里面的石块上炕熟炕干；炙——把动物整只或整块用木棍穿好架在火上烤熟等，还有把食物埋在炭火中燣煨的。另一类是间接加热法，具体方法有用叶子包裹着烧；糊一层泥巴烧；把石板石块先烧热，再把食物放在石板石块上烙熟；或者把烧热的石块投进水中，使水变热，再放进食物使之烹熟等。

这个时期没有固定的食源，食物只能依靠采集和渔猎得来。

2.1.2　粤菜的形成期

在使用火的过程中，古人类发现用火烧后的黏土在水里不会溶散，于是把荆条筐抹上黏土后风干，用火烧至荆条化成灰，制成了早期的陶罐。从此，人类开始使用陶制器皿烹制食物。

陶器的发明与使用对烹调的发展有着重要的意义。

1）使得利用水为传热介质的烹调方法，如煮、蒸等方法陆续出现，烹调方法从此开始多样化。

2）进一步扩大食物来源。须经长时间烹制的食物现在可以方便地食用。

3）使"烹调"成为方便之事，促进生食习惯的改变，减少了疾病，增强了体质，促进了人类大脑的进化。

4）为酿造工艺的诞生提供了基本条件。

5）陶器的发明使古人类可以储存食物和用水，为定居生活创造了条件，同时也促进原始农业、畜牧业的诞生，使食物来源变得稳定。

可见，陶器的发明使烹饪的发展达到一个新的阶段。

在广东，考古学家发现了母系氏族公社发展期的广东英德市青塘墟和始兴县玲珑岩遗址，这两处遗址大约存在于七八千年前，遗址里有人首化石，也有陶器。这说明，至少在七八千年前岭南地区的烹饪技术便获得了发展的条件，粤菜开始形成。

从距今约四千至六千年反映母系氏族公社繁荣期的韩江、珠江三角洲的贝丘文化，距今三千至四千年反映母系氏族公社末期至父系氏族公社时期的西樵山和马坝石峡文化遗址可以看到，广东约在四千年前已普遍出现锄耕农业、家畜饲养业，奠定了烹调发展的物质基础。石峡、西樵山遗址出土的印纹硬陶器，其烧成温度已达1200℃，非常适合用作烹调器具。陶器的出现与应用，使真正意义上的烹调技法得以形成。

随着征服自然能力的提高，距今约三四千年前，广东的先民已可以选择适宜的住地聚居，形成氏族部落或部落联盟，其中大部分又逐渐形成习俗鲜明的南越族。公元前214年，秦王朝统一岭南后，在岭南新设南海、桂林和象三郡，数十万南下汉人带来了中原烹饪技艺。西汉以后，中原人继续以多种方式南迁，通过"杂处"而达到"汉越融合"，南越族实际上已开始汉化。南下的汉人带来的科学知识和饮食文化与岭南地理环境、物产特产和南越人的饮食习俗糅合在一起，创造出独具一格的南越饮食特色。这种以南越人饮食风尚为基础，融合中原饮食方式和烹饪技艺之精华的饮食特色，形成了粤菜其后发展过程中不断进取、不断创新的风格。

在汉代，岭南的制糖业已相当发达，岭南的蔗糖不仅用作贡品，也在市场上销售。在味精未出现前，蔗糖也作调味之用，产生鲜甜滋味，这也是粤菜崇尚清鲜的一个起源。

在佛山市澜石镇的东汉墓中，出土了一个陶塑水田附船模型，它展示的是夏收夏种同时进行的情景。这个模型说明当时的珠江三角洲已生产两季稻，并可能率先使用单牛犁田。

汉代以后，岭南用作贡品的水果品种越来越多，品质越来越好，家禽家畜饲养业也十分兴旺。这说明在汉朝时期，珠江三角洲已成为当时先进的农业区之一，广东地区食物资源不仅品种多样而且有了稳定的供给，达到了真正意义上的丰富，为粤菜的成长打下了坚实的基础。

2.1.3 粤菜的成长期

在隋唐宋元时代，粤菜进入迅速成长期。这一时期粤菜开始脱颖而出，形成独树一帜的局面。

秦汉以来，中原战乱频繁，岭南较为安全，吸引了带着先进文化的中原汉人继续南迁，促进了"汉越融合"。唐朝统一全国之后，开辟了大庾岭通道，开发了由桂入粤的西江通衢，南北交往、内外联系通道更加畅顺。

粤菜这个时期迅速成长主要表现在以下几个方面。

1. 烹调技法初成体系

原料充足，社会环境安定，炊具不断得到改进，人们自然就有了吃得更好的愿望。"汉越融合"的基本完成促进了粤菜烹调技艺的进一步成熟和完善，并初成体系。据唐昭宗时期出任广州司马的刘恂《岭表录异》所记,当时岭南人的烹饪技艺已相当高明,煮、炙、炸、蒸、甑、炒、烩、烧、煎、煿、拌等多种烹调技法已经流行。这些烹调技法几乎已采用了目前所运用的全部传热介质,包括了现行的全部最基本的烹调技法。

2. 辨物施法、因料施味的烹调风格已经出现

刘恂的《岭表录异》还记述了蚝的品种不同,就要用不同的方法烹制:"蚝肉,大者腌为炙,小者炒食。"一大一小,一炙一炒,各得其妙。又如烹蟹:"水蟹,蟹肉皆咸水,自有咸味,广人取之淡煮,吸其汁下酒;黄膏蟹,壳内亦有膏如黄酥,加以五味,和壳煿之,食亦有味;赤蟹,母壳内黄赤膏如鸡、鸭子黄,肉白如豕膏,实其壳中。淋以五味,蒙以细面,为蟹饆饠,珍美可食。"蟹的品种不同。就要用不同的方法烹制,调以不同之味。

3. 杂食习惯依然保留

约一万年前,岭南与中原的动物群落是差不多的。秦汉以后,黄河流域和长江流域不断开发,野生动物活动的地理范围一天天缩小,岭南地区成了野生动物的避难所之一。唐宋期间的文献中记载了珠江三角洲和东江一带时常有象群、虎豹、猿猴、孔雀等野生动物的出现,蛇、狸、野禽等易于捕食的小型动物更是种类繁多。由于天然食物资源丰富,当地人一直喜吃野生动物,养成了杂食的习俗。许多鸟兽蛇虫的腥臊异味是很重的,然而,古时的岭南人都能把它们烹制得色香味俱全,其烹饪窍门之多,烹饪技艺之高便可想而知了。

4. 食风日盛,大胆引进

1) 杂食的风俗孕育了粤菜大胆创新的饮食文化理念。面对岭南的山珍海味、奇禽怪兽,粤人都乐于仔细研究其食法,以烹出其味为快。

2) 商业的发达促进了饮食业的发展。餐饮市场上南北交流,广州菜、潮州菜、客家菜争相辉映,带动了吃得方便、吃得满意、吃得新奇、吃得回味的食风。

3) 粤菜从不排斥外来食品。始创于中原的"炮豚"进入岭南后演化为世人皆赞的化皮烤乳猪,并衍生出广东名菜脆皮烧鹅。这样的演化例子不断涌现。

5. 食制自成一格

在宴会餐或普通餐中,汤、羹是先上还是后上,这历来是南北食制之分野。清代袁枚在《随园食单》里说:"上菜之法……无汤者宜先,有汤者宜后。"餐后上汤是北方食制,至今仍是。自唐代以来,粤菜是在拼盘和热荤菜后先上汤羹再上别的菜,无拼盘和热荤菜的便先上汤羹,实行的是典型的南方食制。

由于气候的原因,岭南宜种植水稻,而且在汉代已能一年两熟,因此当地人以大米为主食。

2.1.4 粤菜的兴旺期

唐代后期,由于西江、北江的改道,珠江三角洲出海口泥沙的沉积增加得很快,大大扩展了可耕地的面积。到了两宋时期,岭南人大量围垦,把低地沙洲改造成良田,把低洼的沼泽挖为鱼塘。长期努力的结果使珠江三角洲出现了大量的农田和以桑基鱼塘、蔗基鱼塘、果基鱼塘为代表的基塘副业生产体系,奠定了农业发展的基础,形成了珠江三角洲良性的生产循环和生态平衡。

到了明清时期，由于改进耕作技术和大规模的水利建设，广东的农业发展已逐步走在全国的前列，珠江三角洲亦被称为"鱼米之乡"。农业的发展带动了手工业和贸易的发展，加上战乱较少，百姓的生活比之前富裕，"讲饮讲食"的风气逐渐盛行，出现了许多著名乡土美食，如顺德的凤城河塘鲜、佛山柱侯食品、新会潮莲烧鹅、清远白切鸡、潮州佛跳墙、东莞荷包饭、新塘鱼包等。

明清时期，广东外贸条件得天独厚，明政府实行禁海政策，只在泉州、宁波、广州三地设市舶司，而且，泉州只通琉球，宁波只通日本，唯有广州可通东南亚及西洋各国。到了清代，由于西方殖民主义者在我国沿海进行海盗式的掠夺，清政府实行更为严厉的禁海政策，封闭了沿海各口岸，独留广州包办清朝的对外贸易。这一政策加上其他的一些原因，使广州成为对内对外贸易十分发达的地区。这时的广州内外商贾云集，各地名食蜂拥而至，西洋餐饮相继传入，饮食市场十分兴旺。广州街头除正宗粤菜外，扬州小炒、金陵名菜、姑苏风味小食、四川小吃、京津包点、山西面食随处可见，西餐厅、咖啡馆、扒房、酒吧也不少，粤菜呈现一派兴旺的景象。

到了20世纪30年代，粤菜的主要所在地广州就有较大的饮食店200多家，每家都有自己独特的招牌名菜。较有代表性的有贵联升的满汉全席、干烧鱼翅、香糟鲈鱼球；聚丰园的醉虾蟹；南阳堂的什锦拼盘、一品锅；品荣升的芝麻鸡；太平馆的红烧乳鸽；万栈的挂炉鸭；文园的江南百花鸡；南园的红烧鲍片；西园的鼎湖上素；大三元的红烧大裙翅；蛇王满的龙虎烩；六国的太爷鸡；愉园的玻璃虾仁；孔旺记的烧乳猪；新远来的鱼云羹；金陵的片皮鸭；冠珍的清汤鱼肚；陶陶居的炒蟹；陆羽居的化皮乳猪、白云猪手；宁昌的盐焗鸡；利口福的清蒸海鲜；玉波楼的半斋炸锅巴；福来居的酥鲫鱼等。这时候的广东餐饮市场可谓名菜荟萃，争奇斗艳，"食在广州"已初见其形，粤菜发展到了兴旺期。

这一时期的粤菜状况有以下四个特点。

1）风味食品大量出现，选料名贵，制作更讲究，重口味，讲大气，风味突出。

2）北方菜点、西洋饮食方式相继进入，丰富了餐饮市场。

3）菜点的设计与制作充分体现出南北融合、中西合璧的包容思路和创新精神。

烤乳猪源于北方炙豕，传入广东后，厨师改乳猪"开小腹"为"开大腹"，改进烧烤程序及调料，使乳猪既保持"色如琥珀，又类真金"特点，又提高猪皮的脆度与上色均匀度，味道更香浓，在各地烧烤风味菜方面成为佼佼者。此外，扬州炒饭、油泡虾仁、花式拼盘、果汁猪扒、茄汁牛扒、吉列菜式等菜品的改进并成名，都充分证明了这一点。

4）粤菜主体部分的三个地方风味⊖——广州菜（又称广府菜）、潮州菜、客家菜，各自的特色日臻鲜明。至此，粤菜的涵盖范围进一步明确，风味特色、技术风格继续获得发展。

⊖ 早期海南菜也属于粤菜的一个地方风味，1988年海南从广东省独立出来后海南菜也从粤菜里分出去，成为地方菜。关于海南菜本书不作介绍。

2.1.5 粤菜的繁荣期

中华人民共和国成立至今，尽管由于各种内外因素影响了广东餐饮市场，但并不影响把这一时期看作是粤菜繁荣期的合理性。粤菜的繁荣期有以下五点基本特征。

1. 菜点的开发思路获得解放，粤菜走向持续发展的道路

1956年"广州名菜美点展览会"上展示了5457道名菜，825款美点；1983年设在广州酒家的广州名菜美点评比展览会上，展示了由玉堂宴、龙门宴、金花宴、鹿鸣宴四个主要宴会及各式宴席摆设组成的满汉全席，共128款名菜，十分壮观。从1987年起，广州市政府在每年金秋时节举办广州国际美食节，全省各地也不定期举办以食文化为主题的群众性活动或技能竞赛，为粤菜的发展打下了重要的群众基础。

1956年起，每年在广州举办春秋两届的中国出口商品交易会，是促进粤菜创新菜式，提升档次的大好时机。所有接待外宾来宾的单位都会拿出浑身解数做好接待工作。部分酒家应国外同行的要求，制作高于当时一般消费标准近10倍的宴会菜式，供他们欣赏和品尝。宴席的标准和规格在国内当时是十分罕见的。

在国内国际上各类烹饪大赛中粤菜亦屡获殊荣。

2. 粤菜的服务对象发生了质的改变

一个地方菜的风味主要以专业生产单位（酒家、酒楼、酒店、餐厅等）生产的菜点为代表，过去能进高级食府消费的大都是富贵人家，现在所有餐饮单位则面向社会大众。粤菜主要服务对象发生的变化，使粤菜的发展更具有生命力。

3. 粤菜品种层出不穷

改革开放政策使国内外的商业来往更加频繁，市场经济带来了竞争，使粤菜餐饮市场更加主动、积极地吸收外来的工艺精华，引进外来原料、调味料，开发新型地道的粤菜，以满足人们求新、求奇、求精的要求。

4. 粤菜的影响力扩大

首先，粤菜品种丰富多彩，使"食在广州"的观念深入人心。20世纪80年代以后，粤菜大规模东进、西闯、北上，并且走出国门，所到之处都呈现了令人无法抗拒的诱惑力。人们以品粤菜为时尚，以尝粤菜为乐事，以进粤餐馆为身份象征，以会做粤菜而自豪，粤菜在中国菜中的地位不言而喻。

5. 烹饪教育蓬勃发展，烹饪人才迅速成长，烹饪科研深入开展

广东的烹饪教育已形成职业教育、专业研究双轨道，短期培训、中等教育、高等教育多层次，业余教育、脱产进修、正规教育多形式，社会力量办学、政府投资办学多渠道的完整教育网络，烹饪教育逐步走上规范化、科学化、现代化的道路。烹饪专业队伍、烹饪师资队伍、烹饪科研队伍逐步壮大，为粤菜面向新世纪，吸收新科技，朝科学化、现代化方向发展打下了基础。

综上所述，粤菜在当地民间饮食习惯的基础上形成，能在多个因素的影响下迅速发展而独树一帜，自成体系，主要因素如下。

1) 丰富的物产为粤菜的发展打下深厚的物质基础。
2) 历史上长期而频繁的经济和文化交流，促进了粤菜的发展。
3) 粤菜善于博采众长、兼收并蓄的开放思想，大大丰富了粤菜的技能内容，充实了粤菜的烹饪理论。
4) 岭南的地理和气候条件形成了当地特殊的饮食习俗。
5) 中华人民共和国的成立赋予粤菜迅速发展的活力与时机。
6) 历代司厨者的经验为粤菜的发展做出了重要的贡献。

2.2 粤菜的发展优势

粤菜在中国菜中脱颖而出，以其独特的风味和风格享誉世界，与众多有利因素是分不开的。

2.2.1 地理与物产优势

广东位于中国南端，北依五岭，南临南海，海岸线长达 3368 千米，中国第三大河流珠江横卧境内，经广州出海，境内山地、平原、丘陵交错。由于地处亚热带，气候温暖，雨量充沛，优越的气候条件，复杂多样的地形、地貌，为动植物的生长创造了良好的环境，使广东成为蕴藏动植物资源的一块宝地。

广东是我国稻谷的主要产区之一，南海水产鱼类有 400 多种，其中不乏名贵海鲜，如龙虾、竹节虾、东星斑、老鼠斑、膏蟹、响螺等。除此以外，广东各地还有众多的名特产，水产品有大海虾、脆肉鲩、斑鳢（本地生鱼）、甲鱼、鲫鱼、鲜蚝、九龙吊片（干鱿鱼）、广肚、海参和麦溪鲤等；禽畜类有清远肉鸡、本地鸡、竹丝鸡、中山石歧鸽、本地鸭、樱桃鸭、番鸭、黑棕鹅、徐闻山羊，以及各种做成腊味的禽畜等；蔬果类有粤北花菇、"泮塘五秀"（莲藕、菱角、马蹄、茭白和慈姑）、肇庆的芡实和剑花（霸王花）、青骨柳叶菜心、增城迟菜心、新垦莲藕、水东芥菜、火山粉葛、沙河粉、东江山水豆腐等。有些原料在外地是不吃也不敢吃的、在广东则是能成名菜的特产，如蛇、中山南海番禺顺德一带的禾虫（学名疣吻沙蚕）、蚕蛹、蜂蛹、沙虫等。在调味料方面有唥汁和生抽王、佛山柱侯酱、普宁豆酱、汕头沙茶酱、开平腐乳、阳江豆豉、新会陈皮、石斛等都为大厨所推崇。而荔枝、龙眼、木瓜、香蕉、杨桃、石榴、甘蔗、菠萝等岭南佳果早已举世闻名。

放眼广东的物产，可说奇化异果遍野，珍禽野味满山，海鲜水产生猛，家畜家禽满栏，瓜果时蔬常青，粮油糖酱满仓。清代屈大均面对岭南得天独厚的物产，在《广东新语》中就发出了这样的感叹："天下所有之食货，粤东几尽有之，粤东所有之食货，天下未必尽有也。"吴人潘来也说："粤东为天南奥区……以山川之秀异，物产之瑰奇，风格之推迁，气候之参错，与中州绝异，未至其地者不闻，至其地者不尽见。"

广东丰富的物产，为粤菜的繁荣奠定了物质基础。

2.2.2 政治与经济优势

广东位于中国的南部，过去属边远地区，然而，由于广东的富饶和地理位置的重要，一直备受关注。从秦朝起，岭南建立了南海、桂林、象三郡，以后的历代王朝亦从未间断在此建立地方政府。中央政权的重视，使岭南地区经济文化发展与文明开发较早的中原地区保持着紧密的联系。

公元前202年，楚汉战争结束，西汉王朝建立，南越武王赵佗接受汉高祖刘邦所赐南越王的封号，归属汉朝。由赵佗为南越国制定的"和缉汉越"国策使汉越两族和睦相处，彼此融合，促进当地经济文化包括饮食文化的发展。

唐代时期，广州已成为世界闻名大港，明清实施禁海政策，独留广州为唯一的通商口岸，使广州得以首先见识西餐文化，无疑对促进粤菜发展并形成其独特风格起了重要作用。

中华人民共和国成立以后，粤菜继续以后来居上的态势迅猛发展，1956年起，每年两届中国出口商品交易会的接待工作，促使粤菜不断开发新菜品，不断更新工艺技术。1978年，中国实行改革开放政策，广东作为改革开放的前沿，拥有深圳、珠海、汕头三个最早成立的经济特区，经济迅速腾飞，而粤菜又一次得益于经济发展的动力，获得发展的良机。

2.2.3 历史与文化优势

秦代时期，赵佗建立南越国，励精图治，使岭南地区的政治、经济、文化迅速发展。南越国"和集百越"的做法，团结了岭南地区为数众多、互不统属的南越部落，协调部落之间的关系，巩固了社会的稳定，也有利于粤菜的发展。

南越国归属西汉后，奉行"和缉汉越"国策，大批中原汉人南下，汉越民族和睦相处，彼此融合，这使得以南越人饮食风尚为基础的粤菜大量吸收中原饮食文化的精华，形成了粤菜兼收并蓄的包容风格。

由于广东地形复杂，山地丘陵多，交通并不发达，社会的经济形态属自然经济，人们交往的通道很少，各片地区固守着自己稳定的生活圈子，交往范围受到了一定的限制。这种状况使岭南地区形成了多种地方语言，其中主要有广州方言、潮州方言和客家方言三种，粤菜也由此出现了三种各有特色的地方菜——广州菜、潮州菜和客家菜。

广州是中国历史名城，是中国南部最有名的大都会，位于中国第三大河珠江的出海口处，河港海港兼备，与外界交往十分方便，商贸活动频繁。随着经济逐步繁荣，具有鲜明岭南特色、极具创新性的广州菜系也就逐渐形成，广州菜的影响不断向四周辐射，左右着当地菜肴风味的形成。到目前为止，广州菜实际的涵盖范围是最广的。

潮州位于韩江中下游，这里东临南海，土地肥沃，物产丰富，形成了粤菜中另一个特色地方菜——潮州菜。人们也把潮州菜称作潮汕菜，潮州菜的发展过程除了受闽菜的影响外，同样受中原饮食文化的影响，也受广东其他地方菜的影响，广泛吸取中外各地饮食文化精华而成熟起来。

东江流域的先民大多是从中原南迁而来的汉人，由于东江地区的自然环境、物产种类与客家人祖籍的中原地区相近，而且与外界交往较少，因而形成了带有明显中原文化特色的客家菜。由于此处为东江地区，因此客家菜也称东江菜。

由于有了三个相互关联而又各有特色的地方菜为其主体，粤菜的风味内涵更加充实。

2.2.4 理论与技术优势

西汉时期的《淮南子·精神篇》写道："越人得髯蛇以为上肴，中国得而弃之无用。"这里的越人就是指岭南的越族人，而中国是指中原。越族人与中原人选料习惯有很大的区别。南宋周去非的《岭外代答》说："深广及溪峒人，不问鸟兽虫蛇，无不食之。"这种以选择鸟兽虫蛇为代表的多种食料的杂食理论，一直支配着粤菜寻料、选料和用料规则，最终使杂食理论成为广东饮食文化的一个亮点。现代科学证明，除人类母乳以外，没有一种天然食物具有人体所需的一切营养素，人类只有进食多种食物才能满足自身生长与发育的需要。

粤菜在原材料的开发与利用、工艺技术的改进与更新、菜品的开发与制作方面，一直遵循"有传统，无正宗"的思想。该思想的基本含义是发扬传统，弘扬精华，适应变化，大胆创新。特别是菜品的制作，粤菜推崇这种理念：在掌握粤菜基本烹制方法的基础上，可以灵活调整菜品的制作过程。只要菜品能令食用者满意，即使与过去的做法不尽相同，都不会受到非议。

粤菜力主清淡、原汁、原味，崇尚鲜味，这一调味理论既符合广东所处的气候环境要求，又符合人类科学饮食的要求。

"急火快炒，仅熟为佳"是历代广东厨师均要接受的师训。由于大部分营养素都会随加热时间的延长而加大其损失率，因此，减少加热时间是保护食品原料营养素的有效方法。由于加热时间短，相当多的食品原料都能形成脆嫩、爽滑的口感，这正是广东人所喜好的食物特性。事实上，粤菜复合调味品的运用和肉料泡油等工艺技术，都是依照缩减加热时间这一理论产生出来的。而现在，这些工艺技术已经成了粤菜标志性工艺技术之一。

粤菜的配菜理论是荤素搭配，协调一致。根据广东地区气候炎热和食品原料供应充足的特点，粤菜的新菜品开发和配菜都遵循着荤素搭配、协调一致的理论，使菜肴最大限度地满足人们的口味要求。

现在，广东的高等院校、职业院校、餐饮企业的学者和专家都在继续研究粤菜的理论。21 世纪的信息革命将会给粤菜的理论研究带来更大的发展。

粤菜迅猛发展的重要原因之一是广东烹饪技术力量雄厚，名师名厨辈出。1940 年，广州名厨梁贤参加巴拿马国际烹饪比赛，其菜式"巴黎鸭"（西汁扒鸭）获金质奖章，被誉为"世界厨王"。北京饭店粤菜厨师康辉（广东顺德人）1982 年随团参加法国第 25 届国际美食博览会，被法国名厨协会授予"烹饪大师"称号，并被接纳为会员，这在中国烹饪史上还是首次。

广东厨师在国际、国内的各项烹饪大赛中成绩非常显著，金牌数、奖牌总数之多令人深感广东厨艺的强劲。

2001年8月，中国烹饪协会特意在广东肇庆举办了首届全国粤菜烹饪大赛。粤菜是中国四大菜系中第一个举办全国性大赛的菜系。中国烹饪协会当任会长张世尧在总结颁奖大会上这样说："粤菜是中华饮食文化的优秀代表，是中国最著名的菜系之一，应该说早已名扬天下。"

2.2.5 风味与品种优势

粤菜菜品的风格是高雅大气，尝鲜常新，无论在选料、用料、刀工、配菜，还是最后的摆盘成型，都充分显示着它特有的气质。1984年，日本《主妇之友》编辑出版当时世界最大型的画册《中国名菜集锦》共九卷，其中"广东"名菜就占2卷。

2.2.6 群众基础与声誉优势

"食在广州"其中一个含义指广东人讲究饮食，以美食为乐事。大多数广东人不善喝酒，不尚辛辣，但好品菜，所以广东人的味觉较少受强烈刺激，能保持灵敏的味觉。

广东人对菜点的挑剔近乎苛刻，对新菜品新食法有着很强的好奇心，对菜品鲜美滋味的追求达到不惜代价的程度。广州市政府自1956年起不定期地多次举办"广州名菜美点评比展览会"。1987年开始，每年秋冬季举办广州国际美食节，评选新涌现的广东特色名菜。参与这一活动的不仅有商家、专业人士，还有广大群众。受广州国际美食节影响，广东各地也各自举办美食节，成效相当显著，有的地方甚至还出版美食节专辑资料。政府主管部门还组织开发高质量粤菜技能培训线上课程，供群众免费学习。

粤菜在海外的影响是众多地方菜中最早最广泛的。一个叫威廉·享德的美国人来广州后写了一本《广州番鬼录》，在书中，他列举了广州令人眼花缭乱、目不暇接的珍馐佳肴。1980年初，美籍华人、饮食专家江献珠在广州讲学时表达了这样一个观点：粤菜是中国菜在美国落户的鼻祖。

2.3 广东名菜总体特征的量化分析

广东名菜是粤菜的重要组成部分，是粤菜特色的重要反映，是研究粤菜的重点内容。本节以中国财政经济出版社出版的《中国名菜谱·广东风味》收录的245道广东名菜为分析对象，对广东名菜进行品种类型、刀工成型、烹调方法、滋味类型、色彩、质感等六个方面的统计分析。

2.3.1 广东名菜品种类型的量化分析

《中国名菜谱·广东风味》一书中收录的245道名菜共分为山珍海味菜、肉菜、禽蛋菜、水产菜、植物菜和其他菜六大类，统计数据见表2-1。

表 2-1　广东名菜品种类型统计

菜肴类型	山珍海味菜	肉菜	禽蛋菜	水产菜	植物菜	其他菜
款数	31	30	54	71	28	31
所占比例（%）	12.7	12.2	22	29	11.4	12.7

从表 2-1 可以看到广东名菜品种结构有以下特点：

1. 水产品种丰富

水产菜共有 71 道，占总量的 29%，为各类之冠。广东南临南海，珠江三角洲河网交错，以及由珠江三角洲劳动人民创造的基塘副业生产体系——挖塘养鱼，塘基种植果树、桑树或甘蔗，使广东的水产资源十分丰富。南海水产有 400 多种，其中包括名贵的鲍鱼、龙虾、大虾、响螺、海蟹、石斑、苏眉、青衣及各种贝类等。淡水鱼类不仅种类多，而且数量也多，鳙鱼、草鱼、鲢鱼、鲮鱼、鲤鱼、鲫鱼等六大淡水鱼供应充足。

2. 高档原料使用较多

除水产菜、禽蛋菜外，山珍海味菜名列第三。山珍海味菜中，绝大部分是鲍、参、翅、肚、燕窝菜品，使用的都是高档名贵的干货原料。这至少反映了三个现象。

1）高档菜式一般多用于对外交往、商贸活动的宴会。这类宴会促进了高档菜品的增加。经济发展是餐饮发展的晴雨表。从唐代起，广州就成为中国主要的对外通商口岸。到今天，广东拥有深圳、珠海、汕头等几大经济特区，同时又毗邻香港、澳门地区，对外交往和商贸往来十分频繁，高档菜品的需求自然就多。由于接待的需要，菜品不仅要求用料名贵，而且制作也要求高标准、高规格，这也是广东名菜均显高雅的原因。

2）高档菜式多与广东人的生活态度有密切关系。广东人既努力去工作，设法增加收入，也喜欢潇洒地消费，特别舍得花钱去吃，去寻新、寻奇、寻名贵食品。

3）高档名贵的干货原料制作工艺比较复杂，技术难度较大。顺利将高档名贵干货原料制作成名菜，而且工艺技术运用得心应手，恰恰证明了粤菜烹饪工艺技术的水平。

3. 禽类菜品极受重视

禽蛋菜以 22% 的比重排第二位。禽蛋菜中除四款是以蛋为主料外，其余均以禽类原料为主料，禽类菜式地位之重可见一斑。

禽类菜式中以整鸡烹制上席的菜肴共有 9 款，占 16.2%，整鸽烹制上席的菜肴有 6 款，占 11.1%。广东的宴席特别重视整鸡馔，有"无鸡不成宴"之说。因而广东名鸡菜式不断涌现。《中国烹饪百科全书》上收录的广东名鸡菜式有三款，即以"澄黄油亮、皮爽、肉滑、骨软、原汁原味、鲜美甘香"见长的白斩鸡；用热盐焗熟，盐香分芳，肉滑味鲜的东江盐焗鸡；砂锅焗制，酱香流溢，浓中显鲜的潮州豆酱鸡。三款名鸡菜肴恰好分属粤菜中的广州菜、客家菜和潮州菜。

广东的本地肉用鸡体形不大，肉嫩味鲜骨脆，是制作鸡馔的优良材料。由于广东人重鸡馔，各家均制名鸡为其招牌吸引食客。如广州酒家的广州文昌鸡、广州茅台鸡；清平饭店的清平鸡；泮溪酒家的园林香液鸡；大同酒家的大红脆皮鸡；大三元酒家的茶香鸡；北园酒家的瓦罉花雕鸡；南园酒家的潮州豆酱鸡、竹园椰奶鸡；东江饭店的盐焗手撕鸡；荔湾酒家的正式盐焗鸡（即东江盐焗鸡）等。近年来，广东的厨师继续潜心钻研，使名鸡菜式系列不断扩展。1993年7月，广州首次由专家评选"广东十大名鸡"。由于参评的鸡馔多而各有特色，评选结果突破了"十"的限制。名鸡有：清平鸡、东江盐焗鸡、广州文昌鸡、豉油鸡、柱侯鸡、沙律脆皮鸡、牡丹鸡、洪寿鸡、东方市师鸡、鹿鸣市师鸡、唛记鸡、风沙鸡、美极鸡、九记路边鸡、贵妃鸡等。

2.3.2 广东名菜刀工成型的量化分析

菜品的形主要指两个方面：一方面指烹饪原料的刀工成型或烹后定型；另一方面指菜肴的造型。本节主要分析前者。

原料刀工成型包括刀工切改成型和烹调前造型方法成型。统计时按菜肴主料或菜肴主要部分进行统计。若一个菜有两种以上主料而且形状不同，则按其所占比例统计。汇总时按四舍五入原则处理。

形状中"整形"是指整形烹制、整形上碟，斩件上碟砌回整形。"件"指形状稍大，多呈扁平形的形状，如扣肉的芋件、猪肉件、猪扒、窝贴、瓜脯、生鱼球、鸡球等。"块"指略呈方形、长方形（俗称骨排形，日字形）的形状，如用于焖的鸡块，用于蒸或炸的排骨等。"丝"包括粗、中、幼三种丝。"圆、球"将统计一切带有明显圆形特征的形状，如鱼丸、虾球、原只冬菇等。碎料烩羹均统计于"粒"中。统计结果见表2-2。

表2-2 广东名菜刀工成型统计

形状	出现次数	所占比例（%）
整形	63	25.6
件	25	10.2
块	40	16.3
段	19	7.7
圆、球、丸	29	11.8
卷	3	1.2
串	5	2.0
条	1	0.4
花	2	0.8
片	22	8.9
丁	11	4.5
丝	17	6.9
粒	9	3.7

统计数据表明，粤菜刀工成型有以下特点。

1. 原料形态偏大

整形、件形、块形和部分球形属于较大的形状，这些形状在全部原料形态中的比例达一半以上。这与粤菜一向讲究高雅、大气的风格是一致的。粤菜原料形状偏大但不是粗大。为了使原料形态表现出菜品的高雅、大气,形状要求大而美观,大得适度,整齐划一,协调一致。像排在第一道的红烧大群翅,整副群翅整齐完整地置于精美瓷碟上,用名贵银器承托,浇上金红色的芡汁,显得格外高雅。

2. 整形主要在禽类和水产类菜式中体现

整形主要体现在禽类和水产类菜式中,与粤菜禽类和水产类菜式比例最大也有密切关系。整禽脱骨是刀工技术中的难点之一,快而且高质量地完成整禽脱骨需要较高的刀工技术。表2-2的统计中说明整形菜式中有六道属于整禽脱骨的菜式,几乎占整形菜的10%,粤菜刀工技术精湛在这里可以得以证明。

3. 原料成型变化范围大

刀工成型中形态大的偏多,而形态较小的如片、丝、丁比例也不少,表示原料成型变化范围大。禽类原料和常用的猪、牛肉刀工成型变化最大,从整形、块状到丁、丝、粒、片都有。这说明粤菜用料求新,制法求新,形态也求新。当然,原料形状改变,菜肴风味也会有所不同。

4. 原料刀工成型呈现简练巧妙和快捷的特点

粤菜还充分利用原料的自然形态、组织结构及加热的变化规律,使原料巧妙成型。粤菜对原料的加工不刻意追求复杂,以使用简练的刀工令原料整齐为美,由此,原料刀工成型讲究快捷,以满足粤菜生产快节奏的需要。广东厨师代代相传的师训是"爽手利索"。

2.3.3 广东名菜烹调方法的量化分析

粤菜有20多种烹调法,有的烹调法还包括若干子烹调法。本节在统计名菜的烹调方法时遵循一道菜只按一种烹调方法统计的原则。若一道菜出现了多种烹调方法,以决定菜肴风味的烹调方法或主要的烹调方法统计,若由多种风味拼合而成的菜肴,烹调方法按比例计算,汇总时四舍五入,广东名菜中出现的烹调法统计见表2-3。

表2-3 广东名菜的烹调法统计

烹调法	使用次数	所占比例(%)	烹调法	使用次数	所占比例(%)
炒	31	12.7	焯	3	1.2
油泡	21	8.6	滚	2	0.8
煎	15	6.1	烩	18	7.3
炸	24	9.8	氽	2	0.8
蒸	29	11.8	清	2	0.8
炖	23	9.4	煠	7	2.9
焖	21	8.6	煲	1	0.4
扒	11	4.5	烤	3	1.2
煀	8	3.3	卤	4	1.6
焗	9	3.7	熬	3	1.2
浸	5	2.1	冷菜	3	1.2

表2-3统计资料反映出粤菜的烹调方法有以下特点。

1. 炒、蒸、炸、炖、油泡、焖、烩、煎为常用烹调法

以上烹调法所占比例均超过5%。因而列为最常用烹调法，这个结果基本反映粤菜烹调方法状况。炒法比例最高，如果把与"泡油炒"相似的"油泡法"也加进来，所占比例超过20%，这就是粤菜擅长"锅气"小炒，偏好菜肴仅熟脆嫩的证明。

随着工作和生活节奏的加快，这些成菜时间短的烹调方法将更多地得以应用。蒸、焖菜式口味清鲜，不上火，因而深受广东人的喜欢。特别是新鲜的海鲜用蒸的方法来烹制，能最大限度地保留其鲜美的原味。从汤中吸取食物营养也是广东人的习惯，炖品是进补的最佳菜品，因此特别受人喜爱。炖品还常作为高档菜登上高档宴席。烩羹的方法能较好地解决高档名贵原料本身滋味不足的问题，因为汤水柔滑，常常成为高档宴席中的汤品。炸与煎制的菜式，油香味浓，口感酥脆，宴席中一般都有，菜式比例也就比较大。

2. 焗、焗、浸、焯为粤菜的特有技法

这四种烹调方法在其他地方都是极少见甚至没有的。在粤菜中，由这四种烹调方法烹制出的"瓦罉焗甲鱼""蚝油焗鸡""东江盐焗鸡""玫瑰焗乳鸽""葱油焗鸡""姜蓉白切鸡"（浸法）"油浸山斑""白焯响螺片"等是流传已久、长盛不衰的名菜。

3. 烤法成为粤菜的擅长技法

古人的熟食习惯是从吃被林火烧死的野兽开始的。火烧食物后来演进为一种烹调技法，即烤法，或叫烧烤法。这种演进在何时何地基本定型尚无详实资料，也无充分资料证明烧烤法最早出现在广东，但广东烧烤菜式的美名已经得到社会的公认。广东的"金龙乳猪"在第二届全国烹饪技术比赛中夺得金牌，这是烤乳猪在全国性比赛中获得的最早及最高奖项。广东的烧鹅已成为多家食府的招牌菜品，甚至成为一些连锁餐饮企业的龙头产品，目前这些以烧鹅为招牌菜品的餐饮企业已遍及全国多个城市。

4. 为原料增味的技法使用频率很高

爀是广东特有的一种烹调方法，用于给原料增加滋味。在统计的245道名菜中，至少有13道菜明显需要爀，即约占5.3%。由于爀仅作为烹制菜品的辅助方法，按每道菜品爀所占比重为50%计算，爀在烹调法中所占比例为2.7%，排在中间位置。由此可见，粤菜对菜品的鲜美滋味确实是力求尽善尽美的。

2.3.4　广东名菜滋味类型的量化分析

滋味是人们对食物某些性质的一种综合感觉。本节统计的滋味指菜品中的化学呈味物质刺激人的味觉器官而产生的一种感觉。统计的目的是了解粤菜对菜品味道的调制规律。统计主要针对人为调味，不包括由嗅觉器官感觉的香气。

化学味分为单一味与复合味两大类。复合味是呈现两种或两种以上的味。由于参与组合的单一味的种数、比例及产生单一味的物质都是可变的，因此复合味的变化极其丰富和精妙。研究复合味有全面研究和主要特征研究两种方法，本节按后一种方法进行研究。

粤菜六种单一味只有咸、甜两味可独立存在于菜肴中，因此滋味类型分为以咸为基本味的味型和以甜为基本味的味型。严格来说，咸味也不能独立呈现在一种菜肴中，没有外加的或原料本身的味的调和，独立咸味是不可口的。因此以咸味为基本味的味型是以复合味形态出现的，以甜味为基本味的味型可单独出现。按以上思路，统计数据见表2-4。

表2-4　广东名菜味型统计

味型名称	出现次数	所占比例（%）	说明
咸鲜	34	54.7	清鲜味本质上属于咸鲜味，清鲜味归集的是偏于清淡的咸鲜味 除纯甜外，均注意加入鲜味或保存原有鲜味
清鲜	80	32.6	
咸甜	4	1.6	
咸酸	6	2.4	
咸辣	4	1.6	
酸甜	8	3.3	
纯甜	9	3.8	

通过表2-4，可以看出粤菜味型具有以下特点。

1. 粤菜滋味以鲜为先

在245道广东名菜中，咸鲜味和清鲜味共214道，占87.3%，这些菜品虽然调料配用互有变化，味感浓淡各不相同，然而它们有一个共同特点，就是鲜味处于重要地位。粤菜一向注重菜品的鲜味，烹制中会调动一切可能的方式对菜肴进行保鲜、提鲜、助鲜、补鲜。粤菜把鲜味视作菜品滋味的灵魂，把调鲜呈鲜视为调味的最高境界，把尝鲜看作品味的最美享受。

粤菜重鲜的客观原因是广东食源丰富，长年供应不缺，获取新鲜原料并不困难。此外广东气候夏秋偏热，冬春偏暖，味道清鲜的食物会令人感到可口，调味的习惯自然以鲜为重。

2. 味型特征鲜明

如果根据使用的调料及由此而形成的特色来细分，以上味型可分出多种味型。如原鲜味、蚝油味、豉油味、豉汁味、虾酱味、芥辣味、咖喱味、糖醋味、果汁味、茄汁味、酸辣味、虾碌味、啫汁味、柠汁味、橙汁味、西汁味、南乳味、乳香味、柱侯味、卤水味、沙茶味、潮州豆酱味、京都骨味、黑椒味、千岛味等，只要看看以上味型名称就知道它们呈现的味型特征是十分鲜明的。

糖醋味、茄汁味、果汁味、西汁味、啫汁味、虾碌味、酸辣味、柠汁味、橙汁味、京都骨味、千岛味等均带酸味，但酸的特色各有不同。

糖醋味是大酸大甜大咸，是酸甜中最具刺激性的味。茄汁味呈现的是番茄酱中特有的微酸味。果汁中虽有茄酱成分，但带有稍重的果酸。西汁中由于有了胡萝卜、马铃薯、芹菜、猪骨等原料的加入，因而滋味非常浓郁饱满，且带有肉鲜味。啫汁味带较重的大料香味，色泽为深棕红。虾碌味中的酸味非常轻，加的一点酸，主要是为了提起虾的鲜味，此外虾碌汁中还加了含香的调料啫汁，以衬托其焦香。酸辣味是因为加了酸姜。柠汁味、橙汁味、茄汁味分别呈现柠檬、鲜橙、番茄等各自风味。京都骨味是由陈酸调出，其味甚为特别。而千岛味则是西餐风味。

3. 甜味菜式不少，辣味菜式不多

广东是中国蔗糖的主要产区之一，甜食在广东比较普遍，尤其在潮汕更加突出。玻璃芋蓉、芋蓉莲子、金钱酥柑、返沙芋头等都是著名的潮州甜菜。但是粤菜极少在咸味菜中调入较多的糖。由于辣味比较霸道，会影响鲜味的呈现，因此在广东不太流行，轻微辣味的食品可接受。

粤菜的滋味与它的烹制方法、菜品品种一样在不断发展，不断创新，因而也是丰富多样的，以上所总结归纳的仅是粤菜滋味中最具代表性的类型。

2.3.5 广东名菜色彩的量化分析

菜肴的颜色是菜肴特色组成部分，是使食用者对菜肴产生第一印象的要素之一，向来都是备受关注的。从技术层面讲，菜品的色主要指芡（汁、汤）的色泽和芡的油亮程度；从视觉层面讲，则应包括原料的色泽。本节主要从视觉效果出发，探讨广东名菜主要调色的取向，即芡（汁、汤）的色泽和原料的色泽。首先由于前者更能反映广东名菜调色的人为因素，反映广东名菜对色彩喜好的主观愿望，因而作为主要因素进行分析。其次为原料的人为赋色，再次为原料原色。

粤菜将菜品芡色归纳为红芡、黄芡、白芡、青芡、清芡和黑芡六个大类，每个大类下面还各分小类。为简化起见，本节只按大类统计。红芡主要指茄汁、糖醋及蚝油等类的酱色。黄芡指金黄及咖喱的浅黄色。白芡主要指鸡蛋清、牛奶、蟹肉等色泽。青芡为青菜汁色泽，即绿色。清芡为透明无色的类别，也称原色芡、本色芡。黑芡特指加了豆豉为调料的深酱色。此外，在清芡菜式中将分出"多色"一类色彩，它将归集除调料外由色泽各异的三种或三种以上主副料组成的菜品色彩，如五彩炒蛇丝、什锦鱼青丸等。

广东名菜色彩统计结果见表2-5。

表2-5 广东名菜色彩统计

色彩分类	出现次数	所占比例（%）	说明
红色	76	31	
黄色	18	7.4	红色包括浅红、深红、大红、紫红、嫣红等
白色	6	2.4	
青色	3	1.2	青色包括绿色原料呈现率大于50%的
本色	105	42.9	本色包括芡（汁、汤）色基本为原色或只轻微调色的
黑色	6	2.4	
多色	31	12.7	

根据广东名菜的色彩分布，可以看出其调色的特点如下：

1. 广东名菜色彩表现与粤菜特色一致

本色菜比例最大，为 42.9%。一般情况下，菜品的滋味与色泽表现与人们的心理反应是有关联的。色泽较浅甚至保持原色的菜品令人有清鲜、清爽的感觉。若酱色很深，就会使人产生味道浓郁的联想。粤菜以清鲜、清爽、嫩滑为特色，菜肴调色自然就以保持原料本色、调清芡为主。

2. 广东名菜色泽偏好多彩

多色菜品占总数的 12.7%，排第三，粤菜的色泽偏好多彩基本得到证明。其实，在其他菜品中，双色的菜品占一半以上。粤菜对于色泽比较单一的菜品，还会通过加入料头使色彩丰富起来。广东名菜色泽偏于多彩的主要原因有三个：一是环境，广东特别是广州，气候温暖，四季如春，素有花城之称，环境的万紫千红影响了人们对菜品的审美观念；二是物料，广东物料繁多，一物自有一色，组成菜品自然就是五彩缤纷；三是追求，粤菜追求变化，不同原料形成组合和原料组合的变化都会演化出新的型、新的味。粤菜还认为，不同原料组合同烹，原料之间的味会相互渗透融合，呈现复合美味，改善原料滋味。因此，大部分粤菜均是由主副料组成。由追求变化引起的菜品原料组合，其结果使得色彩总是华丽的。

3. 浓淡兼备，深浅相宜

色彩类型中，红色、黄色、白色、本色还可以根据浓淡、深浅的变化和基本色调的不同细分出子类。如红色就分为深红、浅红、大红、紫红、嫣红等。

2.3.6 广东名菜质感的量化分析

菜肴的质感是人们在咀嚼食物时，由食物刺激口腔而产生的触觉类综合感受。菜肴的质感比较复杂，它的类别很多，不少类别之间互有包含，类别叫法习惯不一。另外，一个菜肴中会有多种质感。为便于量化分析，根据当前粤菜的一般习惯，对广东名菜质感的归类及统计作以下规定。

对每个名菜质感的界定按总体质感、主料质感、主要质感顺序进行。

对所出现的质感分为爽、嫩、酥、脆、糯、焾^㊀、韧等七类进行统计。

爽指既易于咬开，又有一定的弹性，如鱼丸、笋肉等。

嫩即柔软、细嫩、细腻、滑嫩等质感。

酥主要指松化、松软、浮松的质感，软而不柔，稍带硬。

脆感带硬质，有折断感，如乳猪皮等。

糯包括软糯、粉糯、肥糯等，软糯带黏稠。

焾指很软，几乎没有柔韧感，很容易咬开。

韧指柔韧性较强，包括干香类质感。

根据这些规定，广东名菜质感统计见表 2-6。

㊀ 广东方言，即质软而形不散。

表 2-6　广东名菜质感的统计

质感类型	出现次数	所占比例（%）
爽	41	16.7
嫩	142	58
酥	16	6.5
脆	14	5.7
糯	10	4.1
焓	21	8.6
韧	1	0.4

由统计数据显示，广东名菜质感的特点如下。

1. 嫩质成为广东名菜质感的主角

广东名菜中嫩质菜品有 142 款，占比接近六成。嫩是粤菜风味特点之一。嫩质涵盖的范围最广，对食用者的适应性最强。由于原料生产技术的改进，原料质地逐步趋于细嫩。只要把火候控制好，不过火，许多肉料在仅熟时便呈现嫩滑质感，而火候控制技术一向是粤菜特别重视的，因此，嫩质成为广东名菜质感的主要特色是必然的。

2. 爽质显示出广东名菜质感的特点

具有爽质感的广东名菜有 41 道，占总的 16.7%，排第二位。爽质感在广东名菜质感中虽然所占比例不是最高，但仍可称得上粤菜风味的重要特征。广东丸子类菜式是典型的爽质口感。广州菜的虾丸、鱼青丸、墨鱼丸，潮州菜的鱼丸（海鱼），东江菜的牛肉丸、猪肉丸等都是著名的爽口食品。这些丸子落地能弹起，爽口而味鲜，深受食客喜爱。这些丸子的制作工艺蕴含复杂的生化原理，具有较高的技术难度。

3. 除嫩、爽、韧外，其余质感的比例接近

酥、脆主要是由煎、炸法形成的，与其他质感有较大的区别，对调剂餐食中的口味起重要作用。广东的野味（人工养殖）菜肴几乎都是焓质感的。许多野味都有特殊气味，需要长时间加热除掉异味而使之气味芳香，味道浓郁，质感也就大多是焓的。此外，韧性大、胶质重、皮厚的筋腱原料、鹅鸭等，处理为焓质感较可口。糯质主要在东江菜中出现，带有浓厚的中原风味，对广州菜、潮州菜亦有渗透。

2.3.7　量化分析结果及结论

从以上分析的六个方面来看，广东名菜的主要特点是水产菜所占比例最高；刀工成型以整形、大件为主；烹调方法以炒、泡为主；菜肴滋味以鲜为先；菜肴色彩偏于原料本色；菜肴质感以嫩爽为主。

以上结论是根据《中国名菜谱·广东风味》中收集的广东名菜进行统计的，该书收集的名菜在当时是具有代表性的，由此得出的主要结论对粤菜风味的描述是比较客观的。但是，名菜形态的呈现是复杂的，界定是模糊的，对名菜的归类难以做到绝对准确，只能遵循相对合理原则进行归类统计，因此个别数据就难免有微小的差异，但这些差异并不影响名菜反映出的整体特点。

2.4 粤菜的组成

粤菜以广州菜为代表，由广州菜、潮州菜和客家菜为主体组成。

2.4.1 广州菜

广州菜也称广府菜。广州菜涵盖的范围最广，包括顺德、中山、南海、清远、韶关、湛江等地。广州地处广东中、西部，珠江横贯其间，形成富饶的珠江三角洲平原。这里河网纵横，良田万顷，蔬果繁茂。广东近2/3的海岸线在此范围内，海产资源非常丰富。粤西、粤北有大片的山地丘陵，禽畜大量养殖。该地区属亚热带，气候炎热，年平均气温为22℃，雨量充沛，十分适合动植物的生长，为广州菜的发展奠定了坚实的物质基础。

广州所在区域原住民为南越族人。由于此处物产非常丰富，当地人随意选择食物，从而养成了杂食的习惯。这就是广州菜后来选食风格的渊源。

秦朝时期在岭南设立三个郡实行统治。于是，中原汉人开始大批南迁，与南越人共处，形成"汉越融合"的状况。中原的饮食文化开始影响着当地的烹调与饮食习惯。

西汉以后，中原人继续以多种方式南迁，中原的饮食文化和先进的烹调技艺与岭南的地理环境和南越人的饮食习惯糅合在一起，创造出别具一格的烹调风格和饮食特色。这种风格和特色是广州菜后来发展过程中逐步形成的风格的基础——博采众长，兼收并蓄。这是粤菜能迅速发展后来居上的重要原因，也是有别于其他地方风味发展模式的独特之处。

隋唐时代，岭南的"汉越融合"基本完成，经济也有所发展，物产丰富的广州地区通过因"汉越融合"而逐步完善的烹调技艺的施展，不断创出新的名食。味美、多样、新颖的名食在民间广泛流传，带动起对美食的追求，享受美食的乐趣。"食在广州"自然形成。

经济发展也是促进广州菜发展的一个重要原因。在宋代，广州的农业发展较快，手工业兴旺，商业和航运业兴盛，广州成为我国当时最大的商业城市和通商口岸。通过口岸进入我国贸易的有50多个国家，加上内地商贾纷纷前来，贸易活动十分频繁。各地商贾云来，饮食需求倍增，广州菜充分受益，同时也造就了明显的商贾文化风格。

明清时代，珠江三角洲的农业发展走到了全国的前列，被称为"鱼米之乡"，作为中心城市的广州市场兴旺，对内对外贸易十分发达。广州对外贸易的地位十分突出，内外商客云集，各地名菜相继传来，广州饮食市场一派繁华，广州名菜层出不穷，烹调技艺日益成熟。外来饮食文化的影响，强化了广州菜风味的创新和观念的开放。

中华人民共和国成立尤其是改革开放政策实施以后，广州饮食市场的繁荣及市场竞争的激烈，再次促使广州菜迅猛发展，新创菜品不断涌现，绝技绝招相继出现，烹调理论继续创新。1956年，广州率先举办"广州名菜美点展览会"，5447种名菜，815款美点荣耀登榜。1986年广州市政府主办了广州美食节，把广州菜的发展推上了一个新的高度。从1987年开始，广州市政府把美食节提升为广州国际美食节，美食节的内容拓宽至世界范畴，使"食在广州"名副其实，"食在广州"大放异彩，"食在广州"不但闻名全国，也享誉世界。

广州是广东省的省会，是粤菜范围内的经济、文化中心。广州菜覆盖的范围为粤菜三个组成部分中最广的，而且包括广州在内。因此，广州菜能获得最丰富的物产资源，饮食信息沟通最畅顺，思想观念更新速度最快，高新科技引进运用最方便，理论研究最超前，广州菜的发展——无论是工艺技术、新创精品方面，还是理论研究方面，始终都走在前面。同时，广州菜的发展对其他地方菜发展的带动与促进作用是十分明显的。所以说，广州菜是粤菜的代表。

广州菜的特色是选料精奇、用料广泛、品种众多，口味讲究清鲜、爽脆、嫩滑，制作考究，善于变化，擅长炒、油泡、煁、焗、炸、烤、烩、煲、浸等技法，注重火候，追求锅气。广州菜较早成名的名菜有红烧大群翅、红烧网鲍、麻皮乳猪、龙虎斗、八宝冬瓜盅、蒜子瑤柱脯、虾子扒婆参、杏汁炖官燕、香滑鲈鱼球、清汤鱼肚、姜蓉白切鸡、白云猪手、白焯海虾、五彩炒蛇丝、大良炒牛奶、脆皮烧鹅、油泡虾球等。

广州菜的宴席菜品讲究规格和配套。一台正规的喜庆宴席由冷盘、热荤、汤菜、大菜、单尾（主食）、甜菜、点心、水果等组成，主要菜品以8道或9道为多，且讲究上菜的顺序。

2.4.2 潮州菜

潮州菜发源于潮汕平原，不仅覆盖潮州、汕头、潮阳、普宁、揭阳、饶平、南澳、惠来及海丰、陆丰等地，还包括所有讲潮汕话的地方。潮州是历史名镇，也是潮州菜的发源地。随汕头的崛起，潮州菜又可称为潮汕菜，简称潮菜。

潮汕地区位于广东省的东南部，面临南海，海岸线约有660千米，海产资源极其丰富。由于潮汕地区地处亚热带，北回归线从该地区中部穿过，气候温和，雨量充沛，土地肥沃，此外，还有大片的山地和丘陵，自然条件优越，因此，农产品、水产品、地方土特产种类繁多，这为潮州菜提供了丰富的菜式原料。

潮汕平原的土著居民是越人。秦以前，潮汕因与闽地接壤，故语系和风俗习惯与闽越接近而与南越有别。虽然潮州菜的形成也与"汉越融合"有关，而且自秦始皇以后潮汕属南海郡，隶属广东，受广州菜影响较大，但始终因渊源不同，饮食习惯与风味特色仍自成一派。

潮州菜的特色十分明显。潮州菜选料广博，不论是海产、农产、水产、特产、家禽、牲畜，还是山珍干货、野味草药都可入肴。潮州菜用料讲究，从质量上力求鲜活，按照规格、季节严格选择原料。潮州菜注重刀工，拼砌整齐美观，注重用原料制成花鸟图案，点缀于菜肴中。潮州菜的主要烹调方法有炒、焖、炖、烙（煎）、炸、炊（蒸）、卤、油泡、焗、膏烧、返沙、醉、焯、烧烤、冻等十几种，其中焖、炖及卤水的制品与众不同。潮州菜的汤菜功夫独到，菜肴口味清醇，烹调中注重保持原料鲜味，偏重香、鲜、甜。红炖大群翅、佛跳墙、明炉烧响螺、潮州豆酱鸡、冷脆烧雁鹅、潮汕卤鹅、佛手排骨、酥香果肉、云腿护国菜、绣球白菜、八宝素菜、香滑芋泥等都是潮味十足的名菜。

此外，潮州菜的烹调特色还可用"三多"来表达。

"一多"指烹制海鲜品种多，以烹制海鲜见长。潮汕地区盛产海鲜，广州有"无鸡不成宴"之说，而潮汕则称"无海鲜不成宴"。其特色产品有生炊龙虾、鸳鸯膏蟹、明炉烧响螺、堂焯鲍片、生淋草鱼、龙虾伊面等。

"二多"指素菜品种多。潮州菜烹制素菜的特色是"素菜荤做""见菜不见肉"。运用"有味使其出，无味使之入"的方法，使素菜美味甘香芳醇，素和荤达到完美结合，令人百尝不厌。其代表菜肴有护国素菜，厚菇芥菜、玻璃白菜、八宝素菜、烩凉瓜羹等。

"三多"指甜菜品种多。潮汕地区历史上是蔗糖的主产区之一，为制作甜菜提供了基本原料。制作甜菜的主要原料是植物类，动物类也能制作甜菜。甜菜分"清甜""浓甜"两类。"清甜"品种一般指清甜糖水和羹类，"浓甜"指羔烧或蜜浸类，彼此风味是有区别的。代表菜有：杏仁豆腐、玻璃芋泥、膏烧白果、返沙香芋、膏烧姜薯、满地黄金、绉纱莲蓉、甜皱沙肉、芝麻鱼脑、冰糖鱼鳔、鲜莲乌石、八宝甜饭等。

另外，潮州菜的宴席也值得一提。各种喜宴都喜欢点十二道菜，其中包括甜、咸点心各一款，而且有两道甜菜，一道作头甜，一道押席尾，叫尾甜。头道是清甜，尾菜是浓甜，寓意生活越过越甜蜜。宴席一般有两道汤或羹菜。席间还要穿插潮汕工夫茶，这既体现潮州菜地方色彩，又符合人们的饮食规律，还能使宴席变得有韵律和节奏。

潮菜宴席当菜肴上席完毕时还要送小菜和白粥作为压酒。小菜多是潮汕咸菜、橄榄菜、贡菜及鱼露菜等。

潮菜宴席的酱碟佐食也是潮州菜的突出特色。酱碟是潮州菜烹调的主要助味品，补充烹调过程中调味的不足。酱碟的搭配比较讲究，如"明炉烧响螺"要配上梅膏酱和芥末酱；"生炊膏蟹"必配上姜蓉浙醋；"卤鹅肉"要配蒜蓉醋；"牛肉丸、猪肉丸"要配上红辣椒酱；烧雁鹅配梅膏酱等。酱碟品种繁多，味道有咸、甜、酸、辣、涩、鲜，颜色有红、黄、绿、白、紫、棕等。

2.4.3 客家菜

客家菜又称东江菜，是由中原迁徙而来的客家先民在迁徙经历、定居环境及其适应和融汇智慧的共同作用下形成，由客家的厨师完善而成。客家菜是客家文化的重要组成部分。客家菜按地域又分为兴梅派和东江派两个流派。

兴梅派主要存在于广东省东北部山区的梅州地区，属于正宗的客家菜。早期山区的交通极不发达，物资流通少，当地人以本地出产的物产为主要食料。肉食主要是猪、牛、家禽和山间野味，而水产品则以淡水养殖为主。兴梅派客家菜特别擅长烹制禽畜类菜品，因为配料不足，自然形成主料突出的菜品组合习惯。无论是迁移还是耕种都是重体力劳动，为补充盐分形成了主咸的菜品风味特色；山区气温较低，山水寒凉，加上食品并不丰富，进食脂肪含量多的食物既可补充热量，抵御寒冷，又可耐饥。因此，菜品又习惯油脂多；为准备迁移，客家人要通过腌制、干制等方法储备食物。在制作过程中会加入香料，由此，菜品又有香的特色。

客家人南迁时期中原的饮食文化已相当发达，在中原饮食文化和烹调技术的影响下，明朝时期已形成初具特色的客家饮食文化。兴梅派是客家饮食文化的代表，形成了主料突出、主咸、重油、偏香、汁浓芡亮、酥烂入味、乡土风味突出的基本特色。

东江派包括惠阳地区、河源、紫金、龙川地区，该地区地处广东省东南部。境内北部多属山区，南部为平原、丘陵和沿海地带，全长523千米的东江在境内流过，流域面积达1000千米²。海岸线长565千米。该地区地处亚热带，有海洋性和季风气候特征，温暖多雨，年平均气温21.6℃。良好的自然条件为该地区提供了充足的食物资源。这里农作物以稻谷为主，蔬菜丰富，惠州梅菜是特产。水果以香蕉、荔枝、柑、橘、橙出名。畜牧业以养猪和家禽为主。咸淡水产资源十分丰富。东江派受广州菜风味影响较大，形成客家菜与广州菜融合的风味特色，菜肴讲究鲜爽，海鲜菜品多，注重锅气。

如今，客家菜为了生存和发展，走出围笼，面向世界，充分吸收各种地方风味特色，在原有特色的基础上借鉴外来特色并加以创新，出现了一些风格独特的新型客家菜。如盐焗系列菜式有盐焗凤爪、盐焗虾、盐焗狗肉、盐焗甲鱼等，大受消费者的欢迎。

客家菜的特点是菜品主料突出，朴实大方，善烹禽畜肉料，口味偏浓郁，重油、主咸、偏香，砂锅菜很出名，具有浓厚的乡土气息。其特色名菜有东江盐焗鸡、扁米酥鸡、爽口牛丸、玫瑰焗双鸽、东江酿豆腐、东江爽口扣、糟汁牛双肱、东江炸春卷等。

2.5 粤菜的特点

为了将粤菜的特点分析得细致一些，本节将粤菜特点分为工艺特点和风味特点。实际上两者之间的联系是十分紧密的，可以说有互相依存的关系。

2.5.1 工艺特点

1. 选料广博奇杂精细，鸟兽蛇虫均可入馔

广东地区地形复杂，气候炎热多雨，十分适合动植物的生长，物产相当丰富，北有野味，南有海鲜。珠江三角洲河网纵横，瓜果蔬菜四季常青，家禽家畜质优满栏。而且广东又处于我国对外贸易的南大门，能非常方便地引进国外的烹饪原料，这就为粤菜广泛地选择原料创造了良好的条件。

可选原料多，原料自然也就精细。粤菜讲究原料的季节性，不时不吃。吃鱼，有"春鲥秋鲤夏三黎隆冬鲈"的说法；吃蛇，则是"秋风起三蛇肥，此时食蛇好福气"；吃虾，"清明虾，最肥美"；吃蔬菜要挑"时菜"。"时菜"指合季节的蔬菜。如菜心"北风起菜心最烩甜"，还有"四季笋"和"四季菜胆"之别等。选料除了选原料的最佳食用期外，还特别注意选择原料的最佳部位。

广东自古有杂食的习惯。在新石器中后期的众多遗址中，除找到了各种家畜的遗骨外，还有大量鱼、鳖、蚌、蛤、螺、蚝和蛇的骨或壳。这就说明，杂食是广东人的传统饮食习惯。

对于飞禽，广东人有这样一说："宁食天上四两，不吃地下半斤"（旧制以16两为1斤），对飞禽喜好程度由此可见。

随着人类对自然环境的不断开发，野生动物生存的地方越来越少，有些动物已濒临灭绝，生态环境受到危害。目前，广东正加强保护野生动物、保护生态环境的教育，厨师与食客应树立保护生态环境和濒危野生动物的观念，改变捕食野生动物的习惯。

2. 烹调技艺以我为主，博采中外为我所用

粤菜的烹调方法源于当地民间。从"汉越融合"开始，随着粤菜的烹调方法与中原的先进方法相融合，粤菜形成兼收并蓄的开放观念。之后，历代的饮食文化交流、烹饪技能交流使得粤菜又吸收了大量的烹饪技能精华。西餐进入广东后也给粤菜带来新的启示。粤菜广泛吸收中外的烹调技艺精华，结合自己的物产、气候特点和习俗，形成自己完整的烹调技艺体系和独特的烹调特色，独树一帜，为世人所瞩目。如由北方的"爆法"演进为"油泡法"；由造型后烹制的"扒"改进为分别烹制分层次上盘的"扒"，扩大了用料的范围；将一般的炆法发展为规范的制作名贵汤品的炆法；把炒法细分为五种炒法；引进西餐的焗法、吉列炸法、猪扒、牛扒，改造为自己的烹调方法和名菜；借鉴西餐的Sauce（少司，即调味汁）的做法，首创了粤菜的酱汁调味法等。粤菜还独创了焗、煀、煲、软炒、浸、吉列炸等烹调方法。

3. 五滋六味，调味基础；因料施味，味型鲜明；惯用酱汁，浓淡相宜

这是粤菜调味的特点。五滋就是甘、酥、软、肥、浓；六味就是酸、甜、苦、辣、咸、鲜。通过五滋六味的优选组合，形成粤菜变化无穷的鲜美滋味。

粤菜向来注意根据原料的性味特征施以适合的调料和味型。如用姜蓉佐白切鸡，用豆豉炒凉瓜、炒辣椒，配辣椒丝生抽蘸白焯虾等，都使滋味妙不可言。粤菜将继续探索调味的艺术，开拓更多新口味。

粤菜的味型不算最多，但是各种味型的特征非常鲜明，不易混淆。酱汁就是复合调味品。酱是浓的稠的调味品，而汁则是稀的呈液状的调味品。这些复合调味品最初是由厨师们运用现成的单味调味品自行调制而成，并成为各自具有竞争力的调味特色。使用酱汁有多种好处：一种新的酱汁就是一种新口味；能使菜品的味道相对稳定，不因烹制者的不同而出现差异；加快了调味的速度；减少调味时出现的浪费，能节省和控制成本。

2.5.2 风味特点

1. 菜肴注重良好的口感,讲究清、鲜、爽、嫩、滑,体现浓厚的岭南特色

粤菜的清有味道清淡、清鲜,口感清爽不腻的含义,绝非清寡如水,淡而无味,而是清中求鲜,淡中求美,追求食物中特有的鲜美的原汁原味。

粤菜的鲜讲究的是鲜而不俗,自然的鲜。对鲜味的追求是粤菜与其他地方菜风味相比最突出的特征。粤菜把鲜味看作菜品滋味的灵魂,把菜品的鲜味创造视为烹调技艺的最高境界,把尝鲜看作食物口味的最美享受。

粤菜对爽的理解有清爽、脆嫩、爽甜、爽滑、有弹性。嫩,是质感细腻、细嫩的表现,是烩而不柴,软而不糯。滑就是柔滑、软滑、爽滑,是一种不粗糙、不扎口的口感。

粤菜滋味讲究清鲜,这实际上是对菜品质量提出了极高的要求。制作味道清鲜的菜品要比制作味道浓重麻辣的菜品要难得多。

2. 烹调方法灵活运用,创新品种层出不穷

自唐代起,广东逐步兴盛,物产比较丰富,食风得以盛行,逐渐形成了"食在广州"的美誉。"食在广州"是社会公认的,是对广州吃得方便、吃得丰富、吃得满意、吃得新奇、吃得回味的赞美。

物产丰富是"食在广州"的基础,需求强劲是"食在广州"的动力,观念开放包容性强是"食在广州"的本钱,大批的名厨、名店、名菜是"食在广州"的体现,政府的支持将使"食在广州"的发展得以长远。

3. 广州菜、潮州菜、客家菜互相交融,争相辉映,各出其色

广州菜、潮州菜、客家菜是粤菜的三个组成部分。这三个地方菜虽然有较多相同的地方,但是,由于它们所处地方不同,演化的历程不同,风味也形成了一定的差别。这种差别充实了粤菜的内容,开阔了粤菜的领域,丰富了粤菜的形象。有差别,就有互相借鉴互相促进的可能。

关键术语

炮;炙;燔;"有传统,无正宗";食制;粤菜的组成;潮州菜的"三多";泮塘五秀;五滋;广州国际美食节;兴梅派;爽;嫩;酥。

复习思考题

1. 粤菜在成长期有哪些特征?
2. 哪些原因促进了粤菜迅速发展?
3. 粤菜是怎样形成与发展起来的?
4. 为什么说陶器的出现对粤菜的发展有重要的意义?
5. 粤菜在品种类型、刀工成型、烹调方法、滋味类型、色彩和质感等六个方面有哪些特点?

6. 粤菜发展在哪些方面具有优势?
7. 煮和蒸的烹调方法在何时正式出现?
8. 广州菜、潮州菜、客家菜的形成与发展受哪些因素影响?各有什么特色?
9. 粤菜在工艺和风味上有什么特点?
10. 粤菜使用酱汁有什么好处?

蚝豉松

3 烹饪原料

【学习目的与要求】

烹饪原料是烹调加工的对象，是制作菜品的材料，也称食材。熟悉烹饪原料的物性是科学烹饪的基础。通过本章学习，掌握烹饪原材料的种类、形态、基本特性及通常用途，懂得烹调可以选用哪些原材料，熟悉烹饪原料的质量鉴定方法和保管方法。水产品、禽畜和海味干货原料的认识，调辅料的使用特点是学习重点，干货原料的质量鉴定和食品添加剂的特性是学习难点。

【主要内容】

烹饪原料概述

烹饪原料的保存

畜类原料

禽类原料

水产类原料

野生类原料

蔬果类原料

干货类原料

粮食类原料

调辅原料

3.1 烹饪原料概述

3.1.1 烹饪原料的含义

俗话说"巧妇难为无米之炊",烹制菜品首先要有材料。烹饪原料指用来烹制菜品的各种材料,包括天然材料和经过加工的材料。天然材料指通过种植养殖捕捞所得的烹饪原料,如瓜果蔬菜、鸡、猪、牛、羊、鱼、虾、蟹等。加工材料指运用食品加工方法、酿造方法、物理加工方法、化学加工方法等各种加工方法得到的烹饪原料。

作为烹饪原料必须具备无毒无害、食用安全、营养价值高、口感口味好等基本条件。

为了满足人们不断增长的饮食需求,需要大力开发本地烹饪原料,同时不断引进外来烹饪原料。在开发烹饪原料时,必须具备生态、环保意识,遵纪守法,决不能把国家保护的动植物用作烹饪原料,也不能把不熟悉的材料用于烹调菜品。

3.1.2 烹饪原料的分类

在实际生产中,常用的烹饪原料种类很多,对原料进行分类有利于比较系统地认识烹饪原料的性质特点和使用特点。

1. 按烹饪原料的来源及其自然属性分类

按来源及其自然属性划分,有动物性原料(如禽类、畜类、鱼类等)、植物性原料(如蔬菜、粮食、果品等)、矿物性原料(如盐、碱等)、人工加工原料(如香料、色素、酱油等)四大类。

2. 按烹饪原料的加工状态分类

按加工状态来划分,有鲜活原料(如鲜鱼、鲜肉、鲜蔬果、活禽等)、干货原料(如鱼翅、鱼肚、海参、干鲍鱼等)、复制品原料(如火腿、腊肠、罐头食品等)三大类。

3. 按烹饪原料在菜品中的地位分类

按烹饪原料在菜品中的地位可划分为主料、副料、配料和调料四大类。

4. 按烹饪原料的商品种类分类

按烹饪原料的商品种类划分,可分为肉类及肉制品、禽类及蛋品、水产品及水产制品、蔬菜、果品、干货及干货制品、粮食和调味品。

3.1.3 烹饪原料的品质鉴定

1. 品质鉴定的意义

原料品质鉴定有两方面含义:一是对新食材的认识;二是对常规原料的日常质量鉴别。

首先,菜肴质量的优劣取决于烹饪原料的品质。如不符合食用安全标准、营养价值低、新鲜度较差的烹饪原料,纵有高超的厨艺也无法烹制出品质上乘的美味佳肴。

其次，菜肴是供人们食用的。用劣质、变质、有毒的食材烹制菜肴必定会损害食用者的健康甚至危及生命。所以一定要掌握品质鉴定方法，严格把好品质鉴定关。

2. 品质鉴定的内容

从食味和食用安全角度来说，烹饪原料的品质鉴定有以下主要内容。

（1）原料的固有品质　烹饪原料的固有品质指它所含有的营养成分、口味特征及其加工性等。固有品质反映的是原料的食用价值。原料的食用价值高指它的营养价值高、口味好、容易加工，属于优质食材。

（2）原料的纯度和成熟度　纯度指原料所含杂质、污染物的状态和加工净度。一般来说纯度越高品质越好。但有时纯度高反而不好，如大米过度加工会导致营养素严重损失。成熟度指原料的生长期，生长阶段不同食用价值会有差别，成熟度恰当品质就佳。

（3）原料的新鲜度　新鲜度指食材原始状态的保有程度。鲜料的新鲜度随时间的延长而逐步下降，妥善的保管能减缓新鲜度下降。原料的新鲜度越高，品质就越好。原料的新鲜度主要从形态、色泽、水分、重量、质地、气味等外观特征来鉴别。

（4）原料的清洁卫生状况　原料必须符合食用安全的要求，凡腐败变质、受污染的、有病或带有病菌的、含有毒物质的原料均不可使用。

3. 影响品质的因素

绝大部分烹饪原料来源于自然界，所以影响其品质的因素主要有以下几方面。

（1）原料的种类　多数鱼虾的肉质都比畜肉嫩，青菜含维生素C比猪肉多，而猪肉含蛋白质比青菜丰富。这说明不同种类的原料品质不同。

（2）原料的生长期　原料因生产季节不同，产量及品质都有很大的差异。因此应该掌握原料的最佳食用期及上市期，充分发挥和利用其最佳品质。虽然现在市场有反季节种植（养殖）的原料，但风味远不及天然生长的原料。掌握原料的季节性特点很有必要。

（3）原料的产地　由于我国南北跨度大，气候差异明显，地理条件各有不同，土质存在差别，饲养及种植方法、加工方法各有不同等原因，同一原料因产地不同，质量、风味都会有很大的差异，所以各地有各自的特产、名产。了解原料的产地利于择优选料。

（4）原料的真伪　假冒伪劣的原料或经不法手段处理过的原料品质一般都是差的。必须掌握正确的鉴定方法，熟悉真原料固有的外观特征和品质特性，才不至于上当受骗。

（5）原料的损害　细菌、昆虫、温度、污物等都会使原料受到损害。受损的原料其品质就变坏。要懂得识别受污染、腐败变质、虫蛀的原料，防止其进入烹调阶段。

4. 品质鉴定的方法

烹饪原料品质鉴定的方法主要有理化鉴定和感官鉴定两大类。

（1）理化鉴定　理化鉴定是利用仪器设备和化学试剂对原料的品质进行判断的方法，包括理化检验和生物检验两种方法。

理化检验主要分析原料的营养成分、风味成分、有害成分等。生物检验是利用生物体对被检测原料的特有反应，从而鉴定被检测原料的质量和功效的方法。理化鉴定能具体而准确地分析原料的物质构成和性质，对原料的品质及变化可做出科学的判断。

（2）感官鉴定　感官鉴定就是利用人体的感觉器官，即眼、耳、鼻、舌、手等对原料的品质进行鉴别。感官鉴定有五种具体鉴别方法：

1）视觉鉴别。用肉眼对原料的外部特征（形态、色泽、清洁度、透明度等）进行鉴别。

2）嗅觉鉴别。利用鼻子来鉴别原料的气味。烹饪原料应有正常的气味，当它们腐败变质，就会产生不同的异味。

3）味觉鉴别。人的舌头上有许多味蕾，可以辨别原料的滋味，味觉鉴别就是通过感觉原料滋味的变化来判断原料品质的好坏。

4）听觉鉴别。通过耳听受检原料主动或被动发出的响声来鉴别其品质的好坏。

5）触觉鉴别。通过用手接触原料，查验原料的重量、质感（弹性、硬度、粗细）等，从而判断原料的质量。

感官鉴定简单易行，特别适合餐饮行业使用，但容易产生偏差。只有在长期实践中积累了一定经验后，才可以迅速对原料的品质进行鉴定。感官鉴定有局限性，它只能凭人的感觉对原料的某些外形特点作大致的判断，不能完全反映其内部的本质变化，其准确度不及理化检验，而且人的感觉和经验有差别，往往会影响鉴别的结果。

3.2　烹饪原料的保存

餐饮业生产的特殊性决定了原料一般是整批购进，分次取用，以保证生产供应正常。多数烹饪原料的质量随存放时间的延长而下降，妥善保存十分重要。原料保存不仅影响菜品的风味，还关系到菜品的营养卫生和企业的经济效益。

烹饪原料储存保存的目的是延长原料的使用期限，保护原料质量，防止浪费。了解引起原料品质变化的原因是妥善保存原料的前提。

3.2.1　引起烹饪原料品质变化的因素

1. 物理方面

（1）温度　温度过高会使原料的水分蒸发，令蔬菜、水果类原料干枯；温度过低则会使蔬菜、水果受冻伤导致品质下降，解冻后软塌糜烂。如将原料置于适合各种微生物繁殖的温度下，原料易发生霉变或腐败等；如置于适宜昆虫繁殖的温度下，原料易被虫蛀。

（2）湿度　空气湿度过高，干货原料容易因吸潮而导致发霉变质，面粉、淀粉等粉质原料会因受潮而结块、变色。湿度过低容易使鲜料失水、形态干缩、变色等。

（3）日光照射　日光照射会使原料失去鲜艳的色彩，还会加速油脂酸败。

（4）污染　污染指原料吸入不良气味或被污物污染，会影响原料的滋味及食用安全。

2. 化学方面

（1）氧化作用　原料与空气接触的过程中，空气中的氧与原料的某些成分发生氧化反应导致原料品质下降。

（2）自然分解　动物性原料自身含有分解酶，动物被宰杀后，分解酶少了氧气的抑制，会使原料发生一系列的分解反应，从而改变原料的性状，影响品质。植物果实采收后会在酶的催化下发生一系列生化反应，经过后熟具有甜味，如香蕉、菠萝等。但有些蔬菜和果品在储存中却因呼吸作用而消耗内部营养物质，降低营养价值。

3. 生物学方面

（1）微生物的影响　这种影响主要由霉菌、细菌、酵母菌引起。烹饪原料含有丰富的营养物质，给微生物的繁殖提供了有利条件。当微生物污染了原料就会使原料腐败、霉变和发酵，影响原料的品质。

（2）虫类的影响　原料受到虫类的蛀咬、侵蚀，会使外观受破坏，致使原料无法食用。

3.2.2　烹饪原料的保存方法

1. 低温保存法

低温保存指将原料置于低温环境储存的方法。这是原料保存最普遍的方法。按保存温度高低，低温保存分为冷藏和冷冻。冷藏指将原料置于10℃以下没有结冰的环境中储存，适合蔬菜、水果、鲜蛋、牛奶等原料的保存及鱼、肉料短时间存放。冷冻是将原料置于0℃以下环境中储存，适用于肉类、禽类和鱼类的保存。最佳的保存温度由原料的种类、特性及保存期长短决定。低温保存的主要设备是冰库、小型雪库、冰柜、电冰箱等。短时间存放可采用冰藏法，即一层碎冰放一层原料，面上用碎冰铺盖。用冰柜保存小型水产品（如鲜虾、鲜贝等）时要用碎冰块埋藏好再冷藏。

2. 高温保存法

高温保存法是让原料经过热处理，使原料中的酶失去活性，停止新陈代谢，同时杀灭原料中的大多数微生物，减缓了原料的腐败速度，使原料品质得以保持的方法。多数腐败细菌及病原菌在70~80℃温度中经20~30分钟即可杀灭。形成孢子的细菌须在100℃经30分钟至数小时才可杀灭。高温保存法有高温杀菌法和巴氏灭菌法两种常用方法。高温杀菌法是用超过100℃的温度杀菌的方法。巴氏灭菌法亦称低温消毒法，是一种利用较低的温度杀死病菌又能保持物品中营养物质风味不变的灭菌法，主要用于牛奶灭菌。

3. 干燥保存法（即脱水保存法）

此法是用晒干、烘干等方法去掉原料的大部分水分，使微生物得不到水分而抑制其生长繁殖，降低原料中酶的活性，减缓原料变质的速度，达到延长原料使用期的目的。

4. 密封保存法

这是将原料严密封闭在容器内，使其与外界隔绝，防止原料被污染和氧化的方法。把原料放进真空袋，或者将原料放进玻璃瓶内、将油盆盖好等都属于密封保存法。油浸也有密封效果。

5. 腌渍保存法

根据所用的腌渍物质不同，腌渍保存法又可以分为以下几种：盐渍保存法、糖渍保存法、醋渍保存法、酒渍保存法等。腌渍保存法不仅能较有效地储存原料，还因使用各种不同风味的材料进行腌渍，从而使原料产生特殊的风味，并改变了原料的部分天然品质。

6. 烟熏保存法

熏制原料的烟气含有酚类、酸类等具有防腐作用的化学物质，能渗入原料的内部，防止微生物繁殖。烟熏多在腌制的基础上进行，使熏制的原料具特殊的香味。

7. 活养法

对鲜活的原料（主要是动物性原料）一般采用活养的方法。活养的环境与原料原来的生活环境要接近，适应动物的生存，延长其使用期限。

禽类活养时笼子要清洁，不宜过挤，要通风，适时喂食饲料及水。

鱼类活养的鱼池要有供氧或喷水装置，海洋鱼类还要注意水中的盐分含量、温度及光线的调控，鱼池要保持整洁，还要注意消毒。

8. 通风保存法

把原料放在层架或竹盛器上摊开，保持良好的通风，原料不容易因自身发热而变坏。这种方法主要用于蔬菜的保存。

此外，原料的保存方法还有气调保存法、辐射保存法和保鲜剂保存法等。原料的保存方法很多，必须根据不同原料的性质、引起原料变质的原因及生产设备的条件，选择适宜的保存方法。

3.3 畜类原料

3.3.1 畜类原料的常用种类

1. 鲜肉

（1）猪 按商品用途分类，猪可分为瘦肉型、脂用型（又称脂肪型，瘦肉率在40%以下）和肉脂兼用型三类。烹调菜品使用瘦肉型和肉脂兼用型为多。

按血统分类，猪可分为本地猪种、引进猪种和杂交改良猪种三类。各地均有本地猪种，适宜制作本地风味菜品，如广东著名的烤乳猪最好选用本地的小耳花猪。

（2）牛 常用的菜牛有黄牛、牦牛及水牛三种。黄牛是我国数量最多的牛种，因此也叫普通牛。黄牛肌肉纤维较细，组织较紧密，色深红，肌间脂肪分布均匀，品质较好。水牛主要分布在南方各省，其肌肉发达，但纤维较粗，组织不紧密，色暗红，肌间脂肪少，品质较差。牦牛又称藏牛，主要分布于西藏、四川北部及新疆、青海等地。牦牛肌肉组织较致密，色紫红，肉用的品种肌间较多脂肪，柔嫩香醇，肉味美，品质最好，但是市场供应量较少。

（3）羊 羊的种类很多，但作为家畜的羊主要有绵羊和山羊两种。绵羊臀部肌肉丰满，肉质坚实，颜色暗红，肌纤维细而软，肌肉中较少夹杂脂肪，经育肥的绵羊肉肌间有白色脂肪，肉及脂肪均无膻味。山羊肉呈较淡的暗红色，皮质厚，皮下脂肪稀少，肉及脂肪均有明显的膻味，肉质不及绵羊。

（4）兔　供烹调使用的主要是肉用兔。兔肉质地细嫩，肉色一般为淡红色或红色，肌纤维细而柔软，没有粗糙的结缔组织，味道鲜美，蛋白质含量高，脂肪含量低，消化吸收率高，但略带土腥味。

（5）驴　驴肉比猪肉、牛肉细嫩，味道鲜美，肉色暗红，肌肉组织结实而有弹性，故有"天上的龙肉，地上的驴肉"之美誉。驴肉稍有腥味，烹制时要注意去除。

（6）狗　狗的肌肉结实，肌纤维细嫩，肉色暗红，有腥味，肉间夹有少量脂肪，脂肪为白色或灰白色。疯狗绝对不能食用。目前供应的主要为肉用狗。

（7）猫　猫肉以四年以上的雄猫风味最好。猫耳的耳油分泌物会使猫肉变酸，宰杀、烫洗时要防止沾到肉上。骨髓含臊味，须除去。

（8）马　马肉也可作为烹调原料，但在烹制时有泡沫产生，且会发出恶臭，故使用较少。

2. 副产品

家畜的心、肝、肾、肠、胃、肺、脾等内脏都是常用的原料，其中肾俗称"腰"，如猪腰；胃俗称"肚"，猪肚尖、牛双胘是名贵原料；脾俗称"横脷"，多作煲汤材料。

家畜的舌、脑、公畜的外生殖器（牛鞭、羊鞭等）、尾、蹄、新鲜蹄筋等也都可作烹饪原料，多用于炖、煲、卤、焖、炒等烹调方法。

3.3.2　畜类原料的相关制品

1. 畜肉制品

（1）腌腊制品

1）火腿。我国最著名的火腿有浙江金华火腿（南腿）、江苏如皋火腿（北腿）和云南宣武火腿（云腿）三种。此外，江西安福火腿也有悠久的历史。

金华火腿选用金华一带所产的皮薄骨细、精多肥少、肉质细嫩称作两头乌的猪后腿为原料制作。金华火腿有多个种类。按腌制加工季节分为腌制于初冬的早冬腿，腌制于隆冬的正冬腿，腌制于立春以后的早春腿，腌制于春分以后的晚春腿。以正冬腿品质最好，早冬腿和春腿次之。风腿指用前腿加工的火腿。按火腿成品外形分，有竹叶形的竹叶腿、琵琶形的琵琶腿、圆形的圆腿、方盘形的盘腿。按用途分，品茗时食用的叫茶腿，分割小包装的叫"分割专用腿"。

江苏如皋火腿最早选用优质的东串猪为原材料，现在均选用本地优质猪种。云南宣威火腿选用的是皮薄肉厚的乌蒙猪。

火腿的品质一般从外表、肉质、式样和气味等方面进行鉴别。

① 外表。品质较好的火腿皮色呈棕黄或棕红，表面干燥，指压肉质有结实感，略显光亮，如果表面附有一层黏滑物或肉面有结晶盐析出则表明火腿太咸。

② 肉质。质优的火腿切面呈深玫瑰色或桃红色，脂肪切面呈白色或微红色，有光泽，

肉质致密而结实，切面平整。

③ 式样。以形如竹叶状或琵琶形、爪小骨细、腿心饱满、油头小、刀工光洁、外观洁净的火腿为佳品。

④ 气味。用竹扦插进火腿三个不同的部位，若竹扦具有火腿特有的香味为好；如有炒芝麻香味，则表示火腿开始有轻度酸败，次质的还会有酱味或豆豉味；有腐败气味、臭味、严重酸味及哈喇味的表示此为劣质火腿。

鉴定火腿还要分气腿和实腿，宰猪时吹气的猪腿称为气腿，不吹气的称为实腿。实腿皮肉间紧密无空隙，不易腐败变质，质量优于气腿。

2）腊肉。腊肉是猪肉经改形加工腌制后风干而成的。腊肉以肉色鲜明，外表干爽，气味芳香的为好。如瘦肉呈黑色，肥肉变深黄，有哈喇味则表明已变质。

3）西式咸肉（烟肉）。鲜肉用盐、发色剂及香料腌渍后经风干、熏制或烤制即成西式咸肉，带有烟熏的风味，市场上常见的有培根、德国咸猪肘等。

（2）脱水制品　将鲜肉腌制或煮熟调味后脱水干制而成的肉制品，常见的有肉松、肉脯、肉干等。

（3）灌肠制品

1）腊肠（香肠）。腊肠是将肉料切成粒状，腌制后灌进肠衣内干制而成的肉制品。制作腊肠的原料主要是猪肉，也可以选用猪肝、鸭肝。腊肠以色泽光润，瘦肉粒呈自然红色或枣红色，脂肪洁白，肥瘦分明，肠衣干爽、完整且紧贴肉馅，肠身饱满，肉馅坚实有弹性，无黏液和霉点，香气浓郁，味道适口，无异味者为佳。广式腊肠较为闻名。

2）灌肠。灌肠是将馅料灌进猪肥肠或肠衣里制成的制品，灌肠与腊肠的主要区别是腊肠需要干制，灌肠一般不干制；腊肠用料较单一，灌肠用料广泛。灌肠由于主料、口味、口感、形状的不同，形成风味各异的多种类别。西式灌肠以肉蓉作馅料。

2. 乳及乳制品

乳类有牛奶、羊奶、马奶。牛奶还有鲜牛奶、盒装纯牛奶和淡奶等商品。

乳制品有奶粉、炼乳、奶油、奶酪等。奶粉有全脂奶粉、脱脂奶粉和添加了维生素或矿物质等营养素的调制奶粉等多种。炼乳由鲜牛奶浓缩而成，分为淡炼乳和甜炼乳两种。淡炼乳有浓郁的乳香味，呈淡奶黄色或乳白色。甜炼乳所含蔗糖约为40%，呈淡黄色。炼乳也可分为全脂、半脱脂和脱脂三类。奶油即平常所称的黄油、牛油、白脱油等，是由鲜牛奶经分离后提炼而成的，呈黄色，半固体状。奶油除了有特殊的香味外还有良好的可塑性。奶酪又称为干酪或芝士，是一种发酵的牛奶制品。奶酪的种类很多，烹调中作调料用。

3.3.3　畜类的组织结构及营养价值

1. 畜类原料的组织结构

畜类原料的组织结构分肌肉组织、脂肪组织、结缔组织和骨骼组织四大类。

肌肉组织所含的营养物质丰富，味道鲜美。脂肪组织可影响畜肉的品质，因肌肉中的肌间脂肪含量多而且均匀，肉质就鲜嫩。结缔组织主要由胶原蛋白和弹性蛋白构成，口感较韧，可焖烚。骨骼组织包括脊骨、肋骨、腿骨、头骨等，管状骨中的骨髓里含有脂肪。

2. 畜肉的营养价值

畜类的肌肉和部分内脏组织含有丰富的蛋白质，主要有肌球蛋白、肌红蛋白和球蛋白等完全蛋白质。结缔组织中的胶原蛋白、弹性蛋白属于不完全蛋白质。水分则以自由水及结合水的形式主要存在于肌肉中。含氮浸出物也是畜肉中的组成成分之一，主要包括肌肽、肌酸、肌酐、氨基酸、嘌呤化合物等。

畜肉的脂肪组织含脂肪及少量的磷脂、胆固醇、游离脂肪酸等。畜类脂肪中的饱和脂肪酸约占40%以上，高于禽类脂肪。

矿物质在瘦肉中的含量较高，在内脏中的含量最多，主要有钙、磷、硫、氯、钾、钠、铁、锌、锰、铜等。

畜肉中含的维生素以维生素 B_1 为主，肝脏中含有较多的维生素 A 和维生素 B_2 等。

畜肉的碳水化合物含量比较低，以糖原形式存在，肌肉中的是肌糖原，一般为1%～5%，肝脏中的是肝糖原。

3. 畜肉的烹调特性

畜肉在含有水分和脂肪时质地是柔软的。加热过程中畜肉的水分和脂肪会由于组织结构的收缩而流失出来，肉质因而变硬，口感变粗糙或柴。要使肉质嫩滑就要注意保水及适当保脂。另外，形态上也会因肉筋收缩而扭曲变形。脂肪含量比例较大和肌肉纤维较短的部位，如猪蹄、猪腱、牛腩等，长时间加热则会使肉质变松软。

3.3.4 畜肉的质量分析

1. 畜肉宰后的变化

屠宰后的畜体在组织酶和外界微生物的作用下，肉质会发生许多变化，对肉类的品质及风味产生影响。家畜自屠宰后到肉质变坏，会经过尸僵、成熟、自溶和腐败四个阶段，见表3-1。

表3-1 畜肉宰后质量变化

顺序	阶段名称	性质	饮食特征
1	尸僵阶段	家畜屠宰后，肌肉呈中性或弱碱性（pH为7.0~7.4）。在酶的作用下，肌肉组织中的糖原逐渐被分解为乳酸，含磷有机物被分解为磷酸，肉的pH下降。肌肉中的蛋白质在酸的作用下开始凝固，使肌肉纤维硬化，肉体呈僵直，关节间失去活动能力，四肢硬直，这便是肉的尸僵	肉质地坚硬，弹性差，无自然香气，不易煮软，不易出味，不易消化。烹制的成品口味、口感较差，肉汤混浊
2	成熟阶段	在酶的作用下，肌肉组织中的糖原继续缓慢被分解为乳酸。一方面，肌肉的pH继续下降，一方面肌肉组织开始变松软，具有一定的弹性，僵直过程结束，进入成熟阶段。在4℃环境温度下一天可完成成熟阶段	肉柔软多汁，有弹性，烹制的成品滋味鲜美，气味芳香，且易于消化，是最佳食用阶段

（续）

顺序	阶段名称	性质	饮食特征
3	自溶阶段	如果肉品仍在室温或高温下露空存放，组织中的酶继续分解肉的蛋白质。这时，肌肉开始松弛，弹性减少，肉品变色发黏，脂肪稍酸败。这是畜肉的自溶阶段。如果空气中的腐败性细菌参与侵害肉品，且温度合适，肉质变坏的速度将加快	肉虽仍可食用，但滋味、气味已大不如前了
4	腐败阶段	自溶阶段进一步发展，便导致肉的腐败变质。此时，肉色带灰暗或绿色，粘手，肉质松弛，脂肪酸败有臭味，肉汁混浊，可能带有毒性产物	不能食用

尸僵和成熟阶段的肉是新鲜的，自溶则表示腐败的开始。

2. 畜肉的质量鉴别

畜肉质量的好坏主要由新鲜度决定，日常可采用感官鉴定的方法，从外观、硬度、气味、脂肪状况、骨髓等几方面将畜肉分为新鲜肉、不新鲜肉和腐败肉三种。新鲜肉的肌肉一般呈淡红色或红色，肉色鲜艳，切面有光泽，肉质紧密，质地软嫩，有弹性，脂肪色白或淡黄，骨髓多白色，无膻臭气味。

新鲜度高的畜心其心肌质地紧密，色泽光润，用手挤压有鲜红的血块排出，富有弹性。新鲜的畜肝呈褐色或紫红色，有光泽，柔软有弹性，色较淡。不新鲜或变质的肝脏无光泽，表面萎缩有皱纹，质地松软，伴有异味。新鲜的猪腰呈淡红色，表面有一层薄膜，柔润有光泽，富有弹性；无光泽、无弹性、有异味、组织松弛的猪腰说明已变质，不可食用。新鲜的肠呈乳白色，有韧性，柔软，黏液多。不新鲜的肠变色，黏液少，有腐败的恶臭味。新鲜的胃均有光泽，色浅黄，黏液多，质地坚实。不新鲜的胃色白带青，无光泽和弹性，肉质松软，有异味，不宜食用。新鲜的猪肺呈粉红色，较均匀，光洁富有弹性。变质的肺色灰绿，带异臭味，无弹性，无光泽，不可食用。

3. 畜肉的保存

适宜在0℃以下的温度冷藏保存。

3.4 禽类原料

禽分家禽与野禽两类。家禽指人工驯养的禽类，主要指鸡、鸭、鹅、鸽、鹌鹑等。家禽的肉质较细嫩，味道鲜美，营养丰富，是重要的肉类原料之一。

3.4.1 家禽的常用种类

1. 鸡

鸡按烹调用途分，有肉用型、蛋用型、肉蛋兼用型及药食兼用型四大类。肉用型鸡肉质鲜嫩，著名的鸡种有清远鸡、九斤黄鸡、狼山鸡、惠阳鸡、文昌鸡、湛江鸡、洛岛红鸡等。肉用鸡以农家围养、山地放养的鸡为佳。蛋用型鸡以产蛋为主，如来航鸡、京红1号、仙居鸡等。肉蛋兼用型鸡肉质好，产蛋也较多，主要品种有上海的浦东鸡、辽宁的大骨鸡、山东的寿光鸡、河南的固始鸡、浙江山鸡、湖南桃源鸡等。药食兼用型鸡主要是乌鸡，乌鸡也称竹丝鸡，不但有食用价值，含丰富的蛋白质，而且其体内的黑色物质富含维生素B_2、烟酸、维生素E、磷、铁、钾、钠，而胆固醇和脂肪含量则很少，具有补血、补虚劳功效，有明显的药用性能。

按鸡的生长期分，可把鸡分为鸡项、阉鸡、老鸡。鸡项就是刚开始下蛋的小母鸡，肉质细嫩，味鲜，是主要使用的原料。阉鸡又叫骟鸡，肉质稍粗，但是肉味也较鲜。老鸡一般是老母鸡，肉质粗，但是鲜味浓，主要用于煲汤、炖汤。

鸡胸脯圆润、皮层泛黄色为肥，以脚衣粗糙者为老。

2. 鸭

鸭有家鸭、野鸭两大类，我国良种家鸭大概有200多种。按用途的不同，主要分为三类：肉用型鸭、蛋用型鸭、肉蛋兼用型鸭。

肉用型鸭体形大，肌肉丰满，肉质鲜美，容易肥育。好品种有广东本地鸭、北京鸭、樱桃谷鸭、番鸭、奥白星鸭等。海水养殖的鸭比淡水养殖的鸭肉质要好。海南所产的嘉积鸭（番鸭）以肉质肥美且嫩而出名。蛋用型鸭体形较小，产蛋量多，但肉质稍差，比较有代表性的有金定鸭、绍兴鸭等。肉蛋兼用型鸭有高邮鸭、建昌鸭、巢湖鸭、桂西鸭等。

鸭以尾部柔软丰满，手触感觉不到骨的为肥；以喉管软，翼毛簪呈天蓝色的光泽为嫩；若喉管及胸部底骨发硬，毛色暗，翼毛簪变白为老。

3. 鹅

鹅按体形分大、中、小三种。广东出产的鹅有狮头鹅、黑棕鹅、黄棕鹅等。大型鹅如狮头鹅，前额肉瘤发达，使头大似狮而得名，此鹅肉质优良。中型鹅有溆浦白鹅、奉化鹅、象山白鹅等。小型鹅有黑鬃鹅、太湖鹅、兴国灰鹅等。黑鬃鹅也称清远鹅，因成年鹅羽毛大部分呈乌棕色而得名，肉瘤、喙、蹼均为黑色，头黑有髻，肉质细嫩，滋味鲜美，是优良鹅种。

鹅以翼根肉核大为肥，小为瘦；以喉硬髻实，翼毛簪白为老；以喉与髻软，翼毛簪天蓝色为嫩。

4. 家鸽

家鸽起源于岩鸽，按用途可分肉用型鸽、信鸽和玩赏鸽三类。烹调使用的是肉用型鸽。肉用型鸽根据生长期不同可分为幼鸽（又称妙龄鸽，出壳后18天左右的鸽子）、乳鸽（出壳后25天左右，即四周龄）和老鸽。广东较有名的鸽种是原产于中山石岐镇的石岐鸽，是由美国贺姆鸽、王鸽及仑替鸽与当地鸽杂交选育而成，形体小，骨软肉嫩，味美。所谓顶鸽指重量在450克以上的乳鸽。

5. 鹌鹑

鹌鹑的体形近似小鸡，头小尾秃，头顶黑色，有栗色，头顶中间有棕白色冠纹，两侧有同色的斑纹，由嘴至眼到颈侧。羽毛赤褐色，间有黄白色条纹。鹌鹑肉质细嫩，肌肉纤维短，味道鲜香可口。同时其营养和药用价值较高，有"动物人参"的美誉。

家禽除了躯体供食用外，其内脏，如胗（粤方言中称为肾）、肝、肠、血也可作烹饪原料。禽类常分割出鸡脚（俗称凤爪）、鸡翅膀、鸡胸肉、鸡腿、鸭掌、鸭翅膀、鸭腿、鹅掌、鹅翅膀等部位作为商品种类出售。

珍珠鸡、火鸡等更多的品种正逐步成为常用食材。

3.4.2 禽类相关制品

1. 板鸭

板鸭也称腊鸭，肉质紧密结实，以活鸭为原料，经宰杀、去毛、腌制、复卤、晾挂等一系列工序加工而成。因各地都有出产，所以风味各异，其中最为著名的是南京板鸭。其优质的特征是"皮白、肉红、骨头酥"。按生产期的不同，南京板鸭又分腊板鸭（大雪至立春腌制出的）和春板鸭（从立春到清明腌制的）。著名品种还有广东南雄腊鸭、东莞腊鸭（白沙鸭）、松岗腊鸭、四川什都板鸭、江西南安板鸭、福建建瓯板鸭等。腊板鸭以干爽、腊香味浓为好。

2. 腊鸭胗、腊鸭肠和腊鸭肝等

鸭内脏经腌制后风干而成，具有腊香味。

3.4.3 禽蛋及相关制品

蛋品是重要的原料，烹调常用的蛋类有鸡蛋、鸭蛋、鹅蛋、鹌鹑蛋、鸽蛋、鸵鸟蛋等。蛋类制品有皮蛋、咸蛋、糟蛋、冰蛋、干蛋等。

1）皮蛋又称松花蛋、变蛋、彩蛋，多用鸭蛋制作，也可用鸡蛋、鹅蛋、鹌鹑蛋制作。皮蛋是经碱的碱化而变熟，蛋白呈黄棕色、褐色或茶色，半透明，有类似松枝的花纹，香味浓郁，风味独特。以四川、湖南、北京、江苏、浙江、山东、安徽为主要产地。

2）咸蛋又称腌蛋，主要用鸭蛋、鹅蛋腌渍而成。以蛋白雪白细嫩，蛋黄松沙带油，丰润橙黄，咸淡适中者为上品。比较有名的品种有江苏高邮双黄咸蛋、湖北沔阳沙湖盐蛋、湖南益阳朱砂盐蛋等。在饲料中添加苏丹红Ⅳ号喂养的鸭所产的蛋其蛋黄特别红，称为"红心鸭蛋"，有毒性不可食用。用这种有毒的红心鸭蛋腌渍成的咸蛋熟制后，蛋黄坚硬无蛋油，会带玉米面气味。

3）糟蛋是用酒糟、盐、醋等腌渍的蛋。糟蛋蛋白呈乳白色，为软嫩胶冻状，蛋黄呈橘红色半凝固状，质地鲜嫩，糟香味醇厚。以浙江平湖糟蛋最负盛名，还有四川宜宾糟蛋也很有名。

4）冰蛋是将蛋的内容物经消毒杀菌后冻结而成，干蛋是将鲜鸡蛋内容物烘干或用喷雾干燥法制成。由于现在鲜蛋供应充足，冰蛋、干蛋已很少使用。

3.4.4 禽类的营养价值及组织结构

1. 家禽的营养价值、烹调特性及组织结构

禽肉中蛋白质含量比畜肉略高，大多数为完全蛋白质，营养价值较高。脂肪主要由软脂酸、硬脂酸、油酸、亚油酸组成，且多为不饱和脂肪酸，易被人体吸收。而所含的亚油酸在20%左右，营养价值较高，但胆固醇的含量也较高。

禽类的维生素含量也比较高，特别是肝脏，主要含有维生素 A、B 族维生素、维生素 D 和维生素 E 等。鸡肝中维生素 A 的含量相当于羊肝或猪肝的 1~6 倍。

禽肉中磷、铁的含量较丰富，特别是肝脏和血液中的有机铁易被人体消化吸收。

家禽的组织结构也分为肌肉组织、脂肪组织、结缔组织和骨骼组织四部分，但其肌肉纤维比畜肉细，且脂肪均匀地分布于肌肉组织中，其肉质更为细嫩。胸肌和腿肌一般占禽体 50% 以上。

禽肉在含有水分和脂肪时质地是柔软的。加热过程中禽肉的水分和脂肪会由于组织结构的收缩而流失出来，肉质因而变硬，口感变粗糙或柴。要使肉质嫩滑就要注意保水和保脂。另外，形态上也会因肉筋收缩而扭曲变形。相对来说，腿部的肌肉纤维较短而且还含有少量脂肪，加热时间长肉质仍然会保持松软。

2. 家禽的质量分析

健康活禽羽毛有光泽，清洁，两眼有神，叫声正常，挣扎有力，眼、口腔、鼻孔无异常分泌物，粪便色正常无黏液。

光禽指宰杀后的禽体。新鲜的光禽表皮呈淡黄色、淡白色或淡红色，有光泽，表面干燥，眼球饱满，充满整个眼窝，角膜有光泽，具有新鲜家禽特有的气味，脂肪稍带淡黄色；肌肉结实有弹性。

3. 禽蛋的结构及营养价值

（1）禽蛋的结构　禽蛋由三大部分构成：蛋壳、蛋清和蛋黄。蛋壳又由外蛋壳膜、蛋壳、内蛋壳膜和蛋白膜构成。蛋清为无色透明的黏性半流动胶体。蛋黄由蛋黄膜、胚盘（胚胎或胚珠）、蛋黄内容物组成。

（2）禽蛋的营养价值　蛋类的蛋白质含量比较高，平均为 13%~15%，营养成分在人体中几乎可被完全消化吸收，含有人体所需的各种氨基酸，是天然食物中最理想的蛋白质。

蛋类的脂肪集中在蛋黄中，以乳化状态存在，大部分是中性脂肪，含有一定浓度的卵磷脂、胆固醇，易被人体消化吸收。

蛋中含有钾、钠、硫、氯、钙、磷等多种矿物质，蛋黄中的铁含量比其他食品多。

蛋中还含有多种维生素，如维生素 A、维生素 D、维生素 E 等。

（3）蛋类的质量鉴别　新鲜蛋表面有一层白霜，粗糙无光泽，光照时透亮发红，打开时蛋黄紧实。陈蛋则蛋壳光滑发亮，打开时蛋黄塌瀣。

3.5　水产类原料

水产品是生活在水环境中的动物统称。原料学将其分为鱼类、虾蟹类、软体类和其他水产品等。按其生活的水质分为淡水鱼类、海洋鱼类，按生活的水域分为海洋类、江河类、湖泊类和池塘类等。

3.5.1 鱼类

1. 淡水鱼类

（1）鲟鱼　鲟鱼又称鲟龙。鲟鱼体表有五行甲，肉质细嫩，少刺，肌肉含有17种氨基酸，最珍贵的是头骨。鲟鱼是名贵的烹饪原料，但野生中华鲟、长江鲟（学名达氏鲟）属国家一级保护动物，不能捕捞食用。允许食用的是养殖的鲟科其他品种，如俄罗斯鲟、施氏鲟等。

（2）鲥鱼　岭南地区称鲥鱼为三黎鱼。鲥鱼出水便死亡，因此难有活鱼供应。鲥鱼鱼鳞大而软薄，鳞片与鱼皮之间富含脂肪，宰杀时要留鱼鳞。鲥鱼肉味极为特别。

（3）鲫鱼　鲫鱼肉质细嫩，肉味甜美，营养价值高，但是刺细而多。

（4）鲤鱼　鲤鱼分河鲤、江鲤、池鲤等几种。河鲤尾部嫣红，肉嫩味鲜，品质最佳；江鲤鳞白肉白，肉质细；池鲤又称塘鲤，鳞青微黑，色暗，身短，带有较浓的土腥味。雄鲤鱼肛门凹入，雌鲤鱼肛门凸出。著名的鲤鱼品种有广东高要文㞦塱的文㞦鲤、肇庆的麦溪鲤、江西的荷包红鲤（洛鲤）。这些鲤鱼肉滑而鲜嫩，没有土腥味。文㞦鲤脊有金线，头小身肥大，背部隆起，两侧鱼鳞色泽金黄，鳞薄骨软，腹部脂肪多。鲤鱼多原条烹调。

（5）青鱼　青鱼又称黑鲩，是我国的四大家鱼之一。青鱼肉多刺少，肉厚脂多，肉质洁白较结实。可原条烹调，也可分拆，取鱼肉。

（6）草鱼　草鱼又称鲩鱼、白鲩，是我国四大家鱼之一。草鱼嘴内有咽牙，宰杀时必须去除。草鱼肉质肥厚细嫩，肥厚多脂，但略有草腥味。可原条烹调，常取鱼肉。广东中山市出产的脆肉鲩是将草鱼通过投喂新鲜蚕豆，实行165天饲养周期，运用活水密集养殖法养育而成的名特水产品，因其肉质结实、脆口、煮不烂而得名。脆肉鲩体形较大，上市规格≥5.5千克/尾。脆肉鲩不宜原条烹制，分拆后可以炒、焖、煮、蒸、炸、煎、焗。

（7）鳙鱼　鳙鱼又称胖头鱼、大鱼、大头鱼、松鱼等，为我国四大家鱼之一。鳙鱼头部肥大，最大的约占鱼体30%，富含胶质，是全鱼最名贵的部位。鱼头常用蒸、砂锅焗、炖、滚等方法烹制。鱼肉则质感一般，鱼腩不错。

（8）鲢鱼　鲢鱼又称白鲢、扁鱼，为我国四大家鱼之一。鲢鱼肉质细嫩，脂肪含量高，腥味较重。鲢鱼宜红烧或蒸。

（9）鲮鱼　鲮鱼又称土鲮鱼。鲮鱼肉质细嫩且味鲜，但刺多，最宜取肉制作鱼青、鱼胶、鱼腐。鱼皮较韧，可剥皮制作酿鲮鱼。

（10）生鱼　生鱼又称黑鱼、鳢鱼、财鱼、豺鱼、乌鱼等。生鱼有两种：一是斑鳢，主要分布在江南，南方人称其为本地生鱼，头部有"一八八"斑纹，肉质细嫩鲜美，无腥味；另一种为乌鳢，头较尖似蛇头，鱼表有七星状不规则斑块，分布广泛，俗称外地生鱼，肉质粗而带柴。生鱼刺少肉多，最宜取肉烹制。

（11）鳜鱼　鳜鱼又称桂鱼、桂花鱼、季花鱼、季鱼，肉质细嫩，味鲜美，色洁白，骨刺少，鲜肥不腻。可原条蒸，也可起肉。背鳍带有毒刺，宰杀时要防刺伤。

（12）鲈鱼　鲈鱼有咸水鲈与淡水鲈两种。淡水鲈，又称白花鲈、花鲈、鲈板，肉肥厚，肉质爽滑，但过熟易散，肉色洁白，鱼味清鲜，刺少，为上乘食材。由于鲈鱼体形较大，一般以分割烹制为好。其中鲈鱼肉为名贵食材，鲈鱼腩可油浸。鲈鱼中最为著名的是松江鲈鱼，野生松江鲈鱼已列入国家保护动物名录。加州鲈是从美国加州引进的品种，外形酷似鲈鱼而得名，肉质风味不及白花鲈。生长在海洋的咸水鲈肉质粗，腥味重。

（13）鲋鱼[一]　鲋鱼肉厚爽滑，味鲜美，刺少。胸腹部脂肪丰富，质感肥美，可以做油泡菜品。以广东西江出产的鲋鱼肉质特别爽滑。鲋鱼多碎件烹制，以浓味为好。

（14）鲶鱼　鲶鱼又称鲶、虱目等。鲶鱼外形与鲋鱼酷似，但肉质的爽滑不及鲋鱼，肉色稍偏红，腥味稍重。鲶鱼以碎件烹制调豉香味为多，一般不做汤菜。

（15）塘虱　塘虱又称胡子鲶、塘利鱼等。塘虱身形长，头宽圆、平扁，体滑无鳞，有四对触须，胸鳍有一锯状硬刺，尾鳍圆，肉质细嫩鲜美，营养丰富，被视为良好的补养佳品，主要分布在南方各省，现养殖的多是引进的埃及塘虱。

（16）鳊鱼　鳊鱼也叫武昌鱼、鲂鱼，肉质细嫩，鲜美，腹部特别肥腴，但刺极多。鳊鱼宜原条烹制，最常用的是蒸。不取肉使用。

（17）罗非鱼　罗非鱼即非洲鲫，福寿鱼，肉质细嫩而味鲜甜，刺少，无泥味。

（18）龙鲗　龙鲗又称鳎沙、条鳎，肉较薄，少刺，味极鲜美嫩滑，可原条蒸，可起肉。

（19）鳠鱼　鳠鱼与鲮鱼同种，鱼体较小，属于产量较少的名贵鱼种，肉质细嫩，味极鲜美，以原条蒸制为好。

（20）乌鱼　乌鱼身形细小，皮色乌黑，尾鳍圆如葵扇，鳞片细密，肉滑味鲜。可蒸可油浸，也可起肉切成鱼球炒。

（21）笋壳鱼　笋壳鱼肉质嫩滑而鲜美，无细刺。清蒸、油浸是最佳食法。夏季上市。

（22）山斑鱼　山斑鱼体形小，肉滑味鲜，有滋补功效。山斑鱼宜油浸、炖、蒸。

（23）泥鳅　泥鳅鱼身形细小，肉质细嫩。泥鳅以煲汤、滚汤、油炸为主。

（24）白鳝　白鳝又称风鳝、鳗鱼，肉中含有丰富的脂肪和蛋白质，营养价值高，肉细嫩，味鲜美，焗、煎、蒸、炖、炒、炸、烩均可。肉质爽脆的爽白鳝目前很受欢迎。

2. 海洋鱼类

（1）石斑　石斑鱼的常见品种有20多种，共同的特征是背鳍有十一根鳍棘。常见的品种有老鼠斑、东星斑、西星斑、红斑、黑斑、青斑、芝麻斑、杉斑、油斑、瓜子斑等多种。其中以东星斑、老鼠斑为最好。东星斑皮薄肉嫩，蒸和起肉切球切片油泡或炒均佳。老鼠斑肉质嫩滑，鱼味较浓，宜于蒸。黑斑即龙趸，体形巨大，鱼皮可干制成龙趸皮。

（2）大黄鱼　大黄鱼又称大黄花鱼，肉质细嫩鲜美，肉色洁白，熟后易松散成片，俗称蒜子肉。大黄鱼的鱼鳔有润肺健脾、补气活血的功能，用以干制为多。

（3）小黄鱼　小黄鱼又称小黄花鱼。小黄鱼肉嫩而细腻，味鲜美。

[一] 鲋鱼即斑鳠，俗称芝麻鲋、鲩鱼，行业内多用鲋鱼的叫法。野生鲋鱼被列入国家二级保护动物名录，不可食用，目前食用的皆为人工养殖品。

（4）鲹鱼　鲹鱼有白鲹、黑鲹、金边鲹等几种。白鲹也叫银鲹，色灰白，肉细嫩，味鲜，骨软。黑鲹颜色为黑褐色，肉质比较粗糙。鲹鱼以煎焗、煎封为最好。白鲹可干煎。

（5）苏眉　苏眉主要产于我国南海与东海的南部。苏眉肉质细嫩而爽滑，味较鲜美。

（6）加吉鱼　加吉鱼学名真鲷，又称鲸鱼、铜盆鱼。加吉鱼有红鲷（也叫红加吉）、黄脚加吉、黄加吉、黑加吉、白加吉等品种。红加吉是上等名贵的食用鱼类，肉肥而鲜美，无腥味。黄脚加吉肉质滑嫩，味道鲜美，也属于好的品种。以蒸、煎为主。

（7）鲥鱼　鲥鱼又称曹白鱼，肉质带滑。常用来腌制成咸鱼。

（8）金钱鱼　金钱鱼又叫红三鱼、吊三。金钱鱼肉质柔嫩，味淡而鲜美。煎蒸较好。

（9）多宝鱼　多宝鱼即漠斑牙鲆，体侧扁，卵圆形，两眼均位于头部左侧，身体的左侧呈浅褐色，分布有不规则的斑点，腹部颜色较浅。多宝鱼鳍条为软骨，无小骨乱刺，出肉率高，肉味鲜美。原条蒸、切片炒、切块焗均可。

（10）青衣　青衣为青绿色，背鳍有12~14个鳍翅，肉质较粗。

（11）鲑鱼　鲑鱼为鲱形目鲑鱼类的总称，有的地方称三文鱼，常见有虹鳟鲑鱼、银鳞鲑鱼、大鳞鲑鱼、细鳞鲑鱼和大马哈鱼。鲑鱼肉色呈红色或粉红色，肉质细嫩疏松，富含脂肪，生吃口感较好，熟后肉质较粗糙。新鲜鲑鱼籽可制成红鱼子酱。

（12）马鲛鱼　马鲛鱼肉含脂肪较多，肉厚结实，刺少，味鲜美，是做鱼胶的好材料。

3.5.2　虾蟹类、软体类和其他水产品

1. 虾类

（1）龙虾　龙虾主要品种有中国龙虾、波纹龙虾、密毛龙虾、锦绣龙虾、日本龙虾、澳洲龙虾、美洲龙虾等。龙虾体形较大，虾肉多，主要在虾腹部，滋味鲜美。龙虾可带壳炒、焗、蒸，龙虾肉可炒。雌虾的第1腹肢退化，很细小，第2腹肢正常，雄虾第1、第2腹肢为管状，较长，淡红色，第3、第4、第5腹肢为白色。

（2）对虾　对虾又称明虾、大虾，种类繁多。对虾肉质细嫩，滋味鲜美，用途广泛。虾肉可做虾球、虾卷、虾条，虾肉绞蓉可制作虾胶、虾丝，带壳的可煎、焗、酿、蒸等。

（3）沼虾　沼虾又名青虾、柴虾，生活于淡水湖泊、池塘、河流中，虾体呈青绿色，带有棕色斑纹，外壳很薄而且较软，虾肉呈半透明玉色。烹调后虾肉口感滑爽肥嫩，味道鲜美。沼虾是制作虾胶的最佳原料，此外，还可以做虾仁。白焯是常见的食法。

（4）基围虾　基围虾是在海边挖建的虾池引进海水养殖的虾，肉质非常嫩。可白焯、焗，虾肉可做虾仁。

（5）虾蛄　俗称皮皮虾、螳螂虾或琵琶虾。虾体内含虾青素，是表面红颜色的成分。虾青素是目前发现的最强的一种抗氧化剂，熟虾颜色越深说明虾青素含量越高。虾蛄味鲜美，肉质细嫩，白焯和椒盐焗为较佳食法，还可以取肉炒。

2. 蟹类

（1）湖蟹　湖蟹生于各地湖泊，螯足强大，密生绒毛，头胸甲呈墨绿色，以阳澄湖所产的大闸蟹最为著名。大闸蟹学名中华绒螯蟹。此外，洪泽湖的黄蟹、高邮的湖蟹也属佳

品。湖蟹季节性很强，九月食雌蟹，这时雌蟹黄满肉厚；十月吃雄蟹，这时雄蟹蟹脐呈尖形，膏足肉实。湖蟹味鲜醇香，质感细滑，蟹肉晶莹洁净，味鲜至极。

（2）青蟹　青蟹产于咸淡水交界处或浅海，体色青绿色，头胸甲隆起而光滑。品种有海南的和乐蟹、黄油蟹、重皮蟹、肉蟹、膏蟹、水蟹等。青蟹的味道因产期而有所不同。四五月刚长大的奄仔蟹，体形不大但多肉多膏肉味鲜美；重皮蟹多在五月出现；六七月的奄仔蟹刚蜕壳，肉不丰满，为水蟹；八九月是膏蟹和肉蟹最肥美的季节。雌蟹厣部大，近似半圆形，膏多故又称为膏蟹；雄蟹厣部小呈三角形，肉厚而结实的雄蟹称肉蟹，此时的黄油蟹也很肥美。肉蟹以生猛、身重、壳硬、色深、不透光为佳。

（3）海蟹　这里的海蟹泛指生活在海水里的蟹，种类很多。常说的海蟹是梭子蟹，头胸甲呈浅灰绿色，螯足大部分为紫红色带白色斑点，谷雨前后蟹体最丰满，但越冬前则雄蟹特别肥美。此外，常见的还有红蟹、花蟹、红花蟹、蓝花蟹、珍珠蟹、皇帝蟹等。

3. 软体类

（1）鲍鱼　鲍鱼又称九孔螺，生活在浅海，以腹足吸附在岩礁上。鲍鱼肉肥美，为海中的珍品，其壳叫石决明，可入药。鲜鲍多产于夏秋季。鲍鱼有鲜鲍、冻品鲍鱼、罐头鲍及干鲍等四种商品形态。鲜鲍肉质柔软，可蒸、炒、卤。

（2）贻贝　贻贝是贻贝科贝类的总称，壳呈楔形，表面为紫褐色、黑褐色或翠绿色，光滑。常见的品种有翡翠贻贝（又称青口）、紫贻贝、厚壳贻贝。鲜贻贝肉质细嫩，味甚鲜美。其干制品为淡菜。炒、焯是常用的烹调方法。

（3）江珧　江珧又称带子。江珧的壳呈长三角形，壳薄透明，表面光滑或有放射肋。有栉江珧、紫色裂江珧、多棘江珧、旗江珧等。主要食用其闭壳肌，味鲜美，营养丰富，可干制加工成干贝。食法以蒸为主。

（4）扇贝　扇贝的壳呈圆扇形，壳上有肋，肋上有棘。常见的扇贝养殖种类有栉孔扇贝、海湾扇贝、虾夷扇贝和嵌条扇贝等。扇贝肉细嫩清鲜，可制成冻品或干制成干贝。

（5）牡蛎　牡蛎又称蚝、鲜蚝，壳形不规则，壳坚硬、粗糙、厚重。蚝肉洁白细嫩，味甚鲜美，富含锌，蛋白质含量高，有海底牛奶之称。炭烧、铁板、炒、焗都是好吃法。

（6）象拔蚌　其本名为高雅海神蛤，俗称皇蛤、管蛤等，象拔蚌因其又大又多肉的水管像象鼻而得名。象拔蚌经驯化可适应水温为0~25℃，适宜盐度为27‰~32‰。象拔蚌主要食用的部位是其水管，味鲜甜，肉质柔滑而爽脆，可炒、焯，也可生吃。

（7）响螺　响螺又称角螺、海螺，外壳坚硬，顶尖，头大，有厣，分肉螺、角螺两种。肉螺的外壳角小，壳薄且圆滑，肉多；角螺外壳角多起锋棱，壳厚肉少。肉螺、角螺肉质皆脆嫩，味道鲜美，炒、焯、炖均可。

（8）田螺　田螺体外有一个外壳，身体分为头部、足、内脏囊三部分，发达的足肌是食用部位。足底紧贴着的膜片叫厣，可将贝壳紧紧地盖住。雌田螺每年3~4月产仔螺。夏、秋季节是食用田螺的最佳季节，炒是最佳吃法，也可以取肉煲粥。

（9）蛤蜊　其有花蛤（花甲）、文蛤、西施舌等多个品种，肉味非常鲜美，以炒为好。

（10）蛏子　其学名缢蛏，贝壳薄而脆，呈长扁方形，肉嫩而鲜，风味独特。烹制前先放养于含有少量盐分的清水中，让蛏子吐净腹中泥沙。炒或焯皆可。

（11）墨鱼　墨鱼又称乌贼、墨斗鱼、花枝，形如袋子，器官包裹在袋内，体内有一个墨囊。乌贼体壁肌肉甚厚，是主要食用部位，切片炒、浸卤常用，也可做蓉胶。

（12）枪乌贼　枪乌贼有鱿鱼和柔鱼两个种类，体形均修长，呈长锥形，有10条触腕，其中两条呈长条状，有一透明的软骨，有墨囊。鱿鱼鳍较长，而柔鱼则鳍短呈菱形，触腕比鱿鱼粗。鱿鱼肉质脆嫩带爽，柔鱼口味不如鱿鱼。炒、油泡、卤、炸、烤均可。

（13）章鱼　章鱼身体较小，而八条触腕又细又长，故有八爪鱼之称。章鱼是优良的海产食品，含有丰富的蛋白质、矿物质等营养元素，其干制品风味较好，煲汤最好。鲜品可用炒法、油泡法烹制。

其他水产品包括棘皮动物、腔肠动物、藻类植物等，在此不再详述。

3.5.3　水产类的组织结构及营养价值

1. 鱼类的形态与结构

鱼体有纺锤形、侧扁形、平扁形和棍棒形等四种基本形态。鱼体结构大致可分为头部、躯干部和尾部三大部分。鱼头有鳃，鱼身有鳍、鳞和侧线，鱼尾主要是鳍。有的鱼没有鱼鳞。无鳞鱼的表皮黏液较多。

鱼的肌肉主要是骨骼肌。骨骼肌分红肌和白肌两类。红肌又称血合肌，颜色为红褐色或暗红色，一般腥味稍重。红肌发达的鱼通常生活在水流急、浪较大的水域中。白肌（普通肌）颜色白，含有脂肪。生活的水域水流较平静的鱼白肌较发达。

2. 水产原料的营养价值

鱼类的肌肉柔软细嫩，水分含量高，比畜、禽类的肌肉更容易被人体消化吸收，而且是完全蛋白质，利用率可达85%~95%。

鱼类的脂肪含量由于品种不同，差异很大，分布也不均匀。其脂肪的组成主要为不饱和脂肪酸，消化吸收率比较高，而胆固醇的含量则较低。

鱼类富含磷、钙、钠、氯、钾、镁等多种无机盐，以磷的含量最高。海产的含碘量相当可观。

海产鱼类的肝脏是鱼肝油制品的首选原料，维生素A和维生素D的含量特别丰富。除此之外，鱼类还含较多的维生素B_1、维生素B_2、维生素B_6及烟酸、泛酸、生物素等。

虾、蟹、贝类等水产品都含有丰富的蛋白质和多种维生素，尤其以维生素A、维生素B_2、烟酸含量较多。矿物质含量也较丰富，脂肪含量较低。

虾类的脂肪含量很低，水分含量较高。虾含较丰富的钙，故不宜与含鞣酸的水果同食。蟹类脂肪主要存在于蟹黄中。虾肉与蟹肉中含的胆固醇不多，但鱼子、虾子和蟹黄中胆固醇的含量比较高。

水产品都含有丰富的微量元素，可以说是人体多种微量元素的理想来源。

3.5.4 水产类原料的质量鉴别与保存

1. 鱼类的质量鉴别

鱼类主要从鱼体弹性、体表、眼、鳃、肛门等方面来鉴定品质。

活鱼游动快，对外界刺激反应敏捷，鱼鳞完整，体表无淤血。

鲜鱼、冻鱼以眼睛明亮，鳃盖紧合，鳃鲜红，鱼鳞完整或体表无残缺，有光泽，肉质富有弹性，肛门完整无裂，无异味为好。

2. 虾的质量鉴别

新鲜虾头尾完整，爪须齐全，虾身有一定的弯曲度，呈透明的灰黑色，虾壳发亮，肉质坚实有弹性。虾身发白或发红，质感软绵，头顶有黑块，虾头脱离等都是不新鲜的表现。

3. 蟹的质量鉴别

生猛的蟹走动敏捷，反放后能迅速翻身。新鲜蟹没有异味，腿肉结实，脐部饱满，壳色鲜明透亮，腹白或略呈红色。死亡时间长的蟹不能食用。

4. 贝类的质量鉴别

生活的贝类能闭合贝壳，且闭合力较强，无腥臭味。

5. 水产品的保存

水产品的保存方式有活养和冷藏两种。活养又分有水活养和无水活养。有水活养适宜于鱼类、贝类、虾类等；无水活养则适用于螃蟹等，如大闸蟹、象拔蚌，但要将螃蟹的爪扎紧，也可放冷藏柜中低温无水活养。

冷藏虾时，如量少且短时间冷藏可放在容器内保存于4℃的冰箱中；如量多、时间长则要注入水或混碎冰一起冷冻。贝类可剥肉放入水中冷藏。

3.6 野生类原料

野生类原料原本指野生或半野生的动物和可食的野生植物。由于野生植物主要是野菜，所以野生原料基本指动物。本节依此习惯。

自然环境的改变和捕猎的泛滥，野生类原料的种类及数量日益稀少。为使自然界生态平衡，部分动物被列入受保护之列。为满足需要，很多野生动物已被驯化进行人工饲养。野生类动物在野外的生活环境与人工饲养的环境有很大差别，虽组织结构基本相同，但口感及风味会一定的差异。我国已为禁止食用的野生动物立法，食用保护名单野生动物便触犯法律。本节对野生类原料作简单介绍仅仅是为了使大家了解早期的烹饪文化和饮食文化。

3.6.1 野生畜类原料

1. 田鼠

田鼠主要生活在田间，肉质鲜美细嫩，是广东喜欢使用的烹饪原料。田鼠肉可腊制。

2. 野兔

野兔是使用较多的野生类原料之一。野兔肉质鲜嫩肥美，肌肉间脂肪含量少，富含蛋白质，营养价值高，以秋天至冬初的最为肥美。焖、炖、煲汤皆可。

3. 狸猫

狸猫品种有果子狸、豹狸、间狸、猪狸，其中以果子狸为人们所熟知。果子狸曾是山珍之一，但属于国家保护动物，禁止捕杀。

4. 鹿

鹿的主要品种有梅花鹿、马鹿、水鹿、驼鹿、驯鹿等。野生鹿的数量日渐减少，一些品种的鹿已成功驯养，所以现在餐馆所用的鹿都是饲养的。鹿的全身几乎都有用途，鹿肉质细嫩，脂肪少，易消化，有滋阴养颜的功效；梅花鹿的茸（嫩角）是名贵的滋补品；鹿尾、鹿筋、鹿鞭、鹿唇、鹿蹄、鹿血、鹿髓等都是珍贵的药膳原料。

5. 野猪

野猪是重要的野味之一，与家养的猪比，其肉有较浓的腥味及异味，要用漂洗的方法除去后才能烹制。

6. 黄猄

黄猄形如小羊，前脚短，后脚长，耳大、尾短、身硬、毛色淡黄。黄猄肌肉丰满，脂肪极少，肉质营养较丰富，也是较名贵的野味之一。

7. 骆驼

骆驼供食用的是驼峰和驼掌两个部位。根据驼峰的数目，骆驼有单峰驼和双峰驼两种。

驼峰在古代称为"八珍"之一，用的是双峰驼的驼峰。驼峰由胶质脂肪构成，是骆驼的营养储存器，当骆驼饥渴缺水时，驼峰内的胶质脂肪可转化为养分或氧化成为水。驼峰由于富含胶原蛋白和脂肪组织，质地柔嫩腴润。驼峰可分为雄峰、雌峰或前峰、后峰。雄峰又称为甲峰，肉质发红，呈半透明，质地较嫩，品质较高。雌峰又称乙峰，白而发滞，质地较老，品质较差。而前峰又优于后峰。可用的驼峰有鲜品、冷冻品及干品三种。

驼掌富含胶质，与熊掌相似，属高档原料。

3.6.2 野生禽类原料

1. 鹧鸪

鹧鸪羽毛大多黑白相杂，身上有点点花纹，腹白脚长。鹧鸪骨细肉厚，肉较细嫩，秋末冬初是肥美期。鹧鸪常用炖法烹制，炒、焗也可以。海南山鹧鸪属于保护动物，禁捕。

2. 禾花雀

禾花雀学名黄胸鹀，形如麻雀，毛栗色，尾毛长细，腹部浅黄色，繁殖于内蒙古东部，以及东北和河北北部。禾花雀是一种候鸟，秋季南迁到广东、海南等地过冬。禾花雀飞抵南方时正是水稻抽穗扬花季节，故以"禾花雀"为名。广东主要产地为三水、南海、番禺、顺德等。禾花雀现已列为保护动物，禁止捕杀。

3. 野鸡

又名雉鸡，是高蛋白质、低脂肪的食材，肉质细嫩鲜美，野味浓，宜炖、焖。

4. 野鸭

野鸭又称水鸭、蚬鸭，广义的野鸭指鸭科鸟类，狭义的指绿头鸭。野鸭也是一种候鸟，每年的秋冬季节才在广东出现，且多为绿头鸭。野鸭的肉质清香肥嫩，肉滑清甜，是上乘的烹饪原料，但其尾脂腺含有异味，烹调前要清除干净。虫草炖蚬鸭是道名菜。

以往选用的野禽还有沙鹬、猫头鹰、白鹤、白鹇等，现均被列入保护动物名录，禁捕。

3.6.3 其他野生动物原料

1. 蛇

粤菜用作食材的蛇主要为"三蛇""五蛇"。"三蛇"指眼镜蛇、金脚带蛇、过树榕蛇。"五蛇"是"三蛇"加上三索线蛇和白花蛇。

眼镜蛇即万蛇、饭铲头，因颈背有眼镜状斑纹而得名。金脚带蛇即金环蛇，身上有黑黄等宽相间的环纹。过树榕蛇即灰鼠蛇，头及体背灰褐色，有10条暗褐色纵线纹，体腹部前端淡黄后端黄白色。三索线蛇背面棕黄色，眼后及眼下共有三条放射状黑线纹，枕部有一黑线纹，身体前端两侧各有三条黑线纹，靠背中间的一条最粗。白花蛇体形较细小，头尾红赤，花白色有斑纹。此外，蛇还有眼镜王蛇（即过山风，形如眼镜蛇，是毒蛇中体形最大的蛇）、银环蛇（身上有黑白等宽相间的环纹）、海蛇、水律蛇（滑鼠蛇）、水蛇等品种。蛇的皮、肉、胆、肝、肠、血等均可食用。蛇肉的蛋白质含人体必需的八种氨基酸，脂肪中含有亚油酸等成分，胆固醇含量低，不仅有很高的食用价值还具备很高的药用价值。蟒蛇属于国家保护动物，严禁捕杀。滥杀蛇会破坏生态环境，应尽量选用其他食材。

2. 鳄鱼

鳄鱼肉色白，质地稍硬，有浓烈的腥臊味。鳄鱼掌和尾品质最好。扬子鳄属保护动物。

3. 甲鱼

甲鱼又叫水鱼、鳖、王八，最有名的是中华鳖。甲鱼尾长于肉裙的为公，短于或等于的为母。甲鱼以肉厚裙大的为好。广东的本地甲鱼身扁圆滑而肥，背黄腹白，肉裙宽。饲养或东南亚进口的甲鱼肉味、质感及肉裙所含胶质均不及广东本地甲鱼和野生甲鱼。甲鱼肉质肥嫩鲜美，有养生功效，其所含胶质有益于健康。煸、炖、炒是常用食法。

4. 山瑞

山瑞外形与甲鱼似，形体比甲鱼肥大，背部褐色、深绿色或灰绿色，腹白，背甲前缘有一排黑大疣粒，表皮粗糙，颈基部两侧各有一团大疣状物，体后部肉裙宽大。山瑞肉裙厚质滑，味香鲜，有营养和药用价值。山瑞为国家二级保护动物，禁止捕食。

5. 龟

龟坚硬的壳由背甲、腹甲组成，甲外为角质鳞板，四肢粗壮，头可伸缩于壳内。常用的品种有金龟（草龟）、水龟（绿毛龟）、金钱龟等。龟肉纤维虽粗，但烹熟后味鲜美，也是上等的滋补佳品。绿海龟属国家保护动物。

6. 青蛙

用于食用的青蛙称田鸡，主要有虎纹蛙、黑斑蛙、牛蛙、林蛙和金线蛙等。青蛙肉质细嫩，以腿肉为最佳。雄性青蛙身形狭长，颌下有两点；雌性青蛙则身宽略短，颌下无两点。虎纹蛙背皮粗糙，背部呈黄绿色略带棕色，头部及体侧有深色不规则的斑纹，腹白色，也有不规则的斑纹。野生虎纹蛙属国家保护动物，禁止捕食。青蛙含较多寄生虫，且可能进食有毒食物，因此，食用野生青蛙有极大的风险。

3.7 蔬果类原料

蔬果类原料包括蔬菜和水果两大类。

3.7.1 蔬菜类原料

根据主要食用部位分类，蔬菜可分为根菜类、茎菜类（包括嫩茎、变态茎、地下茎、地上茎）、叶菜类、花菜类、果菜类及食用菌类（包括藻类、地衣类、蕨类等）等六大类。

1. 根菜类

（1）萝卜 萝卜有皮绿肉绿的青萝卜，绿皮红心的北京心里美，红皮白肉的上海小红萝卜，里外皆白的白萝卜。广东的耙齿萝卜外形修长，尾端尖，皮肉均白色，味浓，6~8月出产。其他品种以冬春季最好。萝卜的质量以个体大小均匀，无病虫害，无黑心，水分充足，脆嫩为好。萝卜食味以软烩为好。

（2）胡萝卜 胡萝卜肥大的肉质根为圆锥或圆柱形，有紫红色、橘红色、黄色等颜色，品质优者肉质细味甜，脆嫩多汁，心柱少。胡萝卜可生吃，最好熟吃，因胡萝卜所含的胡萝卜素是脂溶性维生素，加油烹调有助人体消化吸收。胡萝卜因其色泽鲜艳，也是食品雕刻及菜肴点缀的好材料。

2. 茎菜类

（1）竹笋 竹笋为竹类肥嫩的幼芽。竹笋的品种因竹子的种类、季节、产地的不同而不同。按采收的季节分有冬笋、春笋和鞭笋，以冬笋的品质最为佳，春笋次之。鞭笋又称鲜笋，主产于夏秋时节。按品种分有毛竹笋、麻竹笋、绿竹笋、早竹笋、吊丝丹竹笋、笔笋等。

竹笋的质量以新鲜肉厚，爽脆无渣，节间短，肉呈乳白色或淡黄色为好。竹笋因含有较多的草酸，食用前要先用清水滚制。

（2）芦笋 芦笋又称石刁柏、龙须菜，春季开始上市。根据栽培方式的不同分白芦笋和绿芦笋两种。嫩茎抽出后经培土软化或不见光的呈奶白色为白芦笋；不经处理的嫩芽呈绿色为绿芦笋。芦笋的纤维柔软，细嫩爽口，有其特有的清香，以条状完整、鲜嫩、顶部鳞状叶紧密、无空心、洁净的为好。

（3）百合 百合的种类较多，栽培应用最广的有龙牙百合、川百合、兰州百合、卷丹百合等。秋季为百合成熟的季节。优质的百合味甜清香，以色白、结实饱满、无泥沙的为好。百合因含大量淀粉，故烹制时间过长会使鲜品不清爽。

（4）马蹄　马蹄又称荸荠，有水马蹄、红马蹄和珍珠马蹄等品种。其淀粉含量高，可加工成马蹄粉。广州泮塘所产的马蹄质较优，是"泮塘五秀"之一。冬春为收获期。桂林马蹄清甜肉嫩少渣。珍珠马蹄个小，粉糯，韧性好。

（5）慈姑　慈姑又称慈菇，其球茎为食用部分，冬春季上市。慈姑纤维少，含淀粉丰富，但有苦涩味。广州所产慈姑为"泮塘五秀"之一。

（6）茭白　广东称为茭笋，秋季为主要收获期。茭白纺锤形，茎黄白，肉质柔嫩，气味清香带甜，但含有草酸，烹前要经焯水处理。泮塘茭笋为广州"泮塘五秀"之一。

（7）藕　藕即莲藕，为莲的地下根状茎。藕分七孔藕和九孔藕两种，七孔藕也叫红花藕，熟后粉糯。九孔藕也叫白花藕，口感爽脆。秋、冬及春初均有藕出产。藕以茎肥大、藕节短、藕孔大、新鲜为佳。泮塘莲藕为广州"泮塘五秀"之一。莲藕生食性凉，熟食微温。煲汤、焖制以粉糯为佳，炒、凉拌口感爽脆。农历10月后采收才会粉糯。

（8）菱角　菱角是菱的果实，分家菱和野菱，有硬壳，中间略凹，有凸起的角，秋冬季成熟。按角的数量来分，分为四角菱、两角菱和无角菱。菱角以果肉肥大饱满脆嫩，肉质洁白为好。品种有广州泮塘菱角、上海水红菱角等。泮塘菱角为广州"泮塘五秀"之一。

（9）马铃薯　马铃薯为块茎，又名土豆，有黄色、红色、紫色、黑色等多种，以黄色马铃薯为最多。黄色马铃薯外皮黄白色或黄褐色，肉为黄白色，表面有芽眼。黑色马铃薯含有大量的花青素。马铃薯一年四季均有供应。质量以个大外形完好，皮薄光滑为好。发芽和绿色部分的马铃薯不能食用。

（10）芋　芋即芋头，为芋的地下球茎。芋有大魁芋、多子芋和多头芋等多个品种，南方为主要产区，秋冬季上市。著名品种有广东乐昌炮弹芋和炭步槟榔芋、广西荔浦芋、台湾槟榔芋等。芋的形状有圆形、椭圆形和长筒形，由于节上的腋芽能长出新的球茎，因此有母芋子芋甚至孙芋之分。质量好的芋头含淀粉多，质地粉糯，香味浓郁。

（11）姜　姜又名生姜，食用部分为其肉质茎，以山东、浙江、广东为主要产区。5~7月采收的嫩姜其芽端呈紫红色，所以叫紫姜、子姜。9~10月后采收的称为老姜。子姜脆嫩无渣，辣味较轻；老姜则辣味重，纤维较粗。老姜作调料，嫩姜作副料。

（12）砂姜　砂姜又称山奈，多切片制成干品，皮红棕色，内部色灰白，表面有皱褶。味辛辣，有特殊的浓香味，作调料。

（13）南姜　南姜又称高良姜、良姜，皮色深红，肉淡黄，味香浓，带有辣味。南姜为潮州菜喜用的调料。

（14）姜黄　姜黄也称黄姜，用其根状茎，茎粗短，圆柱形或椭圆形，外皮鲜黄色，多皱，肉橙色、棕黄色或黄褐色，可用于调味或调色。

（15）蒜　蒜分大蒜、小蒜两种，其花茎为蒜苗，蒜头是蒜的地下鳞茎，由单个或若干个蒜瓣组成。蒜衣有白色和紫色类。蒜味辛辣，可调味，也可作副料。

（16）洋葱　洋葱为扁平、圆球或长椭圆形的鳞茎，皮色有红、黄、白三种，为常年供应的品种。洋葱以肥大、外表有光泽、味辣而香、甜味浓的为好。

3. 叶菜类

（1）蕹菜　蕹菜又称空心菜、通菜，有旱生和水生两种。水生的通菜茎叶粗大，色浅；旱生的通菜，茎叶细小，茎节较短，色较浓绿。通菜春季初出时脆嫩，夏季是盛产期。

（2）苋菜　苋菜叶色有绿色、黄绿、紫红色三种。夏季是盛产期。

（3）菜心　菜心又称菜薹，是粤菜的重要蔬菜。菜心品种较多，以青茎柳叶为脆嫩，秋冬季的菜心最焓甜。广州的青骨柳叶菜心、增城迟菜心、大花球菜心均是优质品种。

（4）西洋菜　西洋菜又名豆瓣菜，初产期是秋季，质地鲜嫩可口，柔软而脆。西洋菜煲汤最佳。

（5）芥蓝　芥蓝以肥嫩的茎和嫩叶供食用，质脆嫩、清甜。叶面平滑或皱缩，有些叶面披蜡粉。秋季上市。炒芥蓝放点糖和料酒可去涩味和增香。

（6）大白菜　大白菜又名黄芽白、绍菜。大白菜软滑焓甜，味鲜而清，用途广泛。

（7）圆白菜　学名结球甘蓝，又称卷心菜、椰菜、包菜，有尖头形、圆头形和平头形三种，为成熟期迟早的区别。形状不同口味略有区别，爽脆和焓甜皆好吃。夏、秋均可收获。

（8）生菜　叶用莴苣的俗称，按叶片的色泽分绿生菜和紫生菜两种。按叶的生长状态分，有散叶生菜和结球生菜两种。结球生菜还有三种类型：一是叶片呈倒卵形，叶面平滑，质地柔软，叶缘稍呈波纹的奶油生菜；二是叶片呈倒卵圆形，叶面皱缩，质地脆嫩，叶缘呈锯齿状的脆叶生菜；三是叶片厚实、长椭圆形，叶全缘，半结球形的苦叶生菜。生菜清脆爽口，味清甜，个别略有苦味，生食熟食均可，以冬春季上市的为好。

（9）芥菜　我国的芥菜主要有叶用、茎用、薹用、芽用、根用和芥子用等六个类型。叶用芥菜有高脚和矮脚两种，茎用芥菜有包心芥、卷心芥。广东的水东芥菜有卷心、茎多叶少、爽脆、茎呈绿白色、味带微甘等特征，属优质品种，芥菜可鲜吃也可腌渍后吃。

（10）豆苗　荷兰豆的嫩梢或未张开的幼嫩托称为豆苗。豆苗色青绿，味道软滑可口，产于冬春季。烹制豆苗必须猛火，仅熟为好，且要烹入姜汁酒。

（11）茼蒿　茼蒿又叫塘蒿。广东多产大叶茼蒿，叶宽大而厚，茎短而粗，纤维少，质地柔嫩，有特别的清香味，冬季为上市期。窄叶茎长的叫北方茼蒿。

（12）枸杞叶　枸杞的茎节有刺或无刺，食用的是叶，叶绿色。枸杞叶味甘而质滑。

（13）菠菜　菠菜以叶柄稍短叶稍圆的较滑。根部带红色，可食用。菠菜质地软滑，有清香味，含铁丰富，但含硝酸盐和草酸也多，烹调时要先焯水。菠菜冬春季为好。

（14）小白菜　小白菜分秋冬白菜、春白菜和夏白菜等几种。其中依叶柄色泽不同分为白梗和青梗两种类型。白梗的代表品种有广东矮脚乌叶、南京矮脚黄等。青梗的代表品种有上海青（小棠菜）、杭州早油冬、常州青梗菜等。小白菜以冬季所产为好。

（15）芹菜　日常将芹菜分香芹及西芹两种。香芹梗细长呈黄白色，叶小色淡绿，香味浓。西芹梗宽而厚大，实心，肉质脆嫩，味淡。芹菜四季均产，夏、秋季大量上市。

（16）芫荽　芫荽也叫香菜、芫茜，香浓，可生吃。

（17）生葱　生葱有大葱、小葱之分，以小葱香气较浓。小葱中的红头葱香味特浓。

（18）豆芽　豆芽由黄豆或绿豆经水养发芽而成。摘去芽瓣和根便称作银芽、银针，多用绿豆芽制成。

（19）紫椰菜　又称紫甘蓝、红甘蓝、赤甘蓝、紫包菜，叶片紫红，叶面有蜡粉，叶球近圆形。紫椰菜含碳水化合物、叶酸、维生素C、维生素A、胡萝卜素等维生素和铜、铁、硒、钙、锰、锌等矿物质。食法与结球甘蓝相同，可凉拌。

（20）辣木叶　辣木叶为国家新资源食品，营养丰富而全面，富含植物蛋白、维生素、叶酸、泛酸、钙、铁、硒等多种营养素，具有独特的保健功效。常用于做汤。

（21）大黄　原产地内蒙古，欧美国家引种后作蔬菜栽培。叶片大，不好吃，而且含较多草酸，食用的是叶柄。叶柄像西芹的茎，味酸甜带苦。叶柄表层红色，可取汁作天然色素。西餐中取茎做沙拉生吃。富含钙、钾、锰及维生素C和维生素K，有一定的抗感染、抗氧化作用。其根是中药大黄。可炒，可作酱料。

4. 花菜类

（1）菜花　菜花又称花椰菜、椰菜花，以花柄、花梗及不育花组成的花球为食用部分，以花球洁白、紧实的为好。花柄长，花球松散的菜花叫松花，以松散为好，口感爽脆。可鲜食也可干制后烹调。宜用于炒。

（2）西蓝花[一]　西蓝花又称青菜花，以绿色花球为食用部分，以色泽深绿、紧实为好。

（3）黄花菜　学名萱草，干制后叫金针。鲜品含秋水仙碱，烹制鲜品时要先焯水去除。

（4）夜来香花　夜来香的花朵，有香气。可生食。

（5）南瓜花　南瓜的花不仅好吃，而且有较高的营养价值和药用功效。扒、汤均可。南瓜苗也可以用于扒或滚汤。

5. 果菜类

（1）苦瓜　苦瓜又称凉瓜，从形状上分有短圆锥形和长圆形两种。短圆锥形的"雷公凿"口味较好。苦瓜味甘苦，刮净瓜瓤可以减轻苦味。夏秋两季是苦瓜盛产期。

（2）辣椒　辣椒分圆椒、尖椒、指天椒等几种。圆椒也叫灯笼椒、甜椒，有红色、绿色、黄色、橙色、紫色等多种颜色，肉质厚，不辣或微辣。尖椒有红绿两色，较辣。指天椒果实小，有圆锥形、椭圆形，味特辣。辣椒既可调味，也可作主副料，还可制成辣椒干、辣椒粉、辣椒油、泡椒、辣椒酱，全年均有供应。

（3）四季豆　四季豆又称玉豆、龙芽豆。四季豆四季均有供应。四季豆含皂素、血球凝集素、胰蛋白酶抑制物等，所以要经焯水或煮熟透才可食用，否则容易中毒。

（4）豆角　豆角又称长豇豆，根据豆荚颜色的不同可分为青荚型、白荚型和红荚型。豆荚肉较厚，质地脆嫩色青绿，果细长而色绿的为青荚型，如广东的铁线青，爽口；豆荚较粗，荚果粒肥大呈浅绿或白色的为白荚型，主要有广东的长角白，俗称珠豆，焓甜；荚果呈紫红色，较粗短的为红荚型，偏焓。豆角夏秋季品质好。腌成的酸豆角常用于佐餐。

[一]　行业中多称作西兰花。

(5) 荷兰豆 荷兰豆身扁平，豆荚薄，荚果色青绿，脆嫩味甜，产于冬春季。

(6) 甜豆 甜豆豆荚饱满，荚色青绿，食味甜脆爽口，俗称甜蜜豆或蜜豆。甜豆分大荚种及小荚种，盛产期为11月至来年3月。

(7) 番茄 番茄又叫西红柿，为多汁浆果，有圆形、扁圆形、椭圆形和樱桃形，色有粉红、橘红、大红及黄色。番茄以酸甜适中，肉肥厚，心室小为佳。

(8) 茄子 茄子俗称矮瓜，形状有长棒形、圆形、梨形等，皮色有紫黑、紫红、浅绿或白色，以皮薄籽少，肉厚细嫩的为好。茄子维生素P含量极高，主要存在于茄皮中。

(9) 黄瓜㊀ 黄瓜又叫青瓜，呈长棒形，表面有突刺，皮色有深绿、浅绿等色。黄瓜以粗细均匀、肉厚瓤少、味清香为好。小黄瓜质感较爽脆。

(10) 冬瓜 冬瓜有大果形和小果形、粉皮种和青皮种之分，以肉质结实、肉厚、瓜瓤小、形状端正为佳。粉皮冬瓜肉质较青皮冬瓜结实。冬瓜是夏季瓜果。

(11) 节瓜 节瓜又称毛瓜，因表面有短粗毛而得名，长圆形，皮青肉白，皮极薄嫩。节瓜有多个品种，如七星、江心、菠萝种等。以籽嫩、质柔嫩、新鲜的为好。春夏季多产。

(12) 丝瓜 丝瓜形为长柱形，表面有皱褶，有数条墨绿色的棱。丝瓜嫩果纤维细嫩，爽脆清甜。

(13) 水瓜 水瓜是葫芦科水瓜的嫩果实，瓜形多粗短也有细长的，无丝瓜般的棱，但有黑色条纹。瓜外皮粗糙，多为深绿色，果肉多为白色或浅绿色，夏天大量上市。肉质鲜嫩，水分较多，营养丰富。

(14) 佛手瓜 佛手瓜又名合手瓜、寿瓜、捧瓜、虎爪瓜等，外形像两掌合十，外表有棱沟，瓜皮淡绿色，瓜肉白色，质感脆嫩，内有1枚种子。削皮食用。削皮后有较多黏液。我国江南一带都有种植，含有丰富的营养素，多用于焖、煲汤和炒。

6. 食用菌类

(1) 金针菇 金针菇菌柄细长有10~15厘米，形似金针，菌盖小，色黄白，质地脆嫩，有滑润感。

(2) 草菇 草菇在菌盖未开裂前采摘品质最佳，称菇袜。草菇肉质爽脆味鲜，但含草酸，需焯过以去除。夏秋季产量最多。陈菇是草菇的干制品，又称陈草菇。

(3) 香菇 香菇菌盖呈伞状，表面淡褐色或紫褐色，以菇香浓、菇肉厚实、菌面平滑、大小均匀、菌褶紧密细白、菌柄短而粗的为好。

(4) 鸡腿菇 又名毛头鬼伞、刺蘑菇。鸡腿菇在菇蕾期时菌盖呈圆柱形，因菌柄状似火鸡腿而得名，肉质细嫩，鲜美可口。

(5) 茶树菇 茶树菇又称茶薪菇，为单生或丛生。菌盖褐色，菌肉为白色，菌柄长，其味道鲜美，菌盖细滑柄脆，气味清香。

(6) 杏鲍菇 又名刺芹侧耳，菌体庞大，肉质肥厚，口感脆嫩，味道清香。杏鲍菇菌伞圆润呈灰褐色，菌柄膨大结实，乳白色。菌柄比菌盖更脆滑、爽口。

㊀ 广东地区习惯将黄瓜称为青瓜。

(7) 百灵菇 又名翅孢菇，商品名白灵菇，即白阿魏侧耳，子实体单生或丛生。菌盖初凸起，后渐平展，中央逐渐下陷呈歪漏斗状，淡黄白色，菌柄偏生，像白色的灵芝，故得此名。百灵菇肉质细腻脆滑，浓香袭人，味道鲜美，食法多样，以焖、扒为多。

(8) 鲍鱼菇 鲍鱼菇菌伞面浅灰黑，皱褶和菌柄灰白，肉质肥厚，口感脆嫩，宜炒、扒。

3.7.2 水果类原料

水果类原料风味特殊，色泽鲜艳，外形别致，是常用的原料。

1. 苹果

苹果按上市季节分有三类：黄魁、红魁、早今冠等为早熟种；祝光等为中熟种；晚熟种则有国光、红富士、金冠、红香蕉、元帅等。

2. 梨

梨有鸭梨、酥梨、雪花梨、秋白梨等。梨以脆而多汁、味甘爽口、清香个大、肉厚核小为上品。

3. 荔枝

荔枝肉呈半透明状，乳白色，多汁味甜。荔枝品种有黑叶、桂味、糯米糍、槐枝等。

4. 龙眼

龙眼肉半透明，多汁味清甜。龙眼肉干制品称桂圆、圆肉，汤品中常用。

5. 菠萝

成熟的菠萝味酸甜，多汁，有独特的果香。由于含菠萝朊酶，会令个别人群产生过敏反应，食用前要用淡盐水浸泡。同类的凤梨叶边无锯齿，淡果香，无肉刺，不用盐水浸。

6. 哈密瓜

哈密瓜果实较大，果肉青绿色或橙黄色，肉质绵软或脆嫩，味清甜。以"红心脆""黄金龙"品质最佳。

7. 番木瓜

番木瓜又称木瓜或万寿果，熟时果肉橙红色，肉质嫩滑，味甜清香，有"岭南果王"的美誉。夏威夷木瓜个小，但较清甜。

8. 火龙果

卵形，皮大红色，带"触手"。果肉有白色和红色两种，黑籽散布其中。果皮内层的粉红色部分含有非常难得的营养物质花青素，以生食为佳，可直接生吃、凉拌或榨汁。

3.7.3 蔬果的营养成分

蔬果可以为人体提供丰富的维生素，特别是维生素 C 和胡萝卜素。蔬果还含有多种矿物质，如钙、磷、铁、钾、钠、镁、锌、铜等，其中以钾的含量最多。蔬果还含糖类、蛋白质，是人类日常膳食纤维的主要来源。

3.7.4 蔬果的质量鉴定

蔬菜的质量从形态、色泽、质地、含水量和有无病虫害等方面来鉴定。

蔬果外形应该硬挺、饱满，色泽鲜艳有光泽。若萎蔫，色泽暗淡发黄即为不新鲜。蔬果形状以正常为好，应该有其固有的颜色。质地脆嫩的为嫩，韧为老。好的蔬果有充足的水分，如水分少可能不新鲜，也可能老了。

3.7.5 蔬果的储存

叶菜宜在 5~10℃ 低温保藏，茎菜果菜可保存在 0~5℃ 的环境中，根菜可埋藏及用假植方法储存。

3.8 干货类原料

干货指由鲜料脱水干制而成的一大类烹饪原料。干货原料一般水分含量极低，与原鲜料有不同的风味。鲜料干制的目的是便于储存和运输，增加风味。

原料干制的方法有自然干燥和人工干燥两类。具体的干制方法有晒干、风干、烘干、腌制后干制。晒干、烘干的原料脱水率较高，质地较坚硬，但晒干的质量又比烘干好。风干的脱水率低，质地松软，风味损失少，质量最好。腌后干制的风味会受腌料的影响。

3.8.1 水产类干货原料

1. 鱼翅

鱼翅指大、中型鲨鱼等软骨鱼类的鱼鳍干制品里的粉丝状软骨。这些软骨俗称翅针，也称作角质鳍条，为弹性肌，经涨发后质感柔软爽滑。

前脊鳍、后脊鳍、胸鳍、臀鳍和尾鳍均可干制为鱼翅，品质以脊鳍为最好。由大鲨鱼的前脊鳍、后脊鳍和尾鳍三片鱼翅合为一副的称作群翅，是最昂贵的食材。脊鳍和尾鳍可做鲍翅。涨发后散乱的叫散翅。未经任何加工的叫青翅，已打沙脱骨的称明翅，将净翅针压成饼状的是翅饼，水盆翅指涨发好的鱼翅。鱼翅以翅针粗而密的为好。

常用的鱼翅品种有天九翅、海虎翅、五羊翅、珍珠翅、牙拣翅、西沙翅、黄沙翅、高茶翅等品种。

鱼翅的营养价值并不高，吃鱼翅实际上满足的是心理需要。鉴于食用鱼翅会破坏海洋生态，不建议食用，此处仅作介绍。一种运用多种材料制作成的人造鱼翅已经出现，有着良好的发展前景。

2. 鱼肚

鱼肚是鱼鳔经干制加工而成的一种海珍品，分类如下。

（1）鳖肚　鳖肚是鳖鱼鳔的干制品，分公肚和母肚，公肚身长，肉厚，山形纹，透明，浅黄色，又称广肚。母肚身圆而阔，呈波浪纹，肉较薄，透明，又称鳖肚或炸肚。

（2）鳝肚　鳝肚是海鳗鳔的干制品，呈筒形，两头尖，半透明，色浅黄或白。

（3）花肚　花肚又称鱼白，是鲭鱼鳔的干制品，色白而薄小。

（4）花胶　花胶是大型鱼类鱼鳔的干制品，色金黄，呈筒形，俗称筒肚。

鱼肚的质量以片大、厚实、干爽、色淡黄、有光泽、洁净、半透明、无虫蛀、无霉变为好。行内认为年份久的鱼肚营养价值高、腥味也少，其外观特点是颜色深。

3. 海参

海参属棘皮动物，分有刺参和无刺参两类。有刺参的品种有辽参、梅花参、灰参、方刺参等。无刺参有乌元参、大乌参、黄玉参、白石参等。海参以肉质肥厚、干爽为好。

4. 鲍鱼

较好的干鲍鱼有网鲍、吉品鲍、窝麻鲍等。

（1）网鲍　形体椭圆，边细起珠，色泽金黄，质地肥润。

（2）吉品鲍　元宝形，枕高身直，性硬，干京柿色。

（3）窝麻鲍　象艇形，烂边，常带有针孔。

此外，还有中东鲍、南非鲍、大连鲍、苏洛鲍等。

鲍鱼的品质除由品种决定外，其大小也是鉴定标准之一。品质以头数表示，如三头鲍是指三只同样大小的鲍鱼重500克。头数越少，其品质越高，价格也越贵。

5. 干贝

干贝又称元贝，是扇贝、日月贝、江珧贝闭壳肌的干制品，中国、日本及越南等国均有出产。干贝以颗粒整齐、肉坚实饱满、干爽、粗壮、色浅黄、肉丝清晰、味鲜甜的为好。

6. 鱼皮、鱼唇

鱼皮、鱼唇是鲨鱼皮和唇的干制品，含丰富的胶质。质量以件大无破孔、皮厚实、洁净、有光泽的为好。

7. 鱿鱼

干鱿鱼肉味鲜美，甘香爽脆，以色泽金黄中带微红、气味清香、表面少盐霜的为上品。干鱿鱼以吊片（薄片形干鱿鱼）为佳品，排鱿、竹叶鱿等质地较韧。

8. 蚝豉

牡蛎干制后称为蚝豉，以身肥、色泽金黄有光泽、干爽为优。直接生晒至干的称为生晒干蚝，煮熟后干制的称干蚝。广东的沙井蚝品质较好。

9. 虾米

虾米是海产或淡水产鲜虾去头、壳干制而成。海产虾干制的又称海米，别名有金钩、开洋等。虾米有大、中、小之别，品质好的虾米应该是大小均匀、干燥、形体完整、呈淡黄色或红黄色、略呈透明、有光泽、肉质细嫩、味鲜甜、无异味的。

虾条是大虾肉切成条状干制而成，虾干是明虾连壳晒干而成，均香浓而味鲜。

10. 虾子

虾子是虾卵的干制品，有海虾子和河虾子两种，成品呈红或金黄色，以色鲜有光泽、粒圆饱满、身干松散、无杂质的为好。虾子鲜味浓郁，多用于调味，是重要的鲜味调味品。

11. 咸鱼

咸鱼是鲜鱼用盐腌渍后干制而成。优质的咸鱼整洁无虫，肉面无褐色薄膜，无淡红暗斑，无异味，鳞片完整，肉结实，骨肉不分离。咸鱼有"梅香"和"实肉"两种风味，常见的咸鱼品种有马友鱼、马交鱼、海底鸡、黄花、白花、红鱼、曹白鱼、红衫鱼、带鱼、银鱼等。

3.8.2 陆生类干货原料

1. 蹄筋

蹄筋指猪、牛、羊、鹿蹄筋，是此类动物四肢的肌腱，蹄筋中富含胶质，质地柔软，口感软滑。鹿（人工养殖）蹄筋色泽淡黄，呈细长条状，带掌部及趾部的肌腱，药用价值较大，也最为名贵。猪蹄筋以色白亮呈半透明状、粗长挺直的为好，最常用。牛蹄筋比猪蹄筋粗壮，色黄，质量次之。羊蹄筋细小，较少用。

2. 蛤士蟆油

蛤士蟆油又称雪蛤膏或田鸡油，为雌性中国林蛙或黑龙江林蛙卵巢和输卵管外所附脂肪的干制品。蛤士蟆油有线油（活体取）和联体油（干体取）两种。线油相比联体油营养价值更高、口感更好。质优的蛤士蟆油呈不规则块状，大小不一，凹凸不平，表面黄白色，呈脂肪光泽。蛤士蟆油口感滑润，具有较好的滋补作用。

3. 燕窝

燕窝是雨燕科金丝燕及其同属的一些燕鸟用吐出的胶状唾液筑成的巢，是极名贵的烹调原料之一。燕窝分为洞燕、屋燕和加工燕三大类。

洞燕指采自岩洞中的天然燕窝，分白燕、毛燕、红燕和血燕四种。

白燕是燕鸟第一次筑的巢，质地较纯，杂质很少，形态匀称，颜色为象牙白，光洁透亮，清香，涨发率高。白燕因古代被用作官场赠礼或贡品，故又称官燕、贡燕。白燕中龙牙燕、象牙燕、暹罗燕等为上品。毛燕因含杂质多，品质次于白燕。红燕因含矿物质丰富而呈红色，产量低，品质与白燕相仿。血燕因夹杂像血丝的杂质而得名，市场上难见此类燕窝。

屋燕指燕鸟在专为其筑的燕屋内所结的巢，也叫屋燕。此类燕窝巢色较白、整齐光洁、质松，毛少，食味较软滑。

加工燕是经人工加工的燕窝。燕窝被采摘之后，还要经过浸泡、除杂、挑毛、烘干等复杂的加工才能制成商品燕窝，如燕饼和燕球。

商品燕窝按外形可分为燕盏（呈半月形）、燕条（条形）、碎燕、燕角、燕饼等，以质地洁白、透明、厚身、有清香气味、不带毛不带根的为好。

3.8.3 植物类干货原料

1. 冬虫夏草

冬虫夏草是由多长于高山草原的一种虫草菌寄生于鳞翅目蝙蝠蛾昆虫体内而形成的菌藻

类生物。冬虫夏草菌侵入蝙蝠蛾幼虫体内，吸收幼虫体内的物质作为生存的营养条件，并在幼虫体内不断繁殖，致使幼虫体内充满菌丝，在来年的5~7月天气转暖时，自幼虫头部长出黄或浅褐色的菌座，生长后冒出地面呈草梗状，就形成了冬虫夏草。冬虫夏草种类虽然很多，但是入药的只有两种：一种叫冬虫夏草菌，即野生冬虫夏草；一种叫北冬虫夏草菌。北冬虫夏草属于人工培育的冬虫夏草。两种冬虫夏草的药物成分和功效基本相同。使用时要注意分辨真假冬虫夏草。

2. 黄花菜

黄花菜学名萱草，其干品称金针菜，以黄花菜的花蕾经热水烫后干制而成。黄花菜富含胡萝卜素和磷、钙、铁等矿物质，以色浅黄、手感柔软有弹性、气味清香的为好。

3. 莲子

莲子是莲的果实干制品。湖南产的莲子称湘莲，呈腰鼓形，质量最好；福建产的莲子称建莲，粒肥圆，也是莲子中的上品；湖北产的称为湖莲，粒略小而长，质量不如湘莲和建莲。莲子以颗粒圆正饱满、干燥为好，未去皮膜的称为红莲，去膜抽心的称为白莲。

4. 银杏

银杏又称白果，是银杏树的果实，为我国特产。白果椭圆形硬壳，色白带黄，内果皮为褐色膜质，果肉为青黄色。以粒大、饱满、有光泽和无虫蛀的为好。白果中含有少量氰化物，有微毒，以绿色的芽胚含量最高，食用时应去除，食量也应严格控制。

5. 竹荪

竹荪是竹荪菌实体的干制品。竹荪由菌盖、菌幕和菌柄组成，均呈网状，菌柄中空，以色泽浅黄、长短均匀、质地细软、气味清香的为好。竹荪口感滑润柔脆，鲜爽适口。野生竹荪比人工培植的好。

6. 香菇

香菇又称为香蕈。香菇按外形和质量可分为花菇、冬菇、香信等。花菇菇伞上有浅褐色的自然龟裂纹，底色白，肉质厚，柄粗壮而短，卷边，香气浓郁，品质最好。冬菇产于冬季，品质仅次于花菇，除菌盖无花纹外，其他特征与花菇基本相同。春后出产的为香信，菇身平薄，色较深，品质较差。

7. 陈菇

鲜菇的干制品。

8. 蘑菇

蘑菇是蘑菇菌体的干制品。华北、西北等地产的野生蘑菇具有味鲜、质嫩香浓的风味，蘑菇与冬菇、陈菇合称"三菇"。

9. 猴头菇

猴头菇是食用蘑菇中名贵的品种，过去为贡品之一。野生猴头菇多生长在柞树、胡桃等阔叶树的树干或枯死部位。猴头菇色金黄，表面布满毛刺，因形如猴头而得名。人们常以"山珍猴头，海味燕窝"来比喻猴头菇的营养价值和特殊风味。

10. 银耳

银耳又称雪耳，呈菊花形或绣球状，色白或微黄，半透明，含有丰富的胶质，多种维生素和十七种氨基酸（包括七种人体必需的氨基酸）及肝糖。银耳脆嫩滑爽，富有弹性，以干燥、朵形大、水发涨性大、略有光泽及清香的为好。银耳是俗称的"六耳"之一。

11. 桂花耳

桂花耳是生长在桂木上的真菌干制品，其形如桂花，色泽金黄。桂花耳爽滑可口，带桂花香味，是俗称的"六耳"之一。

12. 榆耳

榆耳是生长于榆木堆上的真菌干制品。榆耳形如人耳，色黄褐，质嫩而脆，是俗称的"六耳"之一。

13. 黄耳

黄耳是生长于槐木堆、红梨楠木上的真菌干制品，产量不多，比较名贵。黄耳形如核桃肉，以朵大色金黄为好。黄耳爽滑可口，是俗称的"六耳"之一。

14. 木耳

木耳（白背木耳）是寄生于枯木上的一种食用真菌。木耳背的色泽有黄、白、黑三种，以背略呈灰白色、面色乌黑光亮的为好；色带褐黄，厚身，大小不一的为次之。木耳是俗称的"六耳"之一。

15. 石耳

石耳形扁平，呈不规则圆形皱片状，褐色，背面有黑色绒毛，是俗称的"六耳"之一。

16. 云耳

云耳又称川耳，色黑质脆，比木耳薄而小，口感滑润。

17. 笋干

笋干是新鲜竹笋经过去壳切根修整、高温蒸煮、清水浸漂、榨压成型处理、晒干或烘干、整形等工艺加工而成。玉兰片是高档笋干，色泽金黄，呈半透明状，片宽节短，肉厚脆嫩，香气浓郁，是闽八山珍之一。笋干以干爽、气味清香的为好。

18. 海带

海带食用部分为带片，呈无分枝的长条宽带状，中部稍厚，边缘较薄呈波褶状。海带鲜品为橄榄色，干品呈黑褐色，以形状宽长、厚实干燥，无杂质的为好。

19. 紫菜

紫菜是海里藻类的干制品，以表面光滑滋润、紫褐色或紫红色、有光泽、干燥味香、无杂质的为好。

20. 百合

由鲜百合干制而成，以身干、肥厚、色黄白、大小均匀、无酸味的为好。湖南麝香百合（龙牙百合）、兰州甜百合为优良品种。秋季食用较好。

21. 葛仙米

葛仙米原名天仙米，俗称天仙菜、水木耳、田木耳，为水生藻类植物，属蓝藻纲下的念珠藻，单细胞，无根无叶，墨绿色珠状。纯野生，是名副其实的天然绿色食品。湖北恩施鹤峰县走马镇是世界上最大的葛仙米产区。葛仙米含有15种氨基酸，多种维生素及微量元素。调味可甜可咸但宜浓。

22. 剑花

剑花又名霸王花，干品花为棕褐色或黄棕色，萼管细长扭曲呈条束状，外侧有皱缩的鳞片。剑花以朵大、色鲜明、味香甜者为佳，有一定的清热润肺止咳功效，最适宜配猪肉煲汤。

23. 菜干

菜干是用白菜烫后晒干而成，以干爽、干净、无霉变、无异味的为好。主要用作煲汤。

24. 杏仁

杏仁分为甜杏仁和苦杏仁两种。我国南方产的杏仁属于甜杏仁，又名南杏，颗粒大，味道微甜，多用于食用；北方产的杏仁属于苦杏仁，又名北杏，颗粒偏小，带苦味，多作药用，但一次服用不可过多，以不多于9克为宜。杏仁有多种药用功效，食前要注意宜忌。

25. 发菜

发菜是一种陆生褐色藻类，经晒制加工而成的干料，因如头发而得名。现国家禁止挖采食用。

3.8.4 干货原料质量鉴定

干货的种类很多，品质各异，总的质量要求是干爽、无霉烂、无异味、无杂质、无虫蛀、外形完整、大小均匀。

3.8.5 干货原料的保存

要保证干货在贮存过程中品质不受影响，要注意以下几点。
1）存放在干燥、通风、适温的地方。
2）要有良好的防潮包装。
3）放在货架上，避免接触地面吸潮。
4）分类存放，防止串味。
5）勤检查，先入库的要先用，先到期的要先用。

3.9 粮食类原料

粮食是含淀粉为主的原料的统称，主要有谷类、豆类及粮食制品。

3.9.1 谷类

1. 稻

稻按其适应的自然环境（土壤水分），有水稻、深水稻和旱稻之分；按形态、特点和品种则可分为籼谷、糯谷和粳谷三种;按生长期分为早稻、中稻和晚稻三种。

稻粒由谷皮、糊粉层、胚乳(谷粒的主要组成成分,占粒重的80%左右)、胚四部分组成。谷皮由纤维素和半纤维素组成,含多种维生素和矿物质;糊粉层含蛋白质、脂肪和B族维生素;胚乳含大量淀粉和少量蛋白质;胚含蛋白质、B族维生素和维生素E、脂肪、糖和酶。

2. 大米

稻谷磨去谷皮即为大米,大米分三种:籼米、粳米和糯米。

(1) 籼米　籼米粒形细长,横断面为扁圆形,灰白色,软硬适中,黏性小,涨性大,出饭率高,多用于做米饭或磨粉制作糕点。

(2) 粳米　粳米粒形短圆,横断面近圆形,色泽蜡白,透明或半透明,硬度高,黏性高于籼米而小于糯米,涨性大于糯米,出饭率低于籼米。粳米可用于做米饭或粥,或磨粉制作无须发酵类的糕点。

(3) 糯米　糯米又称江米,粒形短圆或细长,色泽乳白,不透明,硬度低,黏性最大,涨性小,出饭率低,多用于制作糕点或小吃。

籼米粉、粳米粉、糯米粉是将大米加工磨碎成粉末,用于制作糕点或小吃。各种大米磨成的粉末按加工方法的不同,分为干磨粉、湿磨粉和水磨粉。

其他大米品种还有黑米、香米和红米等。

根据稻谷的加工程度和加工方法,大米又分糙米、白米、蒸谷米和碎米等几种。

3. 小麦

小麦由谷皮、糊粉层、胚乳、胚四部分组成,其中胚乳是主要部分,约占粒重的80%。小麦经磨制加工成为面粉,也称小麦粉。按加工精度的不同,面粉可分三个等级。

(1) 特制粉　加工精度高,含麸量少,色白,面筋质含量较高约26%。

(2) 标准粉　加工精度中等,含麸量中等,色稍黄,含面筋质中等约24%。

(3) 普通粉　加工精度低,含麸量高,色较黄,含面筋质较低约22%。

还有根据需要用特殊品种的小麦磨制而成或在等级粉中根据需要添加某些成分的专用面粉。

面粉还可按所含面筋质的多少分成高筋面粉、中筋面粉和低筋面粉三种。

3.9.2　豆类

1. 大豆

大豆又称黄豆,形状呈圆球形、椭圆形或扁圆形。品种多,按皮色的不同可分为黄豆、黑豆、青豆等。

2. 绿豆

绿豆又称青小豆或吉豆。绿豆种皮的颜色有青绿、黄绿、墨绿三大类,以色浓有光泽、粒大饱满、形圆、均匀的为好。

3.9.3 粮食制品

1. 米粉

米粉指以大米为原料，经浸泡、蒸煮、压条等工序制成的条状、丝状米制品，有排米粉、方块米粉、波纹米粉、银丝米粉、湿米粉、干米粉等几种。米粉以干燥、无酸味、洁白有光泽、条状完整的为好。

2. 河粉

河粉是大米浸泡加水磨成粉蒸制成的扁带状湿制品，以无酸味、形状完整的为好。

3. 面条

面条是用面粉制成的制品。制面过程不加碱的称挂面，以无异味、干爽、完整的为好。加碱的叫碱水面，有干面饼和湿面饼两种，有的干面饼还会添加鸡蛋、蔬菜汁等原料来制作。

4. 伊面

伊面是面粉加鸡蛋做成面条，然后用猪油炸制而成。

5. 细露面

细露面是制作时不加碱的条状较细的干面饼。

6. 腐竹、腐皮

将黄豆浆煮沸、浓缩，使豆浆中的脂肪和蛋白质上浮凝集形成薄膜，将薄膜挑出成双层片状，烘干即为腐皮。腐皮以皮薄透明、平滑完整、奶黄色有光泽的为好。

将薄膜挑出后卷裹成条状，捋直后烘干则为腐竹，腐竹以粗细均匀、外形完整、干燥、浅黄色有光泽的为好。

7. 豆腐、豆腐干

豆腐是将黄豆浆过滤、煮沸、点卤或加石膏使豆浆中的蛋白质凝固后压制而成。根据凝固剂的不同，豆腐分为北豆腐、南豆腐和内酯豆腐等，以色白细嫩、光滑完整、气味清香无异味的为好。

将豆腐压干大部分水分即为豆腐干。

8. 粉丝

粉丝是以薯类或豆类淀粉为原料加工而成的丝线状干制品。粉丝以绿豆粉丝最好，细长均匀，光亮透明，韧性好。除绿豆粉丝还有蚕豆粉丝和甘薯粉丝。

3.9.4 粮食类的营养价值

大米、小麦的淀粉含量占70%以上，其他糖类约占10%。面粉中的淀粉经烹调后的消化利用率为93%，大米则为95%。大米含有蛋白质、脂肪、多种矿物质、硫胺素、核黄素及其他维生素等，是B族维生素的主要来源。小麦富含蛋白质很丰富，最高可达14%~20%，面筋强而有弹性，适宜烤面包。此外还含有脂肪、钙、铁、硫胺素、核黄素、烟酸及维生素A等。

豆类含丰富的优质蛋白质和脂肪类，其中不饱和脂肪酸高达85%，矿物质含量也很丰富，钙、铁、磷的含量较高。豆类食物 B 族维生素的含量高于稻谷类，是自然界中高钾、高镁、低钠的食品，对于预防心血管病有显著效果，也是心血管病人的理想食疗食物。

3.9.5 粮食的检验及保存

1. 品质鉴别

大米的检验是从粒形、腹色、硬度及新鲜程度等几方面进行的，以米粒完整均匀、腹白、硬度大、新鲜度高的为好。

面粉的检验是从水分、颜色、面筋质、新鲜度四个方面进行的。由于面粉的种类不同，其检验的标准也有差异。

优质的豆类粒大、均匀、质地坚实、富有光泽、色泽自然。

2. 粮食类的保存

在存放中粮食类原料仍会进行呼吸作用等生化反应，因此，粮食的保存应注意通风散热，保持干燥，隔离异味，防虫、鼠害。

3.10 调辅原料

调辅原料是调味料与辅料的合称，简称调料。调味料是用于调和滋味的原料；辅料是用于调理菜肴的色泽、香气、质感等方面属性的原料。

3.10.1 调味料

调味料按形态可分为粉状、粒状、液状、稀酱状、浓酱状、油状、膏状等七大类；按味型可分为以下几类。

1. 咸味调料

（1）食盐　食盐主要成分是氯化钠，还有一定的水分及其他物质。食盐按来源不同可分为海盐、湖盐、井盐、矿盐；按加工程度不同可分为粗盐、加工盐、洗涤盐和精盐。食盐的质量要求是色泽洁白，呈透明或半透明状；晶粒整齐均匀，表面光滑坚硬，精盐则干燥呈细粉末状；咸味正常，无苦涩味，水分少。

加工盐有低钠盐、加碘盐、加锌盐及风味型食盐（如椒盐、蒜香盐、五香盐）等。

食盐在烹调中的作用是调味；增强馅料、肉蓉的弹性；增加面筋质的韧性和洁白度；防腐杀菌；作传热介质。

（2）酱油　酱油是一种以蛋白质和淀粉为主要原料的酿造类调味品。酱油除了含盐外，还含有多种氨基酸、糖类、有机酸等成分，具有特殊的风味。

酱油按加工方法不同分为酿造酱油和配制酱油。按色泽可分为深色酱油（如老抽，用于调色）、浅色酱油（如生抽，用于调味）和白酱油（用于调味）等。按加入配料的不同，还可分为各种风味酱油（如草菇老抽）。

酱油不仅可以定味、增鲜，还可增加菜肴色泽，增加菜肴的香气及除异味、解腻。

（3）酱类　酱是以豆类、粮食为主要原料，利用曲霉或酶的作用制成的一类糊状物。原酱有面酱、大豆酱（面豉、豆酱）、蚕豆酱等。以原酱为基础加入若干种调料加工复合而成的酱称为复合酱，如柱候酱、紫金酱、沙茶酱等。

（4）豆豉　豆豉是以大豆为主要原料，经曲霉菌发酵后制成的一种黑色颗粒状调味品。

（5）鱼露　鱼露是用各种小杂鱼加盐腌制发酵、晒炼、取汁液过滤、灭菌而成。

2. 甜味调料

甜味调味品以糖类为主，常用的有蔗糖类的白砂糖、绵砂糖、赤砂糖、红糖、冰糖、方糖等，还有饴糖、蜂蜜和海藻糖。也有一些非糖类的甜味调料，如木糖醇、蛋白糖等。

3. 酸味调料

（1）食醋　食醋呈现酸味的主要成分是醋酸。食醋中醋酸的含量一般在3%~8%。烹调中，醋能去腥解腻，可防止某些果蔬类"锈色"的发生，可使肉类软化，具有一定的抑菌、杀菌作用和保护维生素C在加热中少受破坏的作用。醋酸能促进骨类原料中钙的溶出，生成可溶性的醋酸钙，有利于人体对钙的吸收，还能帮助消化，增进食欲。

食醋分酿造醋和人工合成醋两类。酿造醋因所用原料、工艺不同，醋的风味和外观差别很大。著名的酿造醋有山西老陈醋、镇江香醋，此外还有米醋、甜醋、黑醋等。

（2）番茄酱　番茄酱是用番茄制成的酱状调味品。常见的有番茄沙司、番茄膏、番茄汁等。

（3）酸梅　酸梅是盐酸梅的简称，是酸梅果用盐腌制而成，味酸带果香。

4. 辣味调料

辣味调味品有辣椒、辣椒制品（辣椒干、辣椒粉、辣椒油、泡椒、辣椒酱）、胡椒（白胡椒和黑胡椒）、生姜、姜黄、芥末、咖喱、花椒、青芥辣等。

5. 鲜味调料

鲜味调料主要是味精，还有蚝油、虾子、鸡精等。

味精学名为谷氨酸钠，为无色至白色的结晶或结晶性粉末，易溶于水，味精在碱性或强酸溶液中鲜味不明显甚至消失，但在弱酸性溶液中鲜味呈味最好。味精要达到最佳的提鲜效果，须做到适时投放，即菜肴成熟时或出锅前加入；适温使用，味精的最佳溶解温度为70~90℃；适量添加，最适宜的浓度是0.2%~0.5%。

6. 调香料

常用的干货香料有八角、茴香、桂皮、香叶（月桂叶）、丁香、草果、香茅、陈皮、白芷，还有蒜头、姜、葱、芫荽（香菜）等鲜料香料。

酒也能调香。酒含乙醇、水外，还含有呈现香味的酯类、醇类、酸类、酚类、羰基化合物等。酒在烹调中可去除异味，去腥解腻，增加香味，帮助味的渗透，杀菌防腐等。

常用的烹调用酒有黄酒、白酒、葡萄酒、啤酒等。

3.10.2　调色料

用于直接调和菜肴色彩的专门辅料有老抽、色素和发色剂。

烹调中允许使用的色素有天然色素和人工合成色素两类。天然色素指从生物组织中直接提取的色素，有红曲色素、紫胶虫色素、姜黄素、甜菜红、胡萝卜素、可可色素、叶绿素铜钠、焦糖色素、红花黄等。人工色素是以煤焦油为原料合成的焦油色素，这种色素由于含有毒性，易诱发中毒、泻泄甚至癌症，受到限用或禁用。允许使用的有苋菜红、胭脂红、柠檬黄、靛蓝，还有实际生产中很少使用的日落黄。苋菜红、胭脂红的最大允许使用量都是0.05克/千克，柠檬黄、靛蓝的最大允许使用量都是0.1克/千克。

发色剂可以使肉类中的二价铁血红蛋白变成三价血铁红蛋白而呈现鲜红色。常用的发色剂有亚硝酸钠（最大使用量是0.15克/千克）、硝酸钠（最大使用量是0.5克/千克）、硝酸钾（最大使用量是1.0克/千克）。这几种发色剂均是有毒性的添加剂，应尽量少用或不用。

3.10.3 食品软化疏松料

1. 小苏打

小苏打学名碳酸氢钠，又名食粉，为白色结晶性粉末，无光泽，无臭，味稍咸，水溶液呈弱碱性。用于肉料的腌制，可改善菜肴的质感。

2. 纯碱

纯碱学名碳酸钠，又称苏打，为白色粉末或细粒，无臭，水溶液呈强碱性，主要使用于干货原料的涨发。

3. 发酵粉

发酵粉又称发粉、泡打粉，是一种复合膨松剂，由酸性剂、碱性剂和填充剂组成，遇水产生二氧化碳气体，起蓬松作用。

4. 嫩肉粉

嫩肉粉是从植物（木瓜、菠萝、无花果等）中提取的一种蛋白质水解酶，可以将肉中的结缔组织及肌纤维组织中结构较复杂的胶原蛋白、弹性蛋白进行降解，促使其吸收水分，使蛋白质结构中的部分连接键发生断裂，达到嫩化的目的。

3.10.4 其他辅料

1. 淀粉

淀粉又叫生粉，常用的有马铃薯粉、木薯粉、玉米粉、绿豆粉等。淀粉能够提高菜肴的持水力，保护原料的水分、质感、温度等。淀粉吸水受热糊化，变成有黏性的半透明物质。

2. 食用油

烹调用的油脂叫食用油。油脂既可以作菜品的调辅料，也可以作传热介质，对菜肴的色、香、味、形及营养价值都会产生影响。

（1）食用油的种类　食用油分植物油脂和动物油脂。植物油脂中饱和脂肪酸含量少，不饱和脂肪酸含量多，主要有花生油、葵花籽油、玉米油、橄榄油、菜籽油、大豆油、稻米油、香油（麻油）等。烹调用的食用油通常指植物油脂。动物油脂中饱和脂肪酸含量多，不饱和脂肪酸含量少，常用的有猪油、奶油、鸡油等。调和油是由两种或两种以上的优质油脂经科学调配而成的油脂。

（2）食用油的质量鉴定　主要从气味、滋味、颜色、透明度、水分、杂质及沉淀物等方面来鉴定食用油的质量。

（3）食用油的保存　要避免日光直接照射，要密封，并且注意清洁卫生，盛装容器要干净。食用油不能长时间加热，要及时清除油内杂质，新油与旧油不要混合存放。

（4）食用油的变质　造成食用油变质的因素有空气、阳光、温度、微量元素、水分等。这些因素会加速食用油的氧化及水解。

（5）食用油的营养与烹调特征　膳食中饱和脂肪酸摄入量过高是导致血胆固醇、甘油三酯、低密度脂蛋白胆固醇升高的主要原因，继而容易引起动脉管腔狭窄，形成动脉粥样硬化，增加患冠心病的风险。可见进食较多饱和脂肪酸不利于身体健康。

不饱和脂肪酸具有非常重要的生理功能，能保持细胞膜的相对流动性，保证细胞正常的生理功能，能使胆固醇酯化，降低血中胆固醇和甘油三酯的含量，降低血液黏稠度，改善血液循环，也可以提高脑细胞的活性。不饱和脂肪酸包括单不饱和脂肪酸和多不饱和脂肪酸。多不饱和脂肪酸可以合成DHA（二十二碳六烯酸）、EPA（二十碳五烯酸）、AA（花生四烯酸），具有一定的降血脂、改善血液循环、抑制血小板凝集、阻抑动脉粥样硬化斑块和血栓形成等功效，对心脑血管病有防治效果，DHA可帮助儿童智力的发育。单不饱和脂肪酸可以帮助降低血胆固醇、甘油三酯和低密度脂蛋白胆固醇。虽然不饱和脂肪酸益处很多，但如果摄入过多时易产生脂质过氧化反应，因而产生自由基和活性氧等物质，对细胞和组织会造成一定的损伤，还会干扰人体对生长因子、细胞质、脂蛋白的合成，特别是ω-6系列不饱和脂肪酸过多将干扰人体对ω-3不饱和脂肪酸的利用，易诱发肿瘤。所以不饱和脂肪酸不是越多越好，而是需要平衡。

脂肪酸的平衡主要是饱和脂肪酸、单不饱和脂肪酸和多不饱和脂肪酸三者之间的平衡，要达到三者之间的平衡无论是食用单一一种油或者是混合食用多种油效果都不理想。从营养角度来说调和油比其他食用油都更适合人体。

脂肪酸所谓"饱和""不饱和"是指含双键的情况。饱和脂肪酸是不含不饱和双键的脂肪酸。含一个以上双键的脂肪酸属于不饱和脂肪酸。如果只有一个双键称为单不饱和脂肪酸，含有两个以上双键的就称为多不饱和脂肪酸。

油脂加热时会发生氧化反应，产生极性化合物，可导致高血压、高胆固醇、心脏病风险的升高。油脂的稳定性是由化学结构中饱和度决定的，如果没有不饱和双键就很稳定，不容易被氧化。越稳定的油脂在加热时产生的潜在有害物质就越少。油脂中脂肪酸分子含双键越多，不饱和度就越高，分子也越不稳定，更容易被氧化。每增加一个双键，氧化速率会增加10倍左右。实验证明不饱和脂肪酸在高温加热时容易被氧化，其不饱和的双键断裂后会生成小分子的醛、酮等有害物质，随加热时间的延长可能生成有害的聚合物。另外，在长时间高温作用下不饱和脂肪酸有可能变为反式脂肪酸，油脂中的营养物质也会被破坏。

饱和脂肪酸在加热中比较稳定，在用炸、煎、烤等高温方式烹调食物时选用含饱和脂肪酸多的油脂比选用含不饱和脂肪酸的油脂产生有害物质的风险更低。

关键术语

烹饪原料；畜类原料、副产品及其制品；禽类原料及其制品；乳类及其制品；干货原料；淡水鱼类；海洋鱼类；四大家鱼；本地生鱼；鲍鱼；软体动物；泮塘五秀；三菇；六耳；野生类动物原料；淀粉；发酵粉；嫩肉粉；碳酸氢钠；碳酸钠；天然色素；人工合成色素。

复习思考题

1. 烹饪原料如何分类？
2. 简述烹饪原料品质鉴定的意义和内容。
3. 鉴定烹饪原料品质的主要方法有哪些？
4. 影响烹饪原料质量变化的因素有哪些？
5. 烹饪原料的保存有什么意义？有哪些常用的方法？
6. 我国著名火腿有哪些？如何鉴定火腿的质量？
7. 简述禽类原料的组织结构及营养价值。
8. 简述禽蛋的结构及营养价值。
9. 简述畜类宰后质量变化的四个阶段。
10. 鸡、鸭按用途可分为哪些类别？各有哪些代表品种？
11. 如何分辨鸡、鸭、鹅的老嫩和肥瘦？
12. 家鸽按生长期分为哪几种？
13. 简述鲍鱼的分类及干鲍鱼的种类。
14. 甲鱼与山瑞、本地生鱼与外地生鱼如何区别？
15. 如何区分甲鱼、青蛙、鲤鱼、蟹的公母？
16. 蔬菜按食用部位可分为哪几类？
17. 调味料按形态可分为哪几类？举例说明。
18. 简述食盐的成分、学名、种类及在烹调中的作用。
19. 简述味精的学名、成分及使用注意事项。
20. 简述碳酸氢钠、碳酸钠、发酵粉、嫩肉粉的别称及使用特点。
21. 使用人工合成色素及发色剂有什么规定？
22. 简述食用油的种类。

蒸鳜鱼

4 鲜活原料初加工工艺

【学习目的与要求】

通过本章学习，了解鲜活原料初加工的含义，明确这一环节对下道工序的作用，掌握鲜活原料初加工的原则、要求、要领和基本方法，为高质量完成鲜活原料的初加工打好理论基础。水产品、禽类、家畜内脏的加工是学习重点，畜类初加工是学习难点。

【主要内容】

鲜活原料初加工
蔬菜初加工工艺
水产品初加工工艺
禽类初加工工艺
畜类初加工工艺

鲜活原料指各种活的原料和新鲜原料，如活鸡、活鸽、活鱼、活虾、活扇贝等都属于活的原料，简称活料。而屠宰所得的猪肉、牛肉、乳猪、光鸡，新收摘的青菜、瓜果，速冻的肉料和水产品等均属新鲜原料，简称鲜料。

自然死亡的活料属鲜料，其初加工的方法按活料的处理方法进行。

由于大多数鲜活原料不可以直接用于烹制，因此，鲜活原料在进入加工时，其形态属于毛料。

烹饪原料种类繁多，性能各异，用途甚广，加工方法也就五花八门。本章按原料归类的思路介绍鲜活原料的初加工方法。

4.1 鲜活原料初加工

4.1.1 鲜活原料初加工的含义

将鲜活原料由毛料形态变为净料形态的加工过程称为鲜活原料的初加工。这里的鲜活原料净料形态包括可以直接下锅烹制的最终净料形态,如绝大部分蔬菜、用于整料烹制的光鸡、光鸽等,也包括需要进一步进行刀工处理(即精加工),使之成为合适形状,用于烹制的初级净料形态,如宰杀好的禽鸟、分档取料的净料等。

4.1.2 鲜活原料初加工的内容

由于鲜活原料的种类很多,初加工的方式方法也就不少,主要有以下六方面的内容。

1)宰杀,要求将活的原料迅速杀死,并清洗整理好。
2)洗涤,要求去除所有污物,使原料洁净。
3)剖剥,要求除去原料上不能使用的废料。
4)拆卸,要求将原料按性质、用途分割及分类。
5)整理,要求将原料形状修整至美观、整齐。
6)剪择,用手或剪刀、小刀等工具加工出蔬菜净料。

4.1.3 鲜活原料初加工的原则

鲜活原料种类多,加工方法各异,但是各种原料在加工时都应遵循以下共同原则。

1. 必须符合食品卫生的要求

由于大部分鲜活原料都带有皮毛、内脏、鳞片、虫卵、泥沙等污秽杂物,有些可能还带有农药等。这些污秽杂物都要在初加工阶段彻底清除,使原料完全符合食品卫生的要求。因此,操作人员必须具备较强的责任心,必须建立卫生安全的监督与检查制度,设施和加工场地必须达到以下要求,以确保食品原料卫生安全。

1)设备用具要备齐,用水要方便。
2)保持工作环境的清洁卫生,防止二次污染。

2. 尽可能保存原料的营养成分

吸收营养素是人们进食的重要目的,有些营养素容易在初加工中受损,如水溶性维生素容易在洗涤加工中流失,因此应掌握科学合理的加工方法,减少原料营养成分的损失。

3. 原料形状应完整、美观

为了确保菜肴的美观,便于原料进行刀工加工,提高净料率,初加工时应注意保持原料形状的完整和美观。

保持原料形状完整美观的要点是清楚原料各部分的用途,下刀要准确,操作要熟练,还要注意配合切配和烹调的需要。如对用于白切鸡、桶子油鸡和起全鸡的活鸡，宰杀时开膛取脏的方法就各不相同。

保持原料形状完整、美观的根本办法是提高加工者的技术水平，完全熟悉加工方法，并及时掌握新的加工方法。

4. 菜肴的色、香、味不受影响

原料初加工时应充分考虑如何保证菜肴的色、香、味不受影响。如果斩好的鸡块仍带有较多的血污，未烹制时不觉得难看，但当鸡块烹熟后肉色就变成瘀黑，十分难看。又如剪切好的蔬菜放在清水中浸泡或洗涤，不仅会使蔬菜的维生素流失，蔬菜的滋味也会变淡。

5. 节约用料

在初加工过程中，既要确保净料的质量，又要避免净料率降低而影响成本，所以，在加工过程中应注意以下几点。

1）严格按操作规范进行加工，准确下好每一刀。
2）动手加工前必须明确质量要求。
3）注意选择合适的材料，切忌大材小用，精料粗用。
4）注意充分利用副料的使用价值。

4.2 蔬菜初加工工艺

蔬菜的品种很多，用法很广，加工方法也就很多。蔬菜含有丰富的维生素，但是在初加工中容易流失。大多数蔬菜经初加工便可以直接用于烹制，有的还可以生吃。

4.2.1 蔬菜初加工的基本要求

根据蔬菜的共同特点，其初加工应符合以下基本要求。

1）老的、腐烂的和不能食用的部分必须清除干净。
2）洗去虫卵、杂物和泥沙，注意清除残留的农药。
3）要先洗后切，防止营养素的流失。
4）尽量利用可食用部分，防止浪费。
5）加工后应合理放置，妥善保管。
6）根据烹调的需要按规格、用量进行加工。

4.2.2 蔬菜初加工的方法

1. 浸洗

浸就是把蔬菜放在水中浸泡。浸泡能使泥沙杂物松脱，令残留的农药渗出；若水中添加某些溶剂（如高锰酸钾、食盐）时，浸泡便起到杀菌除虫的作用。洗就是洗涤，浸和洗往往是在一起完成的。洗涤有以下几种方法。

（1）清水洗　把蔬菜放在清水中清洗是最常用的方法。清水洗又有扬洗（菜胆类要特别注意扬洗菜叶中的泥沙）、搓洗、刮洗、漂洗等多种方法。

（2）消毒水浸洗　用0.1%高锰酸钾溶液为消毒水。把蔬菜净料放在消毒水中浸泡5分钟，然后用清水清洗，用于生吃的蔬菜再用凉开水冲洗。该方法目前已较少用。

（3）盐水浸洗　将蔬菜放入浓度为2%的食盐水中浸泡约5分钟，蔬菜中的虫或虫卵就会浮出或脱落，然后再用清水洗干净即可。

（4）洗洁精溶液清洗　在清水中滴入蔬果专用洗洁精，搅匀后放进蔬菜浸泡几分钟后便可清洗，最后用清水洗净便可。

（5）小苏打溶液清洗　将蔬菜浸泡在较稀的小苏打溶液里，可除去蔬菜污染有机酸和硫化物农药。

2. 剪择

用剪刀剪或用手择，去掉废料，再把蔬菜加工成规定的形状，分类放置好。

3. 刮削

用刀或瓜刨去除蔬菜的粗皮或根须。

4. 剔挖

用尖刀清除蔬果凹陷处的污物，掏挖瓜瓤。

5. 切改

用刀把蔬菜净料切成需要的形状。

6. 刨磨

用专用的和特种的刨具磨具把蔬菜刨成丝、片或磨成蓉状，如姜蓉。

4.2.3　蔬菜初加工实例

为简化内容，本小节中的实例将略写浸洗的内容，仅在必要时才提及。

1. 叶菜类加工实例

（1）菜心

1）菜软。用剪刀剪去黄花及叶的尾端，在顶部顺叶柄斜剪出1~2段，每段长约7厘米。菜软主要用于炒。

2）郊菜。剪法同菜软，但只剪一段，长约12厘米。郊菜用于扒、拌、围。

3）直剪菜。按菜软的剪法，将整棵菜心剪完。直剪菜用于炒和滚汤。

剪菜软和郊菜

（2）生菜

1）生菜胆。切去叶尾端，取根部至叶片最嫩部分，约12厘米。高档菜品使用的生菜胆还需修剪叶片，留下尖形叶柄，形如羽毛球。

2）圆形叶片。将叶片修剪成圆形，用消毒水浸洗，用于生吃。

3）大菱形片。剪去叶，取柄部切成菱形片，用于炒。

(3) 芥菜

1) 芥菜胆。选取矮脚菜根部至叶片最嫩的一段，长约 14 厘米，用于扒、拌、围。

2) 芥菜段。将芥菜横切成段，用于炒和滚汤。

(4) 小白菜

1) 小白菜胆。取根部至叶片最嫩部分，长约 12 厘米。大棵的顺切成两半，用于扒、拌、围、炖等。

2) 小白菜段。将白菜横切成约 5 厘米长的段，用于炒和滚汤。

3) 小白菜长段。将白菜剥开即可，大棵的在剥开后再横切成两段，主要用于煲汤。

(5) 油麦菜 油麦菜胆加工方法是切去叶尾端，取根部至叶片最嫩部分，长约 12 厘米。大棵的顺切成两半，用于扒、拌、围边等。

(6) 大白菜

1) 大白菜胆。剥出叶瓣，撕去叶筋，切成 12 厘米的长段成大橄榄形。心部取 12 厘米，顺切成两半或四块，用于扒、拌、垫底等。

2) 大白菜段。横切成段，用于炒。根据菜式需要切宽段或窄段。

(7) 菠菜 削去根须或剪去根部，原棵洗净。菠菜还可榨汁使用。

(8) 蕹菜 一般原棵使用。长的宜摘成段，每段茎须带叶。吃蕹菜茎时取粗茎长约 7 厘米，轻拍至粗茎裂开。

(9) 茼蒿、苋菜、芫荽 去根，原棵使用。

(10) 韭菜、韭黄 切 4 厘米段或短段使用。

(11) 枸杞叶 摘叶使用。先洗净，再摘叶。

(12) 豆苗、紫椰菜 洗净便可。

(13) 葱、青蒜 切去根须，剥去老叶使用。

(14) 芹菜（香芹、西芹） 摘去叶片，撕去叶筋，取叶柄为食用部分。

2. 茎菜类加工实例

(1) 笋（鲜笋、冬笋、笔笋等） 切去根部粗老部分，剥去笋外壳，取出笋肉，用刀削去外皮，使其圆滑。然后用水滚至熟透。

(2) 蒜心（蒜薹）、韭菜花 摘去顶花切去老梗，切成 4 厘米长的段使用。

(3) 茭白（茭笋、菇笋） 剥去外壳，切去苗、刨皮。茭白可切片改成花，可炒可蒸。

(4) 莴笋 削去外皮，根据菜式需要可切片、切丝等。适用于炒、滚汤、凉拌等。

(5) 芥蓝头（苤蓝、球茎甘蓝） 撕去外皮，根据菜式需要可切片、丝、丁等，适用于炒、焖等。

(6) 马铃薯（土豆、薯仔） 削去外皮，挖出芽眼，洗净后用清水浸着备用。根据菜式需要切成丝、蓉、菱形件等，可用于炸、焖、焗、炒等。

(7) 芋头 削去外皮，挖去芽眼。根据需要切成丝、件、条、块，宜焖、蒸、炸、煎。

(8) 莲藕 清洗去泥，刮去藕衣，削净藕节。煲汤则按节切断，原段使用，焖则应顺切成块或拍裂成块，炒、凉拌则切片或丝，藕盒应该横切成片。

（9）姜、仔姜　把皮刮去。主要用作料头，加工形状有蓉、丝、米、片、件、块和姜花等。腌酸姜须将仔姜切薄片，用于焖的仔姜则拍裂。

（10）慈姑　刮去外衣、洗净。用于焖则拍裂；用于炸则切成薄片，浸于清水中。

（11）马蹄　切去头尾，削净外皮，洗净，浸于清水中。根据菜式需要切改形状，加工形状有原个去皮、丁、片、粒、丝等。

（12）蒜头　剥去外皮。主要用作料头，形状有蓉、片、拍蒜、蒜子等。

（13）洋葱　切去头尾，剥去外衣。根据菜式需要可切成件、丁、粒、丝、圈等形状。也作料头用。

（14）百合　剥开，洗净便可。

（15）芦笋　削去外层硬皮，按需要切段。

（16）豆芽、绿豆芽　一般用作炒，修切根须即可。绿豆芽摘去头尾即为银针。豆芽瓣与茎分别剁碎和切碎，称为松，可蒸可炒。

3. 根菜类加工实例

（1）萝卜、耙齿萝卜、青萝卜　刨去外皮，切去苗。炒时选用白萝卜，切片或丝；煲汤、焖、炖用斧头块。炖则选用耙齿萝卜切圆形件；腌制时选用白萝卜，切菱形或叠梳形，主要用作腌制酸萝卜。

（2）胡萝卜　刨去外皮，切头尾，根据需要切改形状。

（3）山药（鲜淮山、薯药、薯芋）　削去外皮、洗净。焖、煲切菱形块，炒切日字片。

（4）粉葛　撕皮横切厚件。主要用于煲汤，也可用于焖或扣蒸。蒸时宜稍薄一点。

（5）沙葛（葛薯）　撕皮，切去头尾。根据需要切成丁、丝、片、块等形状。

（6）番薯　削去皮，洗净，浸于清水内或白矾水内防变黑。

4. 果菜类加工实例

果菜类指以果实或种子作为食用部分的蔬菜。按部位特点分为茄果、瓜果、荚果。以下为果菜类加工实例。

（1）番茄　摘去蒂，切块，也可根据需要改作盅形、花形等。

（2）茄子（矮瓜）　焖时切成三角块，浸于清水中；酿时则切菱形双飞件或横切成圆形件；煀时则刨去皮切成条形或带皮原个在表皮剞花纹；蒸时切条形。

（3）辣椒（尖椒、圆椒）　去蒂、去籽。炒时多切成三角形片；酿时则开边，修成略呈圆形的片，酿尖椒不修形。

虎皮尖椒一般切去蒂部，去籽后原个使用。椒件、椒丝、椒粒、椒米等作料头用。

（4）玉米笋（嫩玉米、小玉米、珍珠笋）　根据需要切改形状。

（5）冬瓜　用姜磨磨成瓜蓉，用于烩；去皮瓤，切成丁方粒，用于滚汤；取瓜肉，切改成扁圆柱形或梅花形，称棋子瓜，用于焖或炖，如太史田鸡；去皮瓤，改图案花后切双飞件，称瓜夹，用于蒸、扣；去皮瓤，切改成8厘米×12厘米长方块，或改成图案花形，表面可剞出横竖浅槽，用于扒；连皮切成块状，用于煲汤；去瓤，将冬瓜修成圆角方形件，边长为

改冬瓜盅

18~20厘米；用于白玉藏珍；取蒂部长约24厘米的一截，须直身，在切口处修圆外沿，并将切口改成锯齿形，掏出瓜瓤，用于炖冬瓜盅。

(6) 南瓜　刨皮去瓤，切块状用于焖等；小南瓜切出瓜蒂做瓜盅盖，掏出瓜瓤做南瓜盅。

(7) 西瓜　西瓜主要作水果用。烹调上可制成西瓜盅，作甜菜冰冻西瓜盅，或作炖盅烹制西瓜炖鸡等。西瓜的红肉去籽切粒作甜菜，亦可打西瓜汁；白肉刨去硬皮便可煲或炒。

(8) 北瓜　刨皮，按需要切成形状。亦可原个使用。

(9) 瓠瓜（蒲瓜）　刨皮切块，主要用于做汤或煮。

(10) 丝瓜　刨棱，切去头尾使用。把丝瓜顺切成四条，削片去瓤，再切成长条，长约12厘米的叫瓜青，用于扒、拌、围；按瓜青方法开条，然后切成菱形块或用斜刀切成片，叫丝瓜片，用于炒；按瓜青方法开条，再切成细条，横切成粒，叫瓜粒，作汤的配料；刨棱后，用滚料切刀法切成三角块，叫瓜块，用于滚汤。

(11) 苦瓜　炒：切去头尾，开边去瓤，炟后斜刀切片。焖：炟后切成菱形块或日字形块。酿：选用形瘦长的苦瓜切去头尾，横切成段，厚约2厘米。煎或用于苦瓜煎蛋饼：切去头尾，开边去瓤，横切成薄条形片，下盐拌匀腌制10分钟后搓软，挤出瓜汁，也可用于生炒。煮：原个苦瓜刨出薄片或幼条，刨至瓜瓤为止。

(12) 黄瓜　炒：切去头尾，开边去瓤，切成片状、丝条形或丁粒形。凉拌：切去头尾，原条拍裂，再切成段，或切去头尾，开边去瓤，再切成瓜条。装饰：切成瓜梳，间隔地把瓜片弯曲，浸于水中定型。腌酸瓜：切去头尾，去瓜瓤，瓜皮刨花纹，切菱形块。

(13) 西葫芦（白瓜）　炒：切去头尾，开边去瓤，切成片状、丝条形或丁粒形。煲汤：切去头尾，去瓜瓤，切成大菱形块。焖：切成稍薄一点的大菱形块。滚汤：与炒的切法相同。腌酸瓜：切去头尾，去瓜瓤，瓜皮刨花纹，切菱形块。

(14) 云南小瓜　切去头尾，顺切成四条，斜刀切片，适用于炒和煮。

(15) 节瓜（毛瓜）　刮外皮，按需要加工形状。煲汤：横切成段。焖、滚汤：横切成段，对切后再切成片。炒：斜切成大片，再切成丝。扒：对半切开，成瓜脯。节瓜盅：选大小合适的节瓜，横切一截，成盅形。

(16) 佛手瓜　刨去外皮，按需要加工形状，多用于炒、滚汤和扒。

(17) 豆角（豇豆）　去头尾，切成5厘米长的段。适用于炒或凉拌；切成幼粒，适用于青豆角炒鸡蛋等。

(18) 龙牙豆（四季豆、玉豆）　摘去头尾，顺撕豆筋，摘成段。

(19) 荷兰豆、蜜豆（甜豆）、刀豆　摘去头尾，顺撕豆筋。刀豆按需要切改成形。

(20) 四角豆　切去头尾使用。

(21) 豌豆（麦豆）　剥开豆荚，取出豆仁，称青豆仁。

(22) 柚皮　用削、磨或烧的方法去除皮青，把柚皮放于沸水中略滚，然后浸于清水中，用手挤洗，挤出苦味。

(23) 板栗（栗子、风栗、鲜栗）、凤眼果　去壳取肉，放在沸水中，脱出果衣。板栗可在壳上切出一小块或划一刀，连壳放进沸水中滚一滚后连壳带衣一起剥去。

（24）鲜莲子　剥去外壳，用沸水或碱水滚后脱去外衣，捅出莲芯。

（25）菱角　去壳取肉使用。

5. 花菜类加工实例

（1）西蓝花　切成小朵便可。

（2）花椰菜（菜花）　切去托叶，切成小朵便可。

（3）黄花菜（金针菜、萱菜）　洗净便可，烹制前应先用沸水烫过。

（4）夜来香花　洗净便可使用。

（5）菊花　选用食用白菊花，洗净，剪去花蒂，取出花瓣。

6. 食用菌类加工实例

（1）鲜菇　削去泥根，在根部切两刀，成十字形，在菇伞上切一刀，深度约为0.5厘米。

（2）鲜冬菇、鸡腿菇、金针菇　洗净便可使用。

（3）茶树菇、鲍鱼菇（平菇）　剪去菇根，洗净。

4.3　水产品初加工工艺

水产品的初加工属于方法多样、标准要求高的工艺。本节将按水产品的分类逐一介绍其加工方法。

4.3.1　水产品初加工的基本要求

各类水产品的加工方法不尽相同，各有其具体的要求，但所有水产品的加工方法都应符合以下的基本要求。

1. 除尽污秽杂质，满足食品卫生要求

水产品往往带有黏液、寄生虫，有些还带有有毒腺体、含毒成分，在初加工过程中，水产品大多仍带有血污或被内脏污物污染，影响菜肴质量和食用卫生，甚至危及食用者的生命安全。因此，初加工必须注意清除污秽杂质，确保成品的卫生状况良好。鱼类在初加工时切勿弄破鱼胆。

2. 按品种特点和用途选择正确的加工方法

同一类原料但品种不同或用途不同，加工方法可能不同。如同是原条蒸的鱼，生鱼、鲈鱼和鲫鱼的取内脏方法就不同；同是生鱼，用于蒸与用于煲汤，加工方法也不同。在水产品加工前，必须清楚知道水产品的初加工有哪些方法，水产品将如何烹调。若盲目加工，既不能满足菜式、烹调的需要，还有可能造成经济损失。

3. 注意水产品成型的整齐与美观

水产品初加工后，一要保证水产品形状的整齐与美观，如刀口光滑，肉面要平滑，外形要完整，成品要干净不带血污。二要使水产品在正常烹制情况下成型美观。这一点主要靠下刀部位准确，刀工成型大小恰当等来保证。

4. 合理选用原料，节约成本

除顾客指定原料外，应当根据原料的使用特点和规格合理地选用原料，决不能大材小用，造成浪费。当然，小材大用也不合适，因为会影响菜品的质量。

4.3.2 鱼类的初加工方法

1. 基本方法

（1）放血　放血的目的是使鱼肉质洁、无血污、无腥味。放血的方法是左手将鱼按在砧板上，令鱼腹朝上，右手持刀，刀尖往鱼鳃鳃盖里插进，切断鳃根，让鱼血流尽。还有一种方法是先斩下鱼尾、鱼头，把水管插进前鱼体，通水后，鱼血便被水从鱼尾冲出。

（2）打鳞　用鱼鳞刨或刀从鱼尾部向头部刮出鱼鳞称为打鳞。打鳞时不可弄破鱼皮，特别是用刀打鱼鳞时更要注意。用刀打鳞时精神要集中，注意安全。因为打鳞需要逆刀进行，极容易伤及按鱼头的手。鱼鳞要打干净，尤其是尾部、头部、背鳍的两侧、腹鳍两侧等部位。打鳞后要注意检查鱼皮上是否残留鱼鳞。在广东地区，鲥鱼、鲤鱼可不去鳞。

（3）去鳃　鱼鳃既腥又脏，必须去除。去鳃时，一般可用刀尖剔出，或用剪刀剪除，也可以用手掏出，有时需用专用工具铁钳或竹枝从鳃盖中或口中夹住拧出。

（4）取内脏　取内脏有三种方法。

1）开腹取脏法（腹取法）。在鱼的胸鳍与肛门之间直切一刀，切开鱼腹，取出内脏，刮净黑腹膜。这种方法简单、方便、快捷，使用最广泛，适用于鲫鱼、鲤鱼、鲩鱼、鳙鱼、鲮鱼、鲳鱼、煲汤的生鱼等。

2）开背取脏法（背取法）。沿背鳍下刀，贴着脊骨和肋骨切开鱼背，取出脊骨、肋骨、内脏及鱼鳃。有时无须取出脊骨和肋骨（腩骨）。这种方法在视觉上可增大鱼体，美化鱼形，并能除去脊骨和肋骨，适用于蒸的生鱼、山斑、笋壳鱼等。

3）夹鳃取脏法（鳃取法）。在肛门前方1厘米处横切一刀，然后用专用铁钳或竹枝从鳃盖或鱼嘴插入，夹住鱼鳃缠扭，在拧出鱼鳃的同时把内脏也拧出。这种方法能最大限度地保持鱼体外形的完整，常用于原条使用的名贵鱼种，如鲈鱼、鳝鱼、鳜鱼、东星斑等。

（5）洗涤整理　取内脏后，继续刮净黑腹膜、鱼鳞等污物，整理外形，用清水冲洗干净。初加工基本完成。

2. 加工实例

为突出每一实例的加工特点，使方法要领便于掌握，以下实例中有些常规加工方法可能会省去，重点介绍关键环节。加工方法基本相同的鱼种放在一起介绍。

（1）鲫鱼、鳊鱼、鲤鱼、鲇鱼、马鲛、黄花鱼、黄鲇鱼、多宝鱼、白鱼、鲵鱼等　用刀尖插入鳃根放血，打鱼鳞，切开腹部取出内脏，刮去黑膜，冲洗干净便可。

鲤鱼宰好后要取出两侧的白筋。方法是：在鳃盖后浅浅地横切一刀，在尾鳍前也浅浅地横切一刀，用刀身从鱼尾处轻轻往前拍，白筋就会露出，然后用手拉出。

（2）草鱼、青鱼、鳙鱼、鲢鱼　这些鱼有两种宰杀方法。如果原条使

宰杀草鱼

用，与鲫鱼一样，用开腹取脏方法。如果不是原条使用就运用开脊取脏方法加工，加工方法如下：先放血，打鳞，在鱼身肛门稍靠尾部处内斜下刀，切到脊骨时转平刀，紧贴脊骨片开鱼背，劈开鱼头，这样就得到胸腹相连的鱼体，内脏和鱼鳃可以轻易取出。最后刮出黑腹膜，冲洗干净即可。当鱼体被剖成两片时，带脊骨和鱼尾的一片称为硬边，另一边为软边，两边均可切去鱼头。从软边斜刀片出鱼腩即可得到鱼肉。一条鱼最多可得两条鱼肉。

(3) 生鱼 生鱼有两种宰杀方法。用于煲汤的生鱼用开腹取脏法宰杀，具体操作与鲫鱼基本相同。用于原条蒸的生鱼，须用开脊取脏法宰杀。加工方法见表4-1。

起蒸生鱼

表4-1 开脊取脏法工艺解析

步骤	工艺流程	工艺方法及要领
1	放血	将生鱼腹部朝上按在砧板上，用刀尖从鳃盖插入放血
2	打鱼鳞	用鱼鳞刨或刀逆向刮去鱼身及鱼头的鳞
3	起胸鳍、腹鳍	切开胸鳍和腹鳍的表皮，用刀分别按住胸鳍和腹鳍，拉鱼身，起出胸鳍、腹鳍
4	取脊骨	将生鱼脊背朝右平躺，沿脊鳍下刀切开表皮，然后紧贴脊骨将鱼肉切离。劈开鱼头，前端相连，再紧贴腩骨将鱼肉片出。两边方法相同。最后在尾鳍处将脊骨切断，取出脊骨
5	取内脏、鱼鳃	取出内脏和鱼鳃
6	冲洗干净	用清水冲洗
成品标准		肉面平滑，没有残留的鱼鳞、肋骨，成头、尾、胸相连的龙船形生鱼，没有淤血，脊骨不带肉

用于起肉的生鱼加工方法与蒸生鱼基本相同。不同之处是切开鱼脊后不劈开鱼头，而是在头身连接处横切一刀，使鱼肉与鱼头分离，取出鱼骨，便可得到相连的两条鱼肉。从鱼头取出鱼鳃，将鱼肉、鱼头冲洗干净。

(4) 山斑鱼、乌鱼、笋壳鱼 这三种鱼剥宰方法与蒸生鱼剥宰方法基本相同，用开脊取脏方法加工。但由于这类鱼鱼体较小，较柔软，不方便打鳞，可从鱼嘴插进一支筷子，使鱼挺直，便能顺利打净鱼鳞。肋骨也可以不取出。

(5) 鲈鱼、鳜鱼、东星斑、鳝鱼 这些鱼类属于名贵原料，大部分用于原条烹制。为保持外形美观，它们须用夹鳃取脏法加工。加工方法见表4-2。

宰杀鲈鱼

表4-2 夹鳃取脏法工艺解析

步骤	工艺流程	工艺方法及要领
1	放血	将鲈鱼腹部朝上按在砧板上，用刀尖从鳃盖插入放血
2	打鱼鳞	用鱼鳞刨或刀逆向刮去鱼身及鱼头的鳞
3	取内脏、鱼鳃	在肛门前方1厘米处横切一刀，切断肠，然后用专用铁钳或粗竹枝从鳃盖插入，夹住鱼鳃旋转，在拧出鱼鳃的同时拧出内脏
4	冲洗干净	用清水将鱼体内外冲洗
成品标准		外形完整，没有残留的鱼鳞，腹部刀口不大，鱼体内冲洗干净

(6) 鲮鱼 原条使用的鲮鱼，用于腹取脏法加工，方法和步骤与鲫鱼相同。开腹时进刀不要太深，否则容易戳破鱼胆。鲮鱼起肉有两种方法，以先出鱼腹再起肉的方法较好。具体做法是放血、打鳞、去鳃，把鲮鱼背贴砧板、腹朝上放在砧板上，左手按鱼头，右手持刀从肛门切入，将整个腹腔连鱼头切下，取出内脏洗干净，另作别用。余下部分平放在砧板上，用平刀法起出两侧鱼肉。另一种方法与生鱼起肉大致相同。

(7) 龙鲗鱼（条鳎） 原条使用时，用开腹取脏法加工。龙鲗鱼起肉的方法较为特别：将宰杀干净的鱼平放在砧板上，用刀在脊骨中央顺划一刀，然后顺刀痕向两侧分别片出两条鱼肉；翻过来，用同样方法再片出两条鱼肉。一条龙鲗鱼可起出四条鱼肉。

(8) 鲇鱼、鲶鱼 这两种鱼无鳞，一般情况下按开腹取脏的方法加工，洗净表皮黏液便可。操作时，要用手紧扣头后的硬鳍，以防鱼挣扎时鳍刺伤手。多宝鱼的宰杀方法相同。

鲇鱼腩十分名贵，大鲇鱼取内脏不可开腹，要从肛门下刀，沿腹腔两侧边缘切出整个鱼腹（即鲇腩），再取出内脏。

(9) 塘虱 塘虱的宰杀方法与鲇鱼大致相同，不同的是塘利头内有两团花状物，俗称头花，不可食，须摘除。起肉方法是用平刀从鱼尾部至头部紧贴脊骨将肉起出。

(10) 鲟鱼 把鲟鱼按在砧板上，背部朝上，右手持刀，在鲟鱼的颈部迅速下刀，斩下鱼头，再迅速斩下鱼尾，随即把水管插入鱼喉部灌水，鱼血便随水从鱼尾冲出，直至水清为止。从鱼尾向颈部用平刀依次起出背部、脊部、腹部及两侧甲鳞，开腹取出内脏，用刀刮去腩部黑膜，冲洗干净即可。

鲟鱼全身均可食用，鱼鳃清洗干净可与甲鳞同煎后煲鱼汤。鱼肠清洗干净也可食用。鲟鱼头骨特别名贵，为全鱼的精华。鱼肉作刺身或鱼球时，需要剥去鱼皮。

(11) 带鱼 去鳃、去内脏、洗净即可。

(12) 大眼鸡（长尾大眼鲷）、剥皮牛（马面鲀鱼、剥皮鱼） 这两种鱼须将外皮剥去，去鳃，去内脏即可。

(13) 白鳝（海鳗） 在喉部斩一刀放血，待其死后，在肛门横切一刀，从鳃部拉出肠脏。用盐擦或热水烫的方法去除黏液，冲洗干净。

(14) 黄鳝 用叉将黄鳝头插在砧板上，用小刀沿着脊骨切开至尾，然后在头部将鳝骨切断，刀身平贴鳝肉往下拉切，将鳝脊骨片出，洗净黏液。

3. 取鱼肉的方法

综上所述，从鱼体上取下整条鱼肉有三种基本方法。

(1) 整鱼开边取肉 把鱼宰好后从鱼尾与鱼腹交接处斜下刀，顺鱼脊往鱼头平刀切开，劈开鱼头，使整鱼体分开成不带脊骨的软边和带脊骨的硬边两块。切去软边的鱼头和鱼腩就得到一条鱼肉。常用于草鱼、鳙鱼。

(2) 开背取肉 按宰生鱼的方法操作，切去鱼头和鱼尾就可以得到完整的鱼肉。常用于生鱼。

(3) 切下鱼头再开边取肉 把鱼宰好后切下鱼头，从刀口处往鱼尾平刀切开，一直把鱼尾鳍片开，切去鱼腩就可以得到一条带尾鳍的鱼肉。常用于制作松子鱼。

4.3.3 虾蟹的初加工方法

1. 龙虾

用竹扦由尾部插向头部，令龙虾排尿。扭断虾头，切断虾尾。作碎件用的，将龙虾身斩成大碎块即可。起肉使用的，剪或切开虾腹便可将龙虾肉取出。

2. 虾

作白焯用的，洗净即可。取虾仁时剥去头、壳和尾，取出虾仁。作酿用的可将剪好的虾在腹部顺切开口即可。作直虾用的，剥去虾头、虾壳，留下虾尾，挑去虾肠，在腹部横切三刀，深约1/3。煎、焗用的需要将虾剪净，方法与步骤如下。

1）剪虾须、虾枪（即头部刺尖）。

2）剪水拨和虾足。

3）剪1/3尾和尾枪。虾小可不剪尾。

4）挑出虾肠。在虾背头后和尾部分别挑断虾肠，再从中间挑出。

剪虾

3. 蟹

宰蟹时先将蟹背朝下放在砧板上，用刀尖往蟹厣部戳进，令蟹死亡。将蟹翻转，用刀口压着蟹爪，用手将蟹盖掀起，削去蟹盖弯边及刺尖。膏蟹取出，蟹黄洗净，放在碗内。刮去蟹鳃，切去蟹厣，取出内脏，洗净。

剁下蟹螯（蟹钳），斩成两节，拍裂。将蟹身切成两半，剁去爪尖，将蟹身斩成若干块，每块至少带一爪。用于蒸的膏蟹，须将蟹盖修成小圆片，每盖约修成两片。

拆蟹肉的方法是：将宰好的蟹蒸熟或滚熟，剥去蟹螯的外壳，得蟹螯肉。斩下蟹爪，用刀跟将蟹身的蟹钉撬出，顺肉纹将蟹肉剔出。用刀柄或圆棍碾压蟹爪，挤出蟹爪的蟹肉。最后检查蟹肉中是否有碎壳。

原只用的将蟹戳死后用刷子将蟹身洗刷干净即可。

4.3.4 软体动物的初加工方法

1. 鲜鲍鱼

用刷子将内外污物刷洗干净，除去内脏。连壳一起用的，用刀将肉大部分切离，留下一点与壳相连。

2. 响螺

手执螺尾，用锤子敲破螺嘴外壳，取出螺肉，去掉螺厣，用盐水或枧水刷洗去黏物和黑衣，挖去螺肠，洗净。

3. 田螺、石螺等螺蛳类

用清水养去泥味后，用钳或硬铁剪钳去螺尖，洗净。

4. 圆贝

用尖刀插进贝壳内，将贝肉一切为二（小的圆贝不必把贝肉切开，只切去一边外壳即可），剥去内脏，洗净即可。

5. 带子

加工方法与圆贝基本相同，但要将带子壳修小一点。

6. 鲜蚝

撬开蚝壳，取出蚝肉，除去蚝头两旁韧带的壳屑，加入食盐拌匀，然后冲洗，去除其黏液，冲洗干净后用清水浸着。

7. 青口、文蛤（花蛤）、蛏子（缢蛏）、蛏子王（大刀蛏）等

由于这些原料一般带壳烹制，因此，将外壳洗刷干净，并注意挑拣出死的或空的，尤其要挑除包泥的。

8. 鲜鱿鱼、鲜墨鱼、鲜柔鱼

用刀切开或用剪刀剪开腹部，剥出骨片（墨鱼则是去除粉骨，墨鱼骨可压碎成粉状，所以叫粉骨），剥去外衣、嘴、眼，冲洗干净。墨鱼墨汁较多，小心剥除墨囊，以免鱼体染色。可以在水中剪剥。

9. 鲜章鱼

用刀切开或用剪刀剪开腹部，剥去外衣，冲洗干净。

10. 象拔蚌

撬开外壳，取出蚌肉，冲洗干净。

4.3.5 其他水产品的初加工方法

1. 甲鱼（水鱼）、山瑞

宰杀甲鱼

甲鱼背朝下放在砧板上，拇指和食指扣在后腹部凹陷处，固定甲鱼。待甲鱼头伸出时，用刀剁下，压着甲鱼头，拉出甲鱼颈，原固定甲鱼的手迅速反手握住甲鱼颈，尽量将甲鱼颈往外拉。

用刀切开甲鱼颈与背甲连接处，斩断颈骨，撬离甲鱼前肢关节，在背甲与腹部之间下刀，将甲鱼腹部与背甲切离。

把甲鱼放进60℃左右热水中略烫，剥去外衣膜，冲洗干净。将背甲完全切离，切除内脏，剥净油脂，冲洗干净。斩去嘴尖、脚趾后斩成块。背甲只留用肉裙，亦斩块。

山瑞加工方法与甲鱼相同。宰杀甲鱼、山瑞均要仔细检查颈部是否留有鱼钩。甲鱼、山瑞较凶猛，宰杀时要注意安全，动作要利索，以防被咬伤。

2. 田鸡

宰杀田鸡

从田鸡眼后部下刀，斩去头部，放进水盆中，让田鸡边游边将血流尽（田鸡去头还能活几分钟）。

大拇指从刀口处插入，用大拇指与食指紧扣田鸡前肢，另一手拉紧田鸡皮，把田鸡皮拉下。切开田鸡肚，取出内脏。剁去四肢和脚趾，起出脊骨、小腿骨，冲洗干净。

4.4 禽类初加工工艺

禽类包括家禽和野禽，各种禽类的组织结构大体相似，初加工工艺基本相同。禽类的初加工主要是宰杀。烹调一般选用的是活禽。本节将以活禽为加工对象进行阐述。

4.4.1 禽类初加工的基本要求

1）割喉放血位置要准确，刀口越小越好，确保顺利放血和活禽迅速死亡。
2）让血流尽。
3）烫毛水温要合适，禽毛要褪净。
4）取出内脏。
5）将禽体及内脏的血水和污物清理干净。
6）用于整料出骨、起肉的活禽，注意选择好用料，以保证加工质量和节约用料。

4.4.2 宰杀活禽的步骤、方法及工艺要领

以宰杀活鸡为例进行说明。

宰杀活鸡

1. 割喉放血

一手抓住鸡翅膀，用小指勾起一只鸡脚，大拇指和食指捏鸡颈，使鸡喉管突出，迅速切断喉管及颈部动脉；持刀的手放下刀，转抓住鸡头，捏鸡颈的手松开，让鸡血流出。

宰杀鸭则割下巴位置放血，其余方法步骤与鸡相同。

由于鹅体形大，宰杀时一只手抓不稳，可用绳子捆着一只鹅脚，倒挂放血。

2. 煺毛

把断气的鸡用清水冲洗，注意要洗净放血的部位并让羽毛湿透，然后放进热水中烫毛，烫约3分钟，取出拔净鸡毛。

烫毛时，应先烫鸡脚试水温。若鸡脚衣能轻易脱出，说明水温合适；若脱不出，则是水温太低；若脚变形，脚衣难脱，就是水温偏高。水温合适时再烫全身。

宰杀的活禽不同，烫毛的水温也不同。放血后未冲洗的禽类烫毛水温应该略低一些。禽类烫毛水温见表4-3。

表4-3 禽类烫毛水温参考

禽类	用水洗的烫毛水温	不用水洗的烫毛水温	禽类	用水洗的烫毛水温	不用水洗的烫毛水温
鹌鹑	60~65℃	55~60℃	老鸡	80~85℃	70~75℃
鸽	65~70℃	60~65℃	鹅	80~85℃	70~75℃
鸡项	75~80℃	65~70℃	鸭	80~85℃	75~80℃

水温还要根据当时的气温、禽类的数量、水量和禽类的大小灵活调节。

3. 开腹取内脏

在鸡颈背切开一个3厘米的小口，取出嗉窝、气管及食管。将鸡放在砧板上，鸡胸朝上，用手按压鸡双腿使鸡腹鼓起，用刀在鸡腹上顺切开口，掏出所有内脏及肛门边的肠头蒂（粪囊），在鸡脚关节稍下一点的地方剁下双脚。整理内脏。

4. 洗涤

将鸡里外冲洗干净。禽类经宰杀后便称为光禽，如光鸡、光鸭、光鹅、光鸽等。

4.4.3 禽类的起肉加工

此处以鸡为例，其他禽类起肉的工艺流程相同，见表4-4。

表4-4 起鸡肉工艺流程

步骤	工艺流程	工艺方法及要领
1	起出一边鸡肉	从鸡脚关节处斩下一对鸡脚，切下鸡尾。由鸡颈至鸡尾沿脊椎骨顺割开背皮，由鸡颈至鸡腹沿鸡胸骨顺割开胸皮，在鸡颈刀口处圈割，使左右皮分开。左手执一边鸡翅，右手用刀切开鸡肩胛骨关节。用刀口压着鸡身，左手抓住鸡翅往尾部拉，将肉撕至大腿，剔出背侧的腰肌。将鸡大腿向背部屈起，使大腿关节脱离，用刀把周围的腱筋全部切断。左手继续拉，直至将半边鸡肉全部撕出
2	起出另一边鸡肉	另一边用同样方法将鸡肉拉出
3	起鸡柳肉	用刀拨开锁喉骨，在鸡胸骨上起出两条鸡柳肉
4	取鸡翅	割下两边的鸡翅
5	起腿骨	在鸡脚内侧上沿腿骨划一刀，在大脚骨与小腿骨之间关节剁一刀，使两者分开，再分别起出大腿骨和小腿骨
6	整理	将起出的鸡肉洗净，沥干水分，皮在外卷好，放好
成品标准		起出的禽肉要求干净、完整、无碎骨

4.4.4 内脏的加工处理方法

肫（俗称肾）：割去食管及肠，剥除油脂，切开肫的凸边，除去内容物，剥掉内壁黄衣（内金），洗净。

肝：剥离胆囊，洗净。

肠：将肠理直，用尖刀或剪刀剖开肠子，洗净污物，用食盐搓擦，去掉肠壁上的黏液和异味，冲洗干净。鸡肠洗干净即可，不必剪开。鹅肠、鸭肠不擦盐。

油脂块洗净即可。心、鸡子和未成熟的鸡卵等用水洗净。已凝固的血放进沸水中慢火浸熟。

4.4.5 扒鸭的加工处理方法

将光鸭翅尖及第二节斩去，用刀背敲折鸭小腿和翼骨，再在鸭背上呈十字形地剁两刀，使鸭背开口,起出鸭尾臊,切去鸭下巴。

4.4.6 鸭掌的加工处理方法

将鸭掌剥去掌衣,洗净,放进沸水中滚熟,用清水漂凉。拆的步骤是:撕离后趾骨。折断胫骨关节,拆出胫骨。再逐一折断趾骨关节,拆出趾骨,直至全部骨块被拆出。

4.5 畜类初加工工艺

本节主要介绍家畜及部分野味的加工工艺。

4.5.1 畜类的宰杀方法

餐饮企业不宰杀猪、牛、羊等大型家畜,只宰杀小型畜类原料。

1. 狗

用木棍击狗鼻梁至其昏死,然后用刀割喉放血,放进75~80℃的热水中烫毛,取出煺毛后用火燎去汗毛,用小刀刮洗干净,开膛取出内脏,冲洗干净。

2. 猫

用木棍击头至其昏死,或装进铁笼放入水中将其淹死,割喉放血。用75~80℃的热水烫毛。烫毛时,先烫尾部,再烫头部。烫透后取出煺毛,再用火燎去汗毛,用小刀刮洗干净,开膛取出内脏,冲洗干净。斩件时必须将猫脊髓清除干净。

3. 兔

手抓兔的后腿,将其摔昏,割喉放血,放进70~75℃的热水中烫毛,取出煺毛,开膛取内脏,洗涤干净。

4.5.2 畜类内脏的初加工工艺

1. 畜类内脏清洗的基本方法

(1)翻洗法 将肠、肚向外翻出,清除肠、肚里面的残留物,然后清洗干净。

(2)搓洗法 加入食盐或明矾搓揉内脏,然后用清水洗涤。这种方法能去除黏液、油腻、污物,常用于清洗肠、肚。

(3)烫洗法 把初步清洗过的内脏放进热水中略烫,使黏液凝固、白膜收缩松离。这种方法便于清除黏液和刮除白膜,同时能在一定程度上去除腥臭异味。肚、舌常用此法清洗。用作爽肚的猪肚蒂和牛双胘不用此法。使用此法须注意水温,不同内脏所用水温不同。

(4)刮洗法 用刀刮去内脏表面污物。这种方法通常要配合烫洗法进行。

(5)灌洗法 将清水灌进内脏内,当挤出水分时,把污物同时带出。这种方法常用于清洗猪肺、牛肺。因为肺中的气管和支气管组织复杂,肺泡多,里面的污物、血污不易从外部清洗,所以要用这种方法来清洗。

（6）挑出洗法　脑和脊髓十分细嫩，表面有一层血筋膜，直接放在水中冲洗会使其破损，因此宜用牙签或小竹枝轻轻挑出血筋膜，再用清水轻轻冲洗。这种方法叫挑洗法。

清洗畜兽内脏通常多种方法综合运用。

2. 实例

（1）猪肚　将猪肚里外翻转，先用清水冲洗污物及部分黏液，再放进沸水中略烫（不能烫得过久），当肚苔白膜发白时立即捞起，用小刀刮去肚苔及黏液，再用清水洗净。

（2）猪舌、牛舌、羊舌　把猪舌放进85℃左右的热水烫至舌苔变白，捞起后用小刀刮去舌苔，洗净。猪牛羊舌加工方法相同。烫冻品的水温要高一些。

（3）猪肠　把猪肠翻转一小截，然后往翻转处灌水。随水的不断灌进，猪肠就会逐步翻转，直至全部翻转过来。先用清水冲洗，再加食盐搓揉，最后用清水洗干净。

（4）猪肺、牛肺　把猪肺的硬喉套在自来水龙头上，开龙头将清水注入猪肺内，使肺叶扩张；胀满后，用手按压猪肺，将注入的水连同血污、泡沫一齐挤出。按此法连续灌洗四五次，直至猪肺转为白红色洁净为止。烹制时还要将猪肺放在锅内飞水。飞水时，气喉置于锅外，便于肺内泡沫排出。

牛肺清洗方法相同。

（5）猪脑　用水湿润猪脑，同牙签挑出血筋膜，轻轻洗净便可。

（6）牛百叶、牛草肚　放进90℃的热水中烫过，捞起后放到清水中，擦去黑衣，洗净即可。

（7）粉肠、猪脾（横脷）、心、腰　主要是洗净血污。猪腰要剥去外膜。猪脾要剥去连在上面的油脂。

关键术语

鲜活原料；腹取法；背取法；鳃取法；拆鸭掌；拆蟹肉；剖剥；拆卸；初加工的整理；起鸡肉；菜胆。

复习思考题

1. 鲜活原料初加工应遵循什么原则？
2. 怎样起鸡肉？
3. 水产品初加工有哪些基本要求？
4. 如何宰杀活鱼、活蟹、活龙虾？
5. 蔬菜、禽类初加工有哪些基本要求？
6. 如何加工菜软、冬瓜、丝瓜？
7. 如何宰杀禽类？禽类烫毛的水温是多少？
8. 宰鱼取内脏有哪几种方法？
9. 畜类内脏有哪些加工方法？
10. 如何清洗猪肚、猪舌、猪肺、猪肠、猪脑、牛百叶？

5

菜软生鱼卷

干货原料涨发工艺

  【学习目的与要求】

干货原料是重要的烹饪原料，通常简称为干货或干料。干货中较多昂贵的烹饪原料。干货原料自身的特性决定了它不能直接用于烹制，而必须先进行涨发加工。通过本章学习，认识干货涨发的目的、要求和基本方法。本章列举了大量涨发加工实例，便于读者了解涨发加工的方法，以及具体如何运用。涨发原理部分是对干货涨发规律的总结，是深入研究的基础。干货涨发方法是学习重点，涨发原理是学习难点。

  【主要内容】

干货涨发加工的重要性和基本要求
干货涨发加工的方法及原理
干货涨发加工实例

5.1　干货涨发加工的重要性和基本要求

5.1.1　干货涨发的含义

干货原料由鲜料脱水干制而成，有干、硬、老、韧等特性，个别的还有腥、膻、臭、涩、咸等异味，不可直接烹调与食用。干货原料要烹调，就必须先通过专门的工艺除去这些不良特性。运用各种方法使干货原料重新吸收水分，最大限度地恢复原状，膨润、松软、回软，以满足烹调和食用要求；除去异味，去除不能食用的部分和杂质，以满足食用卫生和食用美味要求的工艺称为干货涨发，简称发干货。由上述定义可知，发干货仅仅指消除干货的不良特性，使它们可以进入烹调阶段。干货在完成涨发后或再经过滚、煨、焯等烹调前的处理后，才可以进入正式的烹制阶段。

干货特性多样，脱水干制方法各异，这使得干货涨发是一项简繁兼有相当复杂的工艺。

5.1.2 干货涨发的意义

干货原料的特性决定了它必须先通过涨发才能进行烹调。

干货原料是一大类烹饪原料，名贵的山珍海味原料中，干货占了相当大的部分。使用这些干货原料既能反映一家食肆的档次，也能增加经济收益。

干货涨发是一项具有相当难度的工艺技术，高质量的涨发成果是工艺技术水平的表现。

5.1.3 干货涨发的目的与要求

1）使干货原料吸水回软，达到烹调与食用的质地要求。特别要注意为后续加工和保存留有质感的余地。

2）去除其腥、膻、臭、涩、咸等异味，不可食用的部分和杂质要清除干净。

3）保留良好的滋味。

4）确保标准的涨发净料率。

5）做好保存工作，防止变质。

5.1.4 干货涨发加工的基本要领

干货原料的种类繁多，产地不一，品质复杂，加上干制方法多种多样，特性也就各不相同。涨发加工方法必须因品种特性而异。干货的涨发加工必须先注意掌握如下基本要领。

1. 熟悉干货原料的特性和产地，以便选用合理的涨发方法

不同的干货原料有不同的特性，就是同一种类的干货原料，产地不同形状有别，性能更是不尽相同。只有掌握干货的特性，了解其产地，有针对性地运用相应的涨发加工方法，才能达到理想的涨发效果。以涨发干鱿鱼为例，身薄味香、质地柔软的鱿鱼只需用清水浸2~3小时便可，这样既可保持其香味，又能达到脆嫩的目的。质量较低的排鱿形大身厚，又韧又硬，灰味重，仅用水浸发无法使它回软，必须加入枧水或纯碱等食品添加剂辅助涨发。

2. 掌握干货原料品质的新旧、老嫩和好坏，以便控制涨发时间和火候

同一产地的同一种干货原料，有新旧、老嫩、好坏之分，这对选用加工方法和掌握涨发时间都有影响，应区别对待。要懂得鉴别，然后分别处理。如鲍鱼质量差别很大，煲焗时间各有不同。又如海参，有的海参灰味特别重，须经反复漂水，反复换水煲焗才可去除，甚至还要辅助其他特殊方法。有的海参灰味轻（如辽参），换水煲焗的次数少，漂水时间也不需那么长。一般来说，新的、老的都会比较耐火。

3. 熟悉涨发步骤，留意涨发过程的关键环节

个别干货原料涨发的方法和过程都比较简单。但一般干货原料，尤其是名贵的山珍海味原料，其涨发过程比较复杂，全过程会有好几个工序，而且每一个工序的涨发目的、要求、关键都不同，必须全面掌握，妥善处理。

4. 注意保存良好的滋味，清除不良的气味

在涨发过程中，既要去除不良气味和异味，也要尽量保存原有的滋味风味。

5. 要懂得干货原料的质地要求及涨发程度要求

每一种干货原料，其烹调要求和本身质地要求不同，其涨发程度也会有所不同。涨发程度可以用"够身"或"透心"来表示。涨发干料的软硬度是否合适称为是否"够身"。涨发后干料的回软是否彻底、吸水是否达到最大限度称为"透心"。以香菇为例，香菇用热水泡发20分钟就能够充分吸收水分回软了，但是如果把这些香菇放入口中咬，就会发现香菇仍然是韧和柴的，尽管再泡上1小时，质感不会有太大的变化。所以，泡发好的香菇称为透心。泡发好的香菇经过煨或燠，使质感变得柔软、爽滑，达到这种状态叫"够身"，未达到的叫"不够身"。

每种干货原料的涨发程度有特定的鉴别标准，但是在鉴别时必须注意要为干货原料的滚煨、燠等后续加工和保存留有质感的余地。

6. 尽量提高涨发的净料率

干货涨发要在保证质量的前提下提高涨发的净料率。干货的净料率高低与菜肴的成本密切相关。

7. 做好保存工作

干货涨发后由于含有较多的水分，容易受到细菌侵入而变质。有些干货原料在涨发过程中加入了大量的肉料，汤汁中含有丰富的蛋白质，也容易滋生细菌而变质。因此，干货原料涨发后必须及时做好保存工作，以免造成损失。

5.2 干货涨发加工的方法及原理

5.2.1 干货涨发的用料与用具

1. 用料

涨发干货的用料分涨发介质和助发添加剂两大类。

（1）涨发介质　在涨发过程中起浸润、膨胀、导热等作用的物质称涨发介质，主要的涨发介质有水、食用油、沙粒、热空气等。过去也使用盐粒来涨发，现在基本不用。

水是最重要、最常用的涨发介质，有冰水、冷水、热水、沸水和加入碱性添加剂的碱水等五种。冰水指不高于10℃的清水。冷水指常温的清水。在不同季节、不同地方水的常温有较大的差异。为规范工艺方法，特规定冷水指不低于15℃一般是20℃的清水。热水指60℃以上90℃以下的清水。沸水指100℃的清水。碱水的浓度以"%"来表示。

食用油主要使用植物油。

沙粒以储热性能较好的粗沙粒为宜。

热空气必须在密闭环境中使用才能发挥其膨胀作用。

（2）助发添加剂　在涨发过程中起促进干货吸水、软化纤维、清除杂质、颜色增白等提高品质作用的物质称助发添加剂。主要有纯碱、枧水、小苏打、石灰、白醋等。选用助发添加剂的原则是涨发效果要好，但应该无毒、不易残留。过氧化氢、硼砂、苛性钠（烧碱）等因不利于人体健康，禁止使用。

2. 用具

涨发干货用具的作用有加热、保温、盛装、保管、储存、衬垫、刮、剪、剔、拣等。用具的选用虽然没有太严格的要求，但也有需要注意的地方。如碱性溶液会与铜、铝制品发生化学反应、产生对人体有害的物质。

5.2.2　干货涨发的基本方法及原理

干货涨发方法的种类划分主要以涨发介质为基础，形成四大类方法，详见表5-1。

表5-1　干货涨发方法

涨发方法			
水发	油发	沙发	其他涨发
1. 冷水发	1. 温油发	1. 沙焗发	1. 火发
①浸	2. 热油发	2. 沙炒发	2. 烘箱发
②漂	—	—	—
2. 热水发	—	—	—
①泡：冷水下、热水下	—	—	—
②焗：热水焗、沸水焗、滚焗	—	—	—
③煲：煲焗、直煲	—	—	—
④蒸：湿蒸、干蒸	—	—	—
3. 碱水发	—	—	—

1. 水发

水发是把干货原料放到水中进行涨发的方法。将干货原料放在水中，水可以通过渗透和扩散的方式被干货原料吸收，干货原料因而膨润涨发。水发是利用水的浸润作用及渗透作用、蛋白质凝胶的吸水作用和干料组织中毛细管道的吸水作用，使干货原料重新吸收水分，从而达到形态变得膨润、质地恢复柔软的效果。大部分干货原料无论使用何种涨发方法都会经过水发这一过程。可见水发是干货涨发最普遍、最基本的方法。

按用水的特性，水发分为冷水发、热水发和碱水发三种常用方法。

（1）冷水发　冷水发就是用常温清水涨发干货原料的方法。冷水发主要是利用水的浸润作用，让干料中的蛋白质和纤维素吸水膨胀，使干货回软，恢复原状。冷水发又可分为浸发和漂发两种方法。

1）浸发。浸发是把干料放在清水中使其自然吸水变软、恢复原状的方法。在浸的过程中，一方面水分会逐渐渗透到干料内，使其发涨；另一方面，干料的味也会逐渐溶解在水中。一般来说，浸的时间越长，干料越能浸发透身，直至饱和。当然，浸的时间越长干料失味也越多。浸发多适用于质地比较松软、韧性不大、易于吸水膨胀的干料，如菌类、干菜类等植物干料。

浸发也会与其他加工涨发方法结合使用。一些质地较坚硬、脂肪含量多的动物干料，或蛋白质凝胶体，如海参、鲍鱼、广肚、燕窝等，在使用热水涨发之前，应先把这些干料放进冷水浸发一段时间，使其充分吸收水分后才能使用热水涨发。先浸发能够提高水分的渗透能力；有利于干料在热水发时受热均匀；同时能防止出现干料外表软烂甚至破裂但内部仍然坚韧的现象。经油发、沙发的鱼肚、蹄筋、浮皮等原料也须用清水浸发回软。

浸发要掌握好时间，尤其是鲜味浓的干料浸发时间不能过长，不然会损失较多的原味，影响品质，如银鱼干、干贝、带子、干鱿鱼、虾米等。浸发动物性干货宜保持低水温，以防干料变质。不特别说明时浸发的水指清水。

2）漂发。漂发就是把干料置于不循环的流动清水中，除去干料异味、杂质、油脂和泥沙的方法。海参等干料本身有较重的灰臭味，经煲、焗后仍有较大残留，还需漂水处理才能彻底去除灰臭味。又如经碱发后的鱿鱼其碱味也需漂水处理才能去除。油发后的鱼肚含有较多油脂，也要漂水处理后才能去除。漂发是一种纯辅助性的方法。

（2）热水发　热水发指用高于60℃的清水涨发干料的方法。热水发主要利用热水加速渗透、热胀等作用促进干料中的蛋白质、纤维素吸水回软。热水能在涨发过程中改变干料的质地，变硬为软，变老韧为松嫩。温度越高，浸发时间越长，热水发作用就越大。质地坚硬、老韧、蛋白质凝胶比例大的动物性干料必须使用热水发才能使其回软。根据热水的用法不同，热水发分为泡、焗、煲、蒸等四种发法。使用热水发时要根据干料的性质选用具体的发法，并掌握好温度和时间，才能达到良好的涨发效果。

1）泡发是把干料放在热水或沸水中吸水回软的方法。该涨发方法适用于各种菌类、粉丝、干果仁等形体较小的干料。泡发可以加快干料吸水回软，在天气较冷的时候用得较多。泡发还可减弱或消除酶对干料鲜味的影响。

2）焗发是把干料放在热水或沸水中，再加上盖子，使干料在散热较慢的环境里加速吸水涨发回软的方法。焗法分热水焗、沸水焗和滚焗三种方法。热水焗和沸水焗是把干料放在热水或沸水中焗的方法。滚焗是把干料放在清水中慢火加热至水热或水沸或略滚，熄火加盖焗制的方法。干料在持续时间较长的高温热水中能促进水分的吸收，质地变得更软，杂质异味也容易去掉。如广肚、海参、燕窝、蛤士蟆油，通过焗发可加速其涨发透身。热水焗又是某些干料涨发过程中的一个工序，如海参通过热水焗才能去除杂质异味。一些需要较长时间浸发才能涨发透身的干料，用焗发可缩短冷水浸发的时间，提高效率。干料在焗发前必须先浸发。

3）煲发是把干料放入锅内热水中连续加热，促进干料吸水回软，并可去除干料杂质异味的方法。此法适用于特别坚硬或老韧、杂质较多异味较重的动物干料，如鲍鱼、海参等。煲发可以与焗结合进行。煲发分不停火的直煲（可多次换水反复煲），以及煲与焗结合的煲焗两种方法。煲的过程中要掌握好火候和干料的回软程度。干料在煲发前需经过浸发，有的还要先经焗发处理。

4）蒸发是用蒸汽蒸干料的方法，分湿蒸与干蒸两种。湿蒸是将干货原料洗净或稍浸后放入器皿内，加入汤水，有的还需要加调味料，用蒸汽加热使干货回软的方法。由于湿蒸发的干料一般含有较多鲜味，蒸发后可直接使用，因此通常在涨发时就加调味料。干蒸就是蒸制时不加入水。蒸发与煲发一样，都是利用持续的高温促进干料充分涨发。蒸发还有一个好处，就是使涨发的干料不失味，形不散碎，较好地保持原味和原形。湿蒸适合干贝、虾干、带子等易散碎又不能失味的海味干料的涨发。蒸发操作比较简便，主要是须掌握好蒸的时间和干料涨发的程度。干蒸能使凝胶表面不易熔化，成品比较美观，而且涨发净料率更高。

（3）碱水发　碱水发指干货原料先用清水浸至初步回软，再放进含食用纯碱液或枧水的溶液中浸泡，使其去韧回软，最后用清水漂净碱味的发法。碱水发的原理是利用碱的电离和水解作用增强干料的吸水效果和降低干料的韧性。碱是一种强电解质，加入水中调成碱溶液时碱在水中完全电离，产生阴性碳酸根离子。碳酸根离子发生水解生成氢氧根离子（OH^-）。OH^-能破坏蛋白质的一些负键，使蛋白质轻度变性，肌肉纤维结构变得松弛，有利于碱溶液的渗透和扩散。水的浸润作用使干货原料带上电荷，加速亲水作用，充分吸水回软并适度除韧。碱能够促使油脂的水解，消除油脂对水分渗透和扩散的阻碍，加快了渗透和扩散的速度。同时，碱溶液能使蛋白质的亲水基团大量暴露，从而使蛋白质的亲水性大大增强，加快了干料吸水的速度，令其体积膨润。经过碱发的干料，体积会比一般浸发的大。碱发后的干料放在清水中漂洗时，由于水的渗透干料仍然会继续膨胀。

碱水发特别适用于质地很坚韧，用一般浸发方法不能完全涨发的干货原料，如干墨鱼、干鱿鱼、等级较低的鲍鱼等。

碱水发在操作过程中要注意以下几点。

1）必须根据干料质地性能确定用碱分量。

2）掌握碱水浸发的时间，干货透身即可。

3）涨发后必须用清水漂清碱味。

4）禁止使用有损身体健康的碱性物质。

2. 油发

油发又称炸发，就是用油将干料炸透，使其膨胀、松泡、定型的发法。油发都需要配合水发，使干料涨发回软。油发的原理是干料通过油传热，使干料中的结合水受热汽化膨胀和蛋白质胶体颗粒受热后膨胀并定型，经水浸润后便可回软。油发后需碱水浸、清水浸和漂洗，利用碱的电离作用和脱脂作用（皂化反应）脱去油脂，使干料洁净。油发干货的一般过程是先用温油浸炸,再用热油炸至膨起。食用油经过加温可以达到比较高的温度,一些胶质比较重的动物干料,如鱼肚、花胶、蹄筋等在高温油中逐渐膨胀发大,并且变得疏松香脆,比原来体积增大若干倍,再用水浸发后,变得松软香滑。油发的关键在于掌握好油温,包括干料下锅、浸炸过程和捞起干料三阶段油温,还要掌握干料涨发的时间和程度等。油温因干料质地性能不同而不同,油温掌握不好,涨发质量便差,甚至失败。油发要求干料在下锅前必须干燥,否则影响涨发质量。

根据下锅的油温和浸炸油温高低、时间长短的不同,油发可以分成温油发和热油发两种。温油浸炸也叫蕴发、油焐。干料凉油下油锅,油温控制在50~80℃,并且持续时间较长的叫温油发。干料温油下锅,蕴发时间短的叫热油发。温油发、热油发的油温视干料的厚薄情况而定,一般应该在120~130℃。

油发适用于富含胶原蛋白的干料,如鱼肚、蹄筋、海参等。

3. 沙发

沙发就是用热沙粒的温度促使干料内部水分气化膨胀,形成松泡状态,再用水浸发清洗,使干料涨发回软的发法。一般用于鱼肚、蹄筋、猪皮等干货原料的膨胀发大,达到疏松质地的目的。沙发的原理和适用范围与油发基本相同。

沙粒可以用粗盐粒代替,即盐发。盐发和沙发的用料虽不同,但方法相同,是利用盐或沙粒的高温来涨发干料,沙发干料的效果在色泽、膨胀度、疏松度等方面比油发更佳。沙发分沙焗法和沙炒法两种方法。沙发一般由干货加工企业完成。

4. 其他涨发

(1) 火发　火发即把干料放在火上烧或烤焙的方法。凡表皮带有厚毛或有棘皮的干货原料,在水发前应先用火烧一烧。有些海参的表皮含碱味较重,不易去除,在水发前将其放在火上直接烧烤表面成焦皮,然后用刀刮去,再通过水发便可去掉异味较重的表皮,减少其碱灰味。带有厚毛发的干货原料很难直接水发,要达到去除毛发的目的,可以用湿泥巴将其裹住,再放入炉火中烤焙至干裂,然后将泥连同毛发一齐剥去。火发是一种辅助的涨发方法,平时使用并不多。

(2) 烘箱发　把干料放在温度适宜的烘箱、烤炉里涨发的方法叫烘箱发。其原理、适用范围和烘后的浸发与沙发相同。烘发的温度不要超过130℃。

干货原料种类繁多,性能各异,往往不是用一种方法就可以完成其涨发过程的。因此,要掌握好每一种涨发方法的原理和作用,根据干货原料的性质和干制特点灵活运用。

5.2.3　干货涨发加工的综合方法

干货原料品种多种多样,性质复杂,涨发方法需要综合运用。有些干货原料只需用一种发法便可完成涨发,但也有不少干货原料需要几种发法综合使用才能完成涨发。常用的有浸发与焗发结合使用的浸焗法;由浸发、焗发和煲发结合使用的浸焗煲发;由浸发与煲发结合使用的浸煲法;先火发然后再浸、焗、煲四种方法结合使用的烧浸焗煲法等。

5.3　干货涨发加工实例

涨发加工过程将通过流程图来描述。图例说明如下：

1）"→"连接先后的两个步骤，箭头的方向指示流程的方向。根据需要步骤旁用括号标注温度、时间、碱水浓度等加工参数。必要时，最后一个步骤可以是涨发结果。

2）温度用"℃"表示。"℃→℃"表示温度的变化，"℃-"表示保持该温度，"℃"表示无需保温，可以自由降温。冷水、常温清水、热水、沸水的温度参照5.2.1干货涨发的用料与用具。

3）碱水浓度用"%"表示。

4）参数之间用","隔开。

5.3.1　植物干货类涨发加工

常见植物干货涨发方法见以下各表。

1. 冬菇、花菇、香菇

冬菇、花菇、香菇的涨发见表5-2。

发冬菇

表5-2　冬菇、花菇、香菇的涨发

涨发方法	泡发
工艺流程	泡（35℃，20分钟）→剪蒂→洗净
涨发标准	内外柔软，透心，无沙
特别说明	香菇的鲜味主要是5′-鸟苷酸、5′-AMP、5′-UMP等物质，用35℃水泡，菇内核糖核酸酶活力迅速增强，在它的作用下将菇内核糖核酸分解成鲜味很强的鸟苷酸等物质，从而增强鲜味。用冷水浸，分解出的鸟苷酸等物质的量很少。若用70℃以上的热水泡发，因水温过高使酶失活，不能使核糖核酸转化为鸟苷酸等物质 如果是存放期较短的花菇或香菇，浸发菇的水可留用

2. 蘑菇

蘑菇的涨发见表5-3。

表5-3　蘑菇的涨发

涨发方法	浸发
工艺流程	浸（30分钟）→洗净
涨发标准	内外柔软，无沙

3. 陈草菇

陈草菇的涨发见表5-4。

表 5-4 陈草菇的涨发

涨发方法	浸发
工艺流程	浸（30分钟）→漂洗泥沙→洗净
涨发标准	内外柔软，无沙

4. 银耳

银耳的涨发见表 5-5。

表 5-5 银耳的涨发方法

涨发方法	浸发
工艺流程	浸（30分钟）→剪菌脚及木屑→洗净
涨发标准	内外柔软，干净

5. 桂花耳

桂花耳的涨发见表 5-6。

表 5-6 桂花耳的涨发

涨发方法	浸发
工艺流程	浸（30分钟）→洗净泥沙木屑→洗净
涨发标准	内外柔软，干净

6. 黄耳

黄耳的涨发见表 5-7。

表 5-7 黄耳的涨发

涨发方法	浸焖发
工艺流程	浸（2小时）→刷去表面泥沙→泡（70℃，30分钟）→焖（100℃，1小时）→洗净
涨发标准	内外软透，无泥沙

7. 榆耳

榆耳的涨发见表 5-8。

表 5-8 榆耳的涨发

涨发方法	浸焖发
工艺流程	浸（4小时）→用小刀刮去绒毛→泡（70℃，30分钟）→焖（100℃，30分钟）→洗净
涨发标准	内外柔软，干净

8. 木耳、石耳、云耳

木耳、石耳、云耳的涨发见表 5-9。

表 5-9　木耳、石耳、云耳的涨发

涨发方法	浸发
工艺流程	浸（30分钟）→剪菌根、除木屑→洗净泥沙→漂（30分钟）→洗净
涨发标准	内外柔软，无沙
特别说明	浸发时间不能超过4小时，浸发后也不宜存放，应即发即用，否则会发生米酵菌酸食物中毒

9. 竹荪

竹荪的涨发见表5-10。

表 5-10　竹荪的涨发

涨发方法	浸发
工艺流程	浸（30分钟）→剪花→洗净
涨发标准	柔软，干净

10. 玉兰片

玉兰片的涨发见表5-11。

表 5-11　玉兰片的涨发

涨发方法	浸焗发
工艺流程	浸（4小时）→焗（100℃）→浸（4小时）→焗（100℃）→直至软透→洗净
涨发标准	内外柔软，透心，无杂质
特别说明	必要时浸透后可煲发

11. 黄花菜

黄花菜的涨发见表5-12。

表 5-12　黄花菜的涨发

涨发方法	浸
工艺流程	浸（30分钟）→剪蒂→洗净
涨发标准	内外柔软，无蒂

12. 菜干

菜干的涨发见表5-13。

表 5-13　菜干的涨发

涨发方法	浸发
工艺流程	浸（8小时）→洗净泥沙→未透身再浸至透
涨发标准	内外柔软，无沙，无杂质

13. 剑花（霸王花）

剑花的涨发见表5-14。

表5-14 剑花的涨发

涨发方法	浸
工艺流程	浸（6小时）→洗净
涨发标准	内外柔软，无杂质
特别说明	发透后撕成小条使用

14. 笋干

笋干的涨发见表5-15。

表5-15 笋干的涨发

涨发方法	浸焗煲发
工艺流程	浸（4小时）→焗（100℃，30分钟）→浸（2小时）→煲（30分钟）→漂（30分钟）→煲→完全软透→洗净
涨发标准	内外柔软，透心，无杂质

15. 百合

百合的涨发见表5-16。

表5-16 百合的涨发

涨发方法	浸发
工艺流程	洗净→浸（30分钟）→洗净
涨发标准	透心
特别说明	若用于煲、炖的浸透便可

16. 茨实、薏米

茨实、薏米的涨发见表5-17。

表5-17 茨实、薏米的涨发

涨发方法	浸发
工艺流程	洗净→浸（1小时）→焗（30分钟）
涨发标准	透心
特别说明	用于煲、炖的浸透便可

17. 仙翁米

仙翁米的涨发见表5-18。

表 5-18　仙翁米的涨发

涨发方法	浸蒸发
工艺流程	洗净→浸（1小时）→加水蒸（30分钟）→加入白糖
涨发标准	完全膨胀，透心
特别说明	每5克仙翁米用沸水150克，加入白糖50克

18. 栗子肉

栗子肉的涨发见表5-19。

表 5-19　栗子肉的涨发

涨发方法	蒸发
工艺流程	蒸（沸水，40分钟）→焓
涨发标准	粉糯
特别说明	在栗壳上剖一刀破壳，放水里滚约10分钟，趁热取出去壳，去衣，得栗肉

19. 干白莲子

干白莲子的涨发见表5-20。

表 5-20　干白莲子的涨发

涨发方法	浸蒸发
工艺流程	洗净→浸（1小时）→泡（90℃，30分钟）→捅去莲心→加水蒸（30分钟）→加白糖蒸
涨发标准	莲子焓，外形完好
特别说明	白糖必须在莲子蒸焓后才能加入

20. 核桃仁

核桃仁的涨发见表5-21。

表 5-21　核桃仁的涨发

涨发方法	油发
工艺流程	加入枧水拌匀→清水滚（1分钟）→搓去外衣→洗净→清水滚→盐水滚→炸（130℃→160℃）→沥油→摊开晾凉
涨发标准	核桃仁酥脆，色泽金黄
特别说明	油炸时，油温升至160℃才起锅

21. 支竹

支竹的涨发见表5-22。

表 5-22 支竹的涨发

涨发方法	滚泡发
工艺流程	沸水（30分钟）→加少量盐→降温至40℃→洗净
涨发标准	内外软透
特别说明	也可以先油炸再浸发

5.3.2 动物性干货类涨发加工

1. 鲍鱼

鲍鱼质地偏韧，涨发需要使用除韧的方法，涨发见表5-23。

表 5-23 鲍鱼的涨发

涨发方法	①浸煲焗发 ②浸碱焗发
浸煲焗发工艺流程	浸（1天，换水再浸至软）→洗刷干净→用砂锅煲（中慢火，3小时）→连汤水焗→至够身，汤水浸着保存
浸碱焗发工艺流程	浸（1天至软）→洗刷干净→碱水浸（3%，8小时）→焗（100℃，多次）→至够身，汤水浸着保存
涨发标准	口感软滑不韧，色泽鲜明，气味芳香，味道鲜美
特别说明	① 煲焗后的鲍鱼还要用肉料爊。爊能让鲍鱼吸收其他肉味和进一步涨发 ② 焗时可加入少量冰糖 ③ 还可连水带料倒入真空煲内焗 ④ 质量好的鲍鱼用浸煲焗发，普通鲍鱼用碱水发

2. 海参

海参的韧性不强，理论上用水就可以把海参浸泡发开，但是要耗费较长的时间，而且还要顾及浸泡过程的温度控制，防止海参变质。实际操作中需要辅助促进海参吸水膨胀和回软的方法。涨发海参的方法分水发和油发两大类。根据海参的不同特性及缩短涨发时间的要求，水发有浸焗发、烧焗发、蒸焗发等三种方法。海参的涨发见表5-24。

表 5-24 海参的涨发

涨发方法	①浸焗发 ②烧焗发 ③蒸焗发 ④油发
浸焗发工艺流程	浸（12小时）→碱水泡（3%，60℃，2小时）→清理皮层杂质→漂（2小时）→焗（100℃）→浸（冰水，8小时）→焗（100℃）→清除肚内泥沙→焗（100℃）→漂（2小时）→浸（冰水，8小时）反复多次浸焗，直至无灰味和软透→冷冻或清水浸着保存
烧焗发工艺流程	烧至表皮焦黑→浸（2小时）→用小刀刮去黑表皮→焗（100℃）→清除肚内沙石→焗（100℃）→漂（1小时）→浸（冰水，8小时）→反复多次浸焗，直至无灰味和软透→冷冻或清水浸着保存

（续）

蒸焗发工艺流程	干蒸（20分钟）→浸（冰水，8小时）→焗（100℃）→清理杂质→浸（冰水，8小时）→反复多次浸焗，直至软透→冷冻或清水浸着保存
油发工艺流程	下油锅（随凉油下→130℃）→浸炸（130℃-、30分钟）→升高油温（160℃）→出锅→浸（2小时）→洗刷外皮→清除肚内沙石和杂质→洗净→冷冻保存
涨发标准	质地柔软爽滑不韧，亦不潺身，有弹性，色泽鲜明，无杂质，无灰味
特别说明	① 海参的纵肌在涨发过程中不要主动去除，正式烹制时要去除 ② 在涨发过程中，发透的海参要先取出漂水 ③ 煲或焗后应该漂水适当时间，以利于灰味的去除 ④ 多数海参用浸焗发，如梅花参、黄肉参等，如果海参表皮杂质少，可以不用碱水泡，直接泡就可以了；皮厚的海参宜用烧焗发；灰味少的海参如辽参宜用蒸焗发；肉薄的海参宜用油发 ⑤ 发好的海参忌沾虾蟹水和油腻

3. 鱼肚

鱼肚富含蛋白质、胶质和脂肪，质地不韧。用水焗和油炸的方法涨发都比较适合。涨发方法如下。

（1）广肚的涨发见表5-25

表5-25　广肚的涨发

水发鱼肚

涨发方法	浸焗发
工艺流程	浸（12小时）→洗净→焗（100℃）→换水→焗（100℃，2~3次）→透心→清水浸着保存或冷冻保存
涨发标准	内外柔软，干净，无异味
特别说明	鉴别广肚与花胶是否够身，可从三方面看：能用指甲戳入；用刀切时不粘刀，切口中间不起白心；在热水和冷水中软度一样。发好的广肚忌沾虾蟹水和油腻

（2）鳘肚的涨发见表5-26

表5-26　鳘肚的涨发

油发鳘肚

涨发方法	温油发
工艺流程	大件的鳘肚斩成小件→下油锅炸（随凉油下→50℃，1小时）→升高油温（50℃→130℃，30分钟）→捞出沥油→浸（2小时）→软，用手轻轻搓洗→洗净油脂
涨发标准	炸好的：色泽金黄，起发好。发好的：质地爽滑有弹性，色泽洁白，洁净，无油味
特别说明	1. 鉴别鱼肚是否炸好的方法如下 ① 把鱼肚捞起时，有轻微的油爆声 ② 鱼肚稍凉冻后，很松脆，容易折断 ③ 浸发后鱼肚富有弹性，经滚煨也不容易潺身，吸水性能好，洁白 2. 涨发鳘肚要用高身的锅，要用笊篱压着鳘肚，使其沉于油中而又不要粘锅底 3. 根据鳘肚的厚薄掌握炸发的时间

5 干货原料涨发工艺

（3）鳝肚的涨发见表5-27

表5-27 鳝肚的涨发

涨发方法	热油发
工艺流程	浸软→剪成10~12厘米长的片，撕去内膜、血筋等杂质→摊开晾干→下油锅炸（70℃）→浸炸（130℃－，15分钟）→升高油温捞出（160℃）→沥油→浸（1小时）→软，用手轻轻揸洗→洗净油脂
涨发标准	炸好的：色泽金黄，起发好。发好的：质地爽滑有弹性，色泽洁白，洁净，无油味
特别说明	鉴别鳝肚是否涨发够身的方法与炸鳖肚方法相同 浸洗时，如果潮身，说明鱼肚未炸透；如果散碎，色泽发黄，说明鱼肚炸过火 炸发的鱼肚可下纯碱清洗油脂

（4）鱼白的涨发见表5-28

表5-28 鱼白的涨发

涨发方法	热油发
工艺流程	将粘连的鱼白撕开→下油锅炸（70℃）→浸炸（130℃－，15分钟）→升高油温捞出（160℃）→沥油→浸（1小时）→软，用手轻轻揸洗→洗净油脂
涨发标准	炸好的：色泽金黄，起发好。发好的：质地爽滑有弹性，色泽洁白，洁净，无油味
特别说明	鉴别鱼白是否够身的方法与炸鳖肚方法相同

（5）花胶的涨发见表5-29

表5-29 花胶的涨发

涨发方法	浸焗发
工艺流程	浸（8小时）→洗净→焗（100℃）→换水→焗（100℃）→透心→清水浸着保存或冷冻保存
涨发标准	内外柔软，干净，无异味
特别说明	发好的花胶忌沾虾蟹水和油腻

4. 蹄筋

蹄筋（猪蹄筋、羊蹄筋、牛蹄筋、鹿蹄筋、驼蹄筋）富含蛋白质和胶质，稍有韧性，用油炸和水焗的方法涨发都比较适合，涨发见表5-30。

表5-30 蹄筋的涨发

涨发方法	①温油发　②半油焗发　③油碱发
温油发工艺流程	下油锅炸（随凉油下→50℃－，30分钟）→升高油温（50℃→130℃，30分钟）→捞出沥油→浸（2小时）→软，用手轻轻揸洗→洗净油脂
半油焗发工艺流程	下油锅炸（随凉油下→50℃－，30分钟）→升高油温（50℃→130℃，10分钟）→捞出沥油→焗（90℃，多次）→浸（1小时）→用碱揸洗→洗净油脂→漂

(续)

油碱发工艺流程	下油锅炸（随凉油下→50℃-，30分钟）→升高油温（50℃→130℃，10分钟）→捞出沥油→碱水浸（3%，3小时）→漂→轻轻揸洗→洗净油脂→漂
涨发标准	涨发透心，质地爽滑有弹性，色泽洁白，洁净，无油味
特别说明	① 各种蹄筋粗细、大小、质地不一样，炸发时的油温和炸发时间有所不同 ② 浸炸过程中用笊篱压住蹄筋不让它浮起，并不时翻动，使其受热均匀 ③ 色泽发黄的可加入白醋揸透后漂水，使其增白

鱼肚、蹄筋均有沙爆或盐爆的成品出售，购进后可直接采用浸发的方法处理。

5. 燕窝

燕窝质地柔软，没有韧性，涨发见表5-31。

表5-31 燕窝的涨发

涨发方法	浸焗
工艺流程	浸（30分钟）→焗（100℃）→透心→拣出燕毛、杂质→清水浸着冷藏保存
涨发标准	燕窝色泽洁白，质地柔软不潺身，无杂质，无毛丝
特别说明	血燕、红燕应该保持原色

6. 蛤士蟆油

蛤士蟆油富含蛋白质，柔滑是习惯的食用口感，涨发见表5-32。

表5-32 蛤士蟆油的涨发

涨发方法	浸焗发
工艺流程	浸（4小时）→焗（90℃）→除去杂质→焗（90℃）→清水浸着保存
涨发标准	充分膨胀，无杂质，无异味

7. 干贝

干贝有很浓的鲜香味，肌纤维易松散，韧性低，涨发见表5-33。

表5-33 干贝的涨发

涨发方法	蒸发
工艺流程	浸（20分钟）→剥边枕→放在器皿内→加沸水、姜件、葱条、料酒→蒸（1小时）
涨发标准	完全回软，用手指轻搓便松散。保持香气和鲜味
特别说明	连蒸汁一起保存。如果用于煲或炖则不需要蒸。带子涨发方法与此相同

8. 鱿鱼

鱿鱼有较浓的鲜味，身薄的一般不太韧，厚身的比较韧，不能用煲发除韧，涨发见表5-34。

表 5-34 鱿鱼的涨发

涨发方法	①浸发，②碱水发
浸发工艺流程	浸（2小时）→去掉外膜、眼和嘴→洗净
碱水发工艺流程	浸（2小时）→去掉外膜、眼和嘴→碱水浸（5%，1小时）→漂（2小时）→至无碱味
涨发标准	充分回软，干净
特别说明	吊片不用碱水发。身厚质韧的鱿鱼用碱水发，也可用枧水直接腌制后加水浸

9. 墨鱼

墨鱼有较浓的鲜味，但质地较韧，不能用煲发除韧，涨发见表5-35。

表 5-35 墨鱼的涨发

涨发方法	碱水发
工艺流程	浸（2小时）→去掉外膜、眼、脊骨→碱水浸（5%，1小时）→漂（2小时）→至无碱味
涨发标准	内外柔软，无碱味
特别说明	也可用枧水直接腌制后加水浸，然后漂水至无枧味

10. 章鱼

干的章鱼有鲜味，通常是用于煲汤的配料，涨发见表5-36。

表 5-36 章鱼的涨发

涨发方法	浸发
工艺流程	浸（4小时）→洗净
涨发标准	内外回软

11. 蚝豉

蚝豉富含蛋白质和脂肪，质地不韧，不易破碎，会残留壳屑，涨发见表5-37。

表 5-37 蚝豉的涨发

涨发方法	①浸焗发　②浸发
浸焗发工艺流程	浸（4小时）→焗（90℃，30分钟）→洗去残留的壳屑及泥沙→滚（1分钟）
浸发工艺流程	浸（?小时）→洗去残留的壳屑及泥沙→滚（2分钟）
涨发标准	内外完全回软，无壳屑和泥沙，无异味
特别说明	干蚝用浸焗发，湿蚝用浸发

12. 安虾干

安虾味鲜美，肉质结实，但不韧，涨发见表5-38。

表 5-38 安虾干的涨发

涨发方法	蒸发
工艺流程	浸（15 分钟）→放在器皿内→加入沸水、姜件、葱条→蒸（15 分钟）
涨发标准	透心，保持香气和鲜味
特别说明	连蒸汁一起保存

13. 鱼唇

鱼唇质地结实，但不韧，涨发见表 5-39。

表 5-39 鱼唇的涨发

涨发方法	浸焗发
工艺流程	浸（4 小时）→焗（100℃，3~4 次）→完全软透→洗净
涨发标准	内外完全回软，干净

14. 冚皮

冚皮（石斑皮）质地结实但不韧，涨发见表 5-40。

表 5-40 冚皮的涨发

涨发方法	浸焗发
工艺流程	浸（4 小时）→焗（100℃，1 小时）→除去残肉、鱼鳞→焗（100℃，2~3 次）→完全软透→洗净→清水浸着保存
涨发标准	内外柔软，无鱼鳞和杂质，干净，无异味

15. 黄鱼头

黄鱼头质地结实，涨发见表 5-41。

表 5-41 黄鱼头的涨发

涨发方法	浸焗发
工艺流程	浸（2 小时）→焗（100℃，1 小时）→清洗→焗（100℃，2~3 次）→完全软透→清水浸着保存
涨发标准	内外柔软，干净，无异味

16. 鳖裙

鳖裙富含胶质，涨发见表 5-42。

表 5-42 鳖裙的涨发

涨发方法	浸焗发
工艺流程	浸（5 小时）→焗（90℃）→除去外膜、碎骨→焗（90℃）→透心→清水浸着保存
涨发标准	内外柔软，无杂质，无异味

17. 浮皮

浮皮由熟猪皮经过烘烤或沙爆制作而成，质地不韧，有残留猪毛，涨发见表5-43。

表5-43　浮皮的涨发

涨发方法	①浸发　②浸焗发
浸发工艺流程	浸（3小时）→拣毛→洗油脂→洗净
浸焗发工艺流程	浸（3小时）→焗（100℃，1小时）→拣毛→洗油脂→洗净
涨发标准	涨发透心，内外回软，无遗毛
特别说明	浸时须用重物将其压住，使其浸于水下

关键术语

涨发干货；水发；浸发；漂发；泡发；油发；碱水发；焗发；涨发介质；综合涨发方法；回软；透心；够身。

复习思考题

1. 简述干货涨发的定义和意义。
2. 简述干货涨发的目的和要求。
3. 涨发干货要掌握哪些要领？
4. 涨发干货有哪些基本方法？分别适合哪些干货原料？
5. 简述水发、碱发和油发的原理。
6. 碱水发要注意什么？
7. 怎样涨发香菇、黄耳、榆耳？
8. 简述涨发鲍鱼、海参、广肚、鳖肚、鳝肚的常用方法和涨发时要掌握的关键因素。
9. 发好的鲍鱼、海参、广肚、鳖肚、鳝肚、燕窝要达到什么标准？
10. 怎样涨发干贝、鱿鱼？

6

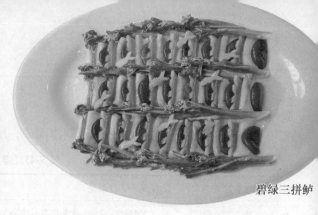

碧绿三拼鲈

烹饪原料精加工工艺

【学习目的与要求】

本章系统地介绍烹饪原料精加工的刀工技术。学习本章可了解刀法的完整体系，掌握刀工的基本要求与刀法的运用，熟悉烹饪原料的加工成型标准，为实际刀工操作奠定基础。刀法的分类和运用、原料成型是学习重点，原料的分档与整料出骨是学习难点。

【主要内容】

刀工的意义和基本要求
刀工工具的使用和保养
刀法的运用
原料的成型
原料的分档与整料出骨

刀工是中式烹饪的核心技术之一，与火候、调味并列为烹调"三要素"。中国烹饪十大技术理论之一是"刀为之要"，即刀工在烹饪中所处地位至关重要。中国厨师经过长期的实践，创造出很多精巧的刀工技法，积累了丰富而宝贵的经验。诚然，随科技的进步有不少专用刀具被开发出来，替代了很多传统刀工工作。但是，从更合理地使用原料、满足个性化需要、传承中式烹饪传统、展现中国厨师灵巧技艺等方面来说，刀工技术仍非常重要。

6.1 刀工的意义和基本要求

6.1.1 刀工的含义和意义

刀工就是根据烹调和食用的要求，使用刀具，运用不同的刀法将原料或食物加工成特定形状的工艺过程及技术。刀工既用于原料的精细加工，也用于初步加工，故有精加工和初加工（亦称粗加工）之说。

从整个烹调过程来说，刀工、火候、调味是三个重要的环节，互相配合，互相促进。由于刀工先于火候和调味，因此，也可以说刀工对火候和调味有决定性作用。如果刀工不好，原料形态不一、厚薄不匀就会使它在烹调中出现味道不匀、生熟不一的情况，从而使菜肴失去良好的色、香、味、形、口感。

随着烹饪技艺的发展，消费水平的提高，人们对刀工技术的要求已不仅仅是一般性地改变原料的形状，而是要求进一步美化成品。所以，刀工不仅具有很强的技术性，还有很高的艺术性，精加工工艺尤其重要。

6.1.2 刀工的作用

刀工技术不仅决定原料的最后形态，而且对菜肴制成后的色、香、味、形及卫生等方面都起着重要作用。刀工在烹调中的作用主要体现在以下方面。

1. 精细加工，便于食用

中餐饮食使用的是筷子而不是刀叉，食物需要厨师用刀具进行加工，改切成小块，以方便食用。

2. 分割原料，便于烹调和获得菜肴的理想质感

各种烹饪原料的自然形态、质地各不相同，各种各样的烹调方法运用不同的火候，这就要求原料的形态要配合烹调的需要。如"炒"的烹调方法是运用热油猛火进行急速烹制的一种工艺，成菜要有脆嫩的质感，因此就需将原料切成较小的体积才便于烹制。而"焖"的烹调方法要求菜品有软烂质感，故加热时间较长，这就需要将原料保持原形或较大的块状。如果原料加工的形状大小不均匀，就会造成原料的生熟不均匀。

3. 剞纹精切，便于烹制时入味

体积较大的整块原料如果不切开，烹制时加入的调味品就不容易渗透入原料内部，必须将其切细或在其表面剞上刀纹，才容易入味。

4. 美化菜肴，引发食欲

原料经过刀工处理后，切割成各种整齐美观的形态，烹制出来的菜肴会显得更美观。

6.1.3 刀工的基本要求

要研究和掌握刀工技术，首先要了解有关刀工加工的基本要求，只有在掌握了这些基本要求的前提下才能进一步研究刀工操作的各项具体问题。刀工的要求主要有以下几点。

1. 整齐划一

整齐划一就是使原料粗细均匀、厚薄一致、大小相等。原料的刀工成型时首先要考虑的是整齐划一。经刀工切割的原料无论是丁、丝、片、条、块或其他形状都需要粗细、厚薄、长短、单位体积相仿,才能使烹制出的菜肴色、香、味、形、口感俱佳,而且符合饮食卫生的要求。反之不仅不美观,而且在调味时细的、薄的容易入味,粗的、厚的不易入味,这就严重影响了菜肴的口味。烹调时细薄的原料先熟,粗厚的原料未熟透,造成原料生熟不匀,待粗厚原料完全成熟,薄细原料早已过熟,形态也会严重破坏,菜品的香味、颜色和质感都会相应变坏。

2. 清爽利落

在刀工操作之时,需注意原料清爽利落,不可互相粘连。丝与丝之间、片与片之间、条与条之间或块与块之间都必须截然分开。如果前面断开,后面还连着,上面断开,下面还连着,肉断了,筋膜还连着,这不仅影响菜肴形态的美观,而且还影响烹调和食用。要想达到清爽利落的目的,要注意以下三点。

1)刀刃锋利没有缺口。

2)砧板平整。砧板若凹凸不平或凹形,刀刃就难以与砧板接触,不能切断原料。

3)运刀时用力均匀,落刀平稳。

3. 根据烹调要求进行加工

由于菜肴有不同的烹调方法,也就有不同的调味与火候的要求,因此刀工需要根据烹调要求配合加工。如油泡、炒等烹调方法所用的火力旺,加热时间短,因而原料在刀工处理上就必须切得薄一些、小一些,过分厚大不仅不易入味,而且也不易熟透;炖、焖等烹调方法所用的火力较小,时间较长,因此原料的刀工处理就必须切得厚一些、大一些,过分薄小则烹制后原料收缩或散碎。此外,还要根据使用量进行加工,避免原料过早加工而导致品质变坏,营养素流失。

4. 根据原料的特性灵活用刀和运刀

不同原料具有不同特性,在进行刀工处理时应根据原料的不同性能选用不同的刀具和采取不同的加工方法。如斩鸡块、斩排骨、起生鱼应该用文武刀而不能用片刀,片鸡片、切肉丝应该用片刀而不是文武刀。同样是鱼片,切生鱼片应该用斜刀法,而切鲩鱼片就只能用直刀法。这是因为生鱼肉没有骨刺,而鲩鱼肉不仅有骨刺而且骨刺粗。糖醋咕噜肉和糖醋排骨分别用肉块和排骨块,肉块可斜切成菱形,而排骨块只能横斩成方块,菱形排骨块带骨尖容易扎口。猪肉要顺纹切,牛肉要横纹切;牛肉片用推切,而火腿片形薄且易碎不能推切,宜采用推拉切。根据原料特性灵活用刀和运刀才能保证菜肴的质量。

5. 注意同一菜肴中几种原料形状的协调

从观感和食味出发,一道菜肴若由几种原料组合而成,刀工处理时应注意各料之间形状的协调。如果有主料则以主料形状为主,副料配合主料,与主料协调。如五彩炒肉丝的副料都应切丝,笋炒生鱼片的笋要切片。

6. 物尽其用

合理使用原料是整个烹制过程中的一项重要原则，在刀工处理时更应注意。必须懂得量材使用，大材大用、小材小用。同样的原料，如能精打细算，并且刀法得当，不仅能使加工的成品整齐美观，还能节约原料。边角料在没有其他用途时尽量接近主料形状，不能浪费。

7. 注意卫生，做好保存工作

原料切改完毕并不意味着刀工结束，如果不对原料进行妥善处理，导致原料变坏，前面的工作将前功尽弃。

需要指出的是，刀工需要反复练习、刻苦钻研方能熟能生巧，达到准、快、巧、美的要求。刀工操作方法并非一成不变的，应注意在实践中不断总结经验，锐意创新。

6.2 刀工工具的使用和保养

刀工技术必须借助加工工具，这些工具主要是刀具和砧板。作为一个厨师必须懂得选择和保养这些工具。

6.2.1 刀具的使用和保养

1. 刀具的种类与使用

厨刀种类很多，按刀具的用途可分为片刀、文武刀及斩刀三种。还可按其用途或形状来进行分类。用特殊钢制造的厨刀硬度大，比普通碳钢厨刀锋利。

（1）片刀　片刀包括普通片刀、不锈钢片刀和桑刀等多种，还有大、中、小三种不同规格。

特征：轻而薄，刀刃锋利，重约500克。桑刀刀身的银黑两色是它的外形特征。

用途：适宜切或片精细的原料，如鸡丝、火腿片、肉片等。不可切带骨或坚硬的原料。

（2）文武刀　文武刀就是同时具有切和斩功能的刀具。

特征：刀身前半部分稍薄，后半部分稍厚，刀口一边顺斜一边突斜，重约750克。

用途：前面可以切精细的原料，后面可以斩带骨的原料，但只能斩小骨，如鸡鸭骨，不宜斩坚硬的骨。

（3）斩刀　斩刀又称骨刀。

特征：背厚，坚韧，刀口夹角约呈45度，能抵较大的冲击力。重约1000克。

用途：专用于斩坚硬的骨头。

此外还有尖刀、弯刀、圆头刀、锯刀、刨刀（瓜刨）等刀具，以及剪刀。

2. 刀具各部位名称

手握的地方称作刀把、刀柄。用于切割的锋利处称作刀刃、刀口。刀刃前端尖角称作刀尖，后端及尖角称作刀跟。与刀刃相对的部位称作刀背。刀的两个侧面称作刀身。刀具各部位名称如图 6-1。

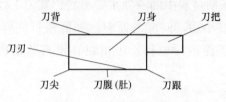

图 6-1　刀具各部位名称

3. 刀具的挑选

刀具要得心应手就要根据用途、材质和刀形来挑选。不同的刀具是根据不同的用途来设计的，因此用途是挑选刀具的首要依据。钢质越好刀越锋利。通用刀具对钢质要求特别高。刀形主要指刀把刀身的形状设计、刀的重心位置设计、刀刃的夹角设计等方面。刀形设计不好，会感觉不顺手。由于中餐的原料加工方式与西餐有较大的区别，因此，西餐的刀具在中餐中可能不适用。

4. 刀具的保养

锋利的刀使用时省力、安全，钝刀费力易伤手。锋利的刀才能切得整齐、平滑，互相不粘连。要使刀锋利，平时要注意做好保养。每次用刀后必须擦干净放在刀架上，防止生锈，而且还必须懂得磨刀的方法。现将刀的一般保养及磨刀方法分述如下。

（1）一般保养方法

1）用刀后必须用干净的布揩干刀身的水。沾有咸味或黏性物质时，须用水冲洗净并揩干。

2）刀具不用时应该放在刀架上。刀刃不可碰硬的东西，避免碰伤刀口。

3）在天气潮湿的季节，刀在揩干后应该在刀身涂上一层植物油，以防生锈和腐蚀。

（2）磨刀石的种类与应用

1）磨刀石有粗磨刀石、细磨刀石和油石等几种。粗磨刀石是马尾石、黄砂石，质地较粗松，用于磨成型及磨有缺口的刀。细磨刀石是青砂石，质地细滑，较硬，不伤刀刃，容易将刀磨锋利，并使刀身光滑。所以磨刀的最后工序必须是用细磨刀石磨。油石属人造磨刀石，是用特殊的黏合剂将粗或细的金刚砂黏合而成。一面作粗磨刀石用，另一面作细磨刀石用。

2）磨刀前需要先去除刀身的油污。方法是用清水或碱水洗一洗，冬天可用热水烫一烫。磨刀石要放在磨刀架上。如果没有磨刀架，可在磨刀石下垫湿布，防止磨刀石滑动。

（3）磨刀的方法及要领

1）磨刀时两手持刀，一手握刀把，另一手扶刀身，磨刀时务必使刀身运动平稳。

2）两脚自然分开，或一前一后站稳，胸部稍微向前。

3）磨刀时根据刀口原有的角度适当翘起。一般片刀翘起角度小，斩刀角度稍大。无论翘起多大的角度，必须自此至终翘起同一角度。

4）左右两面和刀口的每一个部位磨的次数和力度都要一致。

5）用整块磨刀石磨，不要只用磨刀石的一部分。

6）磨刀时速度不需要太快，但是用的力度必须稳定。两手伸展要自然。

7）边磨边用清水冲洗和湿润，以免刀身发热。

8）有缺口的刀，应先在粗磨刀石上磨，把缺口磨平后，再拿到细磨刀石上磨。

（4）磨刀后的鉴别方法　刀刃朝上，眼睛顺刀刃方向看，如看不到刀刃上有白色的反光就是锋利了。有白光反射的地方就是未磨好或卷了口。此外，还要求刀刃无卷口和毛锋现象，刀身平滑。

6.2.2　砧板的使用和保养

1. 砧板的种类

砧板是对原料进行刀工操作的衬垫工具。制作砧板的材料除木、竹外还有塑料、橡胶等。木砧板是最好用的。木砧板以橄榄木、蚬木、银杏木为最好。这些木材质地紧密，有韧性，耐用。皂荚树、榆树、红树材质的也很好。木砧板年轮密的则是老树，较好。砧板颜色油润且颜色一致，说明是用活树制成的，质量好。如砧板面泛灰白或有斑点，说明是用死木甚至是枯木制成的，质量差。

竹砧板结实耐用，且竹子成长较快，是砧板的发展方向。新竹砧板比较硬，容易伤刀。

塑料砧板易清洗，不会腐烂和爆裂，有多种颜色，可区分用途。但是塑料砧板太滑，不易稳定原料。塑料砧板有弹性，斩骨头时会使刀反弹，使用时要注意。

橡胶砧板使用较少。

2. 竹、木砧板的使用和保养

1）新砧板可用食用油涂在砧板面，使砧板的纤维吸油而保持一定的柔韧性。

2）新砧板使用前可以放在盐水中浸泡，质地更为结实，且不易开裂。

3）使用砧板时不可只用一面，应该轮换着使用。

4）斩骨头时，尽量不要在砧板中间斩，应该尽量靠砧板边使用。这样可以避免砧板面过早变凹形。

5）如发现砧板凹凸不平，可以用木刨修理，以使砧板面恢复平整。

6）砧板加工完原料要刮干净，下班前应彻底洗刷干净，竖放，以保持干爽。

6.3　刀法的运用

刀法就是使用不同的刀具将原料加工成特定形状时采用的各种不同的运刀技法，亦即运刀的方法。刀法是随着人们对各种原料加工特性的认识不断深化发展起来的。由于烹饪原料的种类不同，烹调的方法不同，原料呈现的形状就会不同，各种形状不可能用同一种运刀技法完成，因此就出现了多种刀法，这些刀法构成了刀法体系，见表6-1。

表 6-1　刀法体系

普通刀法					特殊刀法
标准刀法				非标准刀法	
直刀法	平刀法	斜刀法	弯刀法		
↓	←	↘↙	↷		① 切
					② 刻
1. 切法				① 剞法	③ 剔
（1）直切				② 起法	④ 戳
① 定料切				③ 刮法	⑤ 挖
② 滚料切				④ 撬法	⑥ 旋
（2）推切				⑤ 拍法	⑦ 穿
（3）拉切				⑥ 削法	⑧ 削
（4）推拉切	① 平片法	① 正斜刀法		⑦ 剖法	⑨ 剡
2. 剁法	② 推片法	（左斜刀）	① 顺弯刀法	⑧ 戳法	⑩ 划
（1）刀口剁	③ 拉片法	② 反斜刀法	② 抖刀法	⑨ 割法	⑪ 镂
（2）刀背剁	④ 推拉片法	（右斜刀）		⑩ 敲法	⑫ 铲
3. 斩法	⑤ 滚料片法			⑪ 捺法	⑬ 雕
（1）斩				⑫ 改法	⑭ 挑
① 直斩					⑮ 按压
② 拍斩					
（2）劈					
① 直刀劈					
② 跟刀劈					

6.3.1　刀法的分类

根据加工用刀的不同，刀法分为普通刀法和特殊刀法两大类。普通刀法指使用普通刀具进行刀工加工的方法，特殊刀法指使用特殊刀具进行刀工加工的方法，如食品雕刻。由于本书对食品雕刻有专门章节论述，本章只讲述普通刀法。

普通刀法分为标准刀法与非标准刀法两类。标准刀法指运刀时刀身与砧板平面所夹角度基本一致或呈现一定规律的运刀方法，有直刀法、平刀法、斜刀法及弯刀法四大类。非标准刀法包括所有运刀时刀身与砧板平面不存在规律性角度和不是主要以刀刃加工的运刀方法，如剞、起、撬、刮、拍、削、剖、戳、割、敲、捺、改等。

1. 标准刀法

（1）直刀法　直刀法是操作时刀口朝下，刀背朝上，刀身向砧板平面垂直运动的一种运刀方法。直刀法操作灵活多变，简练快捷，适用范围广。由于原料性质不同，形态要求不同，直刀法又分为切、剁、斩等几种方法。

直刀法

1）切法。切法指用左手按稳原料，右手持刀对原料由上至下作垂直运动的一种刀法。所有切法均是用左手手腕贴于砧板上，五指自然弯曲弓起固定原料，右手以腕力运刀切割，小臂起稳定作用。切法一般适用于加工植物性原料和动物性的无骨原料。切法又分直切、推切、拉切和推拉切等几种方法。

① 直切。直切是刀具仅垂直向下切落的切法，可分为定料切和滚料切两种，如图6-2所示。

定料切指原料固定在砧板上的切法。在定料切过程中如果运刀的频率加快，就称作"跳切"或"跳刀"。

定料切适用于脆性的植物原料，如笋、冬瓜、萝卜、土豆、姜、葱、豆腐等。定料切的操作要领如下。

a. 按稳所切原料。

b. 右手持刀，刀身紧贴着左手中指，运用腕力垂直切落。注意持刀要稳。

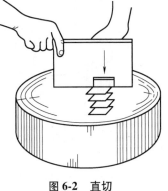

图6-2 直切

c. 切下一刀时，左手中间三个手指先往后退，两旁手指接着退。均匀移动后重复b的动作。两手必须密切配合。

d. 提刀时刀口尽量低一些。

e. 练习定料切时要循"稳→好→快"步骤进行。

f. 所切的原料不宜堆叠太高，如果原料体积过大，应放慢运刀速度。

滚料切指切一刀原料滚动一次的连续切法，如图6-3所示。

滚料切主要应用于质地脆嫩的圆柱形或圆球形植物原料，如萝卜、丝瓜、笋、茄子、番茄等。滚料切通常切成近似三角块的形状。滚料切的操作要领与定料切基本相同，特别要注意的是：

a. 用左手手指控制原料的滚动，并按原料成型规格要求确定滚动角度，力求大小均匀。

b. 下刀的角度与运刀速度必须密切配合原料的滚动，准确下刀，令角度、大小都均匀。两手动作要协调。

图6-3 滚料切

② 推切。推切指刀刃垂直落下的同时手腕将刀往前下方推进的切法。推切适用于略有韧性但不坚硬的原料，如猪肉、牛肉、动物的肝肾等，如图6-4所示。推切的操作要领如下。

a. 左手按稳原料，右手持刀要稳，靠手腕用力推切。

b. 从刀刃前端进刀，推切至刀刃后端，刀刃与砧板全面接触时用力向前滑行，一刀到底，切断原料。收刀时可以将刀身往外翻一翻，以利于原料分离。

c. 推切时注意估计下刀的角度，刀口下落时要与砧板吻合，保证推切断料的效果，还要随时观察，纠正偏差。

③拉切。拉切指刀刃垂直落下的同时手腕将刀往后下方拉动的切法，如图 6-5 所示。

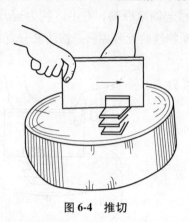
图 6-4　推切

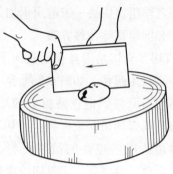
图 6-5　拉切

拉切适用范围与推切相同。拉切的操作要领如下。

a. 左手按稳原料，右手持刀要稳，手腕用力后拉。

b. 切肉料时可先向前轻轻推切一下，再向后下方一拉到底，即所谓"虚推实拉"。这样做有利于刀具定位和原料成型。

c. 刀刃前端是拉切断料的主要部位。

④推拉切。推拉切又称"锯切"，是刀向前向后来回推拉的切法，如图 6-6 所示。

推拉切适用于质地坚韧或松软易碎的原料，如牛脹、熟火腿片、面包片、叉烧片等。推拉切的操作要领如下。

a. 下刀始终保持垂直，距离均匀。

b. 走刀宜慢，用力宜柔，否则原料易散碎。

c. 切断后刀身往外翻一下，将切断的原料放倒。

2）剁法。剁法是手腕用力，使刀刃快速击断或击碎原料的一种刀法，如图 6-7 所示。

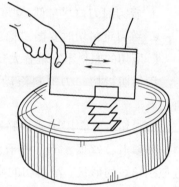
图 6-6　推拉切

只使用一把刀叫单刀剁，如剁鸡丝。左右手同时持刀操作称作双刀剁，如剁肉蓉。双刀剁可以提高剁的效率。剁主要运用刀刃进行加工，有时也运用刀背剁。从运刀的部位剁分为刀口剁和刀背剁两种刀法。剁法适用于无骨的原料，可将原料剁成蓉状或幼粒状，如鱼蓉、虾蓉、蒜蓉等。剁法的操作要领如下。

a. 握刀须稳，运用腕力，保持垂直向下用力。

b. 提刀无须过高，以方便用力且刚好断开原料为宜。

c. 双刀剁时左右刀有节奏地上下来回剁。

d. 加工蓉状的原料在剁之前，应先切成小粒或小块，这样成型均匀，效率高。

3）斩法。斩法指运刀猛力断开原料的刀法。根据运刀力量的大小和举刀高度斩法分斩和劈两种方法。斩与劈没有严格的区分，运刀力较大，举刀较高便可称作劈，如图 6-8 所示。

图 6-7　剁法

图 6-8　斩法

① 斩。斩适用于带骨但骨质并不十分坚硬的原料，如鸡、鸭、鱼、排骨等。斩又分为直斩和拍斩两种。

直斩指一刀斩下直接断料的刀法。直斩的操作要领如下。

a. 手握稳刀具，小臂控制提刀的高度和刀的落下，手腕用力运刀斩开原料。

b. 运刀时看准位置，落刀准确利落。力量以一刀能够使原料断开为好。复刀若不能斩回原处，原料形状就不整齐美观。

c. 斩有骨的原料时，骨头部分贴砧板，肉朝上，这样既容易断料，又能使原料成型美观。

拍斩是将刀刃紧贴在原料需要断开的位置上，用手或其他工具在刀背上用力拍打，使原料断开的一种刀法。

拍斩适用于三种情况：一是直斩未能将原料彻底断开，用拍斩辅助；二是原料断开的位置需要准确定位，以确保原料的成型规格；三是防止直斩使原料断开散落在砧板外。

② 劈。适应于粗大或坚硬的骨头，如劈猪头、龙骨等。劈又分为直刀劈和跟刀劈两种。

直刀劈是将刀高举对准原料要断开的部位用力挥劈的刀法，如劈整个的猪头、牛骨等。直刀劈的操作要领如下。

a. 持刀的手必须紧握刀具。持刀的手和刀把均不能有油有水，以防止劈时刀脱手。

b. 劈时以手腕力为主，同时要借助臂力。

c. 原料必须放平稳。

d. 扶原料的手应离落刀点尽量远。如对准确落刀没有把握，则不要扶原料，直接劈。

跟刀劈指将刀刃先嵌入原料要劈的部位，刀与原料一起抬起再一起落下劈开原料的一种刀法。跟刀劈适用于圆形的或不能放稳的原料，如猪肘、熟鸡腿等。

（2）平刀法　平刀法指运刀时刀身与砧板基本上呈平行状态的刀法。平刀法能加工出件大形薄且厚薄均匀的片状原料。平刀法适用于无骨的韧性原料、软性原料或煮熟回软的脆性原料。平刀法的操作简称"片"。按运刀的不同手法，平刀法分平片法、推片法、拉片法、推拉片法和滚料片法五种。

1）平片法。平片法指刀身基本上单纯由左至右平行运刀的刀法（注：此处指右手持刀，如左手持刀则方向相反。以下同），如图6-9所示。

平片法适用于软嫩无骨的原料，如豆腐、猪血、肉冻等。

平片法的操作要领如下。

① 持刀平稳，运刀平直，方能片得厚薄恰当、均匀。

② 轻按原料，力度恰当。必要时可用手抵住原料，以方便运刀。

③ 一般宜从原料上层开始，逐层往下片。

2）推片法。推片法指刀身往左前方运刀的刀法，如图6-10所示。

推片法的操作要领如下。

① 持刀要稳，刀身平稳向左前方平行运刀。

② 宜从刀刃前端开始进刀。

③ 用手掌按稳原料。

图6-9 平片法

图6-10 推片法

3）拉片法。拉片法指刀身在向左平行运刀的同时向左下方移动的刀法。运刀时刀刃后端从原料的右上角进刀，然后自右向左下方平移，向后拉动片断原料，如图6-11所示。

拉片法的操作要领如下。

① 持刀要稳，刀身始终与原料平行，向左下方拉片。

② 拉片时手腕用力，刀刃的运动路线略成弧线。

推片法和拉片法在实际中使用不多。

4）推拉片法。推拉片法指片切原料时，刀身在前后推拉中向左平行运刀的刀法，如图6-12所示。推拉片法是最常用、最重要的刀法之一。

推拉片法适用于将无骨原料加工成片状，特别适合于加工面积大、形状薄的原料，如鸡肉片、猪肉片、肥肉片等。推拉片法既可片肉片，也可片植物原料。

推拉片法分由下至上片切与由上至下片切两种顺序的方法。片切柔软肉料从底层开始，片切硬脆植物原料和面积较大的肥肉片从上层开始。

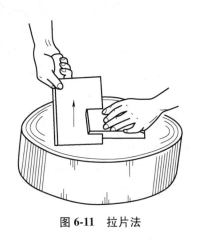

图6-11 拉片法

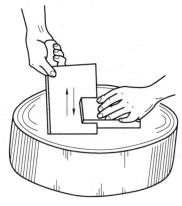

图6-12 推拉片法

由下至上的推拉片法操作要领如下。

① 原料放在砧板面上，左手五指伸直略向上翘，用手掌心按稳原料。

② 右手持刀，刀刃水平放置贴于厚薄度合适的地方，前后推拉，向左移动。

③ 当原料完全片开时，左手掌心顺势将原料往左边拨离到砧板上，同时，刀身贴在片出的原料上，继续往左进刀，推拉片切，直至全部片完。

④ 左右两手用力的力度要一致，特别是左手，使原料稳定不动即可，用力不宜太大。

⑤ 进刀时推拉的幅度要尽量大。

由上至下的推拉片法操作要领如下。

① 把原料的底面切平，稳放在砧板上，左手四指贴于原料的面上，固定原料和扶好片出的原料。

② 右手持刀，刀刃水平放置贴于厚薄度合适的地方，前后推拉，向左移动。

③ 片出的原料留在原位，不移开。刀刃从下一层继续片切，直至全部片完。

④ 片切一般植物原料时，左手指基本不动。片切大块肥肉片时，手指则要与刀推拉方向逆向抹动。

⑤ 进刀厚薄的位置主要由左手食指、中指和无名指三个手指来确定。

5）滚料片法。滚料片法是运用推拉片法边片边滚原料的刀法。

滚料片法适用于把小型原料加工成较大的片状，如把响螺肉、鸡心等片成片状。

滚料片法的操作要领与推拉刀法基本相同，但是用手指按压固定肉料相对较为灵活，并随进刀快片断料时滚原料。

（3）斜刀法 斜刀法指刀身倾斜与砧板平面呈锐角的运刀方法。斜刀法能使形薄的原料成型时增大表面积或美化原料形状。按刀身倾斜的方向划分，斜刀法分为正斜刀法和反斜刀法两种。

1）正斜刀法。刀身向右倾斜往左切的方法称正斜刀法，又称左斜刀法或内斜刀法，如图 6-13 所示。

正斜刀法适用于质软、性韧的原料。加工规格要求较严格的肉料应该用正斜刀法，如生鱼片、爽肚片等。

正斜刀法的操作要领如下。

① 原料平放在砧板上，左手食指、中指和无名指三个手指贴在原料的左边。

斜刀法

② 右手持刀，向右倾斜刀身至合适的角度，从原料左边逐片拉切。

③ 切断后，左手手指将切出的原料往后抹开，重新贴在待切原料上，右手重复原动作继续斜切。

2）反斜刀法。刀身向左倾斜往右切的方法称反斜刀法，又称右斜刀法或外斜刀法，如图 6-14 所示。

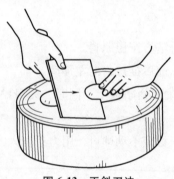

图 6-13 正斜刀法

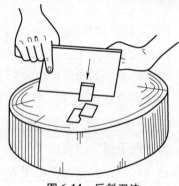

图 6-14 反斜刀法

反斜刀法主要用于加工植物原料，动物原料也可使用。

反斜刀法的操作要领如下。

① 原料平放在砧板上，左手手指按稳原料。

② 右手持刀，向左倾斜刀身至合适的角度，从原料右边逐片推切或拉切。左手则有规律地配合向后移动，每次移动的距离应相等。

③ 切下一刀时提刀不要太高。

（4）弯刀法　弯刀法指运刀时刀身与砧板平面之间的夹角平滑变化使切好的原料形成弧形切面的刀法。弯刀法主要用于对原料形状的修改、美化原料形状，如改切笋花、姜花、鲍鱼片、鱼体花纹等，如图 6-15 所示。弯刀法分顺弯刀法和抖刀法两种。

1）顺弯刀法。顺弯刀法指运刀时刀口从原料的右上方向左下方作凸或凹弧线运动的刀法，主要适用于改切各种菜料花式的坯型。顺弯刀法的操作要领如下。

① 下刀前对加工的目标图形要做到心中有数，进刀、运刀才能准确。

② 左手手指按稳原料，右手运刀平稳，刀身变化要平缓，两手配合

弯刀法

好,使刀纹平滑美观。

2)抖刀法。抖刀法指刀具平片进刀时刀口上翘下弯呈波浪形前进的刀法。抖刀法使切面呈现波浪状刀纹。抖刀法一般用于美化原料形状,适合软性的原料,如鲍鱼片,如图 6-16 所示。

图 6-15 用弯刀法加工的图形

图 6-16 抖刀法

抖刀法的操作要领如下。

左手按稳原料,右手握刀,放平刀身,片进原料后,从右向左作波浪形切割移动,像刀在抖动。切割移动时注意用力均匀。

2. 非标准刀法

与标准刀法对应,运刀时,刀身与砧板平面没有固定的角度关系或规律并不明显的运刀方法称为非标准刀法。常用的非标准刀法有剞、起、刮、撬、拍、削、剖、戳、割、敲、捻、改等十多种。

(1)剞法 剞法又称"花刀法",指在原料上仅切出刀痕而不切断的运刀方法,如图 6-17 所示。剞切时可用直刀法、斜刀法,也可用弯刀法,因此可分为直刀剞、斜刀剞和弯刀剞等几类。剞出的刀痕根据原料的需要可深可浅,可宽可窄。

图 6-17 剞法

剞法适用范围较广,收缩性大、变形大的原料特别常用,原料熟后可形成美丽的形状,如禽类的肫肝、猪腰、各类鱼肉等。只剞一刀的夹刀片叫双飞片或双连片。

剞法的操作要领如下。

① 根据原料的特性选用直刀剞、斜刀剞或弯刀剞。

② 持刀要稳,下刀要准,用力均匀。运刀的倾斜角度和刀距均要一致。

③ 根据原料的成型需要确定刀痕的深浅。无论是深还是浅,深浅都必须一致。带皮原料的深度一般宜达到皮层。

④ 可以将几种剞法结合运用。

⑤ 用力要恰当，避免切断原料或未达到预定深度，影响原料成型。

（2）起法　起法主要指将带骨肉料的骨分拆出来的运刀方法，也可用于对整只动物原料形状的整理。起法适用于畜、禽、鱼类原料，最常用的是整料出骨，如起全鸡、起生鱼等。操作时下刀的刀路要准确，随原料部位不同而运用刀尖、刀跟等不同部位，以便于出骨。起法要保证原料的外形完好。

（3）刮法　刮法指刀身垂直，刀口紧贴原料作平面横向刮动的运刀方法。如刮鱼青，鲮鱼肉皮朝下放在砧板上，左手按着鱼尾部，刀口从尾部向右刮出鱼青蓉。

（4）撬法　撬法指用刀刃后部猛地扎进原料表面一定的深度，以刀身为杠杆，原料表面为支点，用力向外撬，撬出小块不规则块状原料的运刀方法。撬法适用于脆性原料，如冬笋、番薯等。

（5）拍法　拍法指用刀身拍打原料，使原料松裂或纤维束松弛的运刀方法，适用于姜、葱、猪肉、牛肉等。

（6）削法　削法指用刀身紧贴原料表面，通过推或旋的手法取出薄薄一层原料的运刀方法。削分直削和旋削两种。直削是刀向前直推，通常用于直身的原料，如萝卜、丝瓜、苦瓜等。旋削是反刀向左削，通常用于圆形的原料，如苹果、梨等。

（7）剖法　剖法指用刀对动物进行开膛的刀法，如鸡、鸭、鱼、鲜鱿鱼等剖腹的操作。

（8）戳法　戳法指用刀尖或刀跟在原料上戳刺出小孔的刀法。戳的目的是使筋络断裂，避免加热时筋络收缩原料卷曲，因而适用于筋络较多的肉类原料，主要用于禽类的皮或肉。

（9）割法　割法一般指用刀将手持的肉料切取下来或划破的刀法，如整理乳猪时将部分腿肉割出来，以免腿肉过厚难熟。

（10）敲法　敲法指用刀背猛击的刀法，主要用于使骨头折断。

（11）捻法　捻法指通过刀刃在砧板平面上横向划过轻压，使原料成蓉的刀法。捻主要用于加工鱼蓉、虾蓉，使其成型更细，且方便挑拣出肉筋和骨刺。

（12）改法　改法指把植物原料刻画出平面图案形状的刀法。改实际上是综合运用各种标准刀法，在原料上刻出图形的轮廓而成型的，行业内叫改花。由于最后要切片使用，因此属于平面花。用于改的原料主要有笋、姜、胡萝卜、冬瓜等。常见改成的图案有鸟、鹰、燕、鱼、虾、蝴蝶、兔、寿字、仙桃、秋叶及几何图案等。改出的图形叫花，如笋花、姜花等。

改法

6.3.2　刀工的基本操作

1. 刀工基本操作的要求

刀工是一项重要的技术，操作时有以下要求。

1）砧板高度要根据各人的身高调整好，以操作时两上臂能够自然下垂，不弯腰为宜。

2）操作前须把必要的工具、用具准备好。除刀具和砧板外，还应该有废料盆（腰兜）、成品盆、手布等。如果用沥水篮盛装肉料,还应该在下面垫一个接水盘。

3)加工前了解原料的用途和规格,能够熟练运用各种刀法。

4)加工时,砧板上不能放废料,待加工的原料也要尽量少放。要有条不紊地进行加工操作。同时砧板要干净无积水。如果有积水、血水、油污,要刮净再进行加工。

5)短暂停止加工时,刀具以刀刃朝里刀背朝外的方式横放在砧板上。加工结束后,把刀具清洗干净,用干布抹干水分,然后放回刀架上。

6)要注意清洁卫生。生料熟料要用不同的工具和工位。

7)要有正确的操作姿势。

8)选择好刀具,运用好刀法,控制好节奏,掌握好规格。

2. 刀工操作的基本姿势

(1)站立姿势 操作时,两脚自然分立站稳,身体向右转,与砧板台呈30~45度角,左手在砧板上按稳原料,右手持刀,不弯腰驼背,身体与砧板距离约10厘米。

操作姿势

(2)持刀姿势 右手持刀,虎口架在刀柄上。大拇指紧贴刀柄,食指贴靠在刀身右侧,共同控制运刀的方向和角度。其余手指握刀柄,施以切割的力量。操作时主要运用腕力切料。

(3)切料姿势 身体自然站立不弯腰,两手自然下垂不耸肩,腰、臂、手腕都用力,运刀用腕力。

6.4 原料的成型

运用各种刀法对原料进行刀工加工,原料便获得了各种各样的形状。原料的这些形状就叫刀工成型。按粤菜的称谓习惯,原料大致有丁、丝、粒、片、脯、球、块、条、件、段、花、蓉、松(米)、角等14种形状。借用几何图形来分类,这些形状分别属于片状、立方体状、长方体状、条状、丝状和其他等六大类型,如图6-18所示。

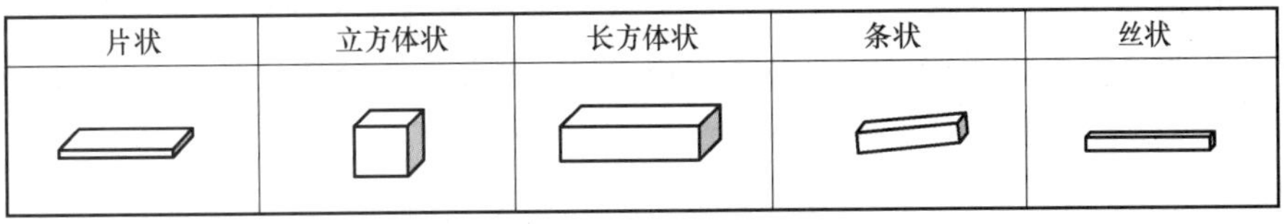

片状	立方体状	长方体状	条状	丝状
▱	◼	▭	▬	▬

图6-18 刀工成型示意图

6.4.1 片状

片状指面宽而厚度较小的形状。片状只有片这一种刀工成型,但是片状使用比较广泛,无论是动物性原料还是植物性原料都有片状。片状有看上去较大、进食方便的意义。常见片的成型规格参见表 6-2，其他片均可参考这里的规格。加工成片的刀法有切法和片法。

表 6-2　片的成型规格参考

名称	成型规格
厚笋片	长约 4 厘米，宽约 2 厘米，厚约 0.6 厘米的长方形片
中笋片	长约 4 厘米，宽约 2 厘米，厚约 0.3 厘米的长方形片
薄笋片	长约 4 厘米，宽约 2 厘米，厚约 0.2 厘米的长方形片
指甲片	边长约 1.2 厘米，厚约 0.1 厘米的菱形片
猪肉片、鸡片	长约 5 厘米，宽约 3 厘米，厚约 0.15 厘米的长方形片
牛肉片	长约 5 厘米，宽约 3 厘米，厚约 0.2 厘米的长方形片
生鱼片、鱼片	生鱼肉连皮，斜刀切 0.3 厘米厚的片
鸭片	长约 5 厘米，宽约 4 厘米，厚约 0.1 厘米的片

笋片宜顺纹切片，四角分明不毛糙，厚薄均匀。

猪肉片、鸡片用推拉片法加工而成，要求厚薄、大小均匀，厚薄度达到要求。

牛肉片用推切法加工而成，横纹切片。如果牛肉块小，可剖双飞片使其增大面积。

生鱼片用生鱼肉连皮斜刀切成。鲩鱼片用鲩鱼肉连皮直刀切成，不可用斜刀法，因为鲩鱼肉有骨刺而且骨刺较粗。薄身的肉料剖双飞片。

6.4.2　立方体状

立方体状指正方体或近似正方体的形状，由大到小形成块、丁、粒、松（米）等四种形状。块能够突出主料，丁、粒、松能够让主副料同食，形成复合味。

1. 块

原料先加工成长条形，再横斩横切即成块。块的常用规格是 2 厘米见方，具体的大小宜与烹调方法配合，灵活掌握。

加工成块的刀法有斩法或切法。带皮带骨或质地较韧的原料用斩法，无骨原料用切法。如排骨块，先将猪肋骨逐条切开，再横斩成排骨块。排骨块不能斩成菱形，以免形成锋利的骨刺。鸡块、鸭块、鹅块等斩法相同。

2. 丁

丁一般是由方条形状加工而成，常用规格是 0.8～1.5 厘米见方，用切法加工而成。肉丁不一定要求严格的方块形。

3. 粒

粒的刀工成型方法与丁基本相同。

4. 松（米）

松的形状较小，近似米粒或绿豆粒大小，所以也叫米，相当于末。松的刀工成型方法也与丁基本相同。

丁、粒、松的成型规格参见表6-3。

表6-3 丁、粒、松的成型规格参考

名称	成型规格
大丁	约1.5厘米见方
小丁	约0.8厘米见方
粒	0.5~0.8厘米见方
松（米、末）	0.5厘米以下，形如米粒大小

6.4.3 长方体状

长方体状指正长方体或近似长方体的形状，与片相比它比较厚大，与块相比它比较长。长方体状按形状特点分件和脯两种。件一般指经过简单的切或斩而成，脯则要经过较复杂的加工修整而成。在给菜品命名时，脯常称作扒、排，有时也叫块，如肉脯叫猪扒，鸡脯称鸡扒或鸡排，吉列鱼脯叫吉列鱼块。件、脯成型大气。

1. 件

排骨件的宽、厚与排骨块基本相同，用于焗和焖的排骨件长3~3.5厘米，用于蒜香骨和京都骨的排骨件长8~10厘米。

用于焖的鱼是6厘米×2厘米的鱼件，方法是将宰净的鱼按6厘米长度横斩成段，再顺斩出宽2厘米的件。

猪肚件是将熟猪肚切成长6厘米、宽约2厘米的形状。

广肚件是将涨发好的广肚切改而成，长6厘米、宽3厘米，主要用于扒、炖。

鱼唇件是将涨发好的鱼唇切改而成，用于扒的长6厘米、宽3厘米，用于烩的小一些，长4厘米、宽2厘米。

2. 脯

肉脯（猪扒）加工方法是先将猪肉片成厚约0.4厘米的片形，用刀背（或拍刀）拍松，再切成长5厘米、宽4厘米的规格。

鸡脯、鸭脯加工方法与肉脯相同，规格是厚0.3厘米、长约7厘米、宽约4厘米。

鱼脯是将鱼肉铲去皮，横切成7厘米长的段，再斜切出宽约5厘米的长方块，厚0.6厘米，用于炸吉列鱼块、茄汁鱼块等。用于其他菜式时规格略有变化。

冬瓜脯是将冬瓜去皮和瓤，修切出长12厘米、宽8厘米的块，还可以切改成图案形。冬瓜件也是将冬瓜去皮和瓤，修切出18厘米的圆角正方形块，厚度不少于0.3厘米。

节瓜脯是用大小合适的节瓜刮皮后对半切开而成。节瓜脯一般切成长12厘米的段。

6.4.4 条状

条状指较粗的长条形，有条和段两种主要刀工成型，其规格见表6-4。

1. 条

条呈细长形,动植物原料均可加工成条形。条的长短视具体原料而定。条主要用切法来成型,即先将原料加工成片形,整齐地排叠成阶梯形,再顺切成条。鸡条和牛肉条常称为鸡柳、牛柳。有的是改成段后再切成条,如鱼条,鱼肉铲皮,横切成段,再顺切或斜切成鱼条。葱条是去净头尾的原条净葱。条的成型既精致又能够体现质感。

2. 段

段有时也称为度,是将长形或条形的原料按长度规格横切而成。如鳝段就是将原条鳝鱼横斩而成。豆角段、葱段、苦瓜段均是横切而成。段是长形原料的习惯成型方法。

表6-4 条状原料的规格

类型	种类	原料	规格
条状	条	鸡条	6厘米×0.7厘米
		牛肉条	6厘米×0.7厘米
		鱼条	6厘米×1.5厘米×0.8厘米
		长葱条	去头、尾的原条净葱,简称葱条
		短葱条	10厘米
		马铃薯条	6厘米×0.8厘米×0.8厘米
		叉烧条	4厘米×0.3厘米×0.3厘米
		笋条	4厘米×0.3厘米×0.3厘米
		菇条	4厘米×0.3厘米×0.3厘米
	段	鳝段	3厘米
		豆角段	4厘米
		韭黄段	4厘米
		葱段	4厘米
		苦瓜段	2厘米
		棋子瓜	直径3厘米,厚度2厘米,可改成梅花形

6.4.5 丝状

丝状是比条稍长稍细的形状,主要用切法加工。个别原料用剁法加工,如鸡丝。切丝时需要先将原料加工成片形,排叠整齐后再切成丝。排叠的方法有阶梯形和齐平形两种。阶梯形就是把片叠成像阶梯的样子。大部分原料的排叠都适用于阶梯形,效率也较高。齐平形就是把片垂直叠起,这种切法要求原料的外形较匀称,而且高度不高,否则很难叠好切好,因此齐平形只适用于少数原料,如豆腐干。无论阶梯形还是齐平形都要排叠整齐,不能过高,否则切不好。

对于某些面积较大、形较薄的软性原料如木耳、海带、大白菜等,可先将其卷成筒状,再横切成丝。

切出的丝要求粗细均匀,棱角分明,成方条形,而不是扁条形。丝的两端大小一样,不能成牙签形。如果原料有明显的纤维纹，那么应该顺纹切丝。

丝按粗细分有粗丝、中丝、细丝、银针丝等几种。丝的粗细主要根据烹调的需要来选择，而丝的具体规格则依原料性质而定。作辅料的丝要根据主料来确定。丝的成型有精细感，同时也方便各料同吃，形成复合味。丝的成型规格参见表6-5。

表6-5 丝的成型规格参考

类型	种类	原料	规格	主要用途
丝状	粗丝	笋丝	7厘米×0.4厘米×0.4厘米	作馅料
		鸡丝	8厘米×0.4厘米×0.4厘米	扒
		肉丝	8厘米×0.4厘米×0.4厘米	扒
		鱼肚丝	8厘米×0.8厘米	炒
	中丝	笋丝	6厘米×0.3厘米×0.3厘米	炒
		鸡丝	8厘米×0.3厘米×0.3厘米	炒
		肉丝	8厘米×0.3厘米×0.3厘米	炒，作配料
		牛肉丝	8厘米×0.3厘米×0.3厘米	炒
		鱼肚丝	5厘米×0.5厘米	烩羹
		冬菇丝	0.3厘米	炒
	细丝	笋丝	6厘米×0.2厘米×0.2厘米	烩羹
		鸡丝	8厘米×0.2厘米×0.2厘米	烩羹
		肉丝	8厘米×0.2厘米×0.2厘米	烩羹
		冬菇丝	0.2厘米	烩羹
	银针丝	姜丝	(3~4)厘米×0.1厘米×0.1厘米	作料头
		柠檬叶丝	0.1厘米	作配料

6.4.6 其他形状

1. 球

球指烹制熟后收缩或卷曲略呈圆状的块形或件形，通常要在原料上剞花纹。由于原料的性质不同，球形的加工方法就会不同，形状大小也有所差异。球的成型具有技艺性。

（1）鸡球 将鸡肉片成0.4厘米厚的片，在肉面上剞井字纹，切成4厘米方形。

（2）肫球 将鹅肫或鸭肫对半切开，铲去肫衣，得到四块肫肉。在肫肉的平面上剞相互垂直的花纹，刀距横直均为0.3厘米，深度约为肫肉厚度的4/5，不可切断。把肫球分切成3~4块就是肫丁。粤语将肫球称作肾球，肫丁称作肾丁。

（3）鱼球 鱼球由鱼肉切改而来，有不带皮鱼球和带皮鱼球两类。肉较厚且色泽较白，皮也稍厚的鱼肉切成的鱼球不带皮，如鲈鱼球、生鱼球、石斑球等。肉较薄色泽不洁白的鱼肉切成的鱼球带皮，如山斑球、乌鱼球、鳝鱼球等。

鲈鱼球的加工方法是：将鲈鱼肉剞出6厘米长的段，铲去鱼皮，顺切成宽2厘米、厚0.6厘米的长方体，便成鲈鱼球。如果鱼肉较薄，则斜刀切。生鱼球、石斑球的切法相同。

新鲜鱼肉切断都会收缩，剖时要预估收缩的长度。

龙䱽球的加工方法是，在龙䱽肉面上剖斜井字纹，然后切成长5~6厘米的件。山斑球、乌鱼球、塘䱽球、鳝球等切法相同。

（4）虾球　剥去大虾的头和外壳，沿虾背顺切开约八成深，除去虾肠洗净即为虾球。大只的虾在两边内侧各剖一刀，成型更好看。

2. 花

花就是运用改法把某些植物原料修切成的平面图案，如笋花、姜花、胡萝卜花等。常见的图案有鸟、鹰、燕、鱼、虾、蝴蝶、兔、寿字、仙桃、秋叶及几何图案等。用压模工具可以加工出更复杂的图形。花的成型体现了艺术美感和工艺性。

3. 蓉

蓉指将原料剁成的细末状，如鱼蓉、虾蓉、肉蓉、鸡蓉、牛肉蓉、火腿末、芋蓉、薯蓉、莲蓉等。不同原料的蓉粗细要求各不同，鱼、虾蓉要细一些，猪牛肉蓉不需要太细。除姜蓉、蒜蓉外，蓉主要用于制作馅料。

4. 角

带有小于90度角的立体块都可以叫作角，如三角块、菱形块。角在实际中习惯称作块。角可用切法加工，如笋块、笋尖、马铃薯块，也可用滚刀法加工而成，如茄瓜块、丝瓜块。用撬法加工出来的不规则形状也属于角，如冬笋块、番薯块等。

以上是全部的刀工成型，下面进行归纳总结，参见表6-6。五种几何成型如图6-18所示。

表6-6　原料刀工成型分类

类型	种类	实例	用途
片状	片	肉片、牛肉片、鸡片、鸭片、鱼片、笋片、瓜片	炒、滚汤
立方体状	块	鸡块、鸭块、鹅块、排骨块、豆腐块、冬瓜块	焖、蒸、炸、煲
	丁	肉丁、鸡丁、笋丁、菇丁、辣椒丁	炒、料头
	粒	鸡粒、肉粒、鸭粒	烩羹、炖、扒
	松（米）	肉松、鹌鹑松、鸽松、笋米、辣椒米、葱花	炒、馅料
长方体状	件	排骨件、鸡件、鱼件、猪肚件、鱼肚件、瓜件	焗、炒、炸、蒸、煲
	脯	鸡脯、鸭脯、冬瓜脯	煎、扒
条状	条	鸡条、鸡柳、鱼条、牛柳、笋条、菇条、葱条	炒、炖、炸、料头
	段	鳝段、韭黄段、豆角段、苦瓜段、棋子瓜段、葱段	焖、炒、煎、炖
丝状	丝	鸡丝、肉丝、牛肉丝、笋丝、鱼肚丝、姜丝、葱丝、洋葱丝、叉烧丝	炒、煎、烩羹、料头
其他	球	虾球、鸡球、肫球、鱼球	炒、油泡、煎
	花	笋花、姜花、胡萝卜花	炒、蒸、料头
	蓉	鱼蓉、虾蓉、肉蓉、火腿末、芋蓉、薯蓉、莲蓉	馅料
	角	马铃薯块、茄瓜块、丝瓜块、冬笋块、番薯块	炒、焖、滚汤

6.4.7 关于原料成型的说明

这里把原料成型分成 6 大类 14 种类型，并做了基本规格的规定，目的是使读者能对原料成型的方法和成型的类别有总体的认识，也为了使原料的成型方法规范化。但由于过去行业对原料形状命名没有规范的定义，有时也为了菜名好听，以至现在有的形状名称与所属种类不一致。那些已经习惯而且意义也较合适的原有名称将保留使用，但必须明确它们所属的种类，原料名称与所属类型对照见表 6-7。

表 6-7 原料名称与所属类型对照

原料名称	所属类型	原料名称	所属类型
鱼块（焖用）	件	冬瓜件	脯
鱼块（炸用）	鱼脯	猪扒、牛扒	脯
菇粒	丁	鸡件（焖用）	块
肫丁（肾丁）	球	葱花	米

同一种形状类型中刀工规格会有所不同，具体的规格要视原料的实际情况和烹调需要而定。

原料形状的划分是相对而言的，如鸡丝与鸡条同是长条形，区别在于粗细程度不同。

虾丸鱼丸的形状是圆球状，这种形状在粤菜中很常见，但不叫球，而称为丸。表 6-7 之所以没有列出丸的形状类型，是因为这些丸是将蓉状馅料从手中挤出的，属手工造型，故不列在刀工范围之内。

6.5 原料的分档与整料出骨

6.5.1 分档取料的含义与作用

分档取料又称部位取料，就是对已经宰杀和初步加工的家禽、家畜、鱼类等整形原料，根据其躯体的组织结构及品质特征，运用起和割的刀法进行分类拆卸的过程。分档取料是技术要求较高的工艺，若分档取料不正确，不仅降低切配效果，影响菜品质量，还会影响经济效益。分档取料有两方面的作用。

1. 提高菜肴质量，突出烹调特色

动物肉质的品质特征因部位不同而有很大的差别，同时原料在烹调过程中也会因这些差别产生不同的变化，从而影响菜肴成品的质感。因此，烹调时要根据烹调方法和菜肴特色的不同选用不同部位的原料。如猪肉炒肉丝应选用外脊肉（肉眼），蒸扣肉应选用五花肉，做皱纱圆蹄应选用肘肉。只有因菜取料和因料施法，才能保证烹调特色和菜肴质量，反之就达不到菜肴应有的质量及特色要求。

2. 合理使用原料

中国菜有多种烹调方法，不同的烹调方法需要选用合适的原料才能呈现其特色。如炒法，是使用猛火短时间快速烹制而成，菜品呈现芳香质嫩的特色。这个烹调方法就宜选用质地软嫩、脆嫩的原料。如果用了质韧筋络较多的原料，短时间炒根本达不到入口标准。相反，焖制筋少的牛前腿肉就肯定没有用筋多的牛腩可口。又如鸡胸肉纤维细嫩而紧密，切鸡丝、片鸡片都比较完整。而鸡小腿肉筋络多，如果用来片鸡片就容易散碎了，因此只适宜于切丁。可见只有合理分档取料才可提高原料的使用价值，物尽其用。

分档取料必须坚持大料大用、小料小用、精料精用、物尽其用的原则。

6.5.2 分档取料的要求

1）熟悉原料躯体的组织结构，特别要把握好肌肉的结构，准确下刀。肌肉块之间往往有筋络或隔膜，分档取料时应从两块肌肉之间的筋络隔膜处分割，才不至于破坏肌肉的完整，提高肉料的利用率。

2）掌握分档取料的先后顺序。掌握下刀的先后顺序不仅能够保护肌肉的完整，还能提高拆卸的速度。

3）分割时复刀刀口要吻合。出骨、取料过程中有时不能一刀彻底分割，需要重复进刀。再次进刀必须紧贴上一刀进行，确保切面的平整和光滑。

6.5.3 家畜家禽的组织结构及合理选用部位

家畜家禽躯体的组织结构分骨骼组织、肌肉组织、结缔组织和脂肪组织四大部分。骨骼组织分中轴骨和附肢骨两部分，中轴骨包括头骨、脊椎腰椎骨（俗称脊骨）和肋骨（俗称排骨）；在烹调中主要选用的附肢骨有肩胛骨（俗称扇骨）、股骨（俗称筒骨）、髋骨、腿骨、桡骨等。结缔组织起连接组织、器官的作用，因此分布很广。脂肪组织在皮下、腹腔和器官间都存在。肌肉组织是使用的主要部分，下面将重点介绍。

1. 猪的主要部位（见图 6-19）及其合理使用

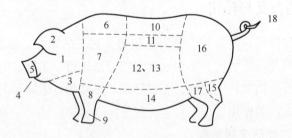

图 6-19 猪体的部位剖析图

1—猪头；2—猪耳；3—兜肉；4—猪舌；5—猪嘴；6—鬃头；7—前夹；
8—前蹄；9—猪肘；10—肉眼；11—肥肉头；12—五花肉；13—排骨；
14—泡腩；15—后蹄；16—后腿；17—猪肘；18—猪腱；18—猪尾

1）猪头部分包括猪嘴、猪耳、猪舌（猪脷）、猪脸肉、兜肉等部分。猪嘴、猪耳较爽脆，猪脸焾滑，兜肉就是下巴肉，肥腻软焾。这些都适宜制作卤水食品。此外，头骨适宜煲汤，猪舌可煲汤或蒸，猪耳可用于焖或炒。

2）前夹就是前腿，除瘦肉肥肉外还包括鬃头肉、前蹄、"不见天"（即腋下）等部位。前腿肉适宜做叉烧，夹下"不见天"适宜于煲，近脊背部位的鬃头肉是制作猪扒的最佳材料。

3）肉眼（通脊、外脊）在脊椎骨的两旁，肌丝长，肉纹较顺直细嫩，最适宜切肉丝。

4）后腿包括腿肉、后蹄和柳肉（里脊）。腿肉较厚，而且瘦肉较多，适用于肉丝、肉片、肉丁、肉丸等用途。柳肉在腰椎与腿的连接部位，长条形，深红色。此处肉质最细滑软嫩，多用于油泡或焗制。后蹄即猪蹄，煲、卤、扒、𤆵都不错。

5）排骨即肋骨。骨上附的肉中厚的称肉排，不带脊骨的称肋排。排骨用途较多，焖、蒸、焗、炸、煲、烤均可。

6）五花肉是与肋骨紧贴的肉，该部位的肥肉与瘦肉相间，层次分明，也叫五夹肉。靠近背部的称上五花，靠腹部的是下五花。上五花比下五花好。五花肉宜做扣肉或红焖，传统名菜南乳扣肉、东江扣肉就是选用该部位为主料。

7）肥肉头在背部的皮下，肉肥厚，多用于制作冶鸡卷、窝贴、酥盒等类食品，也是做冰肉的极佳材料。

8）泡腩就是猪的腹部，为猪肉中的次品，韧而肥腻，食味较差，可用于焖、炸或卤等用。

9）猪蹄又称肘肉，即斩去猪手、猪脚后的第二节肘肉，适宜煲汤，用于扒、卤等菜式。

10）猪腱，行业称猪䐁，是小腿上的肌肉，味较鲜甜，煲焾后口感滑而不柴，适宜煲汤或作炖料。

11）猪手（前蹄）、猪脚（后蹄）适宜于焖、卤、扒或用白醋腌渍成白云猪手。

12）猪尾多用于焖、炖、煲。

13）猪皮滚熟晾干，用烤或焗的方法制成浮皮，也可以作胶冻，或焖。

14）猪的内脏可以制作炒、油泡、焗、蒸、汤、炖、炸、卤等多种菜式。

2. 牛的主要部位（见图6-20）及其合理使用

1）头颈部分主要有颈肉、短脑、牛舌。颈肉的肉丝横顺不规则，韧性强，短脑连着牛颈肉，层次多，也叫花头，包括扇面肉，肉纹较粗，适宜于卤、焖或作蓉馅做牛丸。牛舌宜于煎、焗、煲、卤。头、颈骨宜于煲汤。

2）前腿部分主要有上脑、牛肩肉。上脑位于短脑后，脊骨前端两侧，外层红白相间，韧性较强，里层色红如里脊，质地较嫩。前腿肉其肉多筋少，肉质较嫩，适宜切片炒制或剁肉蓉。近腿部分（挨着下肢的部分）宜作卤制。

3）腰腹部分主要有外脊、里脊、米龙、腰窝头、牛腩、胸肉等。外脊是上脑后脊骨两侧的肉，靠牛腰上部，在西餐里叫西冷（Sirloin），肉质松而细嫩，肌纤维斜向较直，可切片、丝、条，适宜于炒、炸等。里脊是脊骨里面靠腰窝的两条长形瘦肉，也称柳肉，为全牛最嫩的肉，含水量大，适宜炒、油泡。米龙也叫三岔肉、三叉肉，是靠近腰椎、腿上的两块

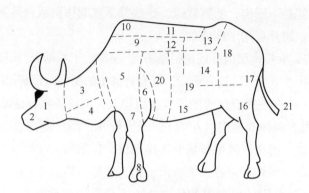

图 6-20　牛体的部位剖析图

1—牛头；2—牛舌；3—颈肉；4—腔头；5—牛肩肉；6—牛胸肉；7—前牛腱；
8—牛蹄筋；9—短脑；10—上脑；11—外脊；12—柳肉；13—腰窝头；14—底板肉；
15—牛腩；16—后牛腱；17—仔盖；18—米龙；19—椰头肉；20—坑腩；21—牛尾

肉，肉质细嫩，适宜炒、炸等。坑腩是贴近肋骨的牛腩，因起出肋骨留下坑形槽而得名，为品质最好的牛腩，坑腩可制作焖、煲、炸、炖等菜品。碎腩是起牛肉打出来的筋碎，碎腩适宜制作煲、焖等菜品。腰窝头位于脊部，下连里脊，后接窝头，肉质厚阔而肥嫩，适宜炒片及烧焗。在腔下破刀处尚有牛腔尖，色黄白，像牛油，爽而不韧，蒸、煸、炒皆宜。胸肉位于两腿中间，面纹多，肉质厚嫩结实，适宜切片、条，也宜做牛扒、牛肉饼。

4）后腿部分主要有臀肉、仔盖、黄瓜条、椰头肉、底板肉、牛腱等。臀肉是连接腰窝头及牛尾的部位，因位于牛的臀部，经常受鞭打，故俗称打棒。该部位肉质厚尚嫩，上肥下瘦，适用于剁蓉和切片。因肉结实，故腌制时其吸水量也比其他部位大。仔盖（也称紫盖）即臀尖上的肉，位于尾巴根部，肉质细嫩，肌纤维较长，适宜切片、条、丝炒制或油泡。底板肉是臀部两侧下方的长方形肉。上部肉质嫩些，下部连着黄瓜条，肉质较老。黄瓜条是连着底板肉的长圆形肉，肉质较老。椰头肉位于底板前方，形如椰头，也叫和尚头、葫芦，肉质较嫩，是切丝的上乘原料，也是切片、条、丁的好原料，适宜炒。牛腱即前后小腿肉，前腿肉称前腱，后腿肉称后腱，筋肉相同呈花形，适于煸、蒸、炖、卤等，横切面有较多白筋、形成大理石纹状的称花腱，很适合蒸。

5）尾与脚部分主要是牛尾和牛脚。牛尾肉质肥美，营养丰富，可用于煸、焖、炖等。牛脚有筋无肉，骨多皮厚，脚筋部位只适宜于红焖、煸或清炖。

6）牛的内脏可以制作炒、油泡、焗、蒸、汤、炖、炸、卤等多种菜式。

3. 羊的主要部位（见图 6-21）及其合理使用

1）头颈部位。羊头肉少皮多，适宜卤、煮等。颈肉肉质较老，夹有细筋，适宜红烧、炖及制馅。

2）前腿部位。前腿位于颈肉后部，包括前胸、前腱及前腱的上部。羊胸肉嫩，肥多瘦少，肉中无筋，宜于焖、卤；其他的肉筋较多，适宜焖、炖、卤等。前腱肉质老而脆，纤维很短，肉中夹筋，适宜焖、炖、卤等。

图 6-21 羊体的部位剖析图

1—头；2—颈；3—胸；4—前腱；5—外脊；6—里脊；7—肋条；8—胸脯；9—腰窝；
10—大三叉；11—磨裆肉；12—黄瓜肉；13—元宝肉；14—后腱；15—羊尾

3）腹背部位。脊背包括外脊肉、里脊肉、肋条、胸脯肉和腰窝。外脊肉位于脊骨外面，有一层皮带筋，呈长条形，俗称扁担肉。外脊肉肌肉纤维呈斜形，肉质细嫩，用途较广，可加工成丝、片、丁，适宜涮、烤、炒、炸、煎等。里脊肉肉形似竹笋，纤维细长，是全羊身上最鲜嫩的两条瘦肉，外有少许的筋膜包住，去膜后用途与外脊相同。肋条俗称羊腩、方肉，紧贴肋骨，肥瘦互夹而无筋，越肥越嫩，质地松软，适于涮、焖、扒等。胸脯肉指前胸的肉，形似海带，直通颈下，肥多瘦少，肉中无皮筋，肉质脆嫩，适宜烤、炒、涮、焖等。腰窝位于腹部肋骨后近腰处，肥瘦互夹，纤维长短纵横不一，肉内夹有三层筋膜，肉质老，质量较差，宜于卤、焖、炖等。腰窝中的板油叫腰窝油。

4）后腿部位。后腿的肉比前腿多而嫩。其中位于羊臀尖的肉称大三叉，又名"一头沉"，肉料肥瘦各半，上部有一层夹筋，去筋后都是嫩肉，肉质与里脊肉相同。臀尖下面位于两腿裆相磨处叫磨裆肉，形如碗状，纤维纵横不一，肉质粗而松，肥多瘦少，边上稍有薄筋，质量稍差，适宜于烤、炸、炒、涮等。与磨裆肉相连处是黄瓜肉，肉色淡红，形如两条相连的黄瓜，一条斜纤维，一条直纤维，肉质细嫩，一头稍有肥肉，其余都是瘦肉。在腿前端与腰窝肉相邻处，有一块圆形的肉，纤维细而紧，肉外有三层夹筋，肉瘦而质嫩，叫元宝肉。这几个部位的瘦肉肉质类似里脊肉，主要用作炒羊肉片。后腿肉质和用途与前腿相同。

5）其他部位。脊髓在脊骨中，有皮膜包裹，青白色，嫩如豆腐，适宜于烩、烧、氽等。羊鞭条即肾鞭，质地坚韧，可用于炖、焖等。羊肾蛋即雄羊的睾丸，形如鸭蛋，可用于煮、卤等。母羊的奶脯色白，质软带脆，肉中带"沙粒"，并含有白浆，与肥羊肉的口味相似，可用于卤、炒等。羊尾以绵羊尾为佳，绵羊尾脂肪丰富，质嫩味鲜，用于涮、炒、氽等。山羊尾基本是皮，一般不用。

4. 鸡的主要部位（见图6-22）及其合理使用

图 6-22　鸡体的部位剖析图

1—鸡头；2—鸡颈；3—鸡脊；4—鸡胸；5—鸡翅；6—鸡腿；7—鸡脚

1）鸡头作整鸡的装饰或用于熬汤。

2）鸡颈皮厚肉少骨多，宜取皮、熬汤或卤制。

3）鸡脊骨硬无肉，但有鸡的鲜味，宜用于煲、熬汤。

4）鸡翅肉纹细嫩而筋少，肉滑而味清香。鸡翅的用途很广，既可全翅使用，也可取翅中、翅尖、起肉、取骨等多种形式使用。鸡翅可用油泡、炒、煎、炸、焗、扒、蒸、烤等多种烹调方法烹制。

5）胸肉（包括鸡柳肉）是全鸡最嫩的部位，肉质细嫩，适宜于切鸡丝、鸡片。鸡柳肉可作鸡蓉。

6）大腿肉多而瘦，富有鸡鲜味，宜于起肉加工成鸡片、鸡脯和鸡球。

7）小腿肉较少且筋多，宜于起肉切丁炒制或整个炸、卤。

8）鸡脚适宜于炖、卤、煀、焖、煲等多种烹调方法。

9）鸡的内脏可以制作炒、油泡、焗、蒸、汤、炖、炸、卤等多种菜式。

5. 火腿的主要部位（见图6-23）及其合理使用

火腿须洗净表面油泥，整只滚熟后再分部拆卸使用。拆卸后的火腿块适宜用白糖埋起或冷藏保存。

1）油头适宜于炸制，如制作名菜烧云腿。

2）草鞋底、枚头在股骨两侧，是主要的使用部位，适宜于用推拉切法切薄片，拼用于较高档的菜品，如用于名菜金华玉树鸡、生扣鸳鸯鸡、科甲冬瓜、麒麟鲈鱼、千层鲈鱼夹、清汤鱼肚等。

3）升又称为针肉，适宜于切丝。

4）手袖适宜于炖汤。

5）火腿脚宜于烹制炖品，如炖三脚。

6）改出的腿碎可用刀剁成腿蓉。

7）皮、肥肉、骨（要敲断）多用于熬汤的原料。

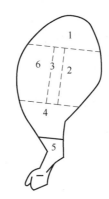

图 6-23　火腿的部位剖析图

1—油头；2—草鞋底；3—升（针肉）；4—手袖；5—火腿脚；6—枚头

6.5.4　家禽的拆卸方法

企业采购回来的畜类原料基本上是拆卸好的分类部位，生产人员要重点掌握的是对畜类部位的识别。为此，这里仅对禽类原料的拆卸作介绍。

1. 起肉

以鸡为例，将煺毛去内脏的光鸡全部起出肉，步骤如下。

1）从鸡脚关节处斩下一对鸡脚，切下鸡尾。

2）由鸡颈至鸡尾沿脊椎骨顺割开背皮，由鸡颈至鸡腹沿鸡胸骨顺割开胸皮，在鸡颈刀口处圈割，使左右皮分开。

3）左手执一边鸡翅，右手用刀切开鸡肩胛骨关节。用刀口压着鸡身，左手抓住鸡翅往尾部拉，将肉撕至大腿，剔出背侧的腰肌。

4）将鸡大腿向背部屈起，使大腿关节脱离，用刀把周围的腱筋全部切断。左手继续拉，直至将半边鸡肉全部撕出。

5）割下鸡翅，起腿骨。用刀尖顺腿骨划开鸡腿内侧的肉，切断大、小腿间的关节（即腓骨与髌骨间），圈割髌骨关节周围的腱筋，将大腿骨（股骨）起出。再圈割腓骨关节周围的腱筋，起出小腿骨（胫骨）。

6）另一边用同样的方法起出鸡肉。

7）切离胸部的锁喉骨，撕出胸骨两旁的鸡柳肉。

8）把起出的鸡肉洗净，皮朝外卷起。把所有净料、副料收拾好，起肉便完成。

2. 拆卸鸡翅

按鸡翅的不同用途有三种拆卸方法。

（1）起鸡翅　用作鸡翅球。要求整块鸡翅肉完整，三节翅骨相连。步骤如下。

① 顺翅骨用刀尖划开内侧翅皮，圈割关节周围的腱筋，剥离第一节翅骨。

② 小心切开翅皮与第二关节的连接及周围的腱筋，抽出桡骨和尺骨。

③ 铲出翅尖表皮。

（2）起穿鸡翅　用于生穿鸡翅。要求大小均匀，没有残骨。步骤如下。

① 斩下鸡翅的三个关节，得到两块鸡翅块。

② 抽出鸡翅块中间的骨。

（3）酿鸡翅

① 圈割肩胛关节周围的腱筋，使鸡翅皮能够往下脱，脱至桡骨关节。

② 划开关节的腱筋，再往下脱鸡翅皮，直至翅尖关节，在关节前把骨斩断。

其他禽类的拆卸方法基本相同。

6.5.5　禽类和鱼类的整料出骨

整料出骨就是运用起刀法，将整只原料的全部骨骼或主要骨骼取出，保持原料除刀口外的完整外形的工艺过程。整料出骨主要运用于禽类、鱼类原料。整料出骨带有艺术加工的属性。

1. 整料出骨的作用

（1）增加菜式的变化途径　整料出骨是一种特别的工艺，它能够形成一种新的原料形态，从而可以变化出新的菜式。

（2）形成奇特的菜式造型，提高菜式的吸引力　整料出骨后的禽类原料将形成一个"袋子"形状。"袋子"既可以装碎料馅料，也可以套进小一点的"袋子"，创造出各种各样的奇特造型，有利于烹调师发挥想象力和创造力，如凤吞燕、八宝全鸭、三套鸭等。

（3）体现工艺水平，提升菜品档次　整料出骨毕竟是一种技术难度稍大的工艺，运用这种工艺制作的菜品能够令人赞叹，菜品的档次自然也就提升了。

2. 整料出骨的要求

（1）精心选料　用于整料出骨的原料除外表完好无损外还有一些特殊的要求。禽类不宜选用太嫩和太肥的坯料，太肥太嫩的禽类皮肤弹性与韧性差，出骨时皮易裂开变成废品。也不宜选用太大的体形，因为整料出骨的原料都是整形上盘，形体太大显得不精美。

（2）初步加工要精良　凡用于整料出骨的原料宰杀等初步加工要做好以下三点。

1）活料宰杀放血要干净，决不可有淤血，以免影响成菜质量。

2）禽类烫毛的水温应适宜，水温过高皮脆易破裂，水温过低难拔毛。鱼类在打鱼鳞时不可伤皮。

3）整只原料出骨均不剖腹取出内脏。

(3) 下刀正确，运刀平稳　出骨前要熟悉原料的组织结构，正确下刀，刀刃、刀背、刀尖灵活运用，运刀要稳，不要误割，尽量紧贴骨骼进行剔剐，务必达到骨不带肉、外皮不破损、肉面平滑的要求。

3. 禽类的整料出骨

禽类的整料出骨技术主要运用于鸡、鸭、鸽、鹌鹑，简称起全鸡、起全鸭、起全鸽和起全鹌鹑等。禽类的出骨方法基本相同，区别在于胸骨的高低和形体的大小。鸡的胸骨高，皮比较嫩，因此难度最大。下面介绍起全鸡的步骤。

起全鸡

（1）划破颈皮，斩断颈骨　在鸡颈部两肩相夹处的鸡皮上直割约6厘米长的刀口，从刀口处将颈骨拉出，在靠近鸡头处将颈骨斩断。注意不可割破颈皮。

（2）取左右臂骨　从肩部的刀口处将皮肉翻开，手执左翅，使臂骨关节露出，割断臂骨与肩胛骨连接的关节，使翅膀与鸡身脱离，环割臂骨上的筋腱，抽出臂骨，在与桡骨、尺骨连接处前斩断。用同样方法取出右边臂骨。桡骨和尺骨不必起出。斩翅侧尖。

（3）起出躯干骨　步骤较复杂，分步介绍如下。

1）起上半部躯干骨。割断翅膀与躯干骨连接的筋，将肋、背部的皮肉往下剥离。用刀翘起锁喉骨，切开龙骨突处，用大拇指将鸡柳肉剥离胸骨。

2）翻屈大腿。待肋、背、胸等皮肉剥离至背中部时，用双手同时将两只大腿往背上翻，露出股骨关节，将筋割断，使两侧腿骨脱离鸡身。剔出背侧的腰肌。

3）起出全部躯干骨。逐一将大腿往上顶翻出，再将胸、背部的皮肉往外翻，剥离至胸骨露出，再继续向下翻剥。在尾椎骨处把尾骨割断，鸡尾留在皮肉上（不要割破鸡尾上的皮肉）。这时躯干骨已与皮肉分离。割断肛门上的直肠，剥除屎囊，洗净肛门处。

（4）起出鸡腿骨　用刀尖顺腿骨划开鸡腿内侧的肉，切断大、小腿间的关节（即腓骨与髌骨间），圈割髌骨关节周围的腱筋，将大腿骨（股骨）起出。再圈割腓骨关节周围的腱筋，抽出小腿骨（胫骨），在膝关节前斩断小腿骨，留下膝关节。两腿起法一样。

（5）翻转鸡皮　出骨后，用清水冲洗干净，将鸡皮重新翻转朝外，恢复鸡的原样。

起全鸡的标准是：除刀口外，全身不能有穿孔。刀口只到达两翅的上连线为佳，到达下连线为及格，超过下连线为不及格。鸡肉没有淤血，鸡皮没有遗漏余毛，鸡舌没有舌苔，整鸡没有异味，没有污物。

起全鸭的标准与起全鸡基本相同，不同之处是鸭尾臊要起出，鸭嘴要斩去留下鸭舌，鸭翅尖可以斩去。

起全鸽、起全鹌鹑与起全鸡标准相同。

4. 鱼的整料出骨

整鱼出骨主要用于形体较狭长的鱼种，如生鱼、山斑鱼、乌鱼等。通过切开鱼的背部，取出脊骨和肋骨，形成鱼身从鱼脊切开摊开、鱼头劈开大半、鱼尾部相连的龙船形。出骨步骤如下。

起鲮鱼皮　　起鲮鱼肉

1）放血、打鳞。
2）起胸鳍、腹鳍。
3）紧贴脊骨切开鱼脊，紧贴胸骨往下切，使胸骨与鱼肉分离。
4）顺劈开大半鱼头，留鱼嘴相连。
5）按步骤3）的方法起出另一边的脊骨和肋骨，在鱼尾处斩断脊骨。
6）取出鱼鳃和内脏，冲洗干净。

鱼的整鱼出骨标准是：肉面平滑无残缺，肉色洁白无淤血，无鳃无鳞无骨刺，外形完好龙船形。

关键术语

刀工；刀法；普通刀法；特殊刀法；标准刀法；非标准刀法；直刀法；平刀法；斜刀法；弯刀法；刨法；起法；撬法；戳法；削法；鸡柳肉；肉眼；猪睁；油头；草鞋底；针肉；手袖；分档取料；整料出骨。

复习思考题

1. 常用的普通刀具有哪些种类？各有什么用途？
2. 刀具如何保养？
3. 磨石有哪些种类？各有什么特点？
4. 如何鉴别砧板的质量？
5. 刀工有什么作用？刀工有哪些基本要求？
6. 刀工与烹调有何关系？
7. 刀工操作的基本要求是什么？
8. 刀法分哪几类？
9. 标准刀法包括哪几种？
10. 直刀法、平刀法和斜刀法分别演变出哪些刀法？
11. 非标准刀法包括哪几种？
12. 简述常用烹饪原料刀工成型的规格要求。
13. 整料出骨有何要求？有何作用？
14. 简述鸡、鸭、鱼的出骨方法。
15. 简述畜、禽、火腿的部位用途。

7

生扣鸳鸯鸡

配 菜 工 艺

【学习目的与要求】

通过本章学习，了解配菜的作用和要求，熟悉配菜的类型，掌握配菜的基本方法和配菜的工艺标准，以及熟悉料头的使用常识和菜品命名的方法。配菜类型和方法、料头的使用、菜品命名是学习重点，配菜的基本方法及工艺标准、配菜的技能要求是学习难点。

【主要内容】

配菜的类型、作用及技能要求
配菜的方法
料头
菜品的命名

配菜是根据菜品的质量要求，把各种加工成型的原料进行适当组合搭配，使其成为一份菜品或一桌宴席适合烹调的原料组合或供直接食用菜品的工艺。本定义解释如下。

1）配菜的成品可以是一份菜品的原料、一桌宴席菜品的原料，甚至还可以是一份可直接食用的菜品。可直接食用的菜品一般指拼盘。

2）配菜的技能包括两方面：一是菜品设计的配菜，二是日常工作的配菜。后者通常称配料、执单、配单。

3）除拼盘外，配菜的成品属于预备性质的半成品，其质量要求称为工艺标准。

配菜是烹调前一道不可缺少的工序，是烹饪技术的重要环节，是紧接着刀工之后的一道工序，与刀工有着密切的关系，因此人们往往把刀工和配菜合称为切配。

149

7.1 配菜的类型、作用及技能要求

7.1.1 配菜的类型

根据不同的标准及对实际操作的应用意义，配菜可以从两方面来划分类型。

1. 根据配菜的对象，配菜可分为热菜配菜和冷菜配菜

热菜配菜就是为烹制热菜而选取所需原料组合成待烹半成品的配菜。由于热菜配菜所配的绝大部分是生的原料，因此也称作生料配菜。热菜配菜的下一道工序是烹制。为了保证成品的质量，要求配菜在成品的口味、色彩、造型等方面为下道工序打好基础。

冷菜配菜就是将所需原料运用刀工处理好，然后排在盘上成为成品的配菜。由于冷菜配菜所配的绝大部分是熟料，即使是生料也是可以直接食用的，因此也称作熟料配菜。冷菜配菜是直接制成成品的，供直接食用，因此，供配菜的原料必须既符合整齐美观的要求，又要符合食品卫生的要求，两方面缺一不可。

2. 根据配菜的目的，配菜可分为设计配菜和配料

设计配菜是对新菜品原料组合的构思与选择，带有创意的性质。新菜品的设计源自于以下原因。

1）以新出现的原料为主，配合其他原料设计出新的菜品。

2）针对某种需要而设计新的菜品，如美食节的展台、特定的宴会、特定的客人等。

3）为改造原有菜品而设计的菜品。

4）为企业市场营销策划而设计的菜品。

设计配菜要把握好设计的主旨，明确新菜品的风味特色，在设计过程中把这两者充分表现出来。设计性质的配菜事关企业的经营，除需要掌握配菜技术外还需要掌握消费心理、成本核算、市场营销等知识。

配料是餐饮生产的日常工作，就是根据菜品的设计规格进行原料的选配，行业内叫执单。配料工作要做到快、准、齐、适，即动作快捷，规格准确，配料齐全，摆放适当。

7.1.2 配菜的作用

配菜对菜品的制作有以下作用。

1. 确定菜品的质和量

质指品质或质感。菜品的原料组成是该菜品品质的物质基础，各种不同质地的原料又是影响菜品质量高低的重要因素。因此，配菜时选择什么原料将决定菜品的品质或质感。

量指组成菜品的各种原料的总量或种类之间的配用比例。原料的总量可以是重量也可以是件数。配菜将按照菜品的规格要求或设计意图，确定菜品中各种原料的数量比例。

菜品的质和量是构成菜品的两个重要方面，当质和量确定后菜品总体规格便已确定。

2. 基本确定菜品色、香、味、形等方面的风味属性

一种原料的形态由刀工决定，而一道菜品的形态则由配菜来决定。配菜时，将各种形状的原料适当组合搭配，能使菜品具有完美、协调的形态。由于原料本身都具有各自的色、香、味，几种不同原料配合在一起时，必须使它们之间的色、香、味相互融合、相互补充，否则会使整个菜品的色、香、味陷入混乱。可见，配菜是确定整个菜品色、香、味、形的一个重要程序。

3. 使菜品的营养素搭配合理

不同的原料含有不同的营养素，各种营养素在烹调中会发生不同变化。根据原料的营养成分和变化规律进行科学搭配，可使菜品营养合理，从而提高菜品的营养价值。

4. 使菜品多样化

烹调中所使用的原料极为广泛，这是菜品多样化的原因之一。在众多原料中，不同种类的原料相互配合或几种相同的原料以不同的数量比例、不同的部位相互配合，可以形成花式繁多的菜品。显而易见，花式繁多的菜品是配菜的结果。

5. 确定菜品的成本

配菜确定了菜品的质和量，菜品所耗用的原料数量便确定了，从而可准确计算其成本。如果需要改变菜品的成本，就要通过配菜来调换菜品原料的组成。

6. 有利于原料的合理利用

原料初加工后会分出若干档的部分，如鱼宰杀后可以分割出鱼头、鱼尾、鱼肉、鱼腩等，甚至精加工后也还会出现一些副料。配菜可以按菜品的质量要求，把各档原料或副料进行合理搭配，组成不同的菜品，使各档原料和副料做到物尽其用。

7.1.3 配菜的技能要求

无论是配半成品还是配成品，要达到配菜质量标准就必须掌握一定的技能要求。

1. 熟悉原料的性能

熟悉原料性能就是掌握原料的产季、产地、食味、部位特征及烹调加热的变化等。中国烹饪原料品种繁多，各有特色，品种不同，性能各异，特别是原料在烹调受热后的变化各有不同。不同季节会有相应的优质食材产出，如粤菜就有"春鳊、秋鲤、夏三黎、隆冬鲈"的说法。不熟悉原料的性能就不能很好地选择搭配的原料和调料。选料是菜品制作的起点，为使菜品色、香、味、形、口感俱佳就必须熟悉原料的性能。

2. 了解原料的市场供应情况

市场是原料供应的主要渠道，配菜人员必须掌握市场的货源、供货数量和价格等方面的信息，才能顺利选择原料进行配菜。

3. 了解原料的库存情况

仓库存货是可供配菜的现实原料，存期长的存货是急需推销的原料。了解仓库存货情况既可确定供应品种，又可及时处理积压的存货，避免浪费。

4. 熟悉菜品的工艺标准及特色

这个技能是配料、配单所必须掌握的。每道菜品有其规范的工艺标准和特色，只有熟悉菜品的工艺标准和特色才能据此配好菜，否则就有可能配错菜。

5. 既精通刀工，又了解烹制

刀工是配菜的前道工序，烹制是配菜的后道工序。精通刀工才能准确将原料加工到合适的形状规格，懂得菜品的烹制才能使配菜更好地配合烹制。结合岗位实际，配菜人员更重要的是掌握烹制工艺，知道菜品的烹制特点、工艺流程和原料加热的变化。

6. 掌握菜品的质量标准及净料成本

每道菜品都有其质量标准及成本标准，为符合标准，配菜人员必须掌握相关技能。

1）熟悉和掌握每种原料进价及净料率。

2）掌握构成每道菜品的主料、辅料和调料的质量标准、数量及成本。

3）掌握售价的计算方法，能根据规定的毛利率确定菜品的毛利和售价。

4）会制订每道菜品规格、质量与成本卡，内容包括：菜品名称；主料、副料、调料的名称、重量及其成本；产品的总成本、毛利率、售价。

7. 具备开发新菜品的能力

物质的丰富和生活水平的提高使人们对新菜品的要求越来越高。作为配菜人员应当具备新菜品的开发能力，满足宾客的要求。

8. 具备一定的营养学知识

人体需要的多种营养素大部分从食物中摄取，不同的原料有不同的营养成分。配菜人员必须具备一定的营养学知识，在配菜的时候，能够按人体对营养素的要求，把各种原料合理搭配，以满足人体对营养的需要。

9. 有一定美学修养

配菜人员必须具有一定的美学知识，懂得构图和色彩的基本原理，以便在配菜时使各种原料在形态和色彩上相互衬托，色、形、器搭配协调，增强菜品的艺术性。

10. 具备卫生知识

配菜后其成品就要进入最后的烹制阶段甚至直接供食用，可见配菜是把守食品安全的一道重要关口。这就要求配菜人员必须具有食品安全意识，具备卫生知识，懂得分辨原料是否含毒，是否受污染，是否腐烂，把好食品安全关。

7.2 配菜的方法

7.2.1 菜品的组成

一道菜品由多种原料组成。这些原料在菜品中担当不同类型的角色，形成了菜品的组成结构。菜品习惯上划分为主料、辅料、调料和料头四个基本组成部分。

(1) 主料 主料就是菜品的主要部分，是菜品风味特色的主要表现物，绝大多数菜品的主料是动物性原料。植物原料在成为菜品风味特色主角时也可以是主料。

(2) 辅料 辅料就是菜品的配角，对主料起着衬托、强化、调和等辅助性作用。有的菜品没有辅料。辅料亦可称作副料。由于副料还有另外一个含义，即"有价值的下脚料"，为避免使用混乱，这里用"辅料"一词。

(3) 调料 用于调味、调香、调质的原料叫调料。调味的如盐、糖、味精等，调香的如绍酒、香料等，调质的如淀粉、小苏打、食用油等。

(4) 料头 料头是一种较特殊的原料，属于菜品的配料。它在菜品烹调中有作调料和标注菜品烹调方法两个特殊作用，为此，粤菜把它从调料中独立出来单独成为菜品的一个组成部分。单纯用作配色配型且不固定配用的香料不属于料头，属于辅料，如蒸鱼摆放的芫荽。

主料和数量较多的或重要的辅料可以合称为菜品的主要原料。辅料、调料和料头对主料都有辅助性作用，都可称为配料。

7.2.2 配菜的方式

配菜的方式指主料、辅料的组配方式，大致有以下三种。

1. 单一料方式

单一料方式就是菜品只有主料，没有辅料。泡油虾球、蚝油焖鸡、豉汁蒸排骨、蒜蓉炒菜芯等都属于单一料。单一料菜品只用一种原料来体现风味特色，因此选料相对比较严格，尤其是名贵的菜品。有些原料如海参等本身缺乏鲜味，作为单一原料构成菜品时，则应先用味鲜美的原料烹制，令其增加鲜味。

2. 主辅料组配方式

当主料为动物性原料时，辅料应该选用植物性原料；当主料是植物性原料时，辅料应该选用动物性原料，这样菜品的口味会比较和谐。主料与辅料的比例最好控制在 7:3、6:4、5:5 范围内。若比例大于 7:3，辅料太少，难以发挥辅助的作用。若比例小于 5:5，就变成喧宾夺主。选用辅料时，必须充分考虑对主料的色、香、味起衬托和强化作用，对主料的营养起补充作用。

3. 多种料组配方式

多种料组配指菜品由两种或两种以上同等地位的原料所组成，原料彼此不分主次，用量大致相等。多种料菜品的菜名往往都标有数字，如"双脆""三鲜""四宝""五彩"等。这种类型的配菜方法对各种原料之间色、香、味、形的组配要求比较慎重。若组成菜品的原料形态、色彩或口味浓淡相差较大，则搭配时在数量方面作适当调整，以达到菜品在色、香、味、形这几方面协调的要求。多种料的组配一般以等量为宜。

7.2.3 配菜的基本方法及工艺标准

要使配好的原料能够做出好菜品，配菜时就应掌握量、质、色、香、味、形、器及营养等要素的组配方法。

1. 量的组配

量的组配指构成菜品的各种原料的数量、分量安排。量的组配要掌握以下要领。

1）按人均恰当食量安排原料的分量。粤菜热菜最基本的分量单位称作"例牌",一般是4人份的量。两个"例牌"叫"中盘",三个"例牌"叫"大盘"。

2）根据菜品造型图案的需要确定原料的数量和分量。

3）在突出主料的前提下合理确定主料、辅料比例。

4）根据成本需要、器皿大小、原料形体等情况灵活调整组配原料的数量和分量。

2. 质的组配

质的组配指组成菜品的原料质地搭配。配菜时既要考虑到原料本身的性质,又要注意主料、辅料搭配的口味效果。在主料、辅料组成的菜品中,原料组配有同质组配和异质组配两种基本方法。

同质组配遵循脆配脆、软配软、嫩配嫩的原则,形成协调特点,能使菜品风味特色鲜明。如"油泡双脆"使用的鸭胗和肚仁（用猪肚蒂加工而成）都是韧中带脆的原料,经刀工和烹制后性质都呈脆嫩的口感。又如以牛奶为主料,鸡蛋清、熟鸡肝、蟹肉等为辅料搭配成的菜品"大良炒牛奶",主料、辅料都以嫩滑为主要特点,合烹成的菜品就具备鲜香嫩滑的特点。"大良炒牛奶"还配酥松香脆的炸橄榄仁,既增加香气,又与嫩滑口感协调。如果配炸腰果、花生、夏果、核桃仁等都会因口感反差太大而感觉不好,配炸松子亦可以。

异质组配遵循的是质感对比原则,形成差异特点,能使菜品风味特色丰富。有些质地相差较远的原料通过适当组配,可烹制出具有复合特色的菜品。如鸡丁肉质嫩滑,炸腰果质感酥脆,将它们组配成"腰果炒鸡丁"则具有酥香脆嫩的特点。

选用同质组配还是异质组配的根本依据是菜品的口味效果,不能随意搭配。

3. 色的组配

色的组配指对原料色泽的选配。菜品的色彩是刺激人们感官、诱发食欲的主要因素之一,菜品色彩也是反映菜品风味的主要因素之一。色的组配有顺色搭配、异色搭配和花色搭配三种基本方法。

顺色搭配指选取颜色与主料相同或尽可能相近的辅料来搭配。"鸡丝烩鱼肚""鲜笋生鱼片"的主料、辅料的颜色搭配比较统一,菜品色彩显得清新简洁。

异色搭配指选取颜色与主料有较大反差的辅料来搭配。"菜软生鱼片""鲜菇炒虾丸"的主料、辅料的颜色形成对比,鲜艳明快。其最大的好处是能够通过色泽来突出主料。

花色搭配指菜品色彩呈现多彩的原料组配。"五彩鸡丝""锦绣鱼青丸"等色彩斑斓、艳丽悦目。花色搭配要讲究多样统一,各色比例要适当。红色在视觉上有抢眼感觉,深色会产生深沉感,这两种色彩的比例要低一些。以主料颜色为基调,辅料围绕主色调衬托和装点,使整个菜品的颜色主次分明,色调和谐。

除了用原料来配色外,还可以采用点缀的手法使菜品更富有生气和美感。如在"四宝炒牛奶"表面撒上鲜红色的火腿末,"香滑鲈鱼球"点缀胡萝卜花、葱榄均起到了增加鲜明感，消除单调感的作用。

4. 香与味的组配

菜品的香与味一般通过加热调和后才能显示出来，但是大部分原料本身也具有独特的香与味。配菜时，要熟悉各种原料所具有的香和味，同时也要知道它们在加热中的变化，做好保护措施。此外，通过合理搭配也能产生良好的滋味效果。香与味的组配，大致可以归纳为以下几个类型。

（1）以主料的香和味为主，辅料衬托主料的香和味　这种组配在配菜中较为普遍。新鲜的鸡、鱼、虾、肉、蟹等味鲜而香，配以葱、姜就是为了衬托出它们的鲜香。

（2）以辅料的香或味补充主料香或味的不足　有些菜品的主料本身香或味较淡，必须辅以香、味浓厚的辅料。冬菇蒸肉饼就是用冬菇来增强肉饼的香味。海参等干货原料本身没有什么滋味，这就需要火腿、老鸡、上汤等辅料来增添鲜香。

（3）主料滋味过浓或较油腻则配以清淡或低脂辅料来调和　香芋扣肉的芋头既可以增加菜品的香气，也可以调和五花肉的油腻感。鲜鱼与咸鱼同蒸可获得相得益彰的效果。

（4）合吃产生美味　很多原料在混合食用时会产生与单独食用截然不同的特殊美味。鹌鹑松就是一个典型的例子。

5. 形与器的组配

原料形式相配是形组配的原则，即丝配丝、条配条、片配片、丁配丁、块配块。配主料、辅料的菜品时，为突出主料，辅料的规格应比主料略小些。不分主副的多种料搭配，各种原料的形态应大致相似。

形的组配还必须适合烹调方法的要求。使用加热时间较长的烹调方法时，不宜配以形小的原料；而使用加热时间较短的烹调方法时，就不应配以形体较大的原料。

器皿除了起盛放作用外，还是形成菜品美感不可缺少的组成部分。菜品的色调、形态要与器皿相配合。

6. 营养成分的组配

菜品所含的营养成分，是衡量菜品质量的重要标准。不同原料所含营养成分的种类及数量各异。为满足人们合理营养的需要，配菜时必须通过原料的搭配来实现营养成分的合理组配。

7.2.4　宴席配菜

宴席配菜包含宴席菜单设计与按宴席菜单配菜两方面内容。宴席是由一个个菜品组合而成，按宴席菜单配菜除掌握单个菜的配菜方法外，还要注意以下要求。

1. 熟悉宴席规格和特别要求

规格高的宴席选用的原料要求也高，在新鲜程度、形状、大小均匀等方面都是高标准。如果客人在嗜好、忌讳、生理等方面有特别要求，务必按客人要求配菜。

2. 注意原料选用的多样性

宴席菜品的主料是菜单规定好的，但是可能会配有几种蔬菜作辅料。这时应该综合考虑菜品本身和原料多样性等因素来选配蔬菜，不应该只选配一种蔬菜。

3. 根据季节变化选用时令原料

宴席是一种较高层次的饮食活动，带有品尝性质，因此要尽可能选用时令原料。

4. 宴席菜品要美化

菜品原料的刀工成型要整齐美观，可能时要进行艺术美化，形状要多样化。菜品的色彩和色泽深浅要有变化。可适当加配点缀物，使菜品的主题更加突出，造型更加醒目。

5. 做好原料的保存

提前进行的宴席配菜，在完成配菜后要根据原料的特性做好保存工作，防止原料变质。宴席单数多的时候，要注意分门别类存放原料，避免开宴时发生混乱，丢失原料。

7.3 料头

在粤菜中，根据菜式的分类、原料的性味和配色的需要，把一些含特殊浓香的原料切改成特定的形状，并形成固定的配用组合。这些用量少、组合固定、用于菜品增香、消除异味、丰富菜品色彩的原料称为料头。

料头是粤菜特有的一种菜品配料，已有很长的使用历史。在烹饪生产中，料头的使用有着比较严格的俗约，基本上是以菜品的烹调方法和原料的性味为搭配依据。虽然随着新菜品的不断出现，料头种类已不能完全适应，但是，每家餐饮企业都会有自己独特的料头使用习惯和规则。这说明研究料头很有必要。

7.3.1 料头的原料及其成型

1. 料头原料

料头主要使用芳香的蔬菜类和腌菜类原料，也使用一些干货类香料。姜、葱、蒜、辣椒、芫荽、香菇、青蒜、洋葱、草菇、火腿、五柳（瓜英、锦菜、红姜、白姜、酸荞头）、陈皮等都是作料头的常用原料。

2. 料头的原料成型

料头原料经刀工处理有以下主要成型。

生姜：姜米、姜花、姜丝、姜片（即指甲片）、姜件、姜块。

葱：葱花、葱丝、葱榄（葱白段两头斜切）、葱度（葱段）、短葱条、长葱条。

洋葱：洋葱米、洋葱丝、洋葱粒、洋葱件。

青蒜：青蒜米、青蒜度（青蒜段）。

蒜头：蒜蓉、蒜片、拍蒜、蒜子。

辣椒：椒米、椒粒、椒丝、椒件。

五柳：五柳丝、五柳粒。

陈草菇：陈菇件。

芫荽：芫荽叶、芫荽度（芫荽段）。

香菇：菇粒、菇丝、菇片、菇件。

火腿：腿蓉、腿丝、腿片、腿粒、大方粒。

陈皮：陈皮末、陈皮丝。

3. 料头加工多样成型及搭配的意义

料头加工成这么多的形状规格，其意义主要有以下两方面。

（1）方便使用　料头是根据菜品的原料性味、加热方法和调味方法进行配搭组合的，组合数很多。只有尽量多的料头形状才能满足搭配组合的需要。有时，料头只需要在烹制过程中发挥作用，成品不出现，属于过渡性的，形状要大一些，方便拣出。把姜块拍裂，既方便出味，也方便拣出。料头的形状多样也方便搭配不同形状的主副料。

（2）方便食用　料头是可以吃的。有些菜品的料头与主料、辅料同吃才能体现设计的风味特色，这类菜品若不同吃料头滋味就有很大差异。有些料头是不供吃的，仅仅起辅助性作用。在设计料头时需要根据料头是否同吃来确定其形状的大小。如姜蓉白切鸡需要鸡块与佐料同吃，所以配姜蓉比较合适，配姜块、姜件都不合适。炖鸡时，姜不仅不需要吃，而且还需要在上席前把它们取出，因此要配用姜件而不是姜蓉。姜葱焗鲤鱼与蒸鳜鱼都用姜葱，两者选用姜葱的形体就有很大的差别。焗鲤鱼烹制时间长，姜葱味能够充分渗透到鲤鱼肉中，鲤鱼肉不需要与姜葱同吃，所以配用姜块和短葱条。配形体大的姜块葱条还能够把姜葱焗鲤鱼的风味突显出来。蒸的鳜鱼肉如果与姜葱同吃味道甚佳，所以要配姜丝和葱丝，以方便与鱼肉同吃。

7.3.2　料头的使用

下面列出使用时间长、有行业共识、具有一定代表性的料头组合。

1. 热菜类料头

热菜指汤菜以外的菜品。常见的热菜类料头有以下组合。

油泡料：姜花、葱榄。

菜炒料：蒜蓉、姜花或姜片。

蚝油料：姜片、葱度。

茄汁牛料：蒜蓉、洋葱件或葱度。

虾酱牛料：蒜蓉、姜丝、葱丝。

咖喱牛料：蒜蓉、姜米、洋葱米、辣椒米。

唵汁牛料：蒜蓉、姜米。

滑蛋牛料：葱花。

黑椒牛料：洋葱丝。

油浸料：葱丝。

豉汁料：蒜蓉、姜米、椒米、葱度。

炒丁料：蒜蓉、姜米、短葱榄。

炒丝料：蒜蓉、姜丝、葱丝、香菇丝。

炒桂花翅料：姜米、葱米、火腿蓉。

蒸鱼料：肉丝、葱丝、姜丝、菇丝（生焖鱼料基本相同，加蒜蓉）。

咸芡料：葱花、菇粒。

炸鸡料：蒜蓉、葱米、椒米。

走油田鸡料：姜米、蒜蓉、葱度。

煎封料：蒜蓉、姜米、葱花。

红焖鱼料：菇丝、姜丝、葱丝、肥肉丝、蒜蓉或蒜子。

煎芙蓉蛋料：笋丝、葱丝、菇丝。

五柳料：蒜蓉、椒丝、瓜英丝、锦菜丝、红姜丝、酸姜丝、荞头丝、葱丝。

鱼球料：姜花、葱度。

白焯料：姜件、长葱条（即煨料）。

红烧料：蒜蓉、姜米、陈皮米、香菇件（大鳝、甲鱼加蒜子）。

糖醋料：蒜蓉、葱度、椒件（八块鸡，马鞍鳝等加日字笋）。

蒸鸡料：姜花、葱度、陈菇件或香菇件。

清蒸鱼料：姜花、香菇件、火腿片、长葱条。

豉油蒸鱼料：姜件、长葱条、姜丝、葱丝。

煀鸡料：香菇、葱条、姜件、厚笋片。

2. 汤菜类料头

汤菜包括汤品和羹品。常见的汤菜类料头有以下组合。

清汤肚料：菜软、姜件、长葱条、瘦火腿片（火腿丝）。

川汤料：香菇件、笋花、菜软、火腿片。

汤泡料：葱丝或芫荽。

鱼头汤料：姜片、芫荽。

肉片汤料：菇片。

烩羹料：姜件、葱条。

西湖牛肉羹料：芫荽叶。

3. 炖品类料头

一般炖品料：姜件、葱条、大方粒（火腿、瘦肉）。

鸡吞翅（吞燕）料：姜件、葱条、瘦肉大方粒、火腿丝。

7.3.3 料头的作用

料头无论对菜品本身还是对菜品的烹饪生产都有很大作用。具体来说有以下几点。

1. 增加菜品的香气滋味，增加锅气

姜、蒜放在锅内加油爆炒，能够产生浓烈的香气。料头与菜料一同在锅里烹制，料头的香气和滋味必定会渗透菜料里面，使菜品芳香美味。这是料头作为辅料的基本作用。

2. 消除或掩盖原料的腥膻异味，改善滋味

许多料头都含有芳香的化学成分，能够对原料腥膻异味起破坏作用。如姜能够消除鱼和其他水产品的腥味，能够消除鸡的臊味，陈皮可以消除水产品的泥味和腥味，蒜常用于消除畜肉的臊味，增加香气。许多料头都因为比较芳香，因而可以掩盖原料的异味。

3. 便于识别菜品的烹调方法和味料搭配，提高工作效率

由于料头是固定的组合，所以通过料头可以轻易知道配好的原料用什么方法烹制，应该用什么调料。一条宰杀好的生鱼，如果所配料头是姜件、长葱条、姜丝、葱丝，肯定是清蒸。如果配的料头是葱丝，那么，这条生鱼就应该用油浸法进行烹制。一份腌制好的牛肉，配的料头不同，烹调方法或味型就会不同，配蒜蓉、洋葱件或葱度即为茄汁牛肉；配蒜蓉、姜丝、葱丝即为虾酱牛肉；配蒜蓉、姜米、洋葱米、辣椒米即为咖喱牛肉；配蒜蓉、姜米即为喼汁牛肉；配姜片、葱度即为蚝油牛肉；配洋葱丝即为黑椒牛肉；配葱花即为滑蛋炒牛肉。这是料头对生产的效率作用，也是料头应用的拓展作用。

4. 装点菜品色彩，使菜品更加美观

料头可以利用自身鲜艳的色彩装点菜品，使菜品更加美观。香滑鲈鱼球的色泽洁白，这是高质量的标准。虽然鲈鱼球本身很美，但是，菜品整体上看色彩略显单调。如果点缀几段翠绿的葱段，菜品的色彩感受就完全不同。料头的这种运用在配菜中是非常普遍的。这是料头对菜品的美化作用。

7.3.4 料头的发展

粤菜的新菜品层出不穷，现有的料头肯定不能满足新菜品的需要。料头需要发展，料头的发展方向不是废除，而是强化。发展的主要思路如下。

（1）尊重前辈的成果，承前启后　前辈的成果已经成为行业的习惯，而且基本证明是合理的，需要传承。在此基础上拓展。

（2）传承料头刀工成型的规范　除增加必要的形状外，现有的料头成型规范应该传承下来，重新确定规范会造成混乱。

（3）料头的基本模式为大类+小类　大类以烹调法为基础，小类以味型为主。

（4）料头的发展思路　不应该以扩充、增加为基本思路，而应该在科学合理的基础上以简化为基本思路。

7.4 菜品的命名

设计配菜的最后一项工作就是给菜品起一个名字。菜品的名称不仅反映了菜品的内容，而且还折射出菜品背后所蕴含的饮食文化。一个优雅、清新的菜名能让人了解菜品内容的同时也得到愉悦的精神享受。

7.4.1 菜品命名的原则

菜品的命名虽然没有固定程式，一般由菜品设计者的素养、智慧结合菜品实际创作，但在确定菜名时必须遵循名副其实、优雅大方两个基本原则，切不可牵强附会、哗众取宠，甚至庸俗行骗。

7.4.2 菜品命名的类型

1. 直接命名

直接命名是以主料、辅料、烹调方法、调味料的名称为菜品命名，具有明确、朴实、大方的特点，使人易于理解，因而属于规范命名。直接命名一般可分为以下几种。

（1）以主要原料和烹调方法命名　如干煎虾碌、清蒸鲩鱼、油泡虾仁、油浸生鱼等。这种类型的命名方法较为普遍，可以让人看到菜名就能了解菜品的整个面貌，同时还能反映出菜品烹调方法，适宜一些烹调方法有特色的菜品。

（2）以主要原料和主要调味品或调味方法命名　如茄汁鱼块、蚝油牛肉、椒盐鲜鱿、凉拌木耳等。这种命名方法重点突出了菜品的口味，适合一些调味上有特色的菜品。

（3）以所用主料和某一突出的辅料命名　如韭黄鸡丝、腰果鸡丁、龙井虾仁等。这种命名方法突出反映菜品用料方面的特点，适宜于那些辅料对整个菜品起重要作用的菜品。

（4）主辅料及烹调方法全部在名称中列出　如菜软炒鸡球、鸡丝烩鱼肚、韭黄炒蛋等。这种命名方法为一般菜所采用，可以从菜名中完全了解菜品的全貌。

（5）以主要原料和器皿命名　如砂锅葱油鸡、气锅鸡、锅仔猪肚、铁板牛柳等。这种命名方法主要反映出烹调方法及器皿的特色。

2. 运用形象和抽象的文字命名

运用形象性和抽象性形容词来命名主要用于描述菜品在色、香、味、形、口感、制作等方面的特点，其表现手法主要有象形、象声、比喻、夸张等。这种命名方法富于艺术性和想象力，体现饮食文化，能够引发联想和加深记忆。这种命名方法带有较大的主观随意性，属于非规范命名。这种命名方法大致可分为下列几种。

（1）形容原料的形状　这类名称是用近似原料形状的物料来命名，目的是使原料显得高档和富于美感。如把鸡称作"凤"、鸭称作"鸳"、鹅称作"雁"、虾称作"龙"、冬菇称作"金钱"，爽肚片称作"雪衣"，半截的冬瓜称作"盅"或"鼎"，卷曲的原料称作"球"，如虾球、肫球，两种不同原料混合成菜称为"鸳鸯"，三层以上的窝贴称为"千层"等。

（2）形容原料的质地　这类名称是通过质感用词表现原料所具有的特殊质感。如脆皮烧鹅、香滑鲈鱼球、油泡双脆、无锡脆鳝等。

（3）形容原料的色泽　这类名称通常是以原料色泽或菜品色泽特点来命名。如五彩炒鸡丝、白玉藏珍、碧绿鱼卷、白雪虾仁、大红脆皮鸡等。

（4）形容菜品的制作特色　这类名称表现的是菜品制作的特色。如九转大肠、老火汤、啫啫鸡、秘制茶皇鸽、功夫鲈鱼等。

（5）形容菜品的整体形象　这类名称以菜品突出的形象来命名。如拔丝苹果、凤凰八宝鼎、脆炸直虾、大红化皮乳猪、火焰鹿筋、麒麟鲈鱼等。

（6）以寓意吉祥的文字命名　这类命名方法通常根据菜品原料的谐音或菜品形态，运用吉祥祝语文字来命名，表达人们对美好生活的向往和追求。这种命名方式多适用于节庆菜、宴席高档菜、工艺菜等。如生财就手（生菜扒猪手）、大展宏图（蟹黄烩鱼翅）、金玉满堂（冬菇扒菜胆伴鱼丸）、松鹤延年（松鹤拼盘）、百年好合（莲子百合糖水）、好事大利（蚝豉焖猪舌）、鸿运连年（红豆沙糖水）、比翼双飞（油泡田鸡腿鸡翅球）、长寿仙翁（葛仙米西米奶露）、瑶池赴会（珧柱烩鱼肚）等。

3. 运用历史典故和地方名产命名

（1）以历史典故命名　这样的菜式多数是一些传统品种，菜品的背后通常都有一段美丽的传说或流传广泛的历史事件。如佛跳墙、八仙过海（虾仁等八种鲜料烩羹）、霸王别姬（甲鱼与鸡碎件同蒸）、白云猪手（白醋腌浸熟猪手）、护国素菜（烩薯叶蓉）、五柳鱼（五柳蒸鱼）、过桥米线等。

（2）以地方名产或地域名称命名　这样的菜式主要反映了地方特产或地方特殊风味。如北京烤鸭、大良炒牛奶、潮州豆酱鸡、东江酿豆腐、避风塘炒蟹、扬州炒饭等。

（3）以人物名称命名　这些人物由于有特殊的经历，所以家喻户晓。如太史田鸡、太爷鸡、东坡肉、宫保鸡丁、麻婆豆腐等。

关键术语

配菜；冷菜配菜；热菜配菜；设计配菜；菜品结构；主料；辅料；料头；主辅料配菜方式；质的组配；菜品的直接命名。

复习思考题

1. 菜品由哪几部分组成？
2. 配菜有何作用？
3. 配菜工作应掌握哪些技能？
4. 配菜有哪几种方式？
5. 如何配好宴席菜？
6. 菜品量的组配要掌握哪些要领？
7. 菜品色的组配主要有哪些方法？
8. 菜品香和味的组配主要有哪几种方法？

9. 菜品形与器的组配要注意哪些问题？
10. 菜品质的组配要注意哪些问题？
11. 料头有何作用？
12. 用作料头的主要原料有哪些？可加工成什么形状？
13. 料头分哪几类？
14. 菜品命名的方法有几种类型？举例说明。
15. 菜品的命名要注意哪些问题？

花雕鸡

8 食材烹前预制工艺

【学习目的与要求】

烹饪原料经过刀工处理、配菜后，在正式烹制成菜品前还有一个预制的环节。在这个环节里，除了要制作馅料，还将对原料进行初步的熟处理、上浆、上粉、拌粉和造型。这个环节将会影响菜品的烹制速度和成品的质量与风味。本章旨在使读者全面掌握原料烹调前的预制工艺。通过本章学习掌握各种预制方法。馅料的制作方法，炟、滚、煨、泡油等初步熟处理方法，浆的配方和上粉的程序是学习重点，虾胶、鱼腐等馅料制作和脆浆制作是学习难点。

【主要内容】

馅料制作原理及工艺
烹饪原料的初步熟处理
上浆、上粉、拌粉
原料烹前造型的基本工艺
排菜

烹饪原料在正式烹制前，通常需要进行准备性的加工，这些加工称为预制工艺。有些原料不经过预制无法进行正式烹制，一些原料预制加工不全也难以进行下一道工序。预制质量的好坏会直接影响成品的质量。

8.1 馅料制作原理及工艺

馅料一般指可作馅心的原料，但馅料又不一定只作馅心，它还可以单独成为菜肴的原料，如鱼胶，既可作酿辣椒的馅心，也可作鱼丸。馅料加工归属于烹制前的预制工艺。

163

按馅料原料的形状可分为蓉状馅料和粒状馅料两大类。有的馅料既有蓉状部分也有粒状部分，一般按蓉状馅料掌握其制作要领。

8.1.1 蓉状馅料

蓉状馅料就是把制作馅料的主要原料处理成蓉状，再加入调味料和辅料通过搅拌工艺制作成整体融合的馅料。蓉状馅料用途广泛，成型多变，能改变原料原有的口感滋味，有较高的食用价值。蓉状馅料在烹调中还起着丰富菜式品种、改善原料口味和便于菜式烹制等作用。

1. 蓉状馅料的制作方法

（1）虾胶制作（见表8-1）

虾胶

表8-1　虾胶制作

原料配方	吸干水分的鲜虾肉500克，肥肉100（或75）克，盐5克，味精6克
制作方法	① 把肥肉冻结，切成松形的肥肉粒，冷藏待用 ② 用刀口把虾肉捹成蓉状，再稍剁几下成虾蓉，冷藏30分钟 ③ 把虾蓉放在盆内，加入盐和味精搅拌至起胶，使虾蓉的黏稠度最大化 ④ 加入冷藏过的肥肉粒拌匀至融为一体就成虾胶，装入保鲜盒内冷冻保存
质量标准	① 半制品质量标准为黏稠度大，虾胶馅体匀滑，色泽青白略带光泽 ② 成品质量标准为口感爽滑有弹性，味道鲜美，虾味浓郁，色泽浅粉红
工艺要领	① 虾肉要新鲜。选用淡水虾滋味会好一些 ② 虾肉要洗干净，同时必须吸干表面水分 ③ 肥肉颗粒要均匀，在冻结状态下放进虾蓉里。虾胶加入肥肉粒后拌匀即可，不宜多搅 ④ 原料配方要准确 ⑤ 捹、剁虾肉的砧板或绞虾肉的绞肉机、粉碎机等必须洁净、干爽、无异味。用绞肉机、粉碎机绞肉时虾肉先要稍冷冻，以避免虾肉在绞蓉时发热 ⑥ 虾肉加工后要成均匀的蓉状，搅拌虾蓉时应该柔和而有规律地搅拌，手法以搅擦为主。搅拌时间不宜过长 ⑦ 虾胶打好后要及时放在保鲜盒内冷冻保存 ⑧ 不能在温度高的环境中制作虾胶，以防虾肉变质

（2）鱼青制作（见表8-2）

表8-2　鱼青制作

原料配方	鱼青蓉500克，蛋清100克，盐10克，味精5克，水淀粉⊖25克
制作方法	① 把鱼青蓉放进清水中洗过，沥水，再放进布袋中压去水分 ② 把鱼青蓉放进盆内，加入盐、味精搅擦均匀，然后边拌边挞直至融为一体、起胶、匀滑、黏稠度最大化 ③ 加入蛋清和水淀粉拌匀就成鱼青，放在保鲜盒内冷藏保存

鱼青

⊖ 广东地区多称湿淀粉。

（续）

质量标准	① 半制品质量标准为黏稠度大，馅体匀滑，色泽白而带光泽 ② 成品质量标准为口感爽滑，有弹性，味道鲜美，色泽洁白
工艺要领	① 鱼肉要新鲜。最好选用鲮鱼，制作的成品爽滑度特别好 ② 若鱼青蓉洗过，则色泽洁白鲜明，滋味较好，但会损失营养素。洗过的鱼青蓉要压去水分 ③ 没有洗过的鱼青蓉，可以先加约30克清水拌匀，再下盐和味精搅擦 ④ 刮鱼青蓉时，从尾部往前刮，不要鱼红肉。如果用绞肉机绞，则起出白色的鱼肉 ⑤ 原料配方要准确 ⑥ 刮鱼青蓉的砧板或绞鱼青蓉的绞肉机、粉碎机等必须洁净，干爽，无异味。用绞肉机、粉碎机绞肉时鱼青肉先要稍冷冻，以避免鱼青蓉在绞蓉时发热 ⑦ 鱼肉要加工成均匀的蓉状鱼青蓉，并拣去骨刺和肉筋。打制鱼青蓉时，手法以挞为主，多挞则爽滑 ⑧ 鱼青打好后要及时放在保鲜盒内冷冻保存

（3）鱼腐制作（见表8-3）

表8-3 鱼腐制作

原料配方	压干水分的鱼青蓉500克，蛋液500克，盐15克，味精5克，淀粉150克，清水500克
制作方法	① 把淀粉放进清水中和匀成水淀粉，待用 ② 把鱼青蓉放进盆内，加入盐、味精拌擦均匀，边拌擦边挞，直至起胶 ③ 把蛋液按100克、150克、250克分量分3次放进盆里与鱼青蓉充分搅拌均匀，直至鱼青蓉与蛋液充分拌匀 ④ 按上述方法把水淀粉拌进鱼青蓉内，使其成糊状的鱼腐胶 ⑤ 把鱼腐胶挤成丸子，用120℃的热油炸至成熟浮起便成鱼腐成品
质量标准	① 半制品质量标准为蛋黄色的糊状，馅体匀滑 ② 成品质量标准为口感软滑略带弹性，味道鲜美，呈小圆饼形，有收缩的凹纹，色泽金黄
工艺要领	① 鱼肉要新鲜，选用鲮鱼肉制作口感最佳。若使用鳙鱼或草鱼则水减20% ② 若鱼青蓉洗过，则色泽较鲜明 ③ 刮鱼青蓉时从尾往前刮，不要鱼红肉。如果用绞肉机绞，则起出白色的鱼肉 ④ 刮鱼青蓉的砧板或绞鱼青蓉的绞肉机、粉碎机等必须洁净，干爽，无异味。用绞肉机、粉碎机绞肉时鱼青肉先要稍冷冻，以避免鱼青蓉在绞蓉时发热 ⑤ 鱼肉要加工成均匀的蓉状鱼青蓉，并要注意拣去骨刺和肉筋 ⑥ 加入盐和味精拌擦鱼青时手法以挞为主。加入蛋液和水淀粉时用搅拌手法。加入蛋液和水淀粉时须充分拌匀方可再次添加进行下一次搅拌。数量多时加入蛋液和水淀粉后均可用搅拌机低速搅拌，代替手搅拌 ⑦ 鱼腐胶打好后要立刻炸制 ⑧ 炸制的油温不能太高，鱼腐浮起即可捞起出锅沥油

鱼腐

(4) 鱼胶制作（见表8-4）

表8-4　鱼胶制作

原料配方	无皮鱼肉500克，盐8克，味精5克，淀粉50克，胡椒粉1克，清水90克
制作方法	① 把鱼肉绞成鱼蓉，放进盆里，加入60克清水搅拌均匀 ② 加入盐、味精拌匀，先搅后擦，然后边拌边挞直至起胶，黏稠度最大化 ③ 把淀粉、胡椒粉、余下清水和匀，放进鱼蓉里拌匀至融为一体便成鱼胶，然后放进保鲜盒里冷藏保存
质量标准	① 半制品质量标准为黏稠度大，鱼胶馅体匀滑，色泽灰白带光泽 ② 成品质量标准为口感爽滑，弹性好，味道鲜美，色泽灰白
工艺要领	① 鱼肉要新鲜。最好选用鲮鱼，制作的成品爽滑度特别好。如果不是鲮鱼肉，掺进的清水量要减半 ② 原料配方要准确 ③ 绞鱼蓉的绞肉机、粉碎机等必须洁净，干爽，无异味。用绞肉机、粉碎机绞肉时鱼肉先要稍冷冻，以避免鱼蓉在绞蓉时发热 ④ 鱼肉要加工成均匀的蓉状鱼蓉 ⑤ 打制鱼胶时，手法以挞为主，多挞则爽滑 ⑥ 鱼胶打好后要及时放在保鲜盒内冷冻保存或处理成熟品 ⑦ 鱼胶可以根据风味的需要添加其他辅料，如虾米、葱花、腊肉等

(5) 墨鱼胶制作（见表8-5）

表8-5　墨鱼胶制作

原料配方	净墨鱼肉500克，盐6克，味精5克，蛋清25克，淀粉25克，香油3克，胡椒粉1克
制作方法	先把墨鱼放在浓度为1.5%的盐水中浸约45分钟。用绞肉机把浸过盐水的墨鱼肉绞成蓉状。再把墨鱼蓉放在盆里，加入盐、味精搅拌均匀，然后边拌擦边挞，直至起胶，黏稠度最大化，然后加入蛋清、淀粉、香油、胡椒粉拌匀，装进保鲜盒内冷冻保管
质量标准	① 半制品质量标准为黏稠度大，墨鱼馅体匀滑，色泽较白带光泽 ② 成品质量标准为口感爽滑，弹性好，味道鲜美，色泽洁白
工艺要领	① 墨鱼要新鲜 ② 墨鱼要除净外表的膜。绞前要先切成小块 ③ 原料配方要准确 ④ 绞墨鱼蓉的绞肉机、粉碎机等必须洁净，干爽，无异味。用绞肉机、粉碎机绞肉时墨鱼肉先要稍冷冻，以避免墨鱼蓉在绞蓉时发热 ⑤ 使用小型家用粉碎机绞墨鱼蓉时要适当加一点水 ⑥ 打制墨鱼蓉时，手法以挞为主，多挞则爽滑 ⑦ 墨鱼胶打好后要及时放在保鲜盒内冷冻保存

（6）猪肉胶（肉丸）制作（见表8-6）

表8-6 猪肉胶（肉丸）制作

原料配方	猪腿肉500克，盐6克，味精5克，淀粉25克，清水50克
制作方法	① 将猪腿肉剁成蓉粒状，冷藏30分钟 ② 把猪肉蓉放在盆里，加入40克清水拌匀 ③ 加入盐、味精搅拌，然后拌擦，再挞至起胶 ④ 加入余下的清水和淀粉拌匀即可，放进保鲜盒里冷冻保存
质量标准	① 半制品质量标准为黏稠度大，馅体匀滑，色泽浅红带光泽 ② 成品质量标准为口感爽滑有弹性，味道鲜美，色泽粉白略带红
工艺要领	① 猪肉要新鲜，略带一点肥肉口感会更好。肉蓉无须太细 ② 猪肉蓉冷藏后再打制容易起胶，特别是肥肉多的时候 ③ 原料配方要准确 ④ 加工肉蓉的工具必须洁净，无异味。用绞肉机、粉碎机绞肉时猪肉先要稍冷冻，避免肉蓉在绞蓉时发热 ⑤ 打制肉蓉时，手法以擦和挞为主 ⑥ 肉胶打好后要及时放在保鲜盒内冷冻保存

（7）肉百花馅制作（见表8-7）

表8-7 肉百花馅制作

原料配方	虾胶150克，猪瘦肉350克，水发冬菇50克，火腿蓉25克，盐4克，味精4克，水淀粉40克
制作方法	① 冬菇洗干净，挤干水分，切成幼粒 ② 将瘦肉剁成幼粒和肉蓉混合成肉粒蓉 ③ 肉粒蓉加入盐、味精搅拌均匀，然后挞至起胶 ④ 加入水淀粉拌匀，再加入虾胶、火腿蓉、冬菇粒拌匀，放在保鲜盒内冷冻保存
质量标准	① 半制品质量标准为黏稠度大，馅体匀滑，色泽浅粉红，带光泽 ② 成品质量标准为口感爽滑有弹性，味道鲜美，色泽粉红
工艺要领	① 原料要新鲜 ② 肉蓉无须太细 ③ 肉蓉粒先拌水淀粉，再加虾胶拌匀

（8）蟹百花馅制作（见表8-8）

表8-8 蟹百花馅制作

原料配方	蟹肉100克，虾胶100克，猪瘦肉250克，水发冬菇50克，盐3克，味精2克，胡椒粉1克，水淀粉25克
制作方法	① 冬菇洗干净，挤干水分，切成幼粒 ② 把瘦肉剁成肉粒蓉 ③ 肉粒蓉加入盐、味精、胡椒粉搅拌均匀，然后擦挞至起胶 ④ 加入水淀粉拌匀，再加入虾胶、蟹肉、冬菇粒拌匀，放在保鲜盒内冷冻保存

(续)

质量标准	① 半制品质量标准为肉馅黏稠度大，馅体匀滑，各种原料分布均匀 ② 成品质量标准为口感爽滑有弹性，味道鲜美，带有虾蟹味，色泽浅粉红
工艺要领	① 原料要新鲜 ② 肉蓉无须太细 ③ 肉蓉粒先拌淀粉，再加入虾胶和蟹肉拌匀

（9）牛肉馅（牛肉丸）制作（见表8-9）

表8-9 牛肉馅（牛肉丸）制作

原料配方	牛肉500克，盐6克，味精5克，小苏打粉3克，淀粉40克，陈皮末2克，清水90克
制作方法	① 把牛肉切成小块，加入小苏打粉拌匀腌制10分钟 ② 牛肉块剁成蓉状。也可用绞肉机绞成蓉状 ③ 牛肉蓉放在盆里，加入50克清水拌匀 ④ 加入盐、味精拌匀，先搅再擦后挞，直至起胶，黏稠度大 ⑤ 余下的清水与淀粉、陈皮末混合，加入牛肉蓉中拌匀，略挞即可，放进保鲜盒内冷冻保存
质量标准	① 半制品质量标准为牛肉馅黏稠度大，馅体匀滑，色泽红亮带光泽 ② 成品质量标准为口感爽滑，弹性较好，味道鲜美，有牛肉的香味，色泽浅红
工艺要领	① 牛肉要新鲜，最好选用后腿肉，要除去筋膜 ② 牛肉蓉冷藏后再打制容易起胶 ③ 原料配方要准确 ④ 加工肉蓉的工具必须洁净，无异味。用绞肉机、粉碎机绞肉时牛肉先要稍冷冻，以避免肉蓉在绞蓉时发热 ⑤ 打制肉蓉时，手法以擦和挞为主 ⑥ 肉胶打好后要及时放在保鲜盒内冷冻保存

（10）荔蓉馅制作（见表8-10）

表8-10 荔蓉馅制作

原料配方	去皮大芋头300克，虾肉100克，叉烧50克，水发冬菇30克，盐3克，味精3克，胡椒粉0.5克，香油2克，淀粉50克
制作方法	① 将芋头切成厚片，蒸熟，用刀捹成芋蓉 ② 把冬菇挤干水分，切成粒。叉烧也切成粒 ③ 虾肉加入盐、味精拌匀至表面有黏液，放进芋蓉中，加入淀粉一起搓擦至粘连成一体 ④ 加入叉烧粒、冬菇粒、胡椒粉、香油再继续搓擦至融为一体即可
质量标准	① 半制品质量标准为粘连性好，馅体匀滑，配料分布均匀 ② 成品质量标准为口感软滑绵糯，滋味鲜香
工艺要领	① 选用粉糯的芋头 ② 芋蓉要细腻均匀，不能存在小颗粒 ③ 手法以搓擦为主

（11）山药馅制作（见表8-11）

表8-11　山药馅制作

原料配方	净鲜山药500克，盐4克，味精5克，白糖10克，澄面100克，胡椒粉2克，猪油50克
制作方法	① 将山药切成厚片，蒸熟，用刀捣成山药蓉 ② 山药蓉加入盐、味精、白糖、澄面、胡椒粉、猪油一起搓擦至融为一体即可
质量标准	① 半制品质量标准为粘连性好，馅体匀滑 ② 成品质量标准为口感软滑绵糯，味道鲜香，色泽洁白
工艺要领	① 选用新鲜的山药 ② 山药蓉要细腻均匀，不能有小颗粒 ③ 手法以搓擦为主 ④ 选用参薯也可以

（12）莲蓉馅制作（见表8-12）

表8-12　莲蓉馅制作

原料配方	净莲子350克，瘦肉50克，火腿25克，水发冬菇30克，盐2克，味精3克，白糖3克，胡椒粉1克，香油3克，淀粉50克
制作方法	① 莲子去外衣、莲心，蒸焾，捣成莲蓉 ② 冬菇挤干水分，切成粒。火腿、瘦肉亦切成粒 ③ 把盐、味精、白糖加入莲蓉中搓匀 ④ 加入淀粉搓匀 ⑤ 最后加入火腿粒、瘦肉粒、冬菇粒、胡椒粉、香油，均匀搓擦至融为一体便可
质量标准	① 半制品质量标准为粘连性好，馅体匀滑，配料分布均匀 ② 成品质量标准为口感软滑绵糯，味道甜香，色泽浅枣红
工艺要领	① 选用新鲜的莲子 ② 莲蓉要细腻均匀，不能有小颗粒 ③ 手法以搓擦为主 ④ 依次下料

2. 蓉状馅料的制作原理

粤菜对肉蓉馅料的成品质量要求是整体融合不松散，味鲜口感要爽滑。要达到这个质量标准就要掌握制作的原理。

肉料加工成蓉状后，其组织结构会发生极大的变化，而且加工过程会导致肉料理化性质的改变。在制作蓉状馅料时，必须充分掌握这种理化性质变化的规律，扬长避短。

鲜肉比冰冻肉更容易达到口感爽滑的标准，因为肉料冻结令肉内形成大量冰晶，这会造成细胞的破裂，解冻后细胞中的汁液析出，冻结还会使肉质老化。肉料冰冻后的这些变化将导致搅拌馅料时胶质析出少，馅料不黏稠，成品就会松散不爽滑。

低温肉蓉内部的脂肪处于半凝固状态，搅拌时肉蓉的摩擦力比较大，有利于肉胶的析出。温度高肉蓉容易变质。一般来说肉蓉处于2℃时打制肉馅成品比较容易爽滑且有弹性。

制作鱼腐时，黏稠的鱼青蓉整体性强，不容易搅动，若往极黏稠的鱼青蓉里添加大量滑润的蛋液，搅拌时两者之间的摩擦力很小，很难通过摩擦使它们融合在一起。必须找到鱼青蓉黏稠度与蛋液滑润度之间的平衡点，两者才容易融合在一起。目前的办法有两个：一是减少蛋液量，压缩鱼青蓉滑动的空间，降低搅拌时的滑润度，同时把成团的鱼青蓉分散为小块，增加摩擦面积；二是用机器搅拌加大力度强行将鱼青蓉"撕裂"，使两者融合。机器搅拌速度不宜太快，避免发热。鱼青蓉加水搅拌的原理同上。

打好的鱼腐胶挤成小团放进热油里炸制时，鱼腐小团会膨胀成小圆球。捞出油锅后，鱼腐小圆球会立刻收缩成带收缩皱纹的小圆饼。鱼腐小团炸时膨胀成小圆球的原因是打制过程中鱼腐胶融入了大量的空气，而且被黏稠的蛋液暂时锁在鱼腐胶里。气体在热油热力的作用下膨胀，鱼腐胶膨胀成小圆球。鱼腐出锅后失去热力的支撑，同时由于鱼腐胶中的水多，鸡蛋和淀粉的比例比其他炸制食品小，炸的时间短，不能形成强硬的结构，于是鱼腐圆球就"塌"了。这种塌正好营造了鱼腐美妙的口感和特有的皱纹外形。

以植物原料为主的馅料其整体性取决于支链淀粉的含量，还与水分的比例有关。水分过多会松散，水分太少口感就不软滑绵糯。

蓉状馅料特别讲究整体的配合效果，配方合理馅料的质量才有可能高。

8.1.2 粒状馅料

粒状馅料就是以粒状原料混合组成的馅料。粒状馅料有两个基本的特征：一是主要原料形状非蓉状，而是粒状，个别呈丝条状；二是馅料是一个组配固定的整体，除各种原料的比例外馅料里面的组成一般不随意变动。如果原料的组配有较大的变动就会成为另外一种馅料。

1. 粒状馅料的制作方法

（1）八珍盒馅制作（见表8-13）

表8-13　八珍盒馅制作

原料配方	虾胶200克，鸡肝30克，鸭肫肉25克，猪腰30克，猪肝30克，水发香菇25克，马蹄肉25克，香菜梗5克
制作方法	① 鸡肝、鸭肫、猪腰、猪肝等均切成粒，洗干净，吸干水分 ② 香菇、马蹄肉、香菜梗切成粒 ③ 把所有粒状原料加入到虾胶里拌匀即可
质量标准	各种原料充分拌匀,馅料粘连不松散
工艺要领	① 虾胶要预先打好 ② 香菇要提前发好 ③ 馅料使用时才加香菜梗

(2) 中式牛扒制作（见表 8-14）

表 8-14　中式牛扒制作

原料配方	腌制牛肉 200 克，洋葱 50 克，鸡蛋 50 克，淀粉 50 克
制作方法	① 把牛肉剁成蓉粒状，洋葱切成粒状 ② 把鸡蛋和淀粉加入牛肉中拌匀 ③ 加入洋葱粒，拌匀即可
质量标准	各种原料充分拌匀，馅料粘连不松散
工艺要领	① 洋葱粒要吸干水分，且要最后才加 ② 馅料宜即做即烹，不宜存放

(3) 八宝（全鸭）馅制作（见表 8-15）

表 8-15　八宝（全鸭）馅制作

原料配方	白莲子 50 克，百合 20 克，薏米 25 克，白果肉 50 克，栗肉 50 克，水发冬菇 20 克，火腿幼粒 10 克，瘦肉粒 50 克，姜米 5 克，盐 4 克，味精 3 克，淀粉 6 克，食用油 15 克
制作方法	① 莲子、百合、薏米用水浸透 ② 莲子、薏米、栗肉分别炖焾。百合用水滚过 ③ 白果用沸水焗过，去衣、去心 ④ 瘦肉粒拌淀粉，飞水 ⑤ 锅下油，爆香姜米，下所有原料、盐、味精炒匀，勾芡，便成八宝馅料
质量标准	馅料各种原料熟度均匀，味道合适
工艺要领	① 炖莲子、薏米和栗肉时不能调味 ② 所勾的芡是薄芡

(4) 冬瓜盅馅制作（见表 8-16）

表 8-16　冬瓜盅馅制作

原料配方	鸭肉 250 克，瘦肉 250 克，火腿 50 克，盐 5 克，味精 2 克，淀粉 10 克，绍酒 25 克，姜件 5 克，葱条 2 条，淡汤 500 克
制作方法	① 鸭肉、瘦肉、火腿均切成粒状 ② 鸭肉粒、瘦肉粒拌淀粉，飞水 ③ 把所有原料放进炖盅内，加入盐、味精、绍酒、姜件、葱条、淡汤，用中火炖 60 分钟至焾即可
质量标准	鸭肉和瘦肉要炖焾
工艺要领	① 瘦肉最好选用猪腱肉 ② 不是当天用的不要放葱

(5) 糯米鸡馅制作（见表 8-17）

表 8-17　糯米鸡馅制作

原料配方	糯米 125 克，瘦肉粒、鸭（鹅）肫粒各 75 克，水发冬菇粒、火腿粒各 25 克，盐 20 克，味精 20 克，白糖 1 克，胡椒粉 1 克
制作方法	① 将糯米洗干净，蒸熟 ② 肉粒拌淀粉，鸭肫粒飞水，两者略泡油 ③ 把所有原料及调味料拌进糯米饭里，拌匀即成
质量标准	糯米饭要熟透，软硬合适。肉粒和鸭肫粒不能焯得过火
工艺要领	注意控制好蒸糯米饭的水量

(6) 东江春卷馅制作（见表 8-18）

表 8-18　东江春卷馅制作

原料配方	猪肉 350 克，鲮鱼肉 100 克，浸发鱿鱼 40 克，水发冬菇 40 克，盐 6 克，味精 3 克，蛋液 40 克，淀粉 50 克
制作方法	① 把猪肉剁成粒与蓉混合的粒蓉状 ② 鱿鱼和冬菇分别切成粒状 ③ 鲮鱼肉去皮后剁成鱼蓉，加入盐、味精拌匀，挞至起胶。加入猪肉粒蓉再挞至黏稠，加入淀粉与清水拌匀 ④ 下鱿鱼粒、冬菇粒和鸡蛋液拌匀至黏稠即可
质量标准	各种原料充分拌匀，馅料粘连不松散
工艺要领	① 先下盐、味精拌鱼蓉，鱼蓉黏稠后再拌入猪肉粒蓉 ② 鱼蓉与猪肉粒蓉要充分拌匀

(7) 果肉馅制作（见表 8-19）

表 8-19　果肉馅制作

原料配方	半肥瘦猪肉丝 400 克，净马蹄丝 150 克，糖冬瓜丝 40 克，鸡蛋 1 个，葱丝 75 克，姜丝 15 克，白酒 15 克，五香粉 10 克，盐 6 克，味精 5 克，胡椒粉 1 克，芝麻酱 25 克，淀粉 100 克
制作方法	① 把肉丝放在盆里，先加入盐、味精拌匀，搅擦 ② 加入糖冬瓜丝、姜丝、白酒、芝麻酱、五香粉、胡椒粉、蛋液拌匀 ③ 加入马蹄丝、葱丝拌匀 ④ 加入淀粉拌匀
质量标准	各种原料充分拌匀，馅料粘连不松散
工艺要领	加入马蹄丝、葱丝拌和时要用轻力

(8) 腰肝卷制作（见表 8-20）

表 8-20　腰肝卷制作

原料配方	猪肝 200 克，瘦肉 200 克，肥肉 150 克，浸发鱿鱼 150 克，粗笋丝 50 克，盐 10 克，白糖 20 克，汾酒 25 克，五香粉 1.5 克，姜蓉 5 克，葱条 10 克

（续）

制作方法	① 把猪肝、瘦肉、肥肉均切成8厘米长的方条8条，鱿鱼切成16条 ② 姜蓉与汾酒混合调成姜汁酒 ③ 猪肝条、瘦肉条、肥肉条加入盐、白糖、姜汁酒、五香粉、葱腌制30分钟 ④ 加入鱿鱼条和粗笋丝便成腰肝卷馅料
质量标准	条的粗细长短均匀，原料腌制入味
工艺要领	① 鱿鱼横纹切条 ② 鱿鱼条和笋丝在卷腰肝卷时才放进去

（9）海鲜卷馅制作（见表8-21）

表8-21 海鲜卷馅制作

原料配方	腌虾仁100克，腌带子100克，蟹柳肉100克，笋肉50克，水发冬菇50克，净胡萝卜50克，西芹50克，韭黄50克，香菜25克，盐5克，沙拉酱180克
制作方法	① 虾仁、带子切小一点 ② 笋肉、冬菇、蟹柳切小片。胡萝卜、西芹切粒。韭黄、香菜切小段 ③ 虾仁、带子飞水，吸干水分 ④ 笋片、菇片用清水滚过，再用盐沸水煨入味；西芹粒、胡萝卜粒用清水滚过，吸干水分 ⑤ 全部原料放进大碗里，加入沙拉酱拌匀即可
质量标准	各种原料充分拌匀，馅料粘连不松散，不出水
工艺要领	① 刀工要均匀 ② 原料在拌沙拉酱前要吸干水分 ③ 馅料即调即用，不宜存放

（10）五彩猪肚馅制作（见表8-22）

表8-22 五彩猪肚馅制作

原料配方	咸蛋黄4个，皮蛋3个，瘦肉750克，猪皮250克，火腿15克，香菜75克，盐8克，味精5克，淀粉10克，香油10克，琼脂15克
制作方法	① 用水将猪皮滚烚，切成粒 ② 咸蛋黄和皮蛋切成丁，瘦肉切成丁，火腿切成细粒，香菜切成小段，琼脂用水浸软，切成粒 ③ 瘦肉丁加入盐、味精拌至起胶，加入淀粉拌匀 ④ 加入咸蛋黄、皮蛋、猪皮、火腿、琼脂拌匀 ⑤ 最后加入香菜和香油拌匀即成五彩猪肚馅
质量标准	各种原料分布均匀，色彩和谐
工艺要领	① 猪皮要先滚烚 ② 先用盐、味精与瘦肉丁拌匀至起胶，再拌其他原料

2. 粒状馅料的制作原理

粒状馅料是通过多种原料的组合形成复合美味的，所以，在选择原料时必须使各料之间口味相辅相成。

原料处理成粒状主要是为了在咀嚼时能够突显原料特有的口感。若原料呈蓉状其本身的口感是不明显的。组成的原料较多，因此原料的形状不能太大，只能是粒状。原料形状的大小还需要根据具体菜式的形式或口味来决定。

有些粒状馅料需要有一定的整体性，因此需要搭配一定的蓉状原料进去，用于融合其他原料，形成蓉粒状馅料。

8.2 烹饪原料的初步熟处理

根据原料的特性和菜肴的需要，用水或油对原料进行初步加热，使其处于初熟、半熟、刚熟或熟透状态，为正式烹调做好准备的工艺操作过程称为初步熟处理。虽然初步熟处理的成品中有熟透的、可以直接食用的原料，如炸好的干果，但是初步熟处理仍然不等于正式烹制，而是正式烹制的前奏。

原料经过初步熟处理后开始发生质的变化。初步熟处理使原料成熟度达到一定程度，能去除异味，同时使色泽变得鲜艳。

根据所用传热介质、加热方式方法的区别，初步熟处理分灴、飞水、滚、煨、炸、泡油、低温加热等几种常用的工艺方法。

8.2.1 灴

1. 定义

把植物原料放在加了枧水或食用油的沸水中加热，使它们变得青绿、焾滑或易于脱皮，以及把面条、米粉放在沸水中加热，使它们变得松散、透心的初步处理方法称为灴。灴适用于植物性原料和米面制品。

2. 作用与目的

（1）使绿色原料变得更加青绿　由于水里加了枧水（碳酸钾），水溶液呈碱性，能固定蔬菜中的叶绿镁，使青菜呈现鲜艳的青绿色。有油的水在高温下能使青菜保持青绿。

（2）使原料焾滑　由于水呈碱性，对纤维有一定软化作用，因此能使原料变焾。

（3）方便干果脱衣　水中的碱质能软化果衣，使果衣容易松脱。

（4）使粉、面制品松散　在灴和焗的过程中，粉条面条会吸水变软、松散。

3. 工艺方法

1）灴芥菜胆。将5千克清水放进锅内用猛火烧沸，加入枧水70克，然后下芥菜胆灴约2分钟至芥菜胆青绿、焾身，捞起放在清水中漂凉、洗净、叠齐，放在筲箕内。灴苦瓜的方法大致相同。

2）灴干莲子。把枧水倒进干莲子中拌匀稍腌，然后放进沸水中滚至莲子外衣搓脱，捞出莲子放到清水中搓擦使莲子衣脱落，边搓边换水，直至

灴芥菜胆

莲子衣脱净为止。莲子衣脱净后捅去莲心，用清水浸着备用。

3）鲜莲子拌枧水后可不腌制，拌匀即可炟，炟后用清水浸泡。

4）炟菱角与炟鲜莲子大致相同。

5）炟核桃肉与炟干莲子方法相同，但炟后不需用水浸。

6）炟鲜菇。将削好的鲜菇放进沸水中滚约1分钟，捞起后用冷水漂洗冷却即可。从严格的工艺概念来说炟鲜菇属于滚的方法，但是在行业里"炟鲜菇"是习惯叫法。炟鲜菇的目的较特别，主要是以下三点。

炟鲜菇

① 去除草酸。鲜菇含有草酸，草酸易与钙结合成不溶于水的草酸钙，草酸钙既使食物中的钙流失，又不利于人体健康。用沸水炟过后草酸被破坏并随沸水带走。

② 消除异味。鲜菇在生长过程中形成一些异味，影响菜肴滋味。炟鲜菇能去除异味。

③ 保持质量。鲜菇采集后仍有生命力。若让鲜菇继续生长会降低质量等级，炟过后鲜菇就不会再生长，从而保持原有质量。

7）炟米粉。把干米粉放在沸水中略滚半分钟，捞起沥水，放在盆内加盖焗5分钟，用筷子扬散即可。米粉在水中滚的时间不要太长，以焗为主。

8）炟干面饼。把干面饼放在清水中边滚边用筷子搅散，松散后捞起沥干水分，摊开放置。

9）炟鲜面条。把鲜面条撒开放进沸水中，水重新滚沸时加入少许冷水，水再滚沸且面条透心时捞起面条，放进清水中漂凉，捞出沥水后加入少许食用油拌匀。

10）炟挂面的方法同炟鲜面条，但炟的时间要长些，火要小一些，以防不透心。

11）炟白菜胆。烧沸锅内清水，加入食用油，待水滚沸后加入白菜胆猛火炟约1分钟至焓，捞起漂凉，叠齐，放在筲箕内。

4. 操作要领

1）炟制时一般宜用猛火，水要滚沸，尤其是要达到蔬菜青绿的目的时。

2）需要下枧水时必须掌握好枧水的分量。

3）蔬菜、鲜菇用沸水炟后要立即放到清水中漂凉。

4）炟米粉、面条的火力不需要太猛，透心即可。

5. 工艺标准

1）芥菜胆青绿、软焓。苦瓜青绿。

2）菇菌类无异味，保持爽脆。

3）米粉、面条松散、透心，不软焓，表面不糊。

4）莲子、核桃仁等果衣除净，肉色洁净，无碱味。

5）白菜胆等软焓。

8.2.2 飞水

1. 定义

将原料投入沸水或热水中稍加热便捞起的工艺方法称为飞水，也叫焯水。飞水主要适用于动物性原料,特别是血污重的原料。

2. 作用与目的

(1) 去除原料的血污和异味　加热使血污凝固浮于水中,异味也会溶于水中随水排走。

(2) 去除原料部分水分　加热时肉料收缩,细胞发生变化,将肉料中的一部分游离水排出以便于烹调。如鲜鱿鱼、鲜墨鱼飞水后再泡油、爆炒,就不会有大量水分渗出,影响锅气。

(3) 使原料定型　肉料在水中受热时会收缩,能使形状自然成型。

3. 工艺方法

(1) 动物内脏飞水　把切改好的原料放进水里用中慢火加热片刻,捞起,清水冲洗。

(2) 鲜鱿鱼等水分多的原料飞水　把切改好的原料放进沸水里用猛火或中火稍加热便捞出,用清水冲洗。

(3) 一般肉料飞水　肉片先拌上水淀粉,然后放进沸水中,用猛火加热至刚沸即可捞起。大件、原件肉料由于主要用于炖、煲或焖,因此不拌淀粉,直接飞水,火力用中火或猛火需视肉料情况而定。

4. 操作要领

1) 操作时要把握好飞水的目的。在保证达到目的的前提下,原料越嫩越好。

2) 视原料的具体情况选用恰当的火力。

3) 需要除去血污的原料飞水前不要拌淀粉,下锅的水温也要稍低一些。

5. 工艺标准

较好地除去原料的血污及异味,降低原料的水分含量,使原料基本定型。

8.2.3 滚

1. 定义

将原料置于较大量的水中加热一段时间的工艺方法称为滚。由于滚的加热时间较长,而且水量较多,因此对原料食用价值的影响是两面的。滚能除去原料的异味和不良成分,但同时又使原料营养素被破坏,这样虽然改善了原料的滋味、口感,但却不同程度地降低了原料的营养价值,因此,操作时要根据具体情况选用合理的滚法。同时,要加强工艺研究与改革,努力保护原料的营养素。

2. 作用与目的

(1) 去除原料的异味　滚制能让原料的异味溶于水中,使原料气味变好。

(2) 使原料初步烹熟　一些原料先经过滚制再进行下一步烹制,能达到理想的烹制效果,或者能与其他原料成熟一致。如冬瓜盅生炖不易透心,若先滚过再炖就易于透心。

(3) 杀菌　杀灭原料表面细菌,防止原料变质。

3. 工艺方法

(1) 冷水滚　原料放进清水里加热,水温由冷至沸的滚制过程称为冷水滚。冷水滚可将原料内部异味带出。笋料、海参、面筋等形体较大、组织结构较紧密的原料,冬瓜脯、瓜件等去皮切成一定形状的物料,牛腩、猪肺、原个猪肚等同类肉料均宜用此法。

（2）热水滚　原料放进热水里加热至沸的滚制过程称为热水滚。形体不大，结构不太紧密、不太耐火的原料宜用此法，如菇料等。

（3）沸水滚　原料放进沸水里滚制的方法称为沸水滚。沸水滚宜于不耐火、需要保持鲜绿色泽的原料，如鱼肚、冬瓜盅等。冬瓜盅外皮先抹油再滚，滚3分钟后立即放冷水中。

4. 操作要领

1）根据原料的特性及要求选好滚制方法。
2）性质不同、易于串味或染色的原料应换水滚制。
3）数量不多、异味不重的同类原料可一锅水连续滚制，按先小后大次序进行。
4）滚制时间由原料的具体情况而定，但水量不能太少。
5）原料滚制后必须用洁净器具盛放。

5. 工艺标准

1）原料异味基本去净。
2）冬瓜盅皮青绿、瓜肉透明。
3）求熟原料达到仅熟，不能过熟。

8.2.4　煨

1. 定义

用有味（如咸味、鲜味、姜葱味、酒味、混合味）的汤水来滚或炖原料的工艺方法称为煨。煨适合于能在味汤中增味增香的原料，如干货和植物性原料。

2. 作用与目的

（1）增加原料的内味　在煨的过程中味汤的味会随汤水渗入原料内部。

（2）增加原料的香味　在煨的过程中味汤的香味会被原料吸收，增加原料的香味，同时也可掩盖原料的不良气味。

3. 工艺方法

（1）煨鱼肚　热锅滑油，下姜件、葱条爆香，烹入绍酒，加入汤水滚2分钟，捞出姜件、葱条，加入盐、味精，下鱼肚煨30秒，捞起，沥去水。煨海参、菇料、银耳、竹荪、浮皮等方法基本相同，煨制时间略有差异。这是煨制的标准方法。

滚煨鱼肚

（2）煨笋料　在汤水中加入盐和笋料煨制1分钟左右，捞起沥干水即可。没有不良气味的植物原料都可用此法。

滚煨笋片

（3）煨鲜菇　热锅滑油，下姜件、葱条爆香，下鲜菇用中慢火干煸约1分钟，烹入绍酒，加入少量汤水和盐、味精煨1分钟。拣去姜葱，连汤带菇盛放在碗内。使用时沥去汤水便可。这是一种特殊的煨制方法，除了增香增味外，还可消除鲜菇的寒性。

滚煨鲜菇

4. 操作要领

1）姜件、葱条是煨制料头，称煨料。
2）煨制时汤水量不要太多，味可稍重。

3）原料一般先经过滚制去除异味再煨。

耐放的原料（如鲜菇）可连味汤一起存放，便于入味及保持原料的鲜色。是否煨后存放需视原料情况而定。

5. 工艺标准

原料增加了内味和香味，色泽明净，煨料已拣净。

8.2.5 炸

1. 定义

将原料放进较高温的油内进行加热的工艺方法称为炸。经过炸制的原料尽管有的已成为可直接食用的食品，但仍定义为半制品，不算菜肴。这是初步熟处理炸与烹调法炸的根本区别。初步熟处理的炸与干货涨发中油发的炸也不同，前者只包含油炸这一工序，而后者在油炸后还有浸、洗两道工序。

初步熟处理的炸适用于干果、需上色的动物性原料、支竹（腐竹的一种）、芋头制品、鲽鱼、蛋丝、粉丝、番薯、马铃薯、棋子形冬瓜等。

2. 作用与目的

（1）使原料香酥脆　利用油的高温排出原料的水分，使其香酥脆。

（2）使动物性原料上色　利用原料表面涂抹的糖分在高温下发生焦糖化反应及美拉德反应，使原料呈现金黄或大红等色泽。

（3）增加原料的香味　由于加热油温较高，能使原料带上芳香味。

（4）固化原料形状　利用油的高温使原料组织结构变得紧密，使原料在烹制中不易松散破碎。

3. 工艺方法

（1）炸腰果

1）把腰果放在清水中滚1分钟左右，去除异味。

2）用盐水把腰果再滚1分钟，令腰果有咸味，沥干水分。

3）把腰果放在温油内，慢慢升高油温至140℃，边翻动边浸炸，直至腰果身轻、质硬，色泽开始变为浅金黄。

炸腰果

4）升高油温至160℃左右，炸约1分钟至腰果呈现浅金黄色，即可快速捞起，沥净油，放在平盘上，摊开晾凉。

（2）炸核桃仁　参见5.3.1 植物干货类涨发加工中相关内容。

（3）炸南杏仁　炸法与炸腰果相同。

（4）炸花生仁　炸花生仁有两种炸法：一种是先用沸水滚过，脱去花生衣，用清水加盐滚过再炸，炸法与炸腰果相同；另一种是连衣直接炸制，炸制时油温为125~130℃，炸制时间短一些。陈花生和有防虫剂的花生不宜用后一种方法。

（5）炸榄仁　炸法与炸腰果基本相同。但由于榄仁用水滚过，水分较多，而且形体较细薄，结构较疏松，因此实际操作有些不同。

炸榄仁时油温控制在130℃左右。榄仁第一次下锅时会有大量油泡溢出，所以，油锅里必须先放一个笊篱，以便能迅速将榄仁捞起，避免油泡溢出发生意外。

炸制时无须降低油温浸炸，用130~140℃油温炸至油泡变少、色泽呈浅金黄色（俗称象牙色）即可。

（6）炸虾片、粉丝　把油加热至150℃，放下虾片（或粉丝），不断翻动，直至完全膨胀即可捞起。

（7）炸马铃薯片　把马铃薯去皮后切成薄片，放在清水中漂洗，然后放在盐水中略滚，沥净水后，放在150℃热油中炸至酥脆。

炸马铃薯条、马铃薯块、芋丝、慈姑片等的炸法与此基本相同。但马铃薯块炸熟即可，芋丝、慈姑片不必用水滚。

（8）炸"雀巢"

1）取大芋头去皮切成长丝，放盐拌匀，腌15分钟至软，放在清水内洗净淀粉。

2）取出，吸干水分，加入少许淀粉拌匀。

3）把芋丝放在雀巢模具内，摆成巢形，再压上一个模具，使形状固定。

4）砌好的"雀巢"连模具一齐放在130℃热油内炸约1分钟，定型后脱出模具，炸至酥脆后捞出"雀巢"，沥净油。

"雀巢"也可用粉丝、面条等作原料，炸法基本相同。

（9）炸芋头件　把切好的芋头件放在160℃热油中炸至金黄色，外脆内熟即可。炸芋条、芋块、番薯条方法相同。

（10）炸鸡蛋丝　把鸡蛋液打散（需配色的加入适量色素），徐徐倒入90℃的热油中，边倒边用锅铲或筷子旋转搅动热油，直至蛋液全部成丝状，捞出沥油，再用干净纱布拧出蛋丝中的油即成。

炸脆丝方法如上，但要把蛋丝炸至酥脆才捞出沥油。脆丝不可用纱布拧油。

（11）炸红鸭　炸红鸭主要是使鸭身着酱红色。方法是先把老抽涂抹在已经初步加工好的鸭身上，放进220℃的热油中，先炸鸭胸，炸至酱红色，再炸鸭背，也炸至酱红色，沥去油。

（12）炸猪肘、鸡爪　方法与炸红鸭相同。也可用沸水略滚后再上老抽。

（13）炸扣肉　刮净五花肉猪毛，放在汤内煲至七成烂，取起，用布抹干表面水及油，涂上老抽，用铁针在猪皮上均匀扎孔，然后把油烧至220℃，用笊篱托着五花肉，皮朝下放进油锅内，用猛火炸至大红色。

（14）炸圆蹄　方法与炸扣肉相同。

（15）炸东江扣肉　方法与炸扣肉基本相同。不同之处是炸东江扣肉不涂老抽，而是抹盐；炸制时间较长，中途要浸炸。炸好后皮又红又脆。

（16）炸支竹　把支竹放进清水中浸软，剪成段，然后放进150~160℃热油中炸至透身。

（17）炸腐竹　方法与炸支竹基本相同。

（18）炸鲽鱼　撕去鲽鱼的鱼皮，取出鱼肉放入120℃热油内炸至酥脆，沥去油冷却后碾成碎末，密封保存。

4. 操作要领

1）根据原料的特性和成品的要求，掌握好油温及炸制时间。

2）所有干果炸至所希望的色泽八成即可捞出，出锅后色泽仍会加深。出锅后必须立即摊开晾凉，否则会焗焦。

3）炸榄仁时要防止油溢出，注意安全。

4）炸扣肉、圆蹄在涂酱油前要先用洁布抹净水、油，趁热上色。

5）炸扣肉等肉料时，操作者要用锅盖遮挡油锅，以防热油溅出伤人。

6）植物原料糖分重的均要先漂水，减少糖分再炸。

7）所有原料下油锅前均要尽量沥净水分。

5. 工艺标准

1）炸制成品色泽为浅金黄、金黄、大红，不能焦黑，不能有焦味，色泽要均匀。

2）要求酥脆的原料要内外酥脆，如干果、虾片、薯片、薯丝、芋丝等。

3）要求上色的原料上色要均匀，如扣肉、红鸭、圆蹄等。

8.2.6 泡油

1. 定义

将原料放在温油或热油内略加热的方法称为泡油。行业内泡油也叫作过油、拉油、滑油、走油等。

泡油与炸不同。泡油油温一般在150℃以下，而炸一般在150℃以上；泡油时间短，炸的时间一般较长；泡油原料的熟度通常是四五成熟即可，以保持原料爽滑、软嫩，而炸制的原料要求达到香、酥、脆。

泡油方法主要用于动物性原料，植物性原料用得较少，既用于生料，也可用于熟料，原料基本上是小件的。

2. 作用与目的

泡油能使原料均匀烹熟，成熟较快，有效地保持原料内部的水分和脂肪，保持其嫩质，同时还能增加原料的香味，去除异味。

泡油可用较高的油温加热原料，能在克服原料内部水分带来降温作用的同时，使原料仍获得足够的热量，迅速改变其组织结构，使肉质爽脆。

3. 工艺方法

1）把炒锅烧热，下油，待油温合适时放进原料，用炒勺或锅铲或筷子翻动原料。

2）熟度合适时用笊篱将原料捞出，沥净油脂。

3）油温根据原料形状、水分含量、肉质软嫩程度等要求而定。如鸡丝用90℃的油，鸡片用约120℃的油，鸡球则可用130℃的油。含水量不大的鱼球用130℃的油；而虾球含水分稍多，油温需达140~160℃；虾仁水分含量大，油温需要140~150℃。经过飞水处理的原料如鱼青丸、肫球、鲜鱿鱼、墨鱼片等，则油温可适当降低。鱼青丸用100℃的油，肫球、鲜鱿鱼、墨鱼片用约130℃的油。腌制的牛肉片用140~150℃的油。

4. 操作要领

1）肉料泡油前要拌湿淀粉，有些肉料要拌蛋清湿粉（如鸡丝等），鱼肉要拌盐。拌湿淀粉或拌蛋清湿粉能较好地保持肉料嫩滑感，并使肉料外形饱满美观。拌入蛋清能使肉料在油内迅速滑散，成熟均匀，增加洁白度。鱼肉拌盐能使鱼肉有味，肉质稍结实，不易散碎。

2）锅要洗干净，烧至灼热才下油，这样既能保持肉料洁净，又能使肉料不粘锅。炒勺不宜太热，勺热会粘肉料。

3）根据肉料的特性、形状选用适当的油温，不同特性、不同形状的肉料对火候有不同的要求。油温不当对肉质有较大的影响。

4）动物内脏和水分大、有异味的肉料或不宜用高温加热的原料均应先飞水后再泡油。

5）若原料大小不均匀时，应先下件大的原料，再下件小的原料，务必使所有原料受热程度一致，成熟均匀。

6）需要泡油的植物性原料一般是生料，且泡油油温宜高，时间宜短。

5. 工艺标准

1）肉料不起焦边，不超熟，不糜质。

2）虾丸、鱼青丸等不会出现硬壳。

3）形状饱满不干瘪，有光泽。

8.2.7 低温加热

1. 定义

低温加热是用低于100℃的温度对紧密包裹的原料进行加热的工艺技术。通常使用的温度为50~90℃。低温加热的成品虽然多数可以直接食用，但通常运用煎、炸、焗、炒等工艺添加风味才成为成品。低温加热一般作为原料的预制加工程序。粤菜的浸法也是运用较低的温度加热原料，但是它不属于严格意义上的低温加热工艺。

2. 作用与目的

（1）成品特点　低温加热的成品一般具有肉料口感软嫩、形体收缩不大、颜色变化不大、缺乏灼热香气等特点。

（2）工艺技术　常用的低温加热工艺是将净料放在抽真空的塑料袋内或用保鲜膜严密包裹，放入恒温的传热介质中加热。理论上传热介质可以是水也可以是食用油，但以水最为合适。不同的原料、原料不同的厚薄所用的温度和时间不同。目前业内处理每份西餐菜品原料厚度在2~5厘米所需的温度和时间大致如表8-23所示，中餐原料暂无数据，可参照试用。

表8-23　每份西餐菜品原料所需的温度和时间参考

原料	温度/℃	时间/分钟	原料	温度/℃	时间/分钟
西冷牛排	60	45	羊排	63	60
小牛牛排	61	30	牛排	62（七成熟）	60~90
羊排	61	35	牛排	58（五成熟）	60~90

(续)

原料	温度/℃	时间/分钟	原料	温度/℃	时间/分钟
牛排	54（三成熟）	60~90	三文鱼	50	40
猪里脊	60	60~90	龙虾	60	15
猪排	65	120	普通鱼类	65	12
鸡腿	64	60	鸡蛋	62	50
鸭胸	61	35	金枪鱼	60	15
鸭腿	65	120	鳕鱼	60	30
鹌鹑	64	60	龙虾	65	30
鹅肝	68	25	根茎类蔬菜	60	20
三文鱼	60	11			

（3）低温加热的优点　低温加热原料有以下优点。

1）能够最大程度地保留食物的原味和颜色，保留香料的香味。

2）能使肉料自然软化，保证质地不坚韧的肉料口感软嫩。

3）能够较好地保存原料中的营养成分。

4）由于低温加热过程中水分流失少，所以原料减重少，变形小。

5）容易控制成品的品质状态。

6）方便原料的提前准备，因为低温加热处理后的原料可以再次冷冻或冷藏。

7）减少食物在烹调中产生有害物质的可能。

8）大大减少食用油的使用量。

9）能降低厨房的油烟污染。

（4）低温加热的缺点　从烹饪角度看，低温加热也有缺点。

1）由于加热温度低，不能杀死寄生虫。

2）不能消除原料中的毒素，如四季豆中的皂素等。

3）难以形成需要瞬间高温成型的形状，如松子鱼。

4）难以发生焦糖化反应、美拉德反应，不能使原料呈红色和散发香气。

5）低温加热耗时比较长，必须提前准备才能满足餐饮经营的需要。

6）需要严密的密封，以避免污染。

3. 低温加热的特性

1）关于食用安全，一般细菌在超过65℃环境中就会被杀灭，所以只要有足够的时间，原料中的细菌就会被杀灭。

2）关于肉质口感，有专家研究发现，低于60℃加热时肌肉纤维产生的是横向收缩，未造成分子链剧烈断裂，未出现强烈收缩排水，同时，蛋白质变性比较缓慢，亲水基团暴露，提高持水能力，故肉质会比较软嫩。在较高温度时产生的是纵向收缩，这就会导致水分排出，还会使肉质韧性增加。

3）关于真空包装，原料用真空包装可以减少原料水分和营养素的流失，紧密包装也为了让原料表面最大限度地接触恒温环境。真空包装分为低、中、高三种真空状态，低真空状态不适合低温加热，中等真空状态主要用于肉类和家禽类，高真空状态一般用于蔬菜和水果类的处理。

4）关于调味，由于低温加热时间比较长，肉料用低温加热比高温加热更容易入味，所以低温加热的肉料不需要长时间腌制，只需要在低温加热前加入调料拌匀即可。

4. 基本条件

低温加热工艺的实施关键是低温、恒温和真空包装。进行低温加热所需要的设备主要是加热器、真空包装机和水箱或水锅。加热器能够控制恒定温度、设定时间，并要便于调节，温度精度应小于0.5℃，恒定温度的调节值不要太大，控制范围应在1℃之内，温度可调范围精确到小数点后面1~2位，以便于精确调节。

5. 工艺方法

1）原料经刀工处理成合适的形状，一般为扁平形状，清洗干净，沥净水。
2）将原料用真空机或保鲜膜严密包裹。
3）水箱或水锅加入清水，把加热器夹在箱边或锅边上，调节处理原料所用的温度。
4）待水温达到所需温度时放进包裹好的原料，调节加热时间。

6. 操作要领

1）选用符合卫生要求的原料。绝对不能选用含寄生虫的原料。
2）猪肉、贝类可能含寄生虫，不宜采用低温加热处理。若低温加热要高温续加热。
3）结缔组织有韧性，低温加热除韧需耗时20小时以上，不宜采用低温加热工艺处理。
4）豆类不能采用低温加热工艺处理。
5）采用低温加热工艺前原料必须先要彻底解冻。
6）低温加热的器具必须洁净。
7）生熟要分开处理。
8）原料要密封好，避免污染和滋生细菌。
9）调味有禁忌，肉料在低温加热前调味切忌使用高度酒，因为高浓度酒精在长时间恒低温状态下会使肉料失去原味和良好的口感。低温加热前也不适宜加入太多油。
10）原料形状不宜太厚，尽量不要超过5厘米。

7. 工艺标准

1）达到预设的品质要求。
2）符合食用安全标准。

8.3 上浆、上粉、拌粉

浆是由粉质原料与液状原料调成的糊状物，上浆就是使原料裹上这种糊状物，也叫挂糊。不过，严格来说糊要比浆稠一些。

粉指各种淀粉，如薯（番薯、马铃薯）粉、绿豆粉、粟粉、马蹄粉、面粉、糯米粉等。

由于各种薯粉、绿豆粉、粟粉用途与使用方法基本一致，所以，在实际中就以"淀粉"一词代称，广东常称为"生粉"。上粉指原料粘上干淀粉，也叫"拍粉"。拌粉指给原料拌入带水分的淀粉，即水淀粉或叫湿粉、湿淀粉。

8.3.1 上浆、上粉、拌粉所用的主要原料的性质

1. 淀粉

（1）淀粉的物理性质　淀粉通常情况下为白色粉末，吸湿性强。天然淀粉中有直链淀粉（又叫糖淀粉）和支链淀粉。淀粉不溶于冷水，在温水中（68~80℃）直链淀粉形成黏稠的胶体溶液，但黏性小，且不稳定，结构容易散瀣。支链淀粉在温水中不易溶解，但易分散于凉水中。经加热后，支链淀粉颗粒间氢键断裂，向水中扩散，形成黏性很大的胶体溶液，这种胶体溶液很稳定。

不同来源的淀粉所含的直链淀粉和支链淀粉的数量比例不同，一般淀粉中含直链淀粉约20%，支链淀粉约80%。黏性大的原料支链淀粉含量大，如糯米粉就含100%支链淀粉。

（2）淀粉的化学性质

1）淀粉糊化。淀粉颗粒分散在水中后，在适当的温度下（一般为60~80℃）会发生溶胀变化，形成均匀的糊状溶液，这个过程就叫糊化。淀粉的糊化与加热温度和时间有关。各种淀粉糊化的温度和时间并不一样，薯类等制成的淀粉糊化温度低，时间短；谷物类淀粉糊化温度高，所需时间长。

淀粉糊化后成为黏性很大的淀粉糊，冷却后可成为胶冻。粉丝、粉皮等食品就是根据淀粉的这一特性制成的。

2）淀粉老化。糊化而成的淀粉溶液经缓慢冷却，或淀粉凝胶经长时间放置，会变得不透明甚至产生沉淀，称为淀粉的老化现象。老化后的淀粉不可能恢复到原有的结构状态，主要表现为晶化程度降低。减慢淀粉老化的主要措施有：将温度控制在40~50℃或-7℃，将水分含量控制在70%或10%以下。支链淀粉和蛋白质含量高的成品不容易发生淀粉老化。

淀粉的老化会影响菜肴的质量，如酥炸品变软、渗水、瀣芡、失去光泽等。

3）受热变化。当淀粉加热到130℃时则成为无水物，再加热到150~160℃时，淀粉变为黄色的、在水中可溶的物质。此时先生成可溶性淀粉，再生成糊精。上浆、上粉的食品经油炸后呈现金黄色，若温度再高，淀粉就会焦化，变苦。

2. 鸡蛋

鸡蛋由蛋壳、蛋清和蛋黄构成。蛋清分三层，最外层为稀蛋清，占蛋清总量的20%~55%；中间层为浓蛋清，占蛋清总量的29%~57%；最里层也是稀蛋清，占蛋清总量的11%~36%。蛋清内含有13%蛋白质、0.2%脂肪、0.4%的碳水化合物，余下的基本是水分，约占86%。浓蛋清中主要含有卵白蛋白。

蛋黄由蛋黄膜、浅色蛋黄和胚胎三部分构成，其中浅色蛋黄占蛋黄总量的95%以上。蛋黄表面的一个小圆块为胚胎。蛋黄中含蛋白质15.5%、脂肪约62%、磷脂约30%、胆固醇约4%，此外还含丰富的维生素、色素、碳水化合物和微量元素。

鸡蛋在浆、粉中的作用如下。

（1）起发　蛋清是一种亲水性胶体，具有良好的起泡性。在剧烈的搅拌下蛋清薄膜把带进的空气包围起来，形成泡沫。由于蛋清表面张力的作用使气泡呈球形，而且由于蛋胶体本身的黏度及淀粉的加入，这些泡沫变得浓厚坚实。蛋浆经过加热后，气泡内的空气受热膨胀，蛋清受热凝固，淀粉受热糊化定型，达到发胀疏松的效果。

（2）致嫩滑　蛋液具有良好的亲水性和持水性，能使上蛋浆的原料成熟后质地嫩滑。

（3）致鲜嫩　蛋液经加热将会变性凝固，淀粉受热糊化，两者的混合物形成一层保护膜包裹着食品。这一层保护膜具有疏水性，可以阻止原料中的水分向外渗透和蒸发，从而使原料成熟后具有鲜嫩的风味。

（4）调色　蛋黄（或全蛋）和蛋清分别可以使菜肴具有黄、白两种色泽。

（5）易于均匀加热　蛋液具有润滑性，将其拌入肉料后，肉料之间就会减少粘连，增加润滑性。当把肉料放进油内泡油时，肉料就容易分散、均匀受热。

3. 面包糠

面包糠就是面包屑。最早的面包糠是由咸或淡的面包干燥后削去外皮碾碎而成，也可不干燥直接剁成鲜面包末，也可以用苏打饼干碾碎代用。现在已有专用的面包糠原料。面包糠只用作炸制菜肴的表层原料，使菜肴具有松、酥、甘、香的风味。

4. 面粉

面粉的主要成分是淀粉、蛋白质、水分、脂肪、粗纤维和少量的灰分、维生素、酶。对成品风味影响较大的是淀粉和蛋白质。面粉中的蛋白质（主要是麦胶蛋白和麦谷蛋白）吸水后形成具有较强弹性、延伸性和韧性的蛋白质水化物——面筋，面筋能增强浆粉的柔韧性。

5. 米粉

米粉包括糯米粉、籼米粉和粳米粉。米粉中的蛋白质含量为10%左右，受热时易发生羰氨反应。糯米粉受热后组织松散，质感酥脆。籼米粉受热后口感硬脆，有吸油作用。

6. 油脂

油脂主要在调脆浆和拌粉中使用。由于浆、粉中使用的原料多数为非脂溶性的，利用这一特性，油脂可起以下作用。

（1）使成品起酥　油脂与水难以融合，油加进浆或糊中，使淀粉、蛋白质等成分的微粒被油膜分割包裹，形成以油膜为分界面的淀粉或蛋白质的分散体系，加热后该体系得以固定，从而使成品组织结构松散，食物便具有酥松的风味。

（2）防止原料粘连　油脂具有润滑性，拌入肉料后能防止肉料相互粘连。

（3）使成品油亮　如果能使油脂或其混合物附在成品表面，成品会呈现油亮光泽。

7. 小苏打

小苏打学名碳酸氢钠（$NaHCO_3$），俗名食粉。受热分解成碳酸钠、二氧化碳和水，分解温度为60~150℃，产生气体量为216厘米^3/克。小苏打能使浆、糊起发而变得酥脆，使肉料组织嫩化，增强肉料的保水作用，形成软嫩柔滑的口感。但是，若在炸浆中过量使用它，成品会发黑。

8. 水

在调浆粉中，水作为溶剂起以下作用。

（1）调节浆、糊、粉的浓度　水可以调节浆、糊、水淀粉的稀稠。在不使用蛋液的情况下，浆、糊、粉的浓度主要由水来调节。

（2）为淀粉糊化提供水分　淀粉的糊化要靠水来帮助完成。

（3）使淀粉在原料表面固定　淀粉吸水后有一定的黏性，能黏附在原料表面，防止淀粉脱落。但若水分比例过大，黏性就会大大下降。

9. 酵母菌

酵母菌是一种单细胞真菌，属于高等微生物的真菌类，简称酵母。酵母菌在有氧和无氧环境下都能生存，属于兼性厌氧菌。利用酵母使面团、面浆发酵的原理是：在发酵的初期面团、面浆中的氧气和养料供应充足，酵母的生命活动非常旺盛，这个时候酵母进行有氧作用，把面团、面浆里的单糖分解成二氧化碳和水，同时释放出一定的热能，而且酵母菌能够较快生长繁殖；随着酵母的呼吸作用进行，面团、面浆中的氧逐渐减少，在缺氧的情况下酵母菌进行的是无氧作用，能把糖分解成酒精和二氧化碳。整个酵母的发酵过程中，在自身多种酶的参与下其内部发生了一系列复杂的生物化学反应，从而使面团、面浆里充满二氧化碳气体，内部结构形成蜂窝状，成品因而蓬松和松软。要保持住面团、面浆蓬松和松软的状态还需要一个前提，就是面团、面浆里有能够包裹这些二氧化碳气体并且能使气体不外溢的面筋。当然，若面筋太强，二氧化碳气体膨胀时不能让面团、面浆也膨胀；若面筋太弱则不足以包裹气体，成品因漏气而塌陷。

酵母菌生长的条件是pH为3.0~7.5的偏酸环境，pH为4.5~5.0最适合。酵母菌最适合的生长温度为28~30℃，温度高于47℃或低于0℃一般不能生长，温度超过54℃酵母菌便会失去活性。像细菌一样，酵母菌必须有水才能存活，但酵母需要的水分比细菌少，这表明它们对渗透压有相当高的耐受性，最适合的湿度是75%左右。

除酸碱度、温度和湿度这些主要因素外，影响酵母发酵的还有其他因素。

1）酵母的用量。不同酵母的使用量不同，需要根据酵母的种类、状况选择。

2）养料。酵母的养料是单糖。面粉掺水调和后在适当的温度下面粉中的淀粉所含的淀粉酶活性增强，先把淀粉分解成麦芽糖，进而分解为葡萄糖。此外配料中的蔗糖也被酵母自身的酶水解而成单糖。

3）面粉。面粉的成熟度、筋度及其淀粉酶活性受到抑制的程度都会影响酵母的作用。

4）水分。在一定范围内，面团中含水量越高酵母菌的生长越快，所以，软面团会比硬面团发酵快。

5）盐。盐的添加会抑制酵母菌的产气能力，当添加量达到2%时发酵明显受影响。但盐可增强面筋筋度，增大面团的稳定性。

6）糖。添加4%~6%的糖量能促使酵母发酵，超过这个范围发酵能力则会受抑制。

7）乳制品、蛋等配料过多都会对发酵有不良影响。

烹饪中用于面团、面浆发酵的酵母菌有鲜酵母、活性干酵母、快速活性干酵母和老面酵母等四种。

① 鲜酵母又叫压榨酵母，是呈淡黄色或乳白色的方块状，含水分70%~73%，有强发酵能力，产品比较芳香。鲜酵母的保存对温度和状态均有严格要求，必须在0~4℃环境密封保存。密封状况好的鲜酵母在0℃下能保藏2~3个月，但不宜冷藏过久，若时间过长发酵效果会变差，颜色会变为棕褐色。鲜酵母用量约为面粉量的2%。发面时间随酵母用量、发面温度和面团含糖量等因素而异，一般为1~3小时。鲜酵母活性反应比干酵母的持续时间长。使用前需先溶化于水中。

② 活性干酵母呈颗粒状，含水分8%左右。发酵效果和使用方法与鲜酵母相近。与压榨酵母相比，它具有保存期长、不需低温保存的优点。保质期为半年到1年。但是一旦打开包装，酵母从空气中吸收水分，活性被慢慢唤醒，一段时间后便会失去活性，因此要密封好，放入冰箱冷藏或冷冻，冷冻不会杀死活性。使用时最好先活化酵母菌，方法是：把所需的酵母放进容器里，加30℃左右的温水将其搅拌化开，静置3~5分钟后便可以将酵母菌溶液倒入面粉中搅拌揉面。活性干酵母用量约为面粉量的1%。

③ 快速活性干酵母呈直径小于1毫米的细小颗粒状，水分含量为4%~6%。保质期为1~2年。与活性干酵母相比颗粒较小，发酵能力更强。使用时不需先溶于水而是直接与面粉拌匀再加水揉成面团发酵，发酵时间短。快速活性干酵母用量约为面粉量的0.6%。

④ 老面酵母指在面团里生存过一段时间的酵母。当面团不是完全密封放置时空气中的野生酵母及各种杂菌也会在面团上落脚繁殖。通常人们会把放置了一段时间含有酵母菌的面团称为老面酵母面种，或简称为面种。老面酵母也能使面团发酵，而且由于发酵时间相对较长，面团的筋度会比较好，面香味也比较浓。但是老面酵母面种中含产酸细菌较多，会使面团产生酸味，必须加碱来中和。碱的添加会严重破坏面团中B族维生素等营养成分。实践证明，若面种中的产酸细菌太多会抑制酵母的繁殖，最终将抑制面团的起发。老面酵母的使用量需要根据制品、酵母状况及酵母混用比例等具体情况来确定，若混用干酵母则可按30%左右的比例添加老面量。

根据面团含糖量的不同，又可分为高糖酵母、低糖酵母和无糖酵母。低糖酵母发酵时面团一般含糖量7%左右，高糖酵母发酵时含糖量为16%。

8.3.2 上浆

上浆是一种原料裹上预先调好的浆类的工艺，在这里"上"是裹的意思。上浆的关键在于浆类的调制。本节工艺均以浆类命名。

1. 脆浆

脆浆的成品要求是起发、酥脆、松化，外形圆滑，色泽金黄。

脆浆分有种脆浆、发粉脆浆和干酵母脆浆三种。

（1）有种脆浆的调制工艺

1) 调制须知：有种脆浆以面粉为主要原料调成，添加淀粉能够提高成品的脆度。起发材料是面种，可以添加干酵母辅助发酵。由于有种脆浆需要经过发酵，因此要配枧水中和酸味。油脂作起酥之用。

2）原料：【配方1】面粉375克，发面种75克，淀粉75克，马蹄粉60克，盐10克，植物油160克，枧水约10克，清水约600克。【配方2】面粉200克，发面种200克，淀粉60克，马蹄粉60克，盐5克，植物油140克，枧水约10克，清水500～530克。

3）调制方法：除枧水外，所有原料混合调匀，静置发酵。起发后加入枧水中和酸味，静置15分钟便可使用。

4）起发原理：有种脆浆通过培养面浆中的酵母菌在繁殖中生成大量二氧化碳而使脆浆起发。在炸制过程中，二氧化碳受热膨胀而使成品膨胀。即有种脆浆是利用微生物原理起发的。有种脆浆发酵过程温度控制在25～30℃为宜。油脂在脆浆中的起酥原理从两方面来分析：一方面，面粉、淀粉颗粒被油脂颗粒包裹，面粉、淀粉颗粒之间不能紧密结合，存在一定的空气，受热时空气膨胀，脆浆就形成疏松的网状结构，成品就变得酥松；另一方面，面粉、淀粉颗粒被油脂包裹封闭，限制了面粉、淀粉的吸水，在加热过程中难以糊化，易于膨化和碳化而松脆。油脂不足酥松程度差，油脂过多则成品松散易碎。

（2）发粉脆浆（又名急浆）的调制工艺

1）调制须知：发粉脆浆以面粉为主要原料调成，添加淀粉可提高成品的脆度，用泡打粉使成品起发，可以添加干酵母辅助。油脂作起酥之用。脆浆调好后稍静置便可使用。

上脆浆

2）原料：面粉500克，淀粉100克，食用油160克，无铝泡打粉20克，盐6克，清水600克。

3）调制方法：把面粉、淀粉、盐放在盆内和匀，加入清水调匀，再加入食用油调匀。静置10分钟后加入无铝泡打粉调匀，静置5分钟便可使用。

4）起发原理：无铝泡打粉由粉状的酸性物质磷酸氢钙、酒石酸氢钾和粉状的碱性物质碳酸氢钠、碳酸氢铵、碳酸氢钾、轻质碳酸钙加淀粉等组配而成，在接触水时酸性及碱性物质同时溶于水中而发生酸碱化学反应，释出二氧化碳，在加热过程中还会继续释放出气体，这些气体会因受热而膨胀，从而使脆浆起发。

（3）干酵母脆浆的调制工艺

1）调制须知：干酵母脆浆以面粉为主要原料调成，添加淀粉可提高成品的脆度，用干酵母使成品起发。油脂作起酥之用。脆浆调好后稍静置便可使用。

2）原料：面粉200克，淀粉40克，食用油60克，活性干酵母2克，盐2克，清水240克。

3）调制方法：活性干酵母放在碗内，加入不高于30℃的温水化开。面粉、淀粉、盐放在盆内和匀，加入清水调匀，加入化开的活性干酵母调匀，最后加入食用油调匀。静置10分钟便可使用。

4）起发原理：酵母在脆浆里进行有氧作用，把脆浆里的单糖分解成二氧化碳和水，这些二氧化碳气体会因受热而膨胀，从而使脆浆起发。

脆浆调制要领如下。

1）水量要合适。

2）不能调出太强的面筋，否则会影响起发。

3）调好的浆要匀滑，浆中不能有粉粒。

4）每次使用前先要搅匀，并且要检查质量是否符合要求后方可使用。

5）油量过多成品会过于松散不成型。

脆浆的使用要求如下。

1）脆浆适用于炸法。

2）原料要求不带硬骨，裹上脆浆便可下锅炸制。

3）浸炸时间要足够，否则不耐脆。

4）成品要求起发，有光滑的表面。

5）成品需配上淮盐、噫汁为佐料。

2. 窝贴浆

窝贴浆的成品要求是外酥香酥脆，内嫩，微起发，色泽金黄。调制工艺如下。

上窝贴浆

1）调制须知：窝贴浆用淀粉和蛋液调成，用于光滑原料时宜稠些。

2）原料：鸡蛋液100克，干淀粉100克。

3）调制方法：两者混合调匀至没有粉粒便可使用。

4）调制要领：用蛋黄调制的窝贴浆煎制时要用偏猛的火力，根据原料情况灵活调节稀稠度。

5）使用：用于窝贴菜式。上浆时先分别与腌制好的原料拌匀，把肉排放在撒有干淀粉的盘上，撒上少许火腿末或榄仁末，再铺上已上浆的肉料。下锅煎制时先煎带肥肉的一面。

3. 蛋白稀浆

蛋白稀浆的成品要求色泽浅金黄，外酥脆内干香，外表略有透明感，有珍珠泡。调制工艺如下。

上蛋白稀浆

1）调制须知：蛋白稀浆由蛋清和水淀粉调成。由于蛋清胶性较强，若用干淀粉调制不易调匀，故用水淀粉。水淀粉为不滴水的板结状。淀粉用于支撑蛋泡，使其酥脆。

2）原料：蛋清100克，板结水淀粉50克。

3）调制方法：先用筷子将蛋清抽打至散，稍静置，撇去蛋泡，加入水淀粉调匀便可使用。

4）调制要领：

① 蛋清要打散，静置后再撇蛋泡。

② 水淀粉不能滴出水。

5）使用：蛋白稀浆用于炸法。待上浆的原料先拍上少许干淀粉，然后再挂上蛋白稀浆，随即下锅炸制。

4. 脆皮糖水

成品要求是皮色大红，皮质酥脆，滋味甘香。调制工艺如下。

1）调制须知：使成品色泽呈现大红色的是糖，为了使食物的表皮酥脆须选用麦芽糖。

糖水中的醋和酒能增加成品的香酥度。

2）原料：麦芽糖20克，浙醋15克，绍酒10克，干淀粉15克，热清水25克。

3）调制方法：用热清水把麦芽糖化开，加入浙醋、绍酒、干淀粉和匀便成。

4）调制要领：上面的调料用量是用于制作一只脆皮鸡的分量。用于制作脆皮大肠时，要增加醋的分量及减少淀粉的分量。

5）使用：脆皮糖水用于炸法。用白卤水将鸡浸至九成熟，抹干表面油，涂上脆皮糖水，晾干。用于制作脆皮大肠时先将猪肠滚烚，放进白卤水内浸卤入味再涂上脆皮糖水，晾干。

5. 蛋浆

成品要求是香酥、色泽金黄。调制工艺如下。

1）调制须知：蛋浆主要用蛋液及干淀粉调成，必要时可加入少量清水。

2）原料：蛋液100克，干淀粉80克。

3）调制方法：把蛋液加进干淀粉中调匀即可。

4）调制要领如下。

① 可用蛋黄，也可用全蛋调制。

② 蛋浆必须搅匀，不可有粉粒。

③ 稀稠度根据原料情况灵活调节。

5）使用：蛋浆既可用于煎，也可用于炸，既可用作某一个菜肴的主浆，也可用作某个菜肴的过渡浆。

8.3.3 上粉

上粉是一种原料依次沾上各种粉类的工艺，在这里"上"是沾上或裹上的意思。上粉的关键在于沾粉的先后次序。在粤菜中沾粉也叫拍粉。本节工艺均以粉类命名。

1. 干粉

1）上粉方法：净料加入调味料拌匀后在其表面拍上干淀粉。

2）工艺要求与操作要点如下。

① 上粉后的原料表面均匀地拍上干淀粉，既不可露肉，也不可太厚。

② 上粉后即可下锅炸制。但是炸制前表面的干淀粉应略为吸水回潮再下锅，以免淀粉脱落。

③ 主要适用于炸鱼、焖鱼。

3）成品特点：成品色泽金黄，外表酥脆。

上干粉

2. 酥炸粉

酥炸粉俗称湿干粉，比较常用。

1）上粉方法：净料加入调味料拌匀后，先加入水淀粉（如果原料表面较湿润，则拌入干淀粉为好）拌匀，再加入蛋液拌匀，最后在表面拍上干淀粉。酥炸粉上粉工艺流程如下：

　　净料调味──→拌水淀粉──→拌入蛋液──→拍干淀粉──→炸制

上酥炸粉

2）工艺要求与操作要点如下。

① 上粉后的原料表面均匀地裹上酥炸粉，厚薄适度，若有花纹的，花纹应清晰呈现，不粘连。

② 原料下锅炸制前，表面干淀粉应适当吸水回潮才能下锅炸制。

③ 上粉前应沥干水。

④ 蛋液不宜太多，以能被原料吸收不多余为度。

⑤ 遇有花纹的原料如菊花鱼、菊花鳝等，应仔细上粉，花纹间不能相互粘连。

⑥ 此法适于糖醋咕噜肉、糖醋排骨、西湖菊花鱼、五柳松子鱼、酥炸肫干、酥炸菊花鳝、碎炸仔鸡等。

3）成品特点：色泽金黄、光亮、香酥，略有膨胀。

3. 吉列粉

1）上粉方法：净料拌味后先拌入蛋液或蛋浆，然后拍上面包糠。吉列粉上粉工艺流程如下：

上吉列粉

2）工艺要求与操作要点如下。

① 面包糠须粘牢固、均匀，不脱落。

② 吸水性强的净料拌净蛋液；吸水少、表面光滑的净料，如鱼肉、肥肉等拌蛋浆或稀蛋浆为佳。

③ 上面包糠后须用手轻轻按压，以使面包糠粘牢。

3）成品特点：色泽金黄，松酥干香。

4. 半煎炸粉

半煎炸粉的调制工艺如下。

1）上粉方法：净料调味后加入鸡蛋和干淀粉拌匀，再拍上干淀粉。最后拍的干淀粉也可以省略。半煎炸粉上粉工艺流程如下：

净料腌制调味——→拌鸡蛋液——→拌入干粉——→拌匀——→拍干粉——→煎制

上半煎炸粉

2）工艺要求与操作要点如下。

① 浆粉的厚度要足够，若最后不拍干淀粉，则拌入的干淀粉应多些。

② 上粉前应沥干净料的水及汁液。

③ 拍干淀粉与不拍干淀粉效果不同，拍干淀粉的比较焦香，但色泽、观感、工艺速度等较差；不拍干淀粉的成品外表较平整、色泽金黄、上粉速度快，对油的洁净度影响小，但焦香感不及拍干淀粉的。

④ 此法适用于猪扒、鸡脯、软鸭等菜式。

3）成品特点：色泽金黄，气味焦香，外形扁平，外酥内嫩。

5. 脆炸粉

上脆炸粉有点特别，需要预先调好再上，上粉后直接炸制。调制工艺如下。

1）调粉方法：面粉50克，淀粉50克，粘米粉50克，糯米粉50克，发酵粉10克。混合拌匀就成脆炸粉。

2）上粉方法：潮湿原料直接裹上干的脆炸粉。

3）工艺要求与操作要点如下。

① 裹粉要均匀。

② 裹粉后待脆炸粉稍回潮再炸效果会更好。

③ 也可以加水调成糊状再裹原料炸制，成型有膨胀状，口感更加酥松。

4）成品特点：口感酥脆或松酥，原料本味保存较好。

8.3.4 拌粉

1. 拌水淀粉

1）方法：拌水淀粉是把水淀粉拌到肉料中。水淀粉中的含水量须视原料的湿润程度灵活调节，一般情况下水淀粉中淀粉与水的比例约为2:1，若原料比较干，则加大水淀粉中的水分含量；若原料带水较多，则应直接拌干淀粉。

2）工艺要求：原料拌水淀粉后水淀粉能轻易附在原料表面不滑落，表面应润滑不粘连。

3）作用如下。

① 肉料拌水淀粉后，加热时水淀粉先受热糊化形成浆膜，从而避免肉料直接接触热油热水而过度受热变色，使肉料色泽鲜明、洁净。

② 浆膜能防止肉料水分排出过分，保持肉料的嫩质感。

③ 浆膜本身就是一种柔滑的物质，能提高肉料的柔滑感。

④ 浆膜附在肉料表面，填补肉料因成熟后收缩呈现的凹凸肉纹，使肉料显得滑润、油亮和饱满。

2. 拌蛋清湿粉

1）方法：先拌入蛋清，再拌水淀粉。水淀粉的水分含量应适当减少。

2）工艺要求：蛋清与水淀粉必须融合均匀，其余要求与拌水淀粉相同。

3）作用：能使肉料泡油时易于在油中迅速分散，均匀受热，肉料成熟后更油亮、洁白。

8.4 原料烹前造型的基本工艺

原料烹制前的造型是成品艺术造型，是呈现美感的起点。造型的工艺很多，本节只介绍常用的、主要的工艺。

8.4.1 包

1. 工艺方法

用软薄的原料将主料（大部分是馅料）折叠包裹的方法称为包。软薄原料有腐皮、薄饼、油皮、糯米纸、蛋皮、铝箔纸、玉扣纸、棉纱纸等，馅料可以是蓉状、丝状、碎粒状或条块状。

2. 工艺要求

1) 形状多为长方形，要求整齐划一，不露馅。

2) 除铝箔纸外，一般要求包得比较紧密结实。

3. 实例

1) 三丝卷。铺开薄饼，面朝上，放上馅料。先折起两侧的薄饼，使长度合适，靠身一面折起，余下一面抹上面浆后覆盖过来，使宽度合适，包紧。

2) 奇妙海鲜卷。用糯米纸包，方法与三丝卷相同。

3) 糯米纸包鸡。以鸡条为馅料，用糯米纸包，方法与三丝卷相同。

4) 锡焗排骨。以排骨块（已调味腌制）为馅料，用铝箔纸包裹，方法与三丝卷基本相同，但不必沾面浆，不需包太紧。锡焗鲈鱼是将铝箔纸折成兜形，放进处理好的鲈鱼包好。

海鲜卷

5) 东江盐焗鸡。用抹了油的棉纱纸把腌好的鸡包裹起来，方法与三丝卷相同，但不用抹面浆。

8.4.2 穿

1. 工艺方法

将原料切成条形，插进另一种原料原有的或人工造出的孔洞中，使它们成为一个整体的造型手法称为穿。

2. 工艺要求

1) 穿进的原料要牢固。

2) 两种原料的形状、大小、长短、颜色应协调美观。

3. 实例

1) 穿鸡翅。取鸡翅除翅尖外的两节，剁去骨节，脱出中间翅骨，洗净腌制。取菜软穿进脱骨后留下的洞里。熟鸡翅穿法相同，不能翻转腌制。作穿料的除笋条、火腿条外，也可用菜软、菇条、叉烧条等。

穿鸡翅做法1

穿鸡翅做法2、穿田鸡腿

2) 穿田鸡腿。脱出田鸡大腿的骨，穿法与穿鸡翅相同。

3) 穿朊片。鹅朊去衣后横片出双飞片，用刀尖在接口处戳两个小孔，穿上条状原料。笋条、菇条、叉烧条、菜软等均可作穿料。

4) 穿爽肚。方法与穿朊片相同。

8.4.3 卷

1. 工艺方法

用形薄、质软的原料把丝条形、薄片形原料或絮状原料卷成筒状的造型手法称为卷。

2. 工艺要求

1) 成品必须紧密结实不松散。

2）形状大小均匀。

3）按用途决定大小、粗细的规格。

4）若成品需剖开展示的，内部原料应注意颜色相间、排列整齐。

3. 实例

1）鱼卷。鱼肉切双飞片，加入盐拌至起胶。在净盘上撒少许干淀粉，鱼皮朝上摊开放在盘上，把火腿条、菇条、笋条横放在鱼肉上卷起，使火腿条、菇条、笋条在中心。

2）肉卷。方法与鱼卷基本相同。

鱼卷

3）冶鸡卷。把肥肉片成约 15 厘米×20 厘米×0.1 厘米的薄形片，加入盐、汾酒腌制，瘦肉片成厚片，加入盐、味精、酒和淀粉腌制。将咸蛋黄搓成长条形。把肥肉片摊开，先铺上瘦肉片，约占肥肉一半的宽度，靠边铺上咸蛋黄条，卷成圆条状，蒸熟。

4）蛋皮卷。将鸡蛋液煎成薄的蛋皮，摊开，均匀撒上少许干淀粉，抹上一层鱼青，最后放上一条搓成长条形的咸蛋黄条，卷起，蒸熟。若夹进紫菜片，切面层次会更分明。也可用虾胶为馅料。

蛋皮卷

8.4.4 酿

1. 工艺方法

将蓉状馅料填在另一原料的空穴中，使之成为一件完整、美观的造型原料的造型手法称为酿。空穴主要指原料的内孔或凹面。

2. 工艺要求

1）酿馅应饱满微凸。

2）造型美观，符合设计要求。

3）酿馅牢固，不轻易脱落。

3. 实例

1）酿辣椒。将辣椒（可用圆椒或尖椒）洗净剖开，去籽，切改成略呈圆形，在凹处拍上少许干淀粉，填进肉馅（鱼青、鱼胶、虾胶、猪肉馅均可），用手抹匀，使肉馅微凸，造型呈圆形。尖椒一般对半切开，酿成尖椒形。

酿辣椒

2）酿苦瓜。洗净苦瓜，切段，去瓤，焯过，挤干水分，在内孔壁上拍少许干淀粉，填进肉馅（随意选用），抹至两端微凸、平滑，呈圆柱形。

3）酿冬菇。冬菇滚煨后吸干表面油和水，在菇伞底部拍干淀粉，酿上肉馅，抹至光滑，呈岛形。

4）酿鱼肚。鱼肚改切为长方形，滚煨，吸干水，在酿面拍干淀粉，抹上虾胶，抹至平滑、整齐，呈长方形。

5）酿鸭掌。滚熟鸭掌，拆去掌骨与胫骨，滚煨，吸干水。在去掌骨的一面拍干淀粉，抹酿上虾胶，抹至光滑，呈琵琶形。

6）酿虾扇。取虾肉留尾，加入干淀粉，捶成扇形，酿上肉馅，呈扇形。

7）酿笋夹。将笋改成笋花，切双飞件，滚煨，吸干水。在夹缝处拍干淀粉，酿上肉馅，抹至平滑，呈半月形。用鲜笋、茭白均可。

8）酿竹荪。方法与酿鱼肚相同，呈长方形。

9）酿鲮鱼。起出鲮鱼肉，得到连着头尾的完整外皮。鱼肉剁烂，加入调料拌成鱼胶，加肉胶及配料拌匀成肉馅，酿回鱼身内，整理好，呈鱼形。

10）酿明虾。剪去明虾足、水拨、虾枪，挑出虾肠，在腹部顺切一刀，酿入肉馅，抹平，呈虾形。

11）百花鸡。起出原只鸡皮，在鸡皮上戳若干小孔，拍干淀粉，抹上虾胶，抹成方块，放在碟上，或固定在竹箅子上。头及翅、腿关节保留，用于成品造型。

12）酿鲜菇。方法与酿冬菇相同。也可把虾胶酿进半边鲜菇里，制作成秋蝉形。

酿鲮鱼

8.4.5 挤

1. 工艺方法

蓉状馅料置于手的掌心中，用指、掌挤压，使馅料从"虎口"挤出，用汤匙挖出成型的造型手法称为挤。挤成的馅料形状有圆球形、橄榄形、鸡腰形等。

挤

2. 工艺要求

1）成型大小均匀，表面圆滑，形状美观，规格适度，便于食用。

2）直接用油加热烹熟的挤于油内；用水加热烹熟的挤于水内（挤后要尽快加热），用蒸加热烹熟的挤于盘上或蒸笼内，只排一层，以防变形和相互粘连。

3. 实例

1）挤虾丸、鱼丸。将虾胶或鱼胶拌至起胶后，挤成圆形，每颗重约10克。

2）挤鱼青丸。将鱼青拌至起胶，挤成橄榄形，每颗重约7克。

8.4.6 贴

1. 工艺方法

两种原料上浆后叠成整齐的整体的造型手法称为贴，也可称叠。

贴

2. 工艺要求

1）上下两件原料要叠正。

2）要考虑肉料熟后的收缩方向，防止原料熟后贴面分离。

3）原料贴后应放在有干淀粉或有油的盘上，以方便下锅。

3. 实例

1）贴鱼块。参见窝贴浆的使用。

2）贴明虾。参见窝贴浆的使用，虾留尾。

3）鲈鱼夹。贴法与贴鱼块基本相同，但鱼肉与肥肉之间不撒火腿蓉，而在鱼肉面上贴一片小的火腿片。

8.4.7 按

1. 工艺方法

蓉状馅料先挤成稍大的丸子，再用手掌按压成扁圆形的造型手法称为按或压。

2. 工艺要求

1）成型原料大小均匀、厚薄一致。
2）成型后应排放好，不能互相粘连。
3）成型后可放在盘上、蒸笼里、油里或水里等。

3. 实例

1）虾脯。将虾胶挤成大丸子，重约 20 克，用手将其稍按，使其成扁圆形。
2）香麻鱼青脯。将鱼青挤成约 15 克重的大丸子，放在净白芝麻上，沾上芝麻，再按压成扁圆形。

按

8.5 排菜

8.5.1 排菜的含义

排菜就是对菜品生产加工的安排。具体来说，包括宴席上菜次序的安排和成套菜品加工的统筹安排两个方面。无论哪方面的排菜都必须做到科学合理。

8.5.2 合理安排宴席上菜的意义

合理安排宴席上菜指正确的上菜次序和恰当的上菜节奏。宴席上菜次序必须符合人们进食时口味的变化，符合风俗习惯，符合礼仪；上菜节奏必须符合就餐者的需要，这才叫合理安排。合理安排上菜有以下意义。

1. 满足宾客的味觉享受

人在进食不同种类味道食品的时候，会受到味道的种类、引起味觉的先后顺序、味性的强弱等因素的影响，会产生不同的味感。合理排菜要充分考虑不同味道转换的效果，使宾客进食时始终保持对菜肴味道的满意。

2. 保证宴会气氛不受影响

上菜节奏过快，让人有"赶"的感觉，对美味也缺乏时间欣赏，而上菜节奏过慢，则会使气氛变冷，也让人觉得菜肴缺乏丰盛感。

3. 确保菜品上席质量

如果上菜的节奏过快，为了不影响宴席上的气氛，服务人员只好暂缓把做好的菜品送上席。这样，菜品便无法在质量最佳状态下供宾客品尝。

8 食材烹前预制工艺

4. 能使生产供应秩序良好

不同批次客人的菜肴要间隔上菜,这既满足了上菜的节奏要求,又解决了生产的紧迫性问题。

5. 提高生产效率

合理安排上菜次序能够避免因催菜而打乱生产供应秩序,生产工人(如打荷)熟悉合理排菜的技巧就能相互照应、相互配合,提高生产效率。

8.5.3 合理安排宴席上菜的一般原则

最需要合理安排上菜秩序的是宴席。宴席上菜应该遵循以下原则。

1. 注意宴席上菜的先后次序

宴席上菜的先后次序一般是先冷后热,先咸后甜,先菜后点,先炒泡后煎炸,先清爽后浓郁,先优质后一般。酸甜味菜品不宜太早上席。

2. 注意菜品的色、香、味、形、主料、烹调方法的间隔

上菜时应尽量避免因同类菜品连续上席而造成菜式单调的感觉。

3. 根据客人进餐情况及客人要求控制好上菜的节奏和速度

一般来说,档次高的宴席上菜节奏宜慢一些。

4. 注意同类菜肴是否可以合烹

同类菜品安排合烹能提高生产效率,加快供应速度,但以下情况不适宜合烹。

1)未到上菜时间的菜品不可合烹。
2)有特殊口味要求(偏辣、偏咸、偏甜等)的菜品不应合烹。
3)数量过多时不能合烹。
4)名贵菜品不宜合烹。
5)制作易、分开难的菜品不要合烹。
6)不同饮食习惯的菜品不得合烹。

8.5.4 成套菜品加工的统筹安排

古人说:治大国若烹小鲜。治理国家为什么能够与烹调菜品相提并论?因为两者都涉及同一个问题:平衡各方面的关系。在日常餐饮生产、宴席制作和烹饪竞赛中必定遇到菜品加工制作的先后次序问题,其中的各项工艺需要统筹协调。合理的统筹安排能够确保菜品质量、提高加工速度、减少耗用时间。统筹安排涉及时间规划、制作进度和合烹可能等三个技术理论。

1. 根据工艺性质和耗时合理规划操作的先后次序

在一批待烹的菜品中存在先制作和后制作、耗时不同等差别。初加工、腌制工序需要先进行,不提前进行会耽误后续工艺。炒制、油泡、煎制、炸制之类菜品需要后制作,太早制作会影响成品质量。炖品、煲汤、耐火肉料的烹制耗时长,炒制、油泡等耗时短,针对这些差别,操作时就要合理规划好烹调的先后次序,兼顾好方方面面,有条不紊地穿插或同步进行。

2. 根据实际情况准确判定具体的制作进度

实际的制作进度也是合理统筹安排的一个影响因素。生产设备的配置、各岗位人员的配合、加工技术的高低、原料加工的实际难易等因素都会影响烹调的实际进度。因此，在统筹安排操作时必须根据实际情况来判定具体的制作进度。

3. 恰当的合烹或分烹能在满足顾客个性化要求的前提下提高生产速度

生产人员在制作菜品时，常常会遇到不同客人点相同菜品的情况，这时就会出现相同菜品合烹还是不合烹的选择，同时还可能出现"能""不能""不应"的判断选择。

在非快餐饮食中，顾客大多数会点多款菜品，只要有两款以上菜品就存在菜品先上或后上的问题。这些日常问题也都归属于排菜。

关键术语

馅料；泡油；淀粉的糊化；淀粉的老化；小苏打；初步熟处理；烚；低温加热；淀粉上浆；酵母菌；有种脆浆；面包糠；上粉；急浆；包；穿；卷；酿；挤；贴；按；排菜。

复习思考题

1. 什么叫馅料？馅料分哪几类？馅料在烹调中有什么作用？
2. 简述虾胶、鱼腐制作方法、质量标准和工艺要领。
3. 八宝馅由哪些原料组成？
4. 初步熟处理的滚为什么要分三种？如何准确运用？
5. 鲜菇为什么要烚？
6. 初步熟处理的炸与烹调法的炸、干货涨发的炸有什么区别？
7. 肉料泡油应该掌握哪些操作要领？
8. 怎样调有种脆浆？有种脆浆的起发原理是什么？
9. 油脂在脆浆中起什么作用？试分析原理。
10. 影响酵母发酵的因素是什么？
11. 淀粉有哪些主要的物理、化学性质？
12. 蛋液在浆粉中起什么作用？
13. 肉料拌蛋清湿粉有何作用？蛋清湿粉主要用于哪些原料？
14. 烚、飞水、滚、煨四者有何异同？
15. 怎样烚芥菜胆、莲子、鲜菇？
16. 初步熟处理的滚与烹调法的滚有什么区别？
17. 怎样炸腰果、橄榄仁、马铃薯片、蛋丝？
18. 低温加热有哪些优点、缺点？
19. 怎样调发粉脆浆？发粉脆浆的特点是什么？
20. 原料烹制前有哪些造型基本工艺？试各举一例。
21. 合理安排上菜有什么意义？应遵循什么原则？

9 烹调的火候与调味原理

【学习目的与要求】

通过本章学习，了解烹调的基本含义和作用，掌握烹调过程中烹与调这两个关键环节的基础知识和操作要领，为学习各种烹调方法打下重要的基础。火候、味的种类、味间作用、香味、调味原则与方法、原料腌制、复制调味品，共是学习重点，味的种类、香的属性与分类、味间作用、原料腌制是学习难点。

【主要内容】

烹与调的概念
火候
调味

菜品的制作经选料、初步加工、切配、初步熟处理、造型之后便进入烹调工序。烹调是出成品、控制成品质量的重要环节，必须从理论和操作两方面同时掌握烹调技能。

9.1 烹与调的概念

9.1.1 烹的含义与作用

烹的原意是加热原料，通俗地叫作烧煮食物。在烹调工艺学中，烹是使生的原料烹熟的加热和使原料发生一系列复杂的物理、化学变化的加热。随着烹调工艺的发展，烹也指对熟制品的再加热。

烹起源于火的利用。古人在劳动实践中发明了钻木取火和击石取火的方法后，在日常饮食中逐渐养成熟食的习惯。"烹"便因此诞生。

把生的原料加热成熟的食物，对食物本身的滋味及食物的营养卫生都具有重要的作用。烹的作用归纳起来有以下几点。

1. 消除有害物质

食物原料在种植、养殖、加工、运输、保存等过程中都有可能受到细菌或有毒物质的污染，如果不加以处理就食用会危害人体的健康。烹是一种有效的杀菌方法，因为大多数的细菌和寄生虫在80℃以上的环境中都会死亡。由于肉料是传热的不良导体，肉料内部温度升高的速度与肉料厚度成反比，肉料越厚内部升温越慢。为了能够彻底杀死肉料中的细菌和寄生虫，应当随着肉料厚度的增加而延长加热的时间。一起烹制的肉料厚度应当一致。烹制时，应当恰当地翻动肉料使其均匀受热。不同种类的肉料应分先后下锅。

加热也会破坏或除去食物原料自带的毒性和有害物质。鲜黄花菜含有秋水仙碱，直接食用会发生食物中毒。这是因为虽然秋水仙碱本身无毒，但由于胃肠的吸收十分缓慢，进入人体后容易被氧化成有剧毒的二秋水仙碱。用沸水焯便可除去秋水仙碱；四季豆（玉豆、龙芽豆）含有能引起食物中毒的皂素（皂苷）和豆素（植物凝血素），经沸水焯并烹至熟透，皂素和豆素就被彻底破坏；鲜菇、菠菜、鲜笋等蔬菜含有草酸，而草酸遇到钙会生成不溶于水的草酸钙，用沸水焯或滚能够去除草酸。

2. 促使食物中的营养素被吸收

食物中的营养素能被人体消化吸收必须具备一个条件，那就是营养素应先转变成能被各种消化酶分解的形态。为了方便消化酶充分接触食物，就需要把食物粉碎成极小的微粒，甚至是糊浆。

烹在消化吸收的过程中是如何发挥作用的？首先，加热破坏了连接原料纤维组织之间的连接键或溶化纤维组织之间的黏液，使纤维组织变得松散，原料质地变得脆嫩软烂，易于咀嚼成微粒或糊浆，为消化吸收提供了前提条件。另外，食物中的各种营养素在加热过程中会发生变化，成为便于消化吸收的状态。蛋白质是一种结构紧密的高分子化合物，人体消化液中的蛋白分解酶也难以将其分解。但蛋白质分子在80℃以上温度时其结构与性质都会发生改变，这就是蛋白质的变性。蛋白质变性后便容易被蛋白分解酶分解为结构简单的物质——氨基酸，供人体吸收和利用。支链淀粉吸水加热可形成黏性很大的糊状物质，这就是淀粉的糊化作用。淀粉糊化后能够被淀粉分解酶分解，便于人体消化吸收。

加热也能使无机盐从食物原料中溶出或变成容易被人体消化吸收的状态。

3. 使食物中的香味透出

很多食物原料自身都含有能挥发香味的醇、酯、酚、有机酸等化合物，在常温状态下，它们的香味挥发量很少。在正式烹制前，许多原料特别是肉料带有的腥、膻、臊等令人不快的气味，其强度大大超过了香味的强度，这也是烹制前难以闻到香味的一个原因。

在烹制过程中，原料所含的芳香有机物受热挥发，香味就较容易被闻到。通过飞水、滚煨、煎炸等方法消除原料中的不良气味，能使香味更加突显出来。

烹还能使食物原料中的有机物质产生化学反应，从而产生香味。食物中的脂肪在长时间的烹制过程中会发生部分水解反应，生成脂肪酸和甘油，使汤汁具有香味。在烹制过程中如果加入了料酒，脂肪酸又与酒中的乙醇发生酯化反应，生成芳香的酯类物质。

单独加热糖类时，如炒糖色、煮糖胶，会生成很多呈香物质，主要有呋喃衍生物、酮类、醛类和丁二酮类等。糖类与氨基酸发生美拉德反应，能生成吡咯衍生物、呋喃衍生物及吡嗪衍生物等能挥发香味的物质。

4. 使各种原料单一的味混合成复合美味

任何物质中的分子都在运动，环境温度越高，分子运动就越激烈。原料中的呈味分子同样遵循这一原理。

每一种原料都有自己独特的味，在烹调以前各种原料的味是独立的。在烹制过程中，各种原料中的呈味分子受高温的影响而进行激烈的运动，从而产生渗透、扩散、碰撞融合等现象，形成复合美味。例如煲汤时，人们把多种原料放在汤煲内，加水后加热煲制，大约1个小时一锅美味的浓汤就煲成了。假如原料只放在汤煲内但不加热，汤煲里的原料是不会产生美味的，也不会有浓汤。

5. 使菜品的色、香、味、形、口感达到最佳的效果

菜品的色、香、味、形、口感是食用者评价菜品质量的外在特性。由于它们属于外在的性质，能被食用者看得见、品得到，因此，它们对引起食用者的食用兴趣起着决定性的作用。令原料变为色、香、味、形、口感俱佳的菜品成品，除凉拌、生吃菜品外，烹起着关键的作用。

糖在无水条件下加热会发生焦糖化反应。在反应过程中，随着温度的升高或时间的延长，糖的色泽会由无色朝淡黄、金黄、浅红、红色、大红、深红、紫红直至焦黑变化。利用这一原理，可以用炒糖色来调色，可以制作出色泽大红的脆皮鸡、烤乳猪、烧鹅等菜品；虾、蟹外壳所含的利咕红素受热会变红，使虾蟹色泽鲜红；青菜中的叶绿素经恰当加热会显得翠绿；糊化后的淀粉若稀稠合适，与油脂充分混合后便会形成油润光亮的糊状物，利用这种糊状物作芡，包裹原料，能使菜品油亮新鲜。

肌肉组织中的肌纤维在不同温度作用下会发生程度不同、方向不同的收缩，使原料受热变形。巧妙地利用这种变化就可以获得美观的菜品形状。例如菊花形的菊花鱼，松子形的松子鱼，菊花形的肾球，花球形的虾球，麦穗形、宝塔形、金鱼形、花朵形的鱿鱼块，还有鱼卷、肉卷等，都是烹对食物原料的形状起美化作用的实际应用。此外，在鱼胶中加入膨胀材料，加热后也能形成各种特别的形状。

由于烹对原料有变形作用，因此要掌握原料在加热过程中形状的变化规律，正确处理原料的刀工形状，以便使原料成形并符合菜品的设计要求。例如鱼球，通常刀工成形的鱼球呈标准规格的长方形。这个规格是针对新鲜鱼肉来确定的。在实际应用中需要根据鱼肉的不同情况微调规格，因为不同种类的鱼球受热后顺纹、横纹收缩程度并不一致，新鲜鱼鱼球与冰冻鱼鱼球收缩程度有较大差别。种类或大小不同的鱼成熟后的收缩程度亦有微小的差异，因此在进行刀工成形时要顺应它们的变化规律，才能使成品美观。

蛋白质受热变性后可凝固，液态的蛋液加热后会变成固态，利用这个特性可以做出各种

各样的鸡蛋菜品。

口感主要包括质感和温感两个方面。烹对食物形成良好口感的作用是非常明显的。虾胶、鱼胶的烹前状态是黏稠的胶状物,只有将它们烹制成熟,才能具有爽滑有弹性的口感。

9.1.2 调的含义与作用

调是指调和滋味及原料调配。调和滋味简称调味,是调的狭义概念;原料调配包括菜品原料的组配、原料的复合造型以及原料组合等。原料调配将直接或间接地影响到菜品的滋味,属于调的广义概念。调对菜品制作有以下重要的作用。

1. 去除异味

很多动物性原料由于生活环境、食料、成熟期等原因多带有各种令人不快的异味。生长在水里的鱼有腥味;牛、羊肉带膻味;禽类肉有臊味;田螺、鳝鱼有泥味等。这些异味通过清洗、加热处理可以去除一部分,但是很难彻底消除。彻底消除的有效方法是在清洗、加热处理的基础上进行恰当的调。在烹制中加入盐、糖等调味品,加入姜、葱、蒜、香料、绍酒、麻油等含特殊香味的调料能消除或掩盖异味,使菜品呈现美味。

2. 增进美味

食物原料本身有一定的滋味。随着人们对菜品美味的要求日益提高,原料本身固有的滋味远远不够。为了使菜品美味可口,需要通过各种调的工艺,加入合适的调味品来增强原料的滋味。例如通过炖的方法使缺乏鲜味的海参吸收鲜汤中的鲜味变得滋味鲜美;通过滚煨的方法使鲜菇、鲜笋、鱼肚带上鲜香味;通过腌制的方法使虾仁、虾球、爽肚、牛柳、姜芽等原料不仅有内味而且改善了质感;打虾胶、鱼胶时调入适量的盐,不仅能使虾胶、鱼胶有咸味,而且能增强稠度和黏性,使熟品爽滑有弹性。

3. 确定口味

调味是菜品烹制过程中的一个重要环节,这一环节能最终确定菜品的风味。

中国菜的技术理论提出"味为之本",也就是说,在中国菜的范畴里滋味是菜品的根本。凡是供食用的菜品味道必须适口。味道不好菜品的制作就失败了。因此,调具有确定口味的作用。粤菜菜品味型很多,浓淡各异,粤菜调味的方法也有多种,每种方法的作用、效果各不相同。

4. 满足营养

食物原料中含有营养素,供给人体营养。但是,每一种原料所含的营养素是不尽相同的,甚至有极大的差别。因此,不同的原料所产生的营养作用是不同的。例如肉料、蛋品是人体所需的蛋白质的主要来源,维生素C则主要由蔬菜提供。

要使一道菜品、一桌宴席的营养素含量比较丰富,营养作用比较全面,符合膳食平衡要求,可以通过调配原料来达成。

5. 丰富菜品的色彩

丰富菜品的色彩具体体现在用调味品调色和利用原料自身色彩进行调配两个方面。

用调味品调色是丰富菜品色彩的常用方法。用盐、糖、味精等无色调味品调味,能保持原料固有色泽，令菜品有清鲜的感觉；浓郁的菜品通常应调以较深的颜色，例如用老抽、糖色来调色；有些风味独特的调味品不仅味道独特，色泽也独特。例如南乳是红色的，豆豉是黑色的，酱油是酱红色的，豆瓣酱是酱黄色的，蚝油是浅酱红色的，咖喱是浅黄色的，茄汁是大红色的等，如果以这些有色调味品调味，菜品就会呈现调味品的独特色泽，否则，食用者在视觉上就难以认同菜品具有该调味品的风味。让菜品呈现某种独特色彩的有效方法就是调，用有色调味品调色。

6. 变化菜品的构成

调是一种主观的行为，无论是调味还是菜品原料、宴席菜品的调配，都是由人按某种想法去操作的。菜品的构成是指菜品质的构成和量的构成。所谓质的构成是指组成菜品的原料品类、原料档次和比例等；量的构成是指组成菜品的原料品种数和重量。菜品的构成可以由菜品的制作者和设计者按照个人的构思、想法或服务对象的要求进行变化调整。调，可以使菜品得以创新。

9.1.3 烹调的含义与意义

由烹与调的含义可以知道，烹调是制作菜品的专门技术，是指运用各种工艺技术制作菜品的一般过程。在这一过程中，烹与调既相互区别又紧密相连。烹与调的含义与作用是截然不同的，但是，在制作菜品时烹与调又必须相互配合、共同作用，方可烹制出高质量的菜品。从烹调的狭义概念即烹制来说，烹调对菜品成品有以下重要的意义。

1）烹调过程是热菜制作的最后一个环节，是菜品质量形成的最后一道关口。这一关把不好，菜品制作将前功尽弃。

2）烹调过程对菜品的色、香、味、形、口感都有极大的影响，可以说，烹调过程是菜品特性形成的关键。

3）烹调过程是使菜品多样化的一个重要手段。运用不同的烹调方法，施以不同味型的调味品，就会形成不同的菜品风味。粤菜烹饪中有众多的烹调方法，使粤菜菜品丰富多彩，令粤菜获得百尝不厌的声誉。

烹调是具有高度技术性、艺术性、科学性的工艺技术，是烹饪工艺学研究的重要内容。烹调技术是选择菜品原料进行加工切配，运用加热和调味的综合方法制成菜品的一门专门技术。学习烹调技术必须掌握原料的选用、原料的加工切配、调味、火候运用、掌勺、装盘造型等基本技能。

9.2 火候

把原料烹调成可口的菜品离不开火。由于菜品原料种类繁多、特性各异、形态多样，而菜品的风味又千姿百态，因此，要顺利地把各种各样的原料烹调至恰当的熟度、嫩度、脆度、爽滑度、芳香度，形成美观的形态、色泽等，正确运用火候是关键。若不能正确运用火候就难以呈现菜品良好的风味。火候的变化会带来菜品风味的变化。

9.2.1 烹调的热源

热源广义上指的是热能的来源。从烹调角度来看，热源是指能够为烹调食物提供热能的装置或物体。

热源有多种分类，热源分类的目的是为了广泛了解热源的种类、特性及其应用情况，以便烹调时选用合适的热源。

1. 按热源所使用的燃料（能源）分

（1）以木柴为燃料的炉灶　这种炉灶是最早出现的烹调热源。它的优点是结构简单、制作容易，但缺点也很多。首先，这种灶在使用中需要频繁地添加木柴，因此，炉灶产生的热量极不稳定；其次，炉灶使用中会产生烟灰、炉灰污染环境；其三，木材是用途广泛而再生十分困难的自然资源，用作燃料不合理。因此这种炉灶已逐步淘汰。

（2）以木炭为燃料的炉具　木炭由木材烧制而成。炭炉的优点是热量产生较稳定，热量分布较均匀，容易点燃，上好的木炭具有原木的香味等。它的缺点是存放木炭的地方脏、木炭保管存在安全隐患，炉灰污染环境，需要消耗大量木材，不利于保护生态环境。因此，炭炉属于逐步减少的炉具。目前以木炭为燃料的炉具有烧烤炉、火锅炉等。

（3）以煤为燃料的炉具　煤的热值高、热量大、燃烧时间长，常用于炒炉、蒸炉、煲汤炉。煤的缺点有燃烧时会产生大量一氧化碳（CO）等有害气体和粉尘、炉灰，污染环境；煤燃烧时需要空气助燃，输入空气的鼓风机噪音大；煤炉点火比较麻烦，火力调节不太方便等。为了保护环境，提高居民的生活质量，在人口密集的城市里煤炉已基本被淘汰。

（4）以油料为燃料的炉具　包括柴油炉、煤油炉。这类炉灶的优点是点火、调节都较方便，热值也高，热量大。由于柴油炉使用方便，因此，它是替代煤炉的第三代烹调炉具。柴油炉的缺点是燃烧时会产生有害气体和黑烟，造成环境污染。为了保护环境，普通的柴油炉已逐步淘汰，环保柴油炉的研究已有初步成果。煤油极易点燃，但存在着安全隐患，所以不用于大型炉具。

（5）以气体为燃料的炉具　可用作燃料的气体主要有天然气、液化石油气和煤气。燃烧气体所产生的有害物质和废料极少，被称作清洁能源。这些气体燃烧的热值高，辅助空气足够时热量较大，点火和调节都极为方便，因此，燃气炉具正逐步取代普通燃油（柴油）炉具。燃气炉具既可用做小型炉具，如家庭燃气炉（猛火炉、红外线炉）、燃气热水器、火锅炉等，也可用于大型炉具，如炒炉、蒸炉、烤炉、锅炉等。

可燃气体具有易燃易爆的危险性，使用时必须注意安全。

1）液化石油气钢瓶应置于通风良好的地方，严防日晒，不可在钢瓶周围堆放可燃物。

2）气瓶堆放不能过高，不能倒放和卧放。

3）气瓶不得接近电源、火源和热源。

4）气瓶与炉具距离不得少于1.5米，连接气瓶与炉具的软管不能长于2米。

5）严禁对气瓶进行加热，如烤、烫、烧等。

6）装运气瓶时应使用抬架或搬运车，不能撞击、拖拉、摔落、滚动。

7）不可自行清倒瓶内残液。

8）如果发现燃气有漏气现象，应立即关闭炉灶开关和燃气阀门，切断气源，迅速打开门窗通风。使用气瓶的要立即把气瓶转移至安全地方。处理过程中应戴上防毒面具。

9）若室内有漏气现象，绝不能点火，也不能打电话、开关电闸，应迅速切断气源，打开门窗通风，待气体散尽并在安全检查后才可点火。

10）炉具使用后一定要关紧通气的阀门。

（6）以电为能源的炉具　以电为能源的炉具与以上炉具不同的是发热形式不是用明火。目前利用电的发热形式主要有以下四种。

1）将电能转换成超高频（目前使用的是915兆赫和2450兆赫两种）的电磁波，即微波。微波波长很短，但能量很大。当微波通过食物原料时食物分子在高频磁场中发生剧烈的转动振动，分子间相互碰撞、摩擦而产生热能。剧烈的运动产生了大量的热能，食物通过自己产生的热能加热，由内往外烹熟。应用炉具有微波炉。

2）将电能转换成远红外线，利用远红外线发出的热能对原料进行加热。应用炉具有远红外线烤炉。

3）利用电热元件将电能转换成热能，对食物原料进行直接或间接加热，这种形式目前应用较广，应用炉具有煎锅、蒸炉、油炸炉、焗炉、烤炉、光波炉、电饭锅、热水炉等。

4）利用电磁感应发热来加热原料。其原理是把金属锅的锅底置于与感应线圈相对应的位置，当感应线圈通过25～30兆赫的高频电流时便形成一个不断变化的交变磁场。磁场中的磁力线穿过锅底产生感应电流（涡流），涡流使锅具铁分子高速无规则运动，分子互相碰撞、摩擦而产生热能，使温度迅速升高，获得烹调所需的热量。应用炉具为电磁炉。电磁炉的炉面有平面形和凹面形等几种，锅具务必使用铁质、特殊不锈钢或铁烤珐琅等材料，锅底形状必须与炉面吻合。

以电为能源的炉具其发热形式不是燃烧，具有环保、易于调节控制、效率高等优点。

（7）其他炉具　烹调上还会用酒精、蜡等为燃料，这些炉具一般较小，多用于餐桌上供客人使用。

2. 按热源的发热形式分

（1）明火炉具　明火炉具靠燃烧燃料发热。燃烧产生的火焰会依燃料的不同呈现不同的颜色。木柴呈现黄色；木炭呈现红黄色；煤和柴油呈现黄白色，亮度大；燃气主要呈现蓝色火焰。明火炉具通过调节火焰的大小及颜色来调节发热量。

（2）无明火炉具　以电为能源的炉具均是无明火炉具。无明火炉具通过调节控制板调节发热量。

（3）半明火炉具　用燃气烧热耐热石块或传热板（网），再由石块或传热板将热能辐射给食材或产生红外线的炉具。

3. 按热源的形体分

（1）大型炉具　大型炉具用于生产。

（2）小型炉具　小型炉具主要用于餐桌上供客人使用。

作为烹调的热源应当满足以下几个条件。

（1）提供足够的热量　能够满足不同菜式对火力的要求。

（2）便于调节　不同的烹调方法、不同的菜式或同一菜式的不同烹制阶段对火力都有独特的要求，同时大多数菜式的烹制时间相当短促，所以，要求热源有灵敏、方便的供热调节系统。

（3）污染少　生产部门卫生状况的好坏直接关系菜品的质量和食用者的健康，因此烹调热源在供热时应尽可能少产生有害物质，噪声亦要求越小越好。

（4）使用方便　既能减轻使用者的劳动强度，又能满足复杂的工艺过程的需要，热源应方便使用。

（5）能耗低　热源设计应科学合理，能源消耗少，供能效率高，能充分利用能源。

（6）安全　热源应符合使用安全的要求。在正常情况下，若按操作规程使用不应发生人身安全或消防等事故。热源的安全性应符合国家相关标准。

9.2.2　传热的方式

烹调过程中，热源通常以传导、对流和热辐射三种基本传热方式向食物原料传递热能。

1. 传导

传导也称热传导，是指物体各部分无相对位移或不同物体直接接触时，依靠物质分子、原子及自由电子等微粒的热运动而进行热能传递的现象。在烹调中，单纯的传导只发生在固体中，如热能从锅的外壁传到内壁，从灼热的锅体传到相接触的原料，从食物原料的外表传到内部等。热量传导的速度与物体两端的温度差成正比，与物体的厚度成反比，与物体导热能力相关。大多数食物原料，特别是肉料，本身的导热能力很差。实验显示，一块重约1.5千克的牛肉块放在沸水中煮了1.5小时后内部的温度才62℃；一只3千克左右的火腿放在冷水锅中加热，当水温达到100℃时，火腿表面亦达到100℃时，火腿内部温度才25℃左右。因此烹制时要注意以下几点。

1）运用猛火短时间加热原料使其成熟时，原料的形状宜小一点或薄一点。如果原料不能小也不能薄，应尽量在原料表面剞花刀，让热能容易传入。烹制大块的肉料必须加热较长时间。为了使内外受热程度一致，外部温度不宜太高。

2）为使锅内原料均匀受热，应恰当地翻动它们，使原料都能接触热锅。煎制时应注意翻转锅内原料，使其能够均匀受热。

3）热能传到原料内部是一个缓慢的过程。热能一旦被原料吸收，向外散发使原料冷却也是一个缓慢的过程。因此，在烹制过程中必须准确控制加热时间，充分预计热量在原料内部存留的时间及其产生的后果，以防原料过度加热。

2. 对流

对流是指依靠流体运动把热量从一处传到另一处的热传递现象。在烹调中，对流一般是指发生在水、油脂和蒸汽中的热传递。这些流体中的热部分和冷部分在流体内有序循环流动下相互掺和，使温度趋于平衡从而达到热能传递的结果。

在热水、热油或蒸汽通过对流方式把热量传递给食物原料，原料再通过传导方式把热量传递到内部使原料成熟的烹制过程中，对流和传导是同时存在的。这种对流和传导同时存在的过程叫对流换热。对流换热在烹制中普遍存在。

3. 热辐射

辐射是指物体以电磁波或粒子传播或发射能量的现象。由于热的原因而产生电磁波辐射来传递热能的现象称热辐射。热辐射的特点是不经过任何媒介物而直接传递。物体间辐射传热的实现是通过能量形式转换，即物体内能—电磁波能—物体内能，不需要冷热物体相互接触。两个物体若存在温度差，热量就会由高温物体传到低温物体。热辐射的强弱与温度差、物体间距离、物体表面积和性质有关。

9.2.3 传热介质与传热原理

1. 与烹调相关的热力学参数

（1）比热容　1克某物体温度升高1℃所吸收的热量（以卡为单位）称为该物质的比热容，也叫比热、比热容量，用 c 表示。部分烹饪原料的比热容和溶解热见表9-1。

表9-1　烹饪原料的比热容和溶解热对比表

烹饪原料	含水量（%）	比热容/[卡/(克·℃)]		溶解热/(卡/克)
		冻结前	冻结后	
蛋粉	4	0.25	0.21	5.0
蜂蜜	17	0.35	0.26	14.5
奶酪	40	0.50	0.31	30.0
生肉片	76	0.80	0.42	60.0
绿豆	78	0.79	0.42	58.9
蘑菇	90	0.93	0.48	72.3
花菜	91	0.93	0.47	73.4
菠菜	91	0.94	0.48	73.4
芦笋	92	0.94	0.48	74.5
番茄	94	0.95	0.48	74.5
莴苣	95	0.96	0.47	75.6
水	100	1.00	0.48	80.0

注：1. 1卡=4.184焦耳。
　　2. 溶解热指单位质量的物质在溶解过程中吸收或放出的热量。
资料来源：阎喜霜《烹饪科学与加工技术》第152页。此处略有调整。

由表9-1可以看出，烹饪原料的含水量越高比热容就越大。烹制时，含水量越大的烹饪原料与传热介质在单位时间内的热交换量就越多，使得传热介质温度下降的幅度就会越大。也就是说，在传热介质的种类、数量一定的情况下，要使质量相同的不同烹饪原料升高到相同温度,比热容大的原料需要的热量多,因此要求传热介质的温度高一些;比热容小的原料需要的热量少,要求传热介质的温度就低一些。掌握这一原理能准确向烹饪原料供给热量,确保加热过程连续进行。

(2) **热导率**　热导率又称导热系数,是衡量物体导热性能的一个热力学参数。热导率越大,物体的导热性能就越好。烹饪原料的热导率取决于它的内部结构,具体来说,就是烹饪原料的松散度或紧密度。烹饪原料的松散度主要取决于水分、脂肪和空气的含量比例。三者中水分的热导率最大,脂肪次之,空气最小,因此,水分少、松散度大和脂肪含量高的烹饪原料热导率都较低。利用烹饪原料热导率的差别可以调节热的传递速度。部分烹饪原料的热导率见表 9-2。

表 9-2　部分烹饪原料的热导率

烹饪原料	温度/℃	热导率/[瓦/(米²·开尔)]
脂肪含量 3.6% 的生奶	20~80	0.5504
脂肪含量低于 0.1% 的脱脂奶	20	0.6144
水分含量 50% 的炼乳	26	0.5677
橄榄油	29	0.3245
蜂蜜	21	0.1679
脂肪含量 95% 的猪肉	10	0.0537
低脂肪含量的猪肉	4	0.2077
水分含量 9.9% 的燕麦	-17~40	0.4811
火鸡胸部肉	-15	0.0640
水	10~80	1.2150~0.5850
冰	-15~-25	2.2365~2.2230

资料来源:阎喜霜《烹饪科学与加工技术》第 153 页。此处略有调整。

表 9-2 中,冰的热导率大于水的热导率,由此可知,冻结的烹饪原料的热导率高于不冻结的烹饪原料的热导率。油和水的热导率随着大气压力的上升而增大,随着纯度的增加而减小。

2. 热传递与热传递速度

热传递是热从温度高的物体传到温度低的物体,或者从物体的高温部分传到低温部分的过程。只要物体之间或同一物体的不同部分之间存在温度差就会有热传递现象发生。热的传递是通过热传导、对流和热辐射三种方式来实现。在实际热传递过程中,这三种方式常常是相伴进行的,通常也会有一种方式占主要地位。

在烹饪工艺学里,热的传递速度除了物理概念外还有烹饪概念。传递速度的物理概念是指单位时间内通过给定截面的导热量。传递速度的烹饪概念是指受热原料的成熟度和质感变软程度。从烹饪的角度来说,热的传递速度与温差、材料特性和导热系数相关。利用这些理论来分析烹饪中的现象。

烹调中途关火后继续加热,总加热时间与不关火相比是多了、不变还是少了?这个问题比较复杂，而且不同的原料情况不尽相同。一般要从几个层面进行分析。首先要看加热的目的，是烹熟还是致质感软烂；其次要看前面加热后原料结构的变化；还要看关火后间隔时间的长短。例如，鲜鱼因为蒸的时间不足或火力不足导致不熟，返蒸的时间就要比欠蒸的时间要长。这是因为返蒸时要重新形成温差，这需要时间。

联系到具体的工作实际，烹饪中遇到的热传递情况和疑问还有更多。如要使类似牛腩这样带韧性的肉料变烂哪种方法比较快？是保持滚沸的焖还是焖、焗兼用？又如蒸鱼、蒸大虾为什么要用猛火？不同温度对不同性质肉料的加热会有什么结果？等等。诸如此类的问题由于目前缺乏实验数据，还只能停留在经验层面的解答，或借用物理、化学学科的理论来推定。科学的解答还需要深入研究才能获得。

3. 传热介质

将热源的热能传递给烹饪原料的媒介称为传热介质或传热媒介。烹调的传热介质有水、水蒸气、食用油、盐粒、沙粒、卵石、石板、烹制器具。

（1）水　水是烹调中最常用的传热介质，它有以下特点。

1）水的比热容大，导热性能好。这是水的物理特性。

2）水的最高温度为100℃。在一个大气压下，纯水的沸点是100℃。烹调中，水中经常会加入各种调味品，形成水溶液。根据拉乌尔定律可知，水溶液的沸点略高于纯水。若在烹调时形成密闭状态，如加盖等，内部气压增大，水的沸点也会升高。当水或水溶液到达沸点时，不管用多旺的火持续加热，水或水溶液的温度也不会再升高。

3）传热均匀。水一经加热，热量就会按对流方式迅速均匀地向各处传递，形成均匀的温度场，使原料受热均匀。

4）容易对原料进行调味。水有渗透性，当溶有调味品的水溶液渗入原料内部时，能把调味品也带入原料内部。此外，当水渗入原料内部时，也可以溶解原料内部的异味，并通过高浓度向低浓度渗透的作用将异味带出。

5）不会产生有害物质。水的化学成分比较单一，不会因加热产生或分解出有害人体的物质。

6）会造成一部分营养成分的损失。水是溶解性较强的溶剂，烹饪原料在水中加热时，水溶性维生素、矿物质及糖类会大量溶解在水中，若这些水不被再利用，溶解在里面的营养成分便会损失。

7）不利于烹饪原料非酶促褐变的呈色反应。由于水的最高温度只有100℃，不利于原料非酶促褐变的呈色反应的发生，除染色外，较难使烹饪原料呈现金黄或大红等鲜艳色彩。

8）能清除烹饪原料中的一些有害物质。用水加热原料，能排除或破坏某些毒素，杀死寄生虫和有害微生物。

（2）水蒸气　水蒸气由水达到沸点时汽化所产生。在烹调中，作为传热介质的水蒸气是在密封的环境中被利用的，它有以下特点。

1）温度略高于水。在密封的环境中气压较大，因此水蒸气的温度比水略高。水蒸气的实际温度要视密封状态及压力而定，密封越好，压力越大，温度就越高。

2）加热均匀迅速。水蒸气质量轻，依靠对流方式能迅速把热能传递到各处。在加热环境中形成均匀的温度场，使原料受热均匀。由于温度较高，加热也迅速。

3）较好地保持原料加热前的造型。利用水蒸气加热原料，原料除了受热发生变形外，不会破坏原有的造型。

4）较好地保持原料原味，营养成分损失少。用水蒸气加热原料，不会将原料的原味和营养成分溶解带出而造成流失。因此，在烹制前务必将原料的异味清理干净，以免把异味保留在菜品中。

5）原料在加热中不易入味，更不能调味。主要有两个原因，一是水蒸气本身不溶解调味品，二是运用水蒸气烹制时是在加盖封闭的环境下进行的。因此，用水蒸气烹制的菜品应在烹制前或烹制后调味。

6）不利于烹饪原料非酶促褐变的呈色，原因与水相同。

7）卫生状况好。除管道输送的蒸汽外，由天天换水的蒸锅所产生的水蒸气是清洁的。

（3）食用油　作为传热介质，食用油的使用频率极高。食用油包括植物油和动物油脂。食用油作为传热介质有以下特点。

1）相对密度小，熔点差别大。食用油比水轻，相对密度一般在 0.90～0.98 之间。含不饱和成分高的植物油熔点较低，含饱和成分高的动物油脂熔点较高。油脂的消化吸收率与熔点有直接关系。熔点低于 37℃ 的油脂，消化吸收率可达 98%，略高于 37℃ 的可达 90%～95%，熔点为 45～50℃ 的仅为 70%～80%，熔点高达 71.3～73.2℃ 的三硬脂酸甘油酯就几乎不能被消化。

2）比热容小。油脂的比热容约为 0.47，比水小得多。因此，对油脂进行加热时油温上升较快，投入原料后油温也易迅速下降。

3）发烟点高，可储存大量热能。食用油的发烟点在 160～230℃，出现瞬间火光的闪点温度约是 300℃。由于食用油可加热到较高的温度，因此可储存较多的热能。常见食用油的发烟点见表 9-3。一般来说经过精炼可以降低油脂中游离脂肪酸的含量，在一定程度上提高食用油的发烟点。

表 9-3　常见食用油的发烟点

油脂种类	发烟点/℃	油脂种类	发烟点/℃
花生油	160~232	菜籽油	190~232
葵花子油	107~227	初榨橄榄油	191~207
玉米油	178~232	椰子油	177~232
大豆油	166~238	黄油	121~149
香油	177~232	猪油	188

4）储热性能好，加热均匀迅速。食用油受热后依靠对流方式迅速向各处传递热能，使油锅内形成均匀的温度场。由于食用油降温慢，所以油温稳定的时间长，加热更持久。

5）有利于菜品呈色。焦糖化和美拉德反应是菜品呈现红褐色的主要途径。焦糖化反应要求在高温和无水情况下进行,这是水和水蒸气传热无法做到的。美拉德反应最适宜的水分含量是5%~15%,终止温度一般是100~150℃,这些条件也是水和水蒸气不能提供的。用沸水焯青菜时,若加入了食用油,青菜会更加翠绿油亮。

6)能使原料脱水,达到香、酥、脆的口感。油炸原料时油温能达到200℃以上。当油温超过100℃,并使原料表层达到100℃时,原料表面的水分就会迅速蒸发。失水后的原料表层会形成香、酥、脆的口感。

7)有利于菜品香味的形成。大多数菜品的香味都是通过热分解产生的,这需要较高的温度方可完成。如油炸、油煎、油泡等都能使菜品香味四溢。

8)有利于原料的成形。较高的油温能使经刀工、上浆上粉等处理的原料发生剧烈的变形并迅速定型,形成美观的形状。

9)会造成部分维生素的损失及产生一些有害物质。用油加热原料时会使脂溶性维生素流失。食用油若长时间高温使用,会因热聚合而产生有害物质污染菜品。此外,当油加热到发烟点以上温度时,油烟会污染环境,刺激人的眼睛、咽喉、鼻黏膜,危害人体健康。

(4)盐粒、沙粒、卵石、石板　将盐粒、沙粒炒热,把烹饪原料埋于热盐粒、热沙粒中或同炒,以达到传热的效果。极热的热卵石洒入酒或水,会有辐射热和汽化热,类似"桑拿"。热石板可烫熟食物。这些传热介质有以下特点。

1)储热容量大,释热时间长。盐粒、沙粒、卵石、石板热容量较大,加热后能吸收大量热能,然后慢慢释热,使原料受热至熟。

2)加热温和,成品风味独特。这些固体的传热介质使用不多,但是菜品风味都比较特别,较出名的有盐焗鸡、糖炒板栗、石板烧、桑拿虾、沙爆浮皮等。

3)原料不易均匀受热。由于这些传热介质为固体,故不易适应原料不规则的形状,使用时应多加注意。

(5)烹制器具　这里的烹制器具主要指用于直接接触原料的器具,如铁炒锅、砂锅、铁盘、铁盆等。金属制品传热快,散热也快;陶瓷制品升温慢,储热时间长。烹制器具有以下特点。

1)传热直接,加热迅速。烹制器具吸收热源热能后,直接向原料传热。

2)温度较高。容易使菜品具有诱人的色泽和风味。如煎制、爆炒、啫啫、砂锅焗、铁板烧、铁盘(盆)烧等都极具特色。

3)能使原料受热时平整定型。用铁锅煎制食物,能使原料形状平整。

4)能提供人体所需的某些元素。如铁在高温加热下很容易氧化,氧化后的铁与原料中所含的酸、盐等发生化学反应,生成可溶性的铁盐,铁盐可为人体吸收。此外,铁的氧化物也可以形成极小的微粒融于菜品中,进入人体后与胃中的胃酸发生反应,生成可溶性铁盐。

5)温度不易控制。金属器具升温快、降温也快,使用非电器热源时,器具内的温度难以掌握与控制。

6)加热不均匀。无论是金属或陶瓷器具,其传热方式都是传导,因此传热的效果受距离热源远近影响,器具内温度通常不均衡。

9.2.4　火候的概念与火力分类

正确运用火候是烹调的重要技能，在掌握这项技能前必须先明确火候的有关概念。

1. 火候的含义

在烹调中，一般把烹制菜品时所用火力的大小和所花时间的长短合称为火候。因此，在描述烹制菜品的火候时应当从所用火力和所花时间两方面进行。当菜品的几个烹制动作是连续进行或动作之间间隔时间很短时，对它的火候描述就只说明火力大小，而不提及时间的长短。例如，虾仁油泡时虾仁下锅、搅动、沥油等几个动作是连续进行的，因此，在讲述虾仁油泡火候时只需说明泡油所用火力（具体为油温）而不必说明泡油耗时多少。

这里有两点必须强调。一是尽管在说法上火力有时可代替火候，但这绝不说明火力等同于火候。两者的含义是不同的，火力含义范围小，火候含义范围大。二是在对具体菜品火候进行描述时有时可不提烹制耗时，但是不等于可以不重视、不研究烹制耗时的问题。事实上，有不少操作虽然常常没有明确指出具体耗用时间，如泡油、飞水、滚煨、煸炒等，但是它们的时间性却是很强的。

2. 火力的含义

火力是组成火候的一个因素，是指烹制过程提供即时热量的多少。实践中可通过温度显示其热力。从烹的基本含义可知，火力作为提供热的因素，在烹制中起着关键的作用。准确运用火力必须做到以下几点。

1）根据食物原料的特性施加恰当的火力。海鲜、虾蟹等原料肌肉纤维细嫩、鲜味浓，短时间成熟能达到爽滑味鲜的良好效果，因此要施以较大的火力。青菜烹熟后变青绿，这是青菜含叶绿素的原因，若加热时间过长，叶绿素就会被破坏，青菜发黄，故焯、炒青菜都要用较大火力才能保证青绿。动物的结缔组织需要长时间加热吸收水分方可变得柔软，所以焖蹄筋、牛腩所需的火力就要小些。

2）根据原料的数量调节火力。原料的数量多需要热量就多，需加大火力；原料数量少便减弱火力。

3）根据菜品的风味特点选择火力。一般来说，菜品风味偏于爽脆、爽滑、酥脆的，火力均偏于强；菜品风味偏于烩滑、软嫩的，火力偏于弱。

4）根据烹调方法的要求运用火力。不同的烹调方法或是同一烹调方法中的不同烹制环节，对火力的要求都有区别，应注意运用。

5）低温加热可形成质地软、失水少的特殊风味。

3. 火力大小的判断

关于火力的研究主要有三方面：一是如何获得火力，包括获得、控制、调节火力的难易等，这个问题从热源的研制、选用等方面研究；二是如何判断火力的大小；三是如何运用火力。本节主要讨论火力大小的判断。火力大小的判断是火力运用的基础。

（1）判断火力大小的方法　判断火力大小主要有以下三个方法。

1）根据温度测量器判断火力的大小，如温度计、带测温功能的器具（测温锅、测温勺、测温铲等)、一些炉具上附有的温度指示表等。

2) 根据传热介质的特别状态判断火力的大小。沸腾的水温大约是100℃。无烟、无响声、油面较平静的油温大致为70～100℃；若油面冒白烟或微冒青烟，油从四周向中间翻动，油温大致110～170℃；若油面冒青烟、油面较平静，用手勺搅动时有响声，油温大概在180～220℃。蒸锅里的温度可通过蒸汽的状态来判断，在密封良好的情况下蒸汽量越大，上升的状态越猛烈，蒸锅里的温度就越高。

3) 根据炉火的状况判断火力的大小。锅温本应是加热原料使之达到合适状态的直接因素，是火力大小的标志。实际上，常用的普通锅是没有温度显示的，因此只能通过炉火来判断锅温的高低。金属锅传热快，锅温的高低能够通过炉火的强弱来调节；锅温的保持必须依靠炉火来支持。这是可以根据炉火状况判断火力大小的两个重要原因。

(2) 火力的分类　实际操作中，把火力的大小分为猛火、中火、慢火三个等级。每个等级根据火焰的高低、火光的明暗及颜色、热辐射及热气的强弱等因素来划分。

1) 猛火又称武火、旺火、急火等，是火力最强的等级。这种火的火焰高而稳定，火光耀眼明亮，呈黄白色或蓝色，辐射强，热气逼人。

2) 中火又称文武火。这种火的火焰高度较猛火低，呈黄红色，光亮度稍低，辐射较强，热气较大。

3) 慢火又称文火、小火，是最弱的烹制火力。这种火的火焰小，呈暗红色，亮度暗淡，辐射弱，热气不大。

从烹调实践中可以知道，掌握火候有以下三个难点：一是正确判断火力大小；二是准确控制时间的长短；三是熟练操作炒锅、蒸锅。

9.2.5　烹饪原料在受热过程中的变化

烹饪原料在加热过程中会发生物理和化学变化，具体的变化依照原料的种类、性质、形态与火候的施用、加热环境等因素而定。主要的变化有以下几种。

1. 物理分散作用

烹饪原料受热后发生吸水、膨胀、分裂、溶解等变化，使原料组织松弛、易于咀嚼。植物原料变软；结缔组织由韧变软，产生烂滑口感；水淀粉受热糊化等称为物理分散作用。

新鲜的蔬菜和水果在烹制前细胞充满水分，并且细胞与细胞之间有一种植物胶素（果胶）使它们相互粘连，呈硬质感。加热时胶素软化，果胶质溶解，细胞彼此分离。同时，因为细胞质膜受热变性，增加了细胞的通透性，细胞中的水分和无机盐大量外流，细胞的膨压消失，整个植物组织变软。

禽畜类结缔组织中的胶原纤维常成束集合，或交织成网状，因而原料具有硬度和韧度。经过长时间熬煮，胶原蛋白溶解成胶体，使组织柔软烂滑。

淀粉虽不溶于水，但加热后淀粉不断吸水膨胀，使构成淀粉粒的各层分离，最终导致淀粉粒破裂成糊状，这是淀粉的糊化。

2. 水解作用

原料在水里加热时很多成分会发生水解，使原本不易被人体消化吸收的大分子物质分解为小分子物质或分子结构比较简单的物质，从而易被人体消化吸收，这就是烹调中的水解作用。

肉料在煲汤或熬制时，其中的蛋白质会水解，生成氨基酸；禽肉、畜肉、鱼肉、贝类原料加热时琥珀酸浓度增加；植物蛋白加热水解后会产生谷氨酸。食用油脂在水中加热时会水解生成甘油和易被人体消化吸收的脂肪酸；淀粉在水中加热时，一部分会水解为糊精，并进一步生成麦芽糖和葡萄糖，使食物带甜味；含有生胶质的肉类结缔组织在水中加热时，生胶质会水解成分子结构比较简单的动物胶，动物胶有较大的亲水性，继续加热时会吸收大量的水分溶为胶体溶液，融于汤水中，汤水冷却后便呈胶冻状。

3. 凝固作用

凝固作用与蛋白质有关。原料在加热过程中，蛋白质空间结构发生改变，引起变性，在形态上由软变硬、由液态变凝结便是凝固作用。如瘦肉在烹煮时收缩变硬、蛋液加热后凝结等都是凝固作用的表现。多数水溶性蛋白质受热后都会产生凝固作用。加热时间越长，温度越高，蛋白质凝固得越硬，且凝固的速度也越快。在有电解质存在的情况下凝固速度更快。例如，在豆浆中加入石膏（$CaSO_4$）或盐卤等电解质时即可凝结成豆腐；食盐（$NaCl$）也是电解质，烹制中若过早放盐，蛋白质凝固过早，原料不易吸水膨胀，难以软熥酥烂。烹制豆类等含蛋白质丰富的原料时，若希望其熥滑，便不可过早放盐。当然，盐对各种原料、蛋白质的影响是不同的。放盐早晚还应根据原料的具体情况和成品的要求决定。

4. 酯化作用

原料中的脂肪酸与醇类物质在加热中化合成有芳香气味的酯类物质的变化称为酯化作用，此作用使菜品香味四溢。醇与不同的酸发生酯化反应，生成不同的酯类物质，具有不同的香味。

5. 氧化作用

在有机化学中，凡有电子得失（转移）的化学反应称作氧化还原反应。氧化还原反应使反应物发生转变。多种维生素在受热时易被氧化，尤其在含碱性或铜盐的溶液中加热，其氧化的速度更快。氧化后的维生素丧失原有功效，原料中的维生素也就遭到损失。最易被氧化破坏的是维生素C，但它在酸性环境中比较稳定。因此，烹制含维生素C较多的蔬菜时不宜用铜锅、铜铲，也不宜加碱，加热时间要尽量短。血红色的肉料加热后色泽变淡也是氧化作用的表现，因为血色素被氧化成变性肌红蛋白。

香辛类原料，如葱、姜、蒜、芫荽、洋葱等，在受热后产生具有挥发性的芳香化合物，同时，产物中的二硫化合物进一步还原为具有甜味的硫醇化合物。

一些原料在加热中还会发生其他的变化，如非酶促褐变、酶的活性作用、虾蟹外壳所含的利咕红素受热变红等。

非酶促褐变指不是由于酶的作用而引发的原料色泽褐变，在加热中主要出现的有羰氨反应（美拉德反应）褐变作用和焦糖化反应褐变作用。

烹饪原料的物质转化在很多情况下是由生物催化剂——酶促进或抑制的。酶有催化活性，但受温度控制。多数种类的酶在30~40℃时活性增大，在40℃以上活性就被抑制或下降，60℃左右酶蛋白变性而被破坏。酶活性被促进或被抑制的体现就是酶的活性变化。绿色蔬菜由于含有大量的叶绿素而呈现绿色，用沸水焯蔬菜，叶绿素酶在高温下活性被抑制，蔬菜呈现翠绿色；若用慢火加热，叶绿素酶活性被促进，把叶绿素氧化为脱镁叶绿素，蔬菜就呈现黄褐色。

9.2.6 续加热问题

续加热是指停止原加热状态，加热对象基本失去原受热环境后的再次加热。续加热有两种结果，一是已加热时间+续加热时间>原需加热时间；二是加热对象无法达到应有的质量标准。

续加热的时间决定于三个因素：1）恢复原受热环境的时间；2）恢复原受热通道的时间；3）满足以上两个因素条件下达到加热目标的时间。

原料需要续加热是因为未熟或未达到原要求的质量标准，这两种情况要续加热。续加热有的可以达到原质量标准，有的无法达到。无法达到的主要发生在用水和水蒸气加热的时候，续加热达不到应有的质量标准的原因是续加热起点的组织结构发生了较大的变化，甚至与原组织结构有根本区别。因此，应当尽量避免续加热。

9.3 调味

调味与刀工、火候被称为广义烹调的三大工艺技术。广东的饮食俗话说"食嘢食味道"（吃东西重点是吃它的味道），表明粤菜对菜品的味是相当看重的，同时也反映出粤菜对调味技术的重视。为了掌握调味技术，就必须先了解有关味的知识。

9.3.1 味的概念与分类

1. 味的概念

所谓味，是人们在进食时由舌头感受到并产生的感觉，这种感觉就是人们通常所说的味觉。味觉感受的对象是食物的味道。由此可得出味觉的定义：味觉是由化学呈味物质刺激人的味觉器官舌头而产生的一种生理现象。以上给出的味与味觉的定义是它们的狭义定义。由于中国菜，特别是粤菜对菜品的制作工艺十分讲究，人们对菜品的欣赏范围很广，因此形成了味和味觉的广义含义。

人的味觉器官舌头表面分布着许多乳头状组织，其上分布着味觉细胞，称味蕾。味蕾呈椭圆形，以短管的形式与口腔相通，并紧连着味神经纤维，直通大脑，这一整体构成了味的感受器。味感受器的感受反应称为化学味觉，这是因为化学味觉感受的是酸、甜、苦、咸、鲜等呈化学物质的味。味蕾在舌面上的分布是不均匀的。舌对味的感受程度依味蕾在舌面分布的部位和数量而定，味蕾分布较密的部位就是味感最强的部位。有的味感受器对咸味特别敏感，对其他味不敏感；而另一些味感受器对甜味敏感，对咸味或其他味不敏感……这说明，味感受器对味的感觉具有高度的专一性。其原因是不同的味感受器由不尽相同的物质组成。不同的味感受器在舌面上的分布不是均匀的，而是相对集中的，因此，舌头的不同部位对不同的味有不同的敏感性：甜味在舌尖，咸味在舌前部，酸味在舌后两侧，鲜味在舌中部，苦味在舌根。

2. 味的分类

（1）味觉的分类

1）化学味觉。由化学呈味物质通过味蕾所产生的味觉称为化学味觉。人对食物味道的感觉是一个综合的过程，也是一个复杂的过程。一般情况下味觉的产生是从舌头上的味蕾开始的，即当食物中的化学呈味物质刺激了舌头上的味蕾，大脑便产生了味的感觉，并同时产生情绪上的反应，如果味道好就有愉悦感，味道不好就有不快感。

2）物理味觉。物理味觉是指人在咀嚼食物时由食物的非化学呈味物质刺激口腔所产生的感觉。这种感觉包括两方面：一是质感，即由食物的组织结构引起的感觉，如软硬、松实、老嫩、爽糯、脆韧、滑涩、稀稠、酥软等；二是温感，即由食物的温度引起的感觉，如烫、热、温、凉、冷、冻等。物理味觉通常也称口感，是粤菜菜品质量品评标准之一。

3）心理味觉。当人们面对一盘造型凌乱、色泽暗淡、刀工粗劣的菜品时会自然产生不舒服感。不管菜品的实际味道如何，人们都会认为不好吃；相反，如果一盘色泽油亮、成茨均匀、造型整齐、热气腾腾的菜品虽然味道稍逊，仍然会激发起人们的食欲。

如果一道菜的色调以原色、浅色为主，没加任何调色品，人们就会觉得它的味道比较清淡；如果菜品酱色很深，人们就会产生浓郁、味浓的感觉。

如果用青瓜刻出一只虾，会让人觉得这只虾是活的；如果用胡萝卜便会觉得虾是熟的。如果用绿色原料做出苹果、番茄之类的水果图形，会有酸的感觉；若用红色原料便有甜的感觉。

如果菜品发出芳香气味，会让人认为它是可口的；如果闻到菜品有焦煳气味，便会认为它是苦的。

在清洁、优雅、舒适的环境就餐，虽然菜点很普通，也会让人觉得菜点是美味的；如果餐桌油迹斑斑、餐具缺口累累、周围吵吵嚷嚷，不管菜点如何高档、精美，也会让人没有胃口。此外，服务员的服务技能、服务态度，也会影响客人对菜点滋味的感觉。

以上列举的都不是由味蕾接收的味觉，而是由人的视觉、嗅觉、听觉等因素引发的味觉。这种由非味觉感受器直接产生的味觉称为心理味觉。心理味觉产生的途径是由人的感觉器官接收菜点发出的有关信息，经主观分析判断形成与味有关的概念。虽然心理味觉是由主观因素产生，不一定是味的真实反映，但它对人们的食欲起着不可低估的作用。心理味觉的好坏不一定取决于工艺技术的高低，研究烹调绝不可忽视对心理味觉的研究。

综上所述，从味觉的广义来分，可分为化学味觉、物理味觉和心理味觉三大类。化学味觉是狭义的味觉，即通常说的味觉。

（2）化学味觉的分类 化学味觉的感觉对象是化学味，即味道，简称味。化学味分单一味和复合味两大类。

1）单一味。单一味又叫基本味，是由一种呈味物质构成的。粤菜的单一味有咸、鲜、甜、酸、苦、辣六种。其他地方还有麻味。随着粤菜与其他地方菜的交流日益频繁，一些粤菜菜品也开始融入麻味，但麻味目前还不是粤菜主动调用的单一味。

① 咸味。咸味是非甜味菜品的主味，有百味之王之称，是各种复合味的基础味。咸味是单一味中能独立用于菜点的味，在调味中除了能赋予菜品滋味之外，还具有提鲜、增甜、解腻、除腥等作用。咸味的调味品很多，最主要的是食盐，俗话"珍馐百味不离盐""无盐就无味"充分说明了食盐的重要性。除食盐外，咸味调味品还有酱油、酱料、豆豉、蚝油、腐乳、南乳、虾酱等。不同的咸味调味品咸度不同，使用中应注意掌握咸度，以便与其他调味品恰当合用。

② 鲜味。鲜味是一种柔和、令人愉悦的味道，是粤菜一向崇尚、追求的味道。粤菜把菜品呈鲜看作调味的最高境界。鲜味呈味的有效成分主要是各种核苷酸、游离氨基酸、有机酸，以及酰胺、氧化三甲胺等。菜品中的鲜味主要有两个来源，一是富含蛋白质的原料在加热过程中分解出低分子的含氮物质，二是烹调中加入的鲜味调味品。常用的鲜味调味品有味精、鸡精、蚝油、鱼露、虾子、顶汤、上汤等。使用鲜味调味品要注意用法，特别是使用环境和火候，否则鲜味调味品不能呈鲜。

鲜味在调味中有增鲜、和味和增浓复合味感等作用。

③ 甜味。甜味是甜菜的主味，是单一味中可在成品中单独成味的又一种味。除单独成味外，甜味在调味中还有去腥解腻、增强鲜味、调和滋味等作用。甜味用于调和滋味效果很好，能使酸、辣、苦等味变得柔和，能增浓复合味。但是，如果在咸鲜类菜品中加重甜味，会引起滞口感，使菜品难吃。此外，甜味在汤水中特别容易呈现，因此，汤水调味不宜放糖。甜味调味品主要有白糖、冰糖、片糖、红糖、麦芽糖、蜂蜜、炼奶、果酱等。

④ 酸味。酸味是由氢离子刺激味觉神经引起的，若酸味稍强就会产生倒牙、口腔肌肉紧张、唾液不自觉分泌等情况。在烹调上，酸味有较强的去腥除腻作用，此外，还有提味、爽口的效果。有机酸还可与料酒中的醇类发生酯化反应，生成具有芳香味的酯类，使菜品有香味。常用的酸味调味品有米醋、陈醋、喼汁、甜醋、黑醋、浙醋、醋精、酸梅、果酱等。在烹调中，酸味须与甜味混合才能形成可口美味。在烹调中常见的酸味有很多，其中有的应该利用，有的需要去除。

醋酸是各种食醋的主要成分。一般酿造食醋含醋酸3%~8%，食用醋精约含30%。在食醋中，除醋酸外，还有乳酸和琥珀酸。

乳酸是糖类乳酸发酵的产物，广泛存在于腌渍物（如酸菜）、酱油、豆瓣酱、酸奶等中，变质的米饭、乳品等中也有乳酸。烹调时很少使用乳酸。

琥珀酸带鲜美的风味，主要存在于酿造品、贝类、苹果及莓类中，在烹调中很少直接使用。

柠檬酸存在于柠檬、柑、橘等水果中，是一种香而可口的酸味，烹调中常会使用果汁来增香。抗坏血酸即维生素 C，在蔬菜、水果中含量丰富，是烹调中需保护的营养素。

草酸在鲜菇、鲜笋、菠菜、茭白中含量较大，由于它会与钙结合成草酸钙，属于不溶性钙盐，对人体健康不利，故需要通过焯水的方法去除。

丁酸存在于腐败的乳酪及奶油中，有强烈的臭味。

还有酒石酸、葡萄糖酸、苹果酸等，这些酸在烹调中很少使用。

天然食物中的酸味通常是多种酸味的混合味。

⑤ 苦味。苦味的产生是由于食物中含有生物碱、单宁类物质，如咖啡中的咖啡因、可可中的可可豆碱、茶叶中的茶叶碱和单宁类物质。此外，还有些不含氮的苦味物质，常见的是某些糖苷和酮类，如苦杏仁苷、柚皮和柑橘类果皮中的柚皮苷、甘薯黑斑中的副蛇麻酮等。单纯的、强烈的苦味都是人们不喜欢的，但轻微的苦味能使菜品具有清爽的风味。同时，苦味物质大多具有消暑解热的作用，因此微苦的菜品在夏秋季节受到人们的欢迎。烹调中，苦味主要来源于凉瓜、柚皮、苦杏仁，带苦味的调味品有陈皮、豆豉。

⑥ 辣味。严格来说辣味不属于味，因为辣、麻味感的产生不是由味蕾感受的，这也是辣味不盖味的原因。辣味主要是辣味物质刺激口腔黏膜引起的热感、痛感。热辣味能引起口腔烧灼感，而对鼻腔没有明显刺激。产生热辣味的物质有辣椒碱和胡椒碱，它们存在于辣椒和胡椒中；辛辣味有一定的挥发性，除能作用于口腔外，还能刺激鼻腔黏膜，引起冲鼻感。含辛辣物质的原料有芥末、姜、葱、蒜、洋葱等，主要成分是黑芥子苷、姜酮、蒜素等。粤菜的辣味只做点缀使用。

辣味具有较强的刺激性，对腥、臊、膻等异味有较强的抑制能力，辣味能刺激胃肠蠕动，增强食欲，帮助消化。常用的辣味调味品有辣椒、胡椒、姜、辣椒粉、辣椒油、胡椒粉、芥末、咖喱、辣椒酱等。

食物中辛辣味的主要成分及特性归纳如下。

a. 辣椒碱，又称辣椒素，主要存在于辣椒及胡椒中，几乎不溶于水，微溶于热水，易溶于醇和油脂中，加热时不被破坏，呈辣味。

b. 胡椒碱，又称椒脂碱，主要存在于胡椒中。

c. 姜黄酮，又称姜酮和姜辛素，为生姜中的辣味成分，进入人体后使人有温热感，具有发汗、驱寒、健胃、祛痰、祛风等功效，有很强的去腥作用。

d. 芥子油，存在于芥菜、萝卜等十字花科种子内，为黑芥子苷钾盐，有挥发性，故能引起冲鼻感，味苦辣。

e. 蒜素，化学名称为硫化丙烯基，主要存在于大蒜和葱内，具有辛辣味。将蒜子炸黄再经长时间的焖、煀、蒸等，会因水解而挥发出香味，有很强的杀菌作用。

f. 组胺和酪氨，它们分别由组氨酸和酪氨酸腐败分解而成，有辣味。凡不含辣味的食物变质后都带有辣味是因为有组胺和酪氨的存在。组胺和酪氨的辣味很弱，但有毒。

2）复合味。以一种单一味为主味，混合其他一种或一种以上的单一味，经各味之间的相互作用而成的味称为复合味。复合味的调制不是单一味的简单相加，而是各味之间相互作用的结果。

粤菜复合味可以根据基础味分为咸复合味和甜复合味两大类。由于复合味是由单一味混合调出来的,因此继续对复合味分类是比较复杂的。为了便于区分和学习,这里对咸复合味与甜复合味分类的依据和命名的方法略有不同。

① 咸复合味。咸复合味有两种分类方法。一是按复合味中所明显呈现的单一味种类,分为双合味、三合味和多合味三种。双合和三合并不是代表只由两种或三种单一味组成。

常见的双合味有以下几种:

a. 咸鲜味,多指比较浓郁的味,如蚝油焗鸡、红烧甲鱼、豉椒牛肉等。偏于清淡的咸鲜味一般称为清鲜味,如姜蓉白切鸡、荷香蒸甲鱼、油泡虾球、鲜笋炒牛肉等。

b. 酸甜味,如糖醋排骨、白云猪手、西湖菊花鱼、五柳松子鱼等。

c. 咸甜味,如蜜汁叉烧等。

d. 咸酸味,如酸菜炒猪肠等。

e. 咸辣味,如广式虎皮尖椒、胡椒猪肚煲等。

三合味是比较明显呈现三种单一味的味,常见的有:

a. 咸鲜甜味,如干煎虾碌、茄汁虾球、桶子油鸡等。

b. 鲜酸甜味,如梅子甑鹅、梅子蒸排骨等。

c. 辣酸甜味,如姜芽牛肉、紫萝鸭片等。

d. 咸辣甜味,如沙茶牛肉、紫金凤爪等。

e. 咸酸辣味,如紫金牛柳丝、辣鸡酱猪扒等。

多合味是指充分混合各种单一味,难被明显区分的味,比较典型的是川菜中的怪味,粤菜中的这种复合味也很多,如煎封味、乳香味、广式鱼香味、煲仔酱味等。

咸复合味的另一种分类方法是按照定型(配方已固定)复制调味品(即汁、酱)来分类,如糖醋味、果汁味、西汁味、卤水味、XO 酱味、咖喱味、虾酱味、黑椒味、烧汁味等。

② 甜复合味。甜复合味以糖为主要调味品,再辅加奶品、可可、果汁、山楂汁、杏仁汁等原料调制而成,其味型名称根据辅加的调料而定,如奶香味(或鲜奶味)、可可味、果汁味、橙汁味(鲜橙味)、山楂味、杏仁味等。

9.3.2 味间作用

在进食味道不同的食物时混食与单独食用的味感是不同的。使用味型不同的调味品时,常常会发现混合使用与单独使用的味感效果有不同程度的差别,这说明味与味之间是有相互作用的。两种或两种以上不同类型的味同时或先后令味觉器官产生味感类型变化或味感轻重程度变化的作用称为味间作用,也称味间现象。

1. 转换作用

两种不同的呈化学物质的味先后作用于人的味觉,其中先作用于味觉的味被消去或味感发生了变化,产生了另一种味感的现象称为味的转换作用。如先吃糖,口腔里有甜味,然后喝酒,口腔里的甜味就会消失,取而代之的是苦味。

2. 对比作用

两种或两种以上不同属性的呈化学物质的味，以适当的比例混合，同时作用于人的味觉，使其中的一种味感明显增强的现象称为味的对比作用。如在含糖15%的甜味溶液中加0.1%的盐，就能使甜味明显增加；在味精溶液中加入适量的盐能使味精溶液鲜味更浓。

3. 抑制作用

味的抑制作用也称味的消杀作用、抵消作用，是指两种或两种以上不同的呈化学物质的味，以适当的比例混合，同时作用于人的味觉，其中一种味感明显减弱或使每一种味感都减弱的现象。如在带苦味的食物中添加一定量的糖，苦味就会减弱；过酸或过咸的食物中加一些糖，酸味或咸味亦会减轻；过咸的食物中添加鲜味调味品，咸度会下降；白醋、白糖、盐混合调制出的糖醋液，尽管醋和糖的分量都很大，但与纯醋、纯糖相比，既不是很酸，也不是很甜，而是一种柔和的酸甜味。

4. 突出作用

一种呈化学物质的味在加入其他味后，该种味的味感更加浓厚、明显，这就是味的突出作用。如含有鲜味的鸡汤在未加盐时不觉得鲜，若加适量的盐，汤的鲜味就能充分表现出来。

5. 疲劳作用

过重的呈化学物质的味或不同的呈强烈刺激性的呈味物质，长时间作用于人的味觉器官，会使味觉失去感应的灵敏度，这就是味的疲劳作用。

6. 积累作用

一种呈化学物质的味长时间作用于味觉器官，味觉器官上会积累一定程度的味感，如果再去感受同样浓度的相同的味，则味觉感受加重，这一现象称为味的积累作用。

7. 相乘作用

将两种或两种以上同类味感的不同物质混合在一起，使这类味感强度猛增的现象称为味的相乘作用。甘草酸铵本身甜度为蔗糖的50倍，它与蔗糖混合后，混合物的甜度猛增至蔗糖的100倍；5克肌苷酸与95克味精混合后所呈现的鲜味强度相当于600克味精所呈现的。烹调中，将富含肌苷酸的动物性原料与富含鸟苷酸、酰胺及其他鲜味成分的原料同烹，鲜味将大大增加。

9.3.3 香味

烹调后菜点中的挥发性呈香物质散发出来刺激人的嗅觉器官而产生的令人舒服愉悦的气味叫香味，简称香。

1. 香味的作用

一道菜点若缺少了应有的香味或香味不足，这道菜点的质量就大打折扣。香味不仅是菜点质量的评判标准之一，还对菜品的价值起着重要的作用。

1）香味是令人产生食欲的第一因素。一道香喷喷的菜点能令人联想到它的新鲜可口，从而产生强烈的食欲。"佛跳墙"的故事就能生动地说明这个道理。

2）香味的产生有些来自药材，药材使菜点具有了一定的食疗作用。

2. 香味的特性

（1）专有性、选择性和习惯性等自然属性　菜点的香是来自自然界的一种特殊气味，各种食物有自己独特的气味。人类在漫长的饮食品味发展过程中对某些气味形成了好感，并成为追求和传递的对象。

（2）地方性　不同的民族、不同的地方甚至不同的人对香的嗜好和敏感程度不同。例如臭豆腐，人们对其气味的反应就有截然相反的两种态度。

（3）挥发性　菜点的香味可游离于菜点实体之外，可令食客未见其形先闻其香。菜点香味的挥发程度与菜点的温度成正比。

3. 香味的分类

根据香味的来源及香味本身的状态可以对香味进行分类，通过分类能更好地掌握调香的方法，也能方便菜品的设计，突出菜品的风味特色。

（1）按原料气味特性分类　大多数原料经过烹调产生的气味都能令人愉悦，这种气味统称为原香。如：

1）肉香——猪肉、鸡肉、牛肉、羊肉等禽畜肉料的香味。

2）鱼香——鱼肉特有的清香气味。

3）蚝香——蚝豉的气味。

4）菇香——香菇独特的气味。

5）料香——八角、丁香、桂皮、香叶等香料的气味。

6）奶香——牛奶的清香。

7）面香、饭香——面食、米饭的气味。

8）醋香——食醋的气味。

9）酒香——酒的气味和乙醇与脂肪酸化合而成的酯香。

（2）按香味的浓烈程度分类

1）浓香：香味十分浓烈。浓香一般出现在使用了较多浓酱或烹制时间较长的菜品中。

2）芳香：气味也重，但刺激性并不大，如脂肪酸与绍酒中的乙醇化合而成的酯香，煎蛋产生的气味等。

3）清香：清香也叫悠香，气味不强烈，较柔和，很令食者陶醉。炒牛奶的奶香就是清香。

（3）按香味的混合状况分类

1）纯香：纯香又叫单一香，是直接用鼻子感受到的香味，如肉汤的香味等。

2）复合香：复合香主要指由食物的香味与其滋味混合而成的感觉，如甘香、酥香、香腴等。

（4）按香味的形成途径分类

1）灼热香：通过热锅的煸炒产生，如锅气。

2）卤香：通过卤水或汤汁赋予的香味，如卤制、煲制品的香味。

3）烟香：通过烟熏而获得的香味，如烟熏制品的香味。

4. 调香的原理及方法

（1）调香的原理　菜点的香味可以运用生物、物理和化学等原理调出。

1）生物原理：利用发酵、酶促的作用使食物产生香味。

2）物理原理：主要指促进香味散发、香味在烹制中的黏附与渗入、香味物质的溶出等方法。

3）化学原理：是指原料的香味物质之间、香味物质与非香味物质之间以及非香味物质之间通过化学的分解和化合过程而生成的香味。

（2）调香的方法　菜点香味的来源主要有原料本身、食用香料、烹制产生等。从工艺的角度调香有以下几种方法。

1）突显自身香味。许多原料本身含有呈香的成分，如鲜活原料、菌类、调味品等。运用物理、化学或生物方法让香味突显出来。

2）巧用原香。有些原料香味较浓，在自然状态下就容易闻到，如酱香、醋香、酒香、麻油香等，在凉拌菜中经常使用。

3）热促香味。大多数原料，特别是作主辅料的原料，香味不易挥发，必须借助加热的方法使其散发。这就是热菜"热吃才香"的道理，也是热熟肉比生肉香的原因。

4）变细呈香。有些原料形状变小后香味也容易散发，如把芝麻磨、炸花生米碾碎、葱切碎等，均能增强香味的散发效果。

5）添加香料。可以通过添加香料来获得香味。烹调用的香料主要有天然和人工合成两大类。天然香料分为以下三类。

① 天然香味物质，如八角、丁香、草果、桂皮、豆蔻、莳萝、香叶、胡椒、生姜、葱、蒜头、芫荽等。

② 天然香味料的提取物，如精油、浸膏等。

③ 单离的天然香味料，即用物理或酶解方法从天然香味料中单离得到的化学物质。

在菜点中添加香料的方法主要有煮制、腌制、同烹和用作调料等。

6）化学生香。加热也能使没有香味或香味不足的原料散发出香味，也能使原料产生某种特别的香味，名菜"佛跳墙"之所以芳香无比，就是因为菜品原料中的脂肪所含的脂肪酸与添加的料酒所含的乙醇在加热过程中发生酯化反应，产生浓香。

油炸食物、糖类加热分解、糖类与氨基酸在加热时发生的美拉德反应等都能产生香味。

7）烟熏生香。粤菜名菜太爷鸡（又名茶香鸡）就是用茶叶和糖烟熏所产生的香味熏鸡，令鸡带上茶叶的香味。

9.3.4　调味的含义及原则

1. 调味的含义

调味就是调和滋味。从工艺技术角度看，调味是运用各种调味手段调入调味品，达到调和菜品滋味的一项工艺。

五滋六味是粤菜调味的基础。滋是咀嚼食物时味感、质感的综合感觉，五滋是指甘、酥、软、肥、浓；味是指味道，六味指咸、鲜、酸、辣、苦、甜六种基本味、单一味。

很多调味品除了具有调味的功用外还可以调色调香，菜品的色和香属于心理味觉范畴。在烹调中，调味也常常同时伴随着调色和调香。因此，调味便包含菜品色泽和香味的调制。

2. 调味的原则

菜品风味丰富多彩，食者喜好千差万别，烹饪原料性味独特，调味用品五花八门，调味方法效果各异，这些都是影响调味的因素。在调味过程中，要把握好这些因素及其相互间的关系，使菜品滋味达到最令人满意的状态，就必须遵循以下的调味原则。

（1）要根据菜品的口味准确调味　对菜品调味时，必须先要清楚菜品的风味特点和口味要求，如果"生炒排骨"用豉汁调味，那就要闹笑话了。每一个成熟定型的菜品都有特定的风味特点，在制作这样的菜品时应当能把它的风味特点准确表现出来。

（2）要根据原料的性质适当调味　烹饪原料的特性有很大区别，调味时应当根据它们的特点施以合适的调味料和方法，方能充分展现原料的滋味。

对新鲜原料，要注意保持其本身特有的良好滋味，调味不宜过浓。对于本身富含鲜美滋味的新鲜原料，最好能调出其原汁原味。

本身滋味不显著的原料，调味时要适当增加其滋味，以弥补滋味的不足。

对带有腥膻气味的原料，要用除腥去膻调味品去除或掩盖异味，突出原料本身鲜美的滋味。除异味的调味品很多，如姜、葱、蒜、陈皮、香料、酱料、酒等。这些调味品去除异味的本领各异，单独使用与组配使用的功效也有区别，需要在实践中学习与探索。

不同的原料受盐量有所不同，猪肉、鸡肉用盐量为$1\%\sim1.2\%$时咸味便适中，鱼肉在$1.5\%\sim1.8\%$时咸味才足够，才能将鲜味衬托出来。

调味时必须清楚调味料的投放量与原料的接受量并不相同。菜软用于炒与用于上汤浸的受盐量有差别，如果下相同比例的盐，不是炒得咸就是上汤浸得淡。

（3）要根据地方口味和用餐对象灵活调味　不同地区人们的口味有差异，有些差异还较大，调味时要对这些差异心中有数。例如，在北方烹制粤菜菜品味道就应适当加重，以适应当地人的口味习惯。用餐者对菜品滋味有特别要求时，应当先满足他们的要求，而不是固守原定的标准。从健康出发，要控制好盐的摄入量，食量大的人应该给予偏淡的调味。

（4）要结合季节变化因时调味　季节变化会带来环境温度、湿度的变化。气温、湿度是影响人们口味的重要因素，因此滋味调和的浓淡重轻要配合季节变化，例如炎热季节调味宜偏清淡，汤羹宜偏稀；寒冷时节调味宜浓郁，汤羹宜稠些。

（5）要掌握调味品特性正确调味　调味品的渗透性、溶解性，受热后滋味、色泽、香味等方面的变化，味的阈值及最佳呈现浓度（味感对呈味物质浓度的反应）等特性都是调味时必须掌握的。例如，渗透力弱的调味品应先于渗透力强的调味品施放，入味才和谐；非加热调味要注意调味品的溶解温度；对热较敏感的调味品受热容易引起风味及性质的变化，要注意控制调味品投放的时机和加热的温度；汤羹类一般不宜用糖调味；盐与味精同用时盐是主味，味精是辅助味，味精量应当少于盐量。如果味精量多于盐量味道就会变怪；盐与糖的比例合适时能提鲜。只有掌握好调味品的特性，才能调好菜品的味。

（6）要重视食物内味技巧调味　食物单有外味是不完美的，要有内味，必须掌握调味技巧。使食物有内味的主要方法有腌制、味汤浸制和再加热入味三种。在食物吸收滋味效能相同的情况下，影响味料渗入食物内部的主要因素有味料渗透力和外部压力。味料渗透力越强，滋味的渗入就越容易；迫使味料渗入的外部压力越大，滋味渗入的速度就越快。肉料加味料后用筷子搅拌的效果没有用手抓拌的好，这是因为用手抓拌施加的压力比用筷子搅拌的压力大。

9.3.5　调味的作用

1. 调和滋味

绝大部分的烹饪原料本身的滋味并不完全符合人们的口味需要，经过调味后才能可口。例如，一般原料没有咸味，难以下饭佐酒，因此需要调入咸味；苦瓜味苦，调入白糖能得到和谐的甘甜的滋味；没有佐料的白切鸡味不觉美，若以姜蓉、葱丝、精盐、味精、油混合为佐料，其味鲜美无穷。这就是调味所起的作用。

2. 增进美味

一些原料本身味淡，若运用燀、煨、腌制等调味方法能赋予它们美味。

3. 去除异味

一些原料本身带有令人不快的腥、臊、膻等异味，通过调味可以消除或掩盖这些异味，突显原料自身的鲜美之味。

4. 丰富口味

同一种原料，使用不同的调味料或改变调味料的组合，就能制作出丰富多彩的菜式。一桌筵席，要使人有丰盛的感觉，不仅需要选用多种原料和多种烹调方法，也要变换不同的味型，否则就会显得单调。

9.3.6　调味的方法

俗话说："五味调和百味鲜"。五味为何能调出百种鲜美滋味？靠的就是调味的方法。调味的方法多种多样，从工艺来看，调味方法有拌、腌制、滚煨、燀、烹制加味、随芡调味、拌芡、浇芡、淋汁、封汁、干撒味料、跟佐料等；在菜品的制作过程中，菜品烹制的调味属性分一次性调味和多次性调味两种方法；菜品烹制过程中有加热前调味、加热中调味和加热后调味三种方法。

1. 按调味的工艺划分

（1）拌　在非加热状态下把调味品加入菜品原料中拌匀的工艺称为拌。菜品原料可以是待烹原料，如给鱼片拌盐；也可以是成品原料，如凉拌菜原料拌味和焯菜原料拌味。

（2）腌制　腌制是常用的调味方法，详见9.3.7原料的腌制。

（3）滚煨　用有味的汤水来加热原料的工艺称为煨。汤水的味通常是咸味、鲜味、姜葱味、酒味等。煨能使原料增加内味和香味，同时去除或掩盖异味。原料煨前一般应先经清水滚，故此工艺称为滚煨。

（4）燘　使缺乏滋味的原料增加滋味的工艺称为燘。详见本书第10章。

（5）烹制加味　在烹制过程中加入调味品增加锅内的滋味浓度，使原料一边烹熟一边入味的工艺称为烹制加味。烹制加味是一种常用工艺，肉料在焖、炒中用得特别多。

（6）随芡调味　把调味品放在芡液内，勾芡时调味品随芡液一起加到菜品中的工艺称为随芡调味。这种工艺方法习惯上也称"碗芡"。随芡调味适用于烹制时间短促、原料形体不大的菜品，在炒和油泡中用得特别多。

（7）拌芡　有味汤汁勾芡后放进成熟原料中拌匀的工艺称为拌芡。拌芡可在锅上拌，如糖醋咕噜肉、生炒排骨，也可在盘上拌，如凉拌烧鹅。

（8）浇芡　把味芡浇在盘内熟料上的工艺称为浇芡。这些芡通常是特殊味汁芡和原汁芡，如金华玉树鸡、荔浦扣肉、蒜子珧柱脯等。芡中有时也会混有一些副料，如蟹肉扒鲜菇芡中加了蟹肉。

（9）淋汁　把味汁直接淋于成熟菜料上的工艺称为淋汁，如给蒸熟的鱼淋上鱼豉油。

（10）封汁　煎炸食料成熟后放在锅内边加热边淋入味汁翻匀的工艺称为封汁。封汁既能使成品入味又能保持成品焦香风味，例如果汁煎猪扒封入果汁，红烧乳鸽封入喼汁。

（11）干撒味料　把粉末状的混合调味品直接撒在成品上拌匀或不拌匀的工艺称为干撒味料。有时会先将混合调料放在锅内炒匀，再放进主料炒匀。这种方法的调味品基本处于无水状态，因此不能渗入原料内部，只能黏附于原料表面。为了着味均匀，调味料应当越细越好。这种方法能最大限度地保持菜品甘香松酥的特点。

（12）跟佐料　佐料是用味碟盛装的味芡或味汁，与主料一起上桌，由食者自行蘸食。

2. 按调味的属性划分

（1）一次性调味　一道菜品只需调味一次即可完成的称为一次性调性，如蒸排骨、炒滑蛋、煲汤等。这种方法的调味可在加热前、加热中或加热后进行，可用于热菜，也可用于凉菜，一般用于制作较为简单的菜品。

（2）多次性调味　一道菜品需要两次或两次以上调味方可完成的称为多次性调味。

3. 按调味的时机划分

（1）加热前调味　称作基础调味，加热前调味能使原料有基本味和内味，并可在一定程度上消除异味。腌制、拌味等可用在加热前调味。

（2）加热中调味　称作定味调味，烹制过程中的调味能确定菜品的味道和补充外味。

（3）加热后调味　称作辅助性调味，原料在加热烹熟后的调味能补充前期调味不足或增加、形成菜品的特别风味。可运用的工艺方法有跟佐料、浇芡、淋汁等。

4. 原料内味入味的方法

给原料调味除讲究味型外还需要关注原料内味的入味程度，如果食物只有外味而缺乏内味也是不好吃的。要使原料入味有以下主要方法，调味时可根据原料的具体情况选用。

1）腌制。

2）长时间拌味，用手拨拌或抓拌效果会好一些。

3）冷或温的浓味汤、卤水浸制。

4）菜品烹制后，稍放置一段时间再加热。

9.3.7 原料的腌制

1. 腌制的定义

腌制指有目的地选用调味品、食物添加剂、淀粉、清水等材料，按需用量加进被腌制原料中拌匀并放置一段时间，以改善原料特性的工艺。

无论动物性原料还是植物性原料都可使用腌制。

用于腌制的主要是小件原料，如牛肉、虾仁、菠萝，也用于大件、整件原料，如腌盐焗鸡、腌乳鸽等。

腌制主要用于生料，如猪扒、带子、鱼、姜芽，也用于熟料如用白砂糖埋切开的熟火腿以减轻其咸味。

2. 腌制的作用与原理

腌制对原料的作用主要体现在对原料特性的改善上，主要有以下几点。

（1）入味　调味品都有一定的渗透能力，有的渗透性还相当强，例如盐。把调味品放到原料中拌匀，经过一段时间便能渗入原料的内部。真空（负压）环境能够更快腌制入味。⊖

（2）增香　腌制增香的调味品主要有姜、葱、蒜、酒。姜含姜酮、姜酚、姜醇等香味成分，葱含二硫化二丙烯，蒜含蒜素。当这些呈香成分渗入原料中，经过加热便会产生香味。酒中的乙醇在加热的条件下能与脂肪酸结合生成酯类物质，酯散发出的香味是肉菜香味中的一种。

（3）解腻　酒中的乙醇是脂肪的有机溶剂，经酒腌制过的肥肉或含脂肪的肉料再进行煎、炸、烤，不仅能闻到浓香，吃起来也不觉得油腻。

（4）除韧　肉料中加入食粉（即碳酸氢钠 $NaHCO_3$）、枧水（即碳酸钾 K_2CO_3）等带碱性的食品添加剂时，经过一段时间它们就能软化或令肌肉纤维松弛，达到除韧的效果。使用时，有两种基本方法：一是添加适量的食品添加剂（如食粉在 1.5% 以下，枧水在 1% 以下），腌制后即可烹制；二是添加超量的食品添加剂，腌制后经水洗、漂水、飞水等方法处理后再正式烹制。

肉料加入嫩肉粉也可有效除韧。这是因为嫩肉粉含具有活性的蛋白分解酶，将其加入肉料中酶便活跃起来，对肌肉纤维中的胶原蛋白、弹性蛋白进行适当降解，使这些蛋白质结构中一定数量的化学连接键断裂，在一定程度上破坏了原本复杂的结构，从而降低了韧性。酶是蛋白质，不耐高热，在酸、碱、重金属盐、紫外线等影响下会不同程度地变性，活力会降低或丧失。使用嫩肉粉必须注意温度和 pH 环境，应在规定的时间内使用。

（5）致嫩滑　用食粉腌制肉料，蛋白质的亲水性增强，若加入水分，水分会渗入肌肉纤维之间，溶解肌肉纤维之间的黏液，使肉料发胀而变得软嫩。肉料表面的淀粉糊化后成为

⊖　用真空腌制机实现真空环境腌制，有家用、商用可选。

柔滑的物质，肉料因此而变得嫩滑。

（6）变爽脆　一些肉料（如猪肚等）的组织是由多层肌肉组成，经碱性物质腌制，层间黏液被溶解，水分渗进，各层之间有一定程度的分离，肌肉组织结构发生了变化，同时，由于肌肉纤维亦被软化，因此便有爽脆、脆嫩的口感。

（7）去除异味　去除异味由具有浓香浓味的调味品完成的。酒有香味，能消除和掩盖异味。姜的辣味成分主要是姜烯酚、姜辛素，葱也含有挥发性辣味成分，均有很强的去腥除膻的作用，因此能清除或掩盖原料中令人不快的异味。

3. 腌制的方法与实例

腌制前应先将原料加工成恰当的形状，清洗干净，吸干表面水分，放在腌制的器皿内。

腌制时取适量的腌料，按先后次序加入到原料中拌匀，加上盖，贴上日期，妥善保管。肉料应冷藏保管。

（1）腌虾仁　原料：鲜虾仁 500 克，味精 3 克，精盐 5 克，淀粉 6 克，蛋清 20 克，食粉 1.5 克。

腌制方法：

1）用清水将虾仁洗干净，用洁净的干毛巾吸干虾仁的水分，放在盆内。

2）先加入食粉拌匀，余下原料混合调匀后再放进虾仁内拌匀，放进保鲜盒内。

3）把拌好的虾仁冷藏 2 小时便可使用。

（2）腌牛肉　原料：牛肉片 500 克，食粉 1~6 克（不可超过 6 克），生抽 10 克，淀粉 25 克，清水约 100 克，植物油 25 克。

腌制方法：将牛肉片放进盆内，加入食粉拌匀。清水、生抽、淀粉混合调匀后，放进牛肉中充分拌匀，然后抹平表面，加入植物油封面，腌制 1 小时。

腌制牛肉

（3）腌猪扒　原料：猪扒 500 克，食粉 1~3 克（不可超过 3 克），精盐 2.5 克，姜件（可用姜汁代替）、葱段各 10 克，露酒 25 克。

腌制方法：将姜、葱放进猪扒内略揉拌，然后加食粉拌匀，最后拌入露酒和精盐，冷藏 1 小时便可使用。使用时拣出姜件和葱段。

9.3.8　复制调味品

运用现成的调味品和原料调制而成的调味品称作复制调味品，简称酱汁。复制调味品分酱、汁、卤水三大类。酱与汁的区别是稠者为酱，稀者为汁。

1. 酱类复制调味品

酱类复制调味品一般由各种现成的酱品、调味品、腐乳、南乳、虾膏、炼奶、姜、葱、蒜、辣椒及虾米、瑶柱等原料和粉状香料、淀粉、油脂等混合调成。酱类复制调味品能使菜品香味浓烈。

（1）煲仔酱（红烧酱）　原料：柱侯酱 1000 克，磨豉酱 500 克，海鲜酱 200 克，花生酱、芝麻酱各 150 克，蚝油、腐乳各 100 克，南乳 50 克，冰糖 100 克，蒜蓉、干葱头蓉各 75 克，陈皮末25克，香叶末5克，沙姜粉15克，八角粉、桂皮粉各10克，甘草粉5克，植物油500克，味精50克。

制法：用植物油将蒜蓉、干葱头蓉爆香，再加入其他原料炒匀炒香即可。

（2）百搭酱　原料：豆瓣酱、火腿蓉、蒜蓉、干葱头蓉各1000克，指天椒粒1500克，湿珧柱碎、虾米蓉、咸鱼蓉各500克，虾子、白糖、味精、鸡精、辣椒干末各100克，植物油500克。

制法：用植物油先将蒜蓉、干葱头蓉炒香，再加入其余原料炒至有香味即可。

2. 汁类复制调味品

汁类复制调味品一般呈液状，由液状和可溶性粉状、粒状调味品组合调制而成。汁类复制调味品易使原料入味和均匀着味。调制时，将原料煮开溶化即可。

（1）芡汤　原料：淡汤或清水500克，味精25克，鸡精5克，精盐30克，白糖20克。

（2）糖醋　原料：白醋500克，白糖300克，茄汁50克，喼汁25克，精盐20克，山楂片15克。

（3）果汁　原料：茄汁1500克，喼汁500克，白醋250克，白糖150克，味精50克，精盐10克，清水500克。

（4）煎封汁　原料：清水500克，喼汁400克，生抽60克，老抽5克，精盐10克，味精10克。

（5）柠汁　原料：浓缩柠檬汁500克，白醋、白糖、清水各600克，黄油150克，精盐5克，吉士粉25克，鲜柠檬汁3毫克。

（6）香橙汁　原料：浓缩橙汁500克，白醋500克，白糖400克，精盐50克，清水1500克，吉士粉25克，鲜橙500克（取汁）。

（7）京都汁　原料：茄汁1000克，陈醋50克，浙醋500克，精盐15克，味精5克，白糖900克，山楂糕100克。

（8）西汁　原料：洋葱头、西芹、香芹、胡萝卜各500克，番茄2500克，马铃薯500克，芫荽250克，干葱150克，骨类2000克，清水15000克，茄汁1200克，喼汁30克，精盐100克，白糖250克，味精150克。

制法：将前9种原料放于清水中熬制成原汤5000克，然后加入茄汁、喼汁、精盐、白糖、味精调匀即成西汁。

3. 卤水类复制调味品

卤水是一种用于加热浸制使原料入味的调味品，主要由香料、酱油、冰糖、绍酒、精盐与清水调制而成。调制方法是将香料放在清水中煮一段时间，待香味溢出后加入其余调味品，融合后便可使用。卤水可以反复使用，每次使用后要进行加热杀菌处理，加盖保管，以防变质。卤水卤制一定量的原料后须补充调料和更换香料，以保持原有的独有风味。

（1）一般卤水　原料：八角35克，桂皮35克，陈皮15克，花椒30克，甘草35克，草果35克，沙姜20克，丁香5克，香叶20克，豆蔻20克，山栀子20克，罗汉果2个，干蛤蚧蛇1条，生姜100克，生抽3000克，老抽300克，植物油250克，冰糖2000克，绍酒 2500 克，精盐 150 克，清水 4000 克。

制法：将洗净的香料用纱布袋装好，放进清水中滚 30 分钟成香料水。起油锅将生姜炸透，放进香料水及香料袋，调入其余原料略滚便可使用。

（2）白卤水　原料：八角 30 克，砂姜 30 克，桂皮 20 克，草果 20 克，花椒 20 克，甘草 20 克，香叶 10 克，豆蔻 5 克，清水 5000 克，精盐 250 克。

制法：将洗净的香料放在纱布袋内，放在清水中滚 1 小时，加入精盐便成白卤水。

（3）潮州卤水　原料：八角 10 克，桂皮 10 克，丁香 5 克，花椒 10 克，甘草 10 克，南姜（高良姜）150 克，香茅 50 克，蒜头 50 克，冰糖 100 克，白酒 100 克，味精 15 克，精盐 100 克，生抽 750 克，老抽 100 克，清水 5000 克。

制法：与一般卤水基本相同。

9.3.9　芡

1. 芡的概念

在烹调中，把吸水淀粉受热糊化所形成的柔滑光润黏稠的胶状物称为芡。成芡可有两种方法，一是把水淀粉调在菜品或汤汁中令其受热糊化，这项工艺叫勾芡，是最常用的成芡工艺。另一种方法的工艺名称叫拌粉或上芡，就是先把干淀粉拌于原料上，在原料加热成熟的同时淀粉也就糊化成芡，主要用于蒸法。

与芡有关的几个概念如下。

① 芡粉：用于勾芡的水淀粉，由粟粉、马蹄粉、豆粉、薯粉等加水调制而成。

② 芡液：芡汤加入芡粉，或味液加入芡粉调匀后称芡液，用于快速烹制时匀芡。

③ 芡汤：复制调味品中的一种，常用的标准味液。

④ 芡量：菜品成芡量的多少是一个相对的概念，根据菜品的实际需要来确定。若芡量多了称芡量大或芡大；若少了称芡量小或芡小；若恰当称芡量恰当或芡恰。

⑤ 芡状：芡在菜品中呈现的状态，分两个方面四种表现。薄薄一层裹在原料上的芡称薄芡，比较浓厚的芡称厚芡。如果芡只裹在原料上而不外泻称为紧芡，紧芡的稠度、黏度都会稍大。芡除了裹在原料上还有外泄的称为宽芡。薄、厚、紧、宽是芡的四种状态，对于具体的菜品来说，它们可以形成各种组合，如紧薄芡、厚宽芡等。

⑥ 芡色：芡色是指芡的色泽与芡的油亮程度。

⑦ 汁：是伴随菜品出现的或人为加入的味液，如菜品烹制过程中渗出的水分，烹调时加入的液状调味品等，汁加入芡粉勾芡后便成为芡。

2. 芡的作用

芡在菜品中有以下主要作用。

（1）保证菜品入味　芡的黏稠性使味能紧紧地依附在菜品原料表面，使菜品入味补味。

（2）减少营养成分的损失　烹制过程中菜品渗出的味汁会带有大量的营养素，芡能使汁菜合一，提高了菜品营养素的利用，避免营养素的流失。

（3）形成菜品良好的口感　芡的柔滑性使菜品嫩滑，芡的黏稠性降低了内含水分的渗出，能延长酥脆食物的松脆时间。菜品勾芡后能够提高食物的柔滑感，但同时也降低了食物的清爽感，厚芡还会有腻口的感觉。用芡时需要注意。

（4）使菜品油亮美观，具有新鲜感　含有油分且稀稠适中的芡会呈现光润油亮的样子，令菜品美观，有新鲜感。

（5）在一定程度上起保温作用　芡含有油脂，而且比较黏稠，覆盖在菜品上能减慢菜品热气的散失。

（6）保证汤菜融合，使羹菜柔滑软嫩　羹勾芡后汤水变稠，羹料便会与羹液融于一体。勾芡后羹液柔和，羹料滑嫩。

（7）可突出主料　如清汤蟹底翅，鱼翅勾芡后置于碗内，加入清汤也不易散乱，使鱼翅十分突出。

（8）美化原料　烹饪原料特别是肉料，经过加热后外观会发生一些不美的变化，如虾丸、鱼腐等，会出现因受热脱水、呈现肉纹、表面毛糙、受热膨胀、冷却收缩、表面呈现凹凸皱纹的情况，勾芡后芡能填充原料凹陷处，使菜品重现饱满、油润、鲜嫩的质感。

3. 芡色

芡色是指芡的色泽和芡的油亮程度。芡的油亮程度与芡的稀稠、芡含油量的多少和芡粉质量有关。芡粉质量高，芡稀稠适度，含油量恰当，芡便油亮。芡过稀或过稠都难现光泽。

（1）六大芡色　正确运用芡色是勾芡技术的重要内容，错用芡色既不美观，又影响菜品质量。粤菜把芡色归纳为六大类，称六大芡色。

1）红芡。

① 大红芡：呈鲜红色，主要用茄汁、果汁调出，例如果汁煎猪扒。

② 深红芡：呈酱红色，多由红汤、酱料、老抽调出，如扒大鸭、皱沙圆蹄、红焖牛腩等。

③ 浅红芡：比深红芡浅的酱红色，主要由火腿汁、鲍鱼汁、蚝油、老抽等调出，如腿汁扒芥胆、鲍汁鹅掌、蚝油牛肉、烧汁鲜鱿等。

④ 金红芡：浅红芡中略加橙黄色，为鱼翅、鲍鱼等名贵干货常用芡色，如红烧大群翅、红烧鲍鱼等。

⑤ 紫红芡：由五成糖醋与五成芡汤调成，如姜芽鸭片。

⑥ 嫣红芡：由三成糖醋与七成芡汤调成，如姜芽肾片。

2）黄芡。

① 金黄芡：呈极浅的橙黄或酱红，多由蚝油、老抽调出，如油泡土鱿等。

② 浅黄芡：由咖喱调出，如咖喱牛肉、粤式葡国鸡等。

③ 蛋黄芡：主要由鸡蛋或玉米蓉调出，如蛋蓉牛肉羹、甘露石斑块、鸡粒粟米羹等。

3）白芡。

① 白汁芡：主要由上汤加蟹肉碎、蛋清调出，如白汁虾脯等。

② 蟹汁芡：主要由上汤加蟹肉块调出，如蟹汁鲈鱼等。

③ 奶汁芡：主要由鲜奶调出，如奶油鸡、竹园椰奶鸡等。

4）青芡。青绿色，主要由绿色菜汁调出，如菠汁鱼块、叶绿虾仁等。

5）清芡。又叫原色芡，透明无色，使原料呈现原色，如油泡虾仁等。

6）黑芡。此芡色专用于有豆豉的菜式，呈深酱红色。由于芡中混有黑色的豆豉，故称为黑芡，如豉椒鳝片、豉汁蒸排骨等。

（2）芡色选用的原则　六大芡色在实际烹调中须灵活运用。菜品芡色的选用主要遵循以下三个原则。

1）根据调味品的颜色来调芡色。这是为了使菜品呈现该调味品的风味，如蚝油牛肉芡色应与蚝油色相近。

2）肉为主色，芡跟肉色。当菜品没有使用有特别色泽的调味品时，可突出肉料色泽。如油泡土鱿调金黄芡。若以植物原料为主料，通常应调清芡。

3）适合菜品的风味特点。调芡色还应结合菜品的风味特点。如蒜子鲌鱼、红烧甲鱼滋味偏浓郁，应调以红芡为恰当；生焖鲌鱼、荷香蒸甲鱼味道清鲜，调以清芡能突出其风味。

4. 勾芡的方式

（1）按勾芡与调味关系划分

1）碗芡。调味与勾芡同时进行的方式称为碗芡，勾芡时使用的是芡液。碗芡适用于需在短时间内完成调味与勾芡的菜式。

2）锅芡。先调味再勾芡的方式称为锅芡，勾芡时使用芡粉。锅芡适用于加热时间稍长，需要先调味使原料入味的菜式。

（2）按勾芡的手法划分

1）吊芡。一边使搅匀的芡液徐徐流入锅内菜料中，一边通过锅铲或翻锅动作翻拌锅内菜料，使菜料均匀挂芡，这种手法叫吊芡，多用于炒和油泡烹调法，也称炒芡。

2）推芡。一只手拿手勺在汤水中旋搅，另一只手将调稀了的芡粉慢慢加入，直至芡粉均匀分布、受热糊化、稀稠合适为止的手法称为推芡。推芡多用于烩羹推糊，所以亦可称烩芡。由于芡粉是在80℃时开始糊化，所以在汤水微沸时调入芡粉最好。过早调入则芡粉来不及糊化，难以判断其稀稠，且色泽不鲜明；汤水大滚时调芡，芡粉会因搅动不及而结块不匀。

3）泼芡。勾芡时，手拿盛有芡粉的手勺，手腕一抖，将稀芡粉均匀铺盖在锅中的菜料上，另一手持锅旋转几下或用手勺翻拌，令芡汁均匀包裹原料的手法称为泼芡。这种手法常用于焖法，因而可称焖芡。使用这种手法须防止芡粉撒在锅边焦化产生焦煳味。

4）浇淋芡。浇淋芡是指对菜品原汁勾芡或对另配的调味汤汁勾芡，然后将芡浇淋于菜品上的手法，也叫扒芡。扒、煀、浸、蒸、炸等烹调法常用此手法勾芡。

5）拌芡。就是先对锅内调味汁勾芡，再加入烹熟（一般为炸熟）的菜料拌匀，使之挂芡的手法。调味汁成芡后浓稠度增大，渗透力减弱，故能使酥脆菜料保脆，因此常用于炸法。

6）半拌芡。半拌芡用于有炸干果仁的菜式，菜料勾芡后再加入炸干果仁拌匀。半拌芡的目的是保炸果仁之脆。下果仁后要尽快将菜料装盘，否则锅内热气会使果仁失去酥脆性。

关键术语

烹；调；烹调；热源；传热介质；火候；调味；味觉；心理味觉；物理味觉；基本味；复合味；味间作用；复制调味品；腌制；芡；芡粉；芡汤；芡液；芡状；芡色；碗芡；锅芡；拌芡；比热容；热导率。

复习思考题

1. 烹与调是在什么情况下产生的？
2. 烹与调各有什么作用？
3. 烹调对菜品成品有何意义？
4. 热源分哪几类？烹调热源应具备哪些条件？
5. 使用气体炉具应注意哪些安全问题？
6. 烹调传热有哪几种方式？
7. 烹调中有哪些主要传热介质？各有什么特点？
8. 以电为能源的炉具有哪几种发热形式？试各举一例。
9. 烹饪原料热导率的高低取决于什么？
10. 什么叫火候？运用火力应掌握哪些要点？
11. 如何判断火力的大小？
12. 烹饪原料在受热过程中会发生什么变化？
13. 味觉分哪几类？
14. 化学味觉分哪几类？化学味觉是如何形成的？
15. 粤菜有哪几种基本味？各种基本味在烹调中起什么作用？
16. 什么是味的转换作用、对比作用、抑制作用、突出作用？试举例说明。
17. 腌制有何作用？怎样腌制虾仁、牛肉、猪扒？
18. 试分析腌制的原理。
19. 菜品调味应遵循哪些原则？
20. 菜品调味有哪些方法？
21. 简述烹调实践操作中原料入味的方法。
22. 常用复制调味品有哪些？
23. 什么是菜点的香？菜点的香有何特性？
24. 菜品的香分为哪几类？调香有哪些方法？
25. 菜品芡色分哪几类？试各举一例。
26. 确定菜品芡色有哪些原则？
27. 菜品勾芡有什么作用？
28. 菜品勾芡有哪些方法？

红烧乳鸽

10 烹调方法的理论与应用

【学习目的与要求】

烹调方法是使原料成熟成为菜品的关键工艺，是变化菜式风味的重要工艺，是烹饪工艺学需要重点掌握的内容。通过本章学习，掌握烹调方法的概念、分类、工艺流程、技术要领和操作要领，能够按工艺规范做出符合标准的菜品。工艺流程是学习重点，技术要领和操作要领是学习难点。

本章从理论上全面分析粤菜的烹调方法，根据由浅入深、由表及里的渐进规律，把烹调方法分为一般方法和具体方法（个别方法）两大类，方便理解和掌握。

【主要内容】

烹调技法
烹调技法与烹调法的关系
烹调法分述
主食的烹调方法

烹调方法是指烹制菜品的方法，可以从烹调技法和烹调法两方面来认识。烹调技法是指烹制方法的工艺类型，而烹调法侧重于工艺程序，是制作菜品的具体方法。

10.1 烹调技法

10.1.1 烹调技法的分类

烹调技法是烹制工艺的一般方法，是以常规的传热介质为基础，结合各种因素划分类别的。

烹制时，有时运用一种传热介质便可完成一种加热的方式，有时则要同时运用两种甚至两种以上的传热介质方能完成一种加热的方式。为了使烹调技法的分类既全面又清晰，体现科学性，本书只采用两个层次来划分烹调技法的类别：第一个层次是只运用一种传热介质的烹调技法，第二个层次是两种传热介质结合运用的烹调技法。

划分烹调技法类别的相关因素主要是火力的大小和耗时的长短。

1. 以水为传热介质的烹调技法

（1）浸　浸是指以高温或将沸的水长时间加热原料的方式。

功能与作用：浸是对原料的温和加热，原料在浸制中收缩变形比较缓慢，成熟趋于内外一致，同时保持水分含量，因此成品通常呈现嫩滑的质感。

浸适用于动物性原料，如家禽、鱼类、畜肉及其内脏和肉料制品等。

技术要领：

1）浸制时容器内浸制用水的温度尽量稳定，确保原料受热均匀，成熟一致。

2）浸制用水必须能淹没原料。

3）根据肉料的大小、厚薄、生熟程度以及数量控制水温的高低和浸制时间的长短。

4）反复使用的水要注意做好灭菌工作，以防变质。

（2）熬　熬是指以微沸的水长时间对原料进行加热的方式。

功能与作用：经过长时间的熬制，原料的滋味大部分溶于水中，使水变成了鲜香的浓汤。熬是制取半制品汤的工艺。

技术要领：

1）为使半制品汤的质量稳定，熬汤的用料、用水量及熬制时间必须标准化。

2）熬清汤须用慢火，以保持汤水呈微沸状态，熬浓汤火力可稍大些。

3）冷水下肉料。

4）水开后要撇清浮沫。

5）熬制过程不关火。

（3）煲　煲是指用中慢火让水保持滚沸状态，长时间对原料进行加热的方式。

功能与作用：由于加热时间较长，原料的滋味大量溶于水中，可以制出美味的汤，同时原料也变得软烂、松散。如果把多种性质和滋味都不相同的原料同煲，原料的滋味就会以水为媒介互相渗透，形成复合味。

技术要领：

1）需要根据成品的质量要求或特点要求，灵活运用火力。

2）煲制耗时视原料而定，一般为60分钟，最长不要超过120分钟。

3）原料煲前的预制非常讲究。

4）煲制过程须加盖。

（4）滚　滚是指用猛火及适当时间加热水中原料的方式。

功能与作用：滚能在较短的时间内使原料成熟，若用稍长的时间滚制，原料内的滋味会渗出，水中的滋味也会被原料吸入。滚既可以用于成品制作，也可以用于初步熟处理。

技术要领：

1）根据加热的对象、目的，确定用水量、火力和时间。

2）制作成品时通常是水沸下料，加热时间较短；用于消除原料异味时以冷水或热水下料较好，并且时间要长一点。若要使原料入味，应选用带底味的汤水。

（5）焯　焯是指用猛火保持水沸腾状态加热原料，使原料在极短时间内成熟的方法。

功能与作用：由于水温处于最高状态，有利于小型原料速熟。速熟使肉料结构瞬间定型呈现爽脆的质感。焯可以使蔬菜保持鲜艳的色泽，也能较好地保护其所含的维生素。

技术要领：

1）焯制的水量应足够，一般为被焯原料的4倍。

2）火力要猛，水剧烈沸腾才可投料，原料刚熟即可捞起，动作要快。

3）原料，尤其是动物性原料，形体以小为好。

以上五种水传热烹调技法的区别参见表10-1。

表10-1　五种水传热烹调技法的区别

烹调技法名称	水温状态	火力	加热时间	
			属性	范围/分钟
浸	不沸腾	微火、离火	长	10~20
熬	微沸	慢火	长	120~240
煲	沸腾	中慢火	长	60~90
滚	沸腾	猛火	中	1~5
焯	剧烈沸腾	猛火	短	小于0.5

2. 以油为传热介质的烹调技法

（1）油浸　油浸是指用较多的油，以中低油温用稍长时间加热使原料成熟的方式。

功能与作用：油浸是一种温和的加热方法。由于油温不高，原料脱水程度较低，因而成品质感较嫩滑。油浸技法一般适用于动物性原料。

技术要领：

1）油温应控制在110~130℃，投料时油温可稍高些。

2）油量必须能浸没原料。

3）原料下锅前必须沥干水分。

（2）油泡　油泡是指用较多的油，以恰当的油温短时间对原料加热，使原料达到刚熟或几成熟的方式。油泡是烹调方式的名称，具体操作时称为泡油。

功能与作用：油泡能使原料均匀成熟，既香又嫩滑。油泡是原料初步热处理的方法之一。

技术要领：

1）肉料泡油前要拌水淀粉或蛋白湿粉，鱼肉要拌盐。

2）下油前锅要干净并应烧热。

3）根据肉料的特性、形状选用恰当的油温。一般来说，肉料水分多、料形大，油温宜高些；丁、丝、片类油温宜低些。

4）动物内脏、水分多且有异味的原料及不宜用高温加热的原料，均应先飞水再泡油。飞水能去除内脏的血污、异味，这样既使肉料干净，又能保持油的洁净，还能使肉料在排出多余水分的同时定型。

5）若原料大小不均匀，应先下大件的原料，再下小件的原料。

6）植物原料泡油时，油温一般宜高些。

（3）油炸　油炸是指用较多的油，以较高的油温对原料进行加热的方式。

功能与作用：由于油炸的油温在150℃以上，比水的沸点高得多，因此能使原料大量排出水分，形成香、酥、脆的口感特色。

由于加热温度较高，能发生焦糖化反应，使肉料抹过糖的表皮着色，同时产生强烈的芳香气味。

技术要领：

1）原料由生炸至熟，要使菜品具有外香、酥脆、内鲜嫩的特点应分三个阶段控制油温。

第一阶段，高油温投料，使原料迅速定型，浆粉涨发。

第二阶段，降低油温浸炸，便于热量传入，使原料熟透，避免外焦内生。

第三阶段，重新升高油温，使油分从原料内排出，菜品干爽酥脆不油腻。

2）用于原料着色一般用直炸，即用最适当的油温将原料炸至均匀着色便可。

3）原料下锅前应沥净水分。

4）油不宜反复长时间高温使用。

5）高温炸富含胶质的原料（如熟猪皮）时，应注意遮挡，以防油溅伤人。

6）沿锅边投料，注意安全。

以上三种油传热烹调技法的区别见表10-2。

表10-2　三种油传热烹调技法的区别

烹调技法名称	油温/℃	火力	加热时间
油浸	110~130	慢火	长
油泡	90~160	中火	短
炸	150~200	猛火、慢火	长

3. 以水蒸气为传热介质的烹调技法

以水蒸气为传热介质的烹调技法是蒸。蒸是指在相对密闭的环境里用水蒸气对原料进行直接或间接加热的方式。

功能和作用：蒸汽环境中的温度随容器密闭程度的增大而提高。压力锅里的温度比蒸笼、蒸柜要高就是因为压力锅密闭好，内部压力大；若密闭程度降低，温度也会相应降低。蒸能较好地保持原料的原味和烹调前的造型。

蒸的温度是通过密闭状态和蒸汽的供应量来调节的。蒸制的菜品不易上火，但芳香味不足，需借助有香味的原料提香。

技术要领：

1) 蒸锅、蒸炉里的水量要充足，以便产生足够的蒸汽。

2) 需要根据原料的特性及菜品的特色要求调节火力，控制时间。

3) 蒸制菜品在盘上的摆砌应当厚薄均匀，以便成熟度一致。

4. 以热空气为传热介质的烹调技法

（1）烤　烤是指以炭火或热气（如太阳能）在敞开环境中加热原料的方式。

功能与作用：烤制的食品带有焦香味，若以上好的木炭烧烤食品还会带有木香。烤制食品的滋味比较甘美，外观一般呈鲜艳的红色。烤能使动物原料的外皮酥脆，如烤乳猪、烧肉、烤鸭、烤鹅等。

技术要领：

1) 要达到外皮酥脆的效果，必须先焙干外皮再烤。

2) 要使食品呈现红色，可在表面抹糖，最好是麦芽糖。

3) 非脆皮的食品烤熟后应淋上调好的麦芽糖，能使滋味更好，而且有光泽。

4) 烤制的原料表面应当尽量平整、光滑，避免凸出处烤焦。

5) 原料要先腌制再烤制。

（2）焗　焗是指在密闭的环境中用热气对原料加热的方式。

功能与作用：原料在密闭的环境中接受热气加热，成熟后一般会比较芳香，如果热气中带有香味，那么香味也会被原料吸收。

技术要领：

1) 原料应先腌制入味再焗制。

2) 注意根据原料的特性选择焗制的温度及时间，并要注意使原料均匀受热。

3) 加热环境的密闭状况要良好，不要漏风、泄热。

5. 以热盐为传热介质的烹调技法

以热盐为传热介质的烹调技法是热盐焗，是指把原料埋在热盐中使其受热成熟的方式。

功能与作用：热盐焗能使食品带有盐香。

技术要领：

1) 原料焗前应先腌制入味。

2) 以粗盐为传热介质较好。

3) 盐的温度要足够高，盐量要充足，还要掌握好时间。

4) 原料抹油后用纱纸包裹好再埋入热盐中，使原料保持洁净。

5) 原料的四周均要有足量的热盐覆盖，还需要加盖保温。

6. 以锅或其他物体为传热介质的烹调技法

（1）炕　炕是指仅以热锅加热原料的方式。

功能与作用：主要用于去除原料的水分，可使原料增香。

技术要领：

1) 先把锅烧热再放入原料。

2）必须配合翻动原料的操作。

3）炕制时一般都不放油脂，仅干炒。

（2）烙　烙指将原料贴于灼热的石料或铁板上成熟的方式。

功能与作用：通过热传导使原料受热至熟。这种烹调技法可在餐桌上运用，能增添就餐的气氛。

技术要领：

1）必须选用耐热且热容量大的石料或铁板。

2）配备耐热、安全的支撑物，做好安全工作。

3）原料要先腌制，腌制时要加入食用油。

7. 以水和水蒸气为传热介质的烹调技法

以水和水蒸气为传热介质的烹调技法是炖。炖是指在密闭的环境里用水蒸气长时间加热置于器皿内水中原料的方式。

功能与作用：通过炖能获得汤色清澈、原味浓郁、气味清香、滋味清润、富有营养的汤水。炖也能使原料软焾。

技术要领：

1）炖制原料的水最好是沸水或热水，这样可缩短炖制的时间。

2）原料炖前必须先去除异味和杂质。

3）炖制时炖盅需加盖以防止污水滴入。

4）炖开后用中慢火炖制即可。

8. 以锅和油为传热介质的烹调技法

（1）煎　煎指把原料放在有少量油的热锅内，使其在锅内静止或平移，让锅和油同时对原料进行加热的方式。

功能与作用：油的对流传热使热量分布相对均衡，同时由于锅温较高使被煎的原料表面焦香、色泽金黄。煎是平面受热，原料内部脱水量较少，能有效保持肉料的软嫩。

技术要领：

1）原料形状以扁平为好。

2）下油前锅要烧热、烧干，用滑锅后的余油煎制原料。

3）原料下锅前表面的水分要尽量擦干。

（2）炒　炒是指将原料放在有少量油的热锅中边翻动边加热的方式。

功能与作用：常用于小型原料的加热，能使原料均匀受热成熟。由于锅可被烧至灼热，在油的辅助下，翻炒既能防止原料被炒焦，又能获得灼热的香味，俗称锅气。若翻炒时间稍长，原料会因失水而变得干香。

技术要领：

1）根据原料的特性和成品的特色要求，确定炒制时所用的火力及时间。

2）必要时可加水。为保持锅温，免失锅气，应加沸水，且应在锅十分灼热时加，并且要严格控制加水量。

3）煎与炒的操作区别主要是原料在锅内的运动形式不同,煎是平移,炒是翻动。由此形成了成品的特色。

9. 以水和油为传热介质的烹调技法

（1）焖 焖是指将原料放在少量的有油汤水中加热的方式。

功能与作用：汤水量不大，味道较浓，便于原料入味，也防止原料的鲜味散失和浪费。有油脂伴随加热，既增加香味，又使色泽鲜亮。

技术要领：

1）根据原料老嫩、软硬的程度确定加水量和加热的时间。

2）为减少水分挥发，焖制时宜加盖。

3）多用中火或中慢火焖制。

4）原料在焖制前多经过增香、增色、定型等初步熟处理。

（2）煮 煮是指把原料放在较多的有油汤水中加热的方式。

功能与作用：由于煮时用水量较大，时间也稍长，原料质感通常比较软烂。煮制的成品连料带汤，口感清爽湿润。

技术要领：

1）原料在煮前应经过适当的方法预制。

2）火力一般是先猛火后中慢火。

3）掌握好汤水量，避免料少汤多或料多汤少。

4）掌握好汤水味道的浓淡。变化汤水滋味是变化菜式的一个方法。

焖与煮的主要区别有两个：一是焖的汤水量小，煮的汤水量大；二是焖一般要勾芡，煮一般不勾芡。

10. 以水蒸气和盐为传热介质的烹调技法

以水蒸气和盐为传热介质的烹调技法是盐蒸。盐蒸是指在密闭的环境中用水蒸气加热埋在粗盐中原料的方式。

功能与作用：水蒸气和盐皆是传热介质，加热时，热由水蒸气带入，由于原料埋于盐中，水蒸气向原料传热时，大部分的热能先传给盐，再由盐传给原料。这种传热途径使原料受热比较温和，并且能吸收盐的香味，盐香味比较柔和，同时具备蒸和盐焗的特色。这种加热方法能使原料避免因直接接受强烈水蒸气的加热而造成的破坏。

技术要领：

1）使用粗盐。

2）蒸制过程中要防止水分滴入盐内。

3）蒸制的时间比无盐蒸制的时间长。

4）适用于水分含量不大、熟后不易散碎的原料。

11. 以热空气和盐为传热介质的烹调技法

以热空气和盐为传热介质的烹调技法是盐焗。盐焗是指将原料埋于热盐中焗制的同时，辅以炉火加热的方式。

功能与作用：当盐量不足或环境气温低、散热快时，辅以炉火产生的热气可有效地补充热能。

技术要领：

1）以微热炉火加热即可。

2）其他与"热盐焗"相同。

10.1.2 烹调技法与传热介质的关系

烹调技法与传热介质的关系如图 10-1 所示。

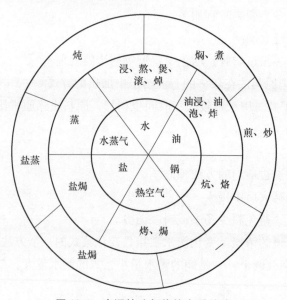

图 10-1 烹调技法与传热介质关系

注：内圈是传热介质，中圈是单一传热介质的烹调技法，外圈是双传热介质的烹调技法。

10.2 烹调技法与烹调法的关系

烹调法是烹制工艺的个别方法。在运用烹调技法对菜品进行烹制时，原料的特性、组合、菜式的特色要求等因素会影响菜品烹调的工艺程序、工艺方法以及操作要领。把工艺程序、工艺方法和操作要领的共同点进行组合，就形成了烹调法。在同一烹调法内，可以根据工艺的差别划分出子烹调法。

烹调法的分类是以烹调技法为基础，以工艺特点为依据来进行的。烹调法反映的是工艺的个别方法，研究的重点是它的工艺特点——工艺程序、工艺方法和操作要领。烹调法的简称为本名后加上"法"字，如蒸烹调法简称蒸法。

烹调技法是烹调方法的基础，烹调法是烹调技法的拓展。两者的关系如图 10-2、图 10-3 所示。

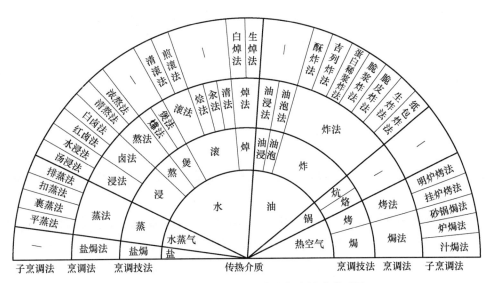

图 10-2　单传热介质烹调技法与烹调法关系图

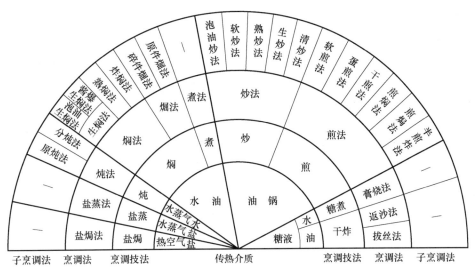

图 10-3　双传热介质烹调技法与烹调法关系图

10.3　烹调法分述

10.3.1　蒸烹调法

1. 定义

蒸是原料经过调味后放在菜盘上摆砌造型，放入相对密闭的环境中用水蒸气加热成熟成为热菜的烹调方法。

蒸制的菜式由蒸汽直接加热，蒸汽量的大小决定了蒸制的火力，蒸制火力的大小分猛火、中火和慢火三种。三种火力判断如下：

猛火——水蒸气猛烈，向上直冲，微风吹过不摇摆。

中火——水蒸气充足，向上直升，微风吹过稍有摇摆。

慢火——水蒸气较弱，环绕蒸笼、蒸柜缓缓上升。

炉火猛、水蒸气量大时，稍掀开蒸笼盖一条缝或隔竹编蒸笼盖蒸，火力将减弱。

2. 工艺特点

猛火宜用于蒸水产品、虾胶等。用猛火蒸能使成品色鲜艳、质嫩滑，虾胶爽滑有弹性。若用中火或慢火蒸成品则不爽滑。

中火宜用于蒸家禽、家畜类原料。用中火蒸能使成品口感嫩滑、色泽明快、味道鲜美。若用猛火，则肉质过度收缩、潲油；若用慢火，则成品色泽暗淡。

慢火宜用于蒸蛋类。慢火蒸蛋可使成品表面平滑、色泽鲜艳、口感嫩滑、滋味可口。若用猛火，成品易呈海绵状，口感粗糙。

3. 分类

按照盘上造型的特点，蒸法可分为平蒸法、裹蒸法、扣蒸法和排蒸法四种子烹调法。

（1）平蒸法

1）定义。原料平铺于盘上蒸制的方法称为平蒸法。这里的"平"字可作两种解释：一是原料的造型特征是平铺；二是该法的属性是平常蒸法，是最常用的蒸法。

2）工艺[⊖]流程如下：

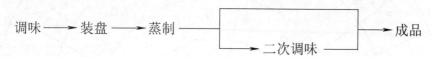

① 调味。碎件原料一般进行完全调味，其步骤是：
- 下调味料与料头，拌匀。
- 拌干淀粉。
- 加入食用油，拌匀。

② 装盘。原料要铺平。

③ 蒸制。根据原料和菜式的需要，选用恰当的火力和时间。

④ 二次调味。有些原料在蒸熟后还要进行第二次调味，如整条的鱼、水蛋、整只的鸡等。

3）操作要领。

① 碎件原料刀工要均匀。

② 碎件原料装盘时要铺平，不要堆起。蒸制整件原料应适当托起架空，以便水蒸气流通。

③ 选用恰当的火力和时长。

⊖ 为简化工艺流程，除特别说明外，本章的工艺程序均从净料开始。

4）实例。

① 豉油王蒸鱼（鲈鱼、鲗鱼、鳜鱼等）（制作工艺见表10-3）。

② 豉汁蒸排骨（制作工艺见表10-4）。

豉油王生鱼

表 10-3　豉油王蒸鱼制作工艺　　　　　　　　　　　　　　　（单位：克）

原料	鲜鱼			
	1条，500			
调料	盐	蒸鱼豉油	食用油	胡椒粉
	5	50	40	0.5
料头	葱条	姜丝	葱丝	
	10	10	10	
烹调法	蒸法——平蒸法			
制法	步骤	操作过程及方法	操作要领	
	1	宰好鲜鱼，沥干水，用盐涂匀鱼身内外	忌弄破鱼胆	
	2	把鱼卧放在用葱条垫底的盘上	头左尾右鱼腹靠身	
	3	用大火蒸约8分钟至仅熟，取出	视鱼大小调整时长	
	4	滗去盘中的汁水，去掉葱条	换盘	
	5	撒胡椒粉、葱丝	注意投料次序	
	6	烧热锅里的油，同时略炸姜丝，浇上带姜丝的热油	油温150℃左右	
	7	再浇上蒸鱼豉油	或用生抽	

表 10-4　豉汁蒸排骨制作工艺　　　　　　　　　　　　　　　（单位：克）

原料	排骨							
	250							
调料	盐	味精	白糖	绍酒	老抽	胡椒粉	淀粉	食用油
	2	1	2	3	1	0.1	8	3
料头	葱段	豉汁	蒜蓉					
	10	适量	10					
烹调法	蒸法——平蒸法							
制法	步骤	操作过程及方法	操作要领					
	1	排骨斩件	每块约10克，方形					
	2	洗净，沥干水	—					
	3	加入除淀粉和食用油外的调料、蒜蓉拌匀	豆豉要剁成蓉状，老抽最后拌					
	4	加入淀粉拌匀	要拌匀					
	5	加入食用油稍拌匀，铺排在盘上	排骨要在盘上铺平					
	6	用中火蒸约8分钟	判断蒸熟的特征是：肉微缩，骨突出；汁清；排骨不粘盘					
	7	加入葱段						

③ 咸蛋蒸肉饼（制作工艺见表10-5）。

表10-5　咸蛋蒸肉饼制作工艺　　　　　　　　　　　　　　　　　（单位：克）

原料	猪肉			咸蛋	
	250			1个	
调料	盐	味精	胡椒粉	淀粉	食用油
	3	1	0.1	5	10
料头	葱花				
	3				
烹调法	蒸法——平蒸法				
制法	步骤	操作过程及方法		操作要领	
	1	猪肉切成粒后剁成较粗的肉蓉		不要剁得过细	
	2	把咸蛋打开，将蛋白和蛋黄分开		—	
	3	猪肉蓉加入盐、味精拌至"起胶"		"起胶"即"上劲"	
	4	加入咸蛋白、胡椒粉、淀粉、食用油拌匀		若肥肉多则不加食用油	
	5	肉蓉放在盘上抹平		要抹平整	
	6	咸蛋黄压扁，切碎，撒在肉面		咸蛋黄也可不切碎	
	7	用中火蒸约8分钟，撒上葱花		—	

④ 鱼片蒸鸡蛋（制作工艺见表10-6）。

表10-6　鱼片蒸鸡蛋制作工艺　　　　　　　　　　　　　　　　　（单位：克）

原料	鲩鱼肉			鸡蛋		温开水	
	150			3个		200	
调料	盐	味精	胡椒粉	水淀粉		食用油	生抽
	6	1	0.1	5		10	5
料头	姜丝				葱花		
	2				5		
烹调法	蒸法——平蒸法						
制法	步骤	操作过程及方法			操作要领		
	1	鲩鱼肉切片			直刀切片		
	2	鱼片用盐拌匀，再用水淀粉拌匀			—		
	3	温开水加入盐、味精溶化			水温30~40℃		
	4	鸡蛋去壳打散，加入调味的温开水拌匀			—		
	5	蛋液倒入窝盘中用中慢火蒸5分钟至仅熟			若用冷开水则用慢火		
	6	鱼片铺在蛋面上，再蒸1分钟			可以留点蛋液此时加		
	7	用油略炸姜丝			炸时搅散姜丝		
	8	撒上胡椒粉、略炸的姜丝和葱花，浇上热食用油和生抽			生抽不要太早浇		

⑤ 冬菇蒸滑鸡（制作工艺见表10-7）。

表10-7 冬菇蒸滑鸡制作工艺　　　　　　　　　　　　（单位：克）

原料	光鸡				冬菇		
	300				20		
调料	盐	味精	白糖	胡椒粉	绍酒	淀粉	食用油
	4	2	1	0.1	3	5	15
料头	姜片				葱段		
	10				10		
烹调法	蒸法——平蒸法						

	步骤	操作过程及方法	操作要领
制法	1	光鸡斩件洗净，沥干水分	每块约10克
	2	加入姜片、冬菇、盐、白糖、味精、胡椒粉、绍酒拌匀	要拌匀
	3	加入淀粉拌匀	略拌
	4	加入食用油稍拌	不可多拌
	5	把鸡块平铺在盘中	不要压紧
	6	用中火蒸约8分钟	判断蒸熟的特征是：肉微缩，骨突出；汁清；鸡块不粘盘
	7	加入葱段再蒸20秒	—

（2）裹蒸法

1）定义。原料用外皮包裹蒸熟成菜的方法称为裹蒸法。用作外皮的通常是有香味的植物叶子，如荷叶（鲜莲叶）、干莲叶、竹叶、苹婆叶、蕉叶等。裹蒸菜式蒸熟后直接上席，颇有乡土气息。

2）工艺流程如下：

① 整理外皮用料。把外皮用料修剪好，洗干净，沥净水分。

② 原料调味。原料按平蒸法的操作要领调味。

③ 包裹原料。包裹的形式有包折成方块、对折、卷成圆筒状、垫底等。

④ 蒸制。火力宜猛些。蒸熟后直接上席，由食者自拆食用。

3）操作要领。

① 包裹的紧密度要一致，大小要均匀。碎件原料宜先分好份数再包裹。

② 火力应偏猛些。

③ 用小型竹蒸笼盛装更好。

4）实例。

荷香元贝鸡（制作工艺见表10-8）。

表10-8 荷香元贝鸡制作工艺　　　　　　　　　　（单位：克）

原料	鸡肉		水发珧柱		水发冬菇		鲜莲叶	
	300		40		25		4张	
调料	盐	味精	白糖	胡椒粉	香油	绍酒	淀粉	食用油
	5	3	0.5	0.1	1	10	10	15
料头	姜丝							
	3							
烹调法	蒸法——裹蒸法							
制法	步骤	操作过程及方法				操作要领		
	1	将鸡肉片成24片厚片，加入调料拌匀				先拌味料，再拌淀粉，最后拌油		
	2	水发冬菇切丝，水发珧柱搓散				水发冬菇要先滚煨		
	3	鲜莲叶洗净，剪成24片，用沸水烫软				稍烫即可		
	4	鸡肉放在莲叶上，加入冬菇丝、珧柱丝和姜丝，包好				包成日字形		
	5	把包好的鸡肉放在小蒸笼里，用猛火蒸8分钟				要排整齐		

（3）扣蒸法

1）定义。把原料摆砌在扣碗内蒸熟，然后覆扣于菜盘上或汤窝①内，把勾芡的原汁或调味后的原汤淋到原菜上，使其成为一道热菜或汤菜的方法称为扣蒸法。扣蒸的菜式有两个显著的特点：一是圆包造型，整齐美观，色彩相间，鲜明悦目；二是原料滋味相互渗透，具有复合美味。

按不同的工艺操作，扣蒸法分类如下。

① 按主料生熟可分为生扣法（如生扣鸳鸯鸡）和熟扣法（如荔浦扣肉）。

② 按菜式的属性可分为汁扣法（成品为热菜，如冬瓜扣大虾）和汤扣法（成品为汤菜，如科甲冬瓜）。

生扣鸳鸯鸡

2）工艺流程如下：

① 将原料改刀成均匀大小。

② 调味。肉料一般在摆砌前先调味。

③ 在扣碗内摆砌整齐。外皮贴碗壁，中间要填满。

④ 注入汤水或味汁，注满为止。蒸制。

⑤ 滗出原汁或原汤，覆扣于菜盘上或汤窝内。原汁勾芡，淋于菜面，或将原汤调味后

---

① 广东地区习惯把大汤碗叫汤窝。

淋入汤窝内。

3）操作要领。

① 原料刀工要均匀，原料选用要考虑滋味和色泽协调。

② 摆砌要整齐、紧密。

③ 根据肉料需要掌握火力和时间。

4）实例。

荔浦扣肉（制作工艺见表10-9）。

表10-9　荔浦扣肉制作工艺　　　　　　　　　　　　　　（单位：克）

原料	带皮猪五花肉				荔浦芋头			生菜胆			
	500				350			250			
调料	盐	味精	白糖	八角末	南乳	生抽	老抽	绍酒	水淀粉	食用油	
	5	3	5	1	25	2	3	5	10	100	
料头	蒜蓉										
	10										
烹调法	蒸法——扣蒸法										
制法	步骤	操作过程及方法						操作要领			
	1	煲烚五花肉，擦干表皮油脂和水分，涂上老抽						煲至七成烚			
	2	在皮上扎针孔，放进热油中炸至表皮呈大红色						要扎得均匀			
	3	荔浦芋头去皮切成方块，也炸至微带焦黄						规格6厘米×3厘米×1厘米			
	4	把五花肉切成与荔浦芋头大小相仿的长方块						—			
	5	热锅下油爆香蒜蓉，放进猪肉块，烹绍酒						用慢火			
	6	加入南乳、盐、味精、白糖、八角末，炒匀						熄火翻炒匀			
	7	猪肉块与芋头块相间地摆砌在扣碗内，填满						皮朝下，料稍高出碗口			
	8	最后加入步骤6的味汁和汤水						锅里的味汁要用上			
	9	用中火将扣肉蒸至烚，滗出原汁，覆扣于盘上						注意保持形状			
	10	炒好生菜胆，围在扣肉周围						—			
	11	原汁加盐、味精、生抽、老抽调味后用水淀粉勾芡，淋在扣肉上						—			

（4）排蒸法

1）定义。两种或两种以上的碎件原料整齐而有规律地摆砌在菜盘上蒸熟成菜的方法称为排蒸法。排蒸法与扣蒸法的相同之处是原料都要摆砌，造型整齐美观。不同之处是排蒸法在菜盘上摆砌，成菜都是热菜；扣蒸法在扣碗内摆砌，成菜可以是热菜，也可以是汤菜。

2）工艺流程如下：

切改原料──→调味──→摆砌──→蒸制──→勾芡──→成品

① 将原料改刀成均匀大小。

② 调味。原料在摆砌前先调味。

③ 在菜盘上摆砌整齐。原料要摆砌得紧密些，这样菜品外观较好。
④ 蒸制。根据肉料的特性掌握火候。
⑤ 滗出原汁，勾芡淋芡。

3）操作要领。
① 原料成熟后要求大小基本一致。
② 原料滋味和谐，颜色相配。
③ 原料火候要求一致。配料可另外处理。

4）实例。
麒麟生鱼（制作工艺见表10-10）。

表10-10 麒麟生鱼制作工艺 （单位：克）

原料	生鱼		火腿		水发冬菇		笋		菜心
	1条		30		50		100		250
调料	盐	味精	白糖	胡椒粉	香油	绍酒	淀粉	食用油	上汤
	10	5	2	0.5	2	3	10	50	50
料头	姜花			姜件			葱条		
	10			2片			2条		
烹调法	蒸法——排蒸法								

制法	步骤	操作过程及方法	操作要领
	1	将笋切成笋花，用清水滚过，再用沸盐水煨至入味，捞出后沥干水分	切片不要太厚
	2	水发冬菇改刀成半圆形片，用清水滚过，锅中加油爆香葱条、姜件、烹绍酒，加沸水、盐、味精、白糖和冬菇片煨至入味	切片不要太厚
	3	将菜心剪成郊菜，火腿切成长方形片	火腿切片要薄
	4	生鱼起肉，改切成鱼球，加盐、味精拌匀	鱼球要切成6厘米×2厘米×0.8厘米的长方形片
	5	按笋花、火腿片、鱼肉、冬菇片的次序，一片斜叠一片，在长圆盘上排成2~3行。两端摆鱼头鱼尾	叠约2/3宽度，要排得整齐。鱼头可以另外蒸
	6	每行插入4片姜花。用猛火蒸熟，取出后滗去汁，撒胡椒粉	鱼头蒸熟后摆在盘端
	7	煸炒郊菜，调味勾芡，摆砌在每行鱼肉的两旁	猛火煸炒
	8	上汤加热，加盐、味精调味勾芡后，再加香油、包尾油，浇淋在鱼肉上	芡不宜过稠

10.3.2 炖烹调法

1. 定义

炖是将原料放在炖盅内，加入汤水或沸水，加盖，用蒸汽长时间加热，调味后成为汤水清澈香浓、物料软熥汤菜的烹调方法。炖制的成品一般称为炖品。

炖品一般配姜件、葱条、火腿大方粒、瘦肉大方粒为料头。姜件、葱条用于去除肉料的腥臊异味；火腿能增加炖品的芳香味，并能赋予炖品浅红色泽，使人产生香浓、滋润的感觉；瘦肉可为炖品补充鲜味。

2. 炖品的特点

1）汤清，味鲜，香醇，本味突出。

2）原料质地软熥，形状完整，熥而不散。

3）集各种原料的精华，有滋补效果。

3. 分类

按原料炖制时是合盅炖还是分盅炖，炖法可分为原炖法和分炖法两种。

（1）原炖法

1）定义。一道炖品的各种原料合于一盅炖制的方法称为原炖法，也可叫原盅炖。原炖法制作简便，能保持原料的原味和营养，但不易掌握汤水色泽的深浅，成品中肉料与配料串色、串味，造型稍差。

2）工艺流程如下：

① 辅料按需要清洗干净。

② 肉料飞水。按飞水要求进行，去除血污及异味。

③ 落盅。肉料、辅料和料头一同放进炖盅内，注入沸汤或沸水，加上盖。

④ 炖制。按原料性质掌握火候。

⑤ 调味。调味后即可食用。席上使用的调味后应封上纱纸，返炖15分钟再上席。

3）操作要领。

① 肉料炖前须去净血污和异味。

② 炖制时间一般较长，应加盖以防串味。

4）实例。

① 淮杞炖乳鸽（制作工艺见表10-11）。

表10-11 淮杞炖乳鸽制作工艺　　　　　　　　　　（单位：克）

原料	乳鸽	淮山	枸杞子	
	1只	15	10	
调料	盐	味精	绍酒	
	6	4	15	
料头	姜件	葱条	瘦肉	火腿
	10	10	50	25

(续)

烹调法	\multicolumn{2}{l}{炖法——原炖法}	
	步骤	操作过程及方法	操作要领
制法	1	乳鸽开背部，取出内脏，敲断腿骨、翅骨，洗净	—
	2	瘦肉、火腿分别切大方粒	瘦肉2厘米见方，火腿1厘米见方
	3	淮山、枸杞子洗净	要浸透
	4	乳鸽、瘦肉分别飞水	要去净血污
	5	各种原料、料头一起放入炖盅内，加沸水、绍酒，加盖	沸水约1500毫升
	6	用中慢火炖约100分钟	—
	7	乳鸽取出锁骨和胸骨，鸽胸朝上造型	—
	8	拣出姜、葱，撇浮油，加入盐和味精	略搅打
	9	封纱纸，再炖15分钟	—

② 鸽吞燕（制作工艺见表10-12）。

表10-12　鸽吞燕制作工艺　　　　　　　　　　　　　（单位：克）

原料	全鸽		发好的燕窝		
	1只		50		
调料	盐	味精	绍酒	胡椒粉	上汤
	5	2	15	0.1	150
料头	姜件	葱条	瘦肉		火腿
	10	10	50		25
烹调法	\multicolumn{4}{l}{炖法——原炖法}	
	步骤	操作过程及方法			操作要领
制法	1	将燕窝放进全鸽腹内，扎好开口处			不漏馅
	2	瘦肉、火腿分别切大方粒			瘦肉2厘米见方，火腿1厘米见方
	3	全鸽飞水，用铁针在全鸽身上扎几个小孔			注意去净血污
	4	全鸽、火腿、瘦肉、姜件、葱条均放进炖盅内			—
	5	加入绍酒、沸水，加盖，放进蒸笼内			沸水约1200毫升
	6	用中火炖约90分钟			炖至乳鸽身焾
	7	取出乳鸽，去掉姜、葱，滤出原汤，加盐、味精、胡椒粉调味			杂质去干净
	8	乳鸽放回炖盅内，淋入调好味的原汤和上汤			原汤加上汤混合
	9	封纱纸，再炖15分钟			—

(2) 分炖法

1) 定义。一道炖品的原料分为几盅炖制，炖好后再合成一盅的方法称为分炖法。分炖法制作稍烦琐,但能满足炖品不同原料受火时间不同的要求,易于掌握汤色。成品汤色明净、肉色鲜明、造型美观。

2) 工艺流程如下:

① 辅料按需要清洗干净。
② 肉料飞水。按飞水要求进行,去除血污及异味。
③ 各种处理好的原料分盅或合盅放置,注入沸水,加盖。
④ 炖制。中火炖制并根据原料选择炖制时间。
⑤ 调味与合盅。将分盅炖好的成品合成一盅,并调入味料。
⑥ 封纱纸与返炖。纱纸用水稍打湿后铺在炖盅上封好,回蒸炉返炖。

3) 操作要领。
① 按原料的特性及成品要求分盅炖制。
② 根据成品要求灵活掌握各盅火候。
③ 分炖后合盅时各盅汤汁适量调入。

4) 实例。
① 北芪党参炖鹧鸪(制作工艺见表10-13)。

表10-13　北芪党参炖鹧鸪制作工艺　　　　　　　　　(单位:克)

原料	净鹧鸪		北芪		党参	
	2只		10		20	
调料	盐	味精		绍酒		胡椒粉
	5	3		15		0.1
料头	姜件	葱条		瘦肉		火腿
	5	5		50		25
烹调法	炖法——分炖法					
制法	步骤	操作过程及方法			操作要领	
	1	鹧鸪背部开刀去内脏,敲断腿骨、翅骨			—	
	2	瘦肉、火腿分别切大方粒			瘦肉2厘米见方,火腿1厘米见方	
	3	鹧鸪、瘦肉飞水			水量足够,水温合适	
	4	鹧鸪、瘦肉、火腿、姜件、葱条、绍酒、沸水放在一个炖盅内,加上盖			沸水约1200毫升	
	5	北芪、党参洗净放在另一个炖盅内,加入沸水			沸水约300毫升	
	6	将两个炖盅同时用中火90分钟,取出			注意火候	
	7	倒出原汤,鹧鸪去锁骨、胸骨后放回炖盅内,加入北芪、党参、原汤和原汁,加盐、味精、胡椒粉调味			胸部向上,原汁要过滤,去浮油,其余原料拣去	
	8	加盖,用纱纸封好再炖15分钟			—	

② 杏圆凤爪炖甲鱼（制作工艺见表10-14）。

表10-14 杏圆凤爪炖甲鱼制作工艺　　　　　　　　　　　　　（单位：克）

原料	净甲鱼	南杏仁	鸡爪	桂圆肉	
	500	20	3对	10	
调料	盐	味精	食用油	胡椒粉	绍酒
	5	6	10	0.1	20
料头	姜件	葱条	瘦肉	火腿	
	20	20	50	25	
烹调法	炖法——分炖法				
制法	步骤	操作过程及方法		操作要领	
	1	甲鱼斩件、瘦肉、火腿切大方粒，鸡爪剁去趾尖，敲断胫骨		甲鱼去背骨，每块约20克	
	2	甲鱼、鸡爪、瘦肉分别飞水		去净血污	
	3	炒锅下油、葱条、姜件和甲鱼，烹绍酒，爆炒后用沸水冲淋		甲鱼去除部分油脂炒至有香味	
	4	甲鱼、瘦肉、火腿、鸡爪、绍酒、料头放入炖盅内，加沸水后加盖		沸水1200毫升	
	5	桂圆肉、南杏仁分放在两个炖盅内，均加入沸水		各250毫升	
	6	三个炖盅均用中火炖90分钟，取出		—	
	7	倒出甲鱼原汤，把甲鱼放炖盅中间，鸡爪放在旁边，面上放桂圆肉、杏仁，撒胡椒粉		甲鱼裙在面上	
	8	三盅炖品的原汤混合在一起，过滤后加盐、味精调味，放进甲鱼盅内，加盖，封好纱纸再炖20分钟		汤水要撇去浮油	

③ 虫草炖蚬鸭（制作工艺见表10-15）。

表10-15 虫草炖蚬鸭制作工艺　　　　　　　　　　　　　　　（单位：克）

原料	冬虫夏草		蚬鸭	
	5		1只	
调料	盐	味精	胡椒粉	绍酒
	6	3	0.1	20
料头	姜件	葱条	瘦肉	火腿
	20	20	50	20
烹调法	炖法——分炖法			
制法	步骤	操作过程及方法	操作要领	
	1	蚬鸭开背，去内脏，洗净，飞水后放在炖盅内	注意除清肺和血污	
	2	瘦肉、火腿分别切大方粒。瘦肉飞水	瘦肉2厘米见方，火腿1厘米见方	
	3	姜件、葱条、火腿、瘦肉及沸水、绍酒放进炖盅内	沸水1000毫升，加盖	
	4	冬虫夏草洗净后放在另一盅内，加入少量沸水	沸水300毫升	
	5	两盅加盖用中火炖90分钟至够身，取出	—	
	6	滗出鸭汤和虫草汁，混合，加盐、味精、胡椒粉调味	汤要撇去浮油	
	7	蚬鸭造型后加入冬虫夏草，原汤倒回炖盅内	冬虫夏草摆在上面	
	8	封好纱纸再炖20分钟	—	

10.3.3 焓烹调法

1. 定义

有些原料本身滋味不足，需要从外部补充。焓是将需增加滋味的原料与提供滋味的原料同放于加热容器内，加入水和调味品，运用中慢火长时间加热，使需增加滋味的原料在加热过程中吸取汤汁中的滋味而丰富本身滋味的烹调方法。

2. 工艺流程

焓前加工 ⟶ 焓制 ⟶ 半成品 ⟶ 成品

（1）原料焓前加工。加工的内容主要有除异味、修整形状、上色等。加工的方式主要有炸、飞水、滚、刀工等。

（2）加汤水、调味品焓制。一般用中慢火焓制。

3. 操作要领

（1）为被焓原料选好焓料，原料之间可以互焓。

（2）焓前要除去异味、杂质。

（3）因焓制时间长，原料形状易散碎，故焓前要做好预防措施。

4. 实例

焓鲍鱼（制作工艺见表10-16）。

表10-16 焓鲍鱼制作工艺 （单位：克）

原料	水发鲍鱼	老鸡	瘦肉	猪肘
	500	500	500	500
调料	食用油		绍酒	
	50		25	
料头	姜件		葱条	
	50		50	
烹调法	焓法			
制法	步骤	操作过程及方法		操作要领
	1	水发鲍鱼用清水滚过		保持形状完好
	2	老鸡、瘦猪肉、猪肘斩件后飞水		飞水后略冲洗表面污物
	3	锅加油烧热，下葱条、姜件爆香，烹入绍酒，加沸水，放鲍鱼煨30分钟		去腥增香
	4	在锅内放老鸡、瘦肉、猪肘及鲍鱼，加入浸过食材的水，猛火烧开后转慢火焓至软度合适		中慢火约焓120分钟

10.3.4 熬烹调法

1. 定义

熬就是熬汤，是将原料（多是肉料）放在清水中长时间加热，制成半制品汤的烹调方法。

2. 作用

熬制的汤对烹制菜品有两个作用：一是给菜品提供鲜味，使菜品味鲜、香浓；二是为汤菜准备汤底。

3. 分类

按成品汤色区分，熬分清熬与浓熬两种方法。

（1）清熬法

1）定义：用慢火熬出汤色清澈的清汤的熬汤方法称为清熬法。

粤菜所用清汤分为顶汤和上汤两种。上汤质量要求是汤色清澈、色浅黄、味道鲜美、香味馥郁，没有杂质，没有肉末，极少浮油。顶汤在此基础上还要求味道极鲜，香味更浓，汤质偏稠。

2）工艺流程如下：

净料下锅 → 注入清水 → 猛火烧开 → 撇去泡沫 → 慢火熬制 → 滤汤 → 成品

① 把熬汤的原料切成大块，洗净。

② 原料放进锅内，注入定量的清水。

③ 猛火烧开，撇去泡沫。

④ 转慢火连续加热。

⑤ 撇去浮油，清理汤渣，滤出清澈的半制品汤。若汤不够清，可用肉蓉吊清汤。

3）操作要领如下。

① 选用新鲜肉料并清洗干净。原料用量要固定。

② 冷水下肉料。

③ 汤烧沸后撇去浮沫便转用慢火，保持汤微沸，以汤面滚起呈"菊花心"为度，不可用猛火。

④ 熬汤中途不能撇油，不能停火，要连续熬制。

⑤ 起汤前先撇清浮油。

⑥ 盛汤的容器必须干燥洁净。

4）实例：熬顶汤（上汤）（制作工艺见表10-17）。

表 10-17　熬顶汤（上汤）制作工艺　　　　　（单位：千克）

原料	瘦肉	老光鸡	生火腿	清水	注：括号内是熬上汤肉料用量
	9.5（4.75）	4（2）	1.5（0.75）	21	
烹调法	熬法——清熬法					
制法	步骤	操作过程及方法			操作要领	
	1	瘦肉切成块，光鸡斩成块，洗净			洗净血污	
	2	全部肉料连同清水放进锅内猛火烧沸，撇去泡沫			汤将沸腾时撇泡沫	
	3	转慢火连续加热4小时			中途不停火	
	4	熬好后，撇去汤面浮油，用洁净毛巾过滤汤			汤混浊可用肉蓉吊汤，使汤清澈	
	5	得顶汤（上汤）15千克			—	

（2）浓熬法

1）定义：用偏猛的火力熬出汤色浓白的浓汤的熬汤方法称为浓熬法。浓熬汤品汤色浓白，气味芳香，口味甘美。

2）工艺流程如下：

肉料、骨料洗净 → 猛火烧开 → 撇去泡沫 → 中猛火熬制 → 滤汤 → 成品

① 原料切块，洗净。
② 原料连同清水一同放进锅内。
③ 猛火烧开，撇去泡沫。
④ 转中慢火连续加热。起汤前再用中猛火加热30分钟。
⑤ 清理汤渣，滤出半制品汤。

3）操作要领如下。

① 冷水下肉料。
② 熬制用火先大后小再大。
③ 盛汤器皿要干燥、洁净。

4）实例：熬浓（白）汤（制作工艺见表10-18）。

表10-18　熬浓（白）汤制作工艺

原料	光鸡	鸭骨架	猪肘	猪大骨
调料	姜块	葱条	绍酒	
烹调法	熬法——浓熬法			
制法	步骤	操作过程及方法	操作要领	
	1	肉料、骨料飞水	去除血污	
	2	肉料、骨料连同清水放进大锅内，用猛火烧沸	汤沸时撇去浮沫	
	3	加入姜、葱、绍酒，转中慢火加热至浓白	—	
	4	滤汤	—	

注：鱼浓汤熬法基本相同，不同的是鱼骨不飞水，而是要煎透。

10.3.5　煲烹调法

1. 定义

煲指煲汤，是将汤料和清水放进瓦煲内，用中慢火长时间加热，经过调味，制成汤汁香浓、味道鲜美、汤料软烂的汤菜的烹调方法。

2. 工艺特点

煲汤可用其他材质器皿煲制，但成品风味不及瓦煲好。

煲汤一年四季均可，夏秋季节宜煲汤汁清润、鲜而不腻的汤；冬春季节汤可偏于香浓、质稠。

3. 工艺流程

煲前预制 → 下锅 → 猛火烧开 → 撇去泡沫 → 中慢火 → 猛火 → 调味 → 成品

1）汤料煲前进行适当处理。肉料的处理方法有飞水（如猪肺、猪肚、牛腩）、煎透（如鱼、鸭）、爆炒（如蚝豉、猪肘）等，干货原料预先涨发，蔬菜瓜果须洗干净。

2）煲制。先猛火烧开，撇去浮沫，再转中慢火加热。

3）调味。

4. 操作要领

1）汤水量与汤料量比例合适。

2）煲制火力不要太小，否则不香，尤其在最后的 20~30 分钟要用猛火煲。

3）煲制时间 90 分钟左右。

5. 实例

（1）西洋菜煲生鱼（制作工艺见表 10-19）

表 10-19 西洋菜煲生鱼制作工艺　　　　　　　　　　（单位：克）

原料	净生鱼		西洋菜		猪骨	
	600		800		150	
调料	盐	味精	胡椒粉	陈皮	蜜枣	食用油
	10	10	2	5	2个	20
料头	姜块					
	20					
烹调法	煲法					
制法	步骤	操作过程及方法			操作要领	
	1	生鱼放在锅内煎至金黄色，用竹箅子夹好			生鱼要煎熟透	
	2	生鱼、猪骨、陈皮、蜜枣、姜块放进锅内，加入清水			陈皮与清水同时下	
	3	猛火烧开，撇去泡沫，放进西洋菜			西洋菜须水沸才能下	
	4	转用中火煲约 90 分钟			最后 20 分钟猛火煲	
	5	加盐、味精、胡椒粉调味			跟佐料生抽	

（2）赤小豆鲮鱼粉葛汤（制作工艺见表 10-20）

表 10-20 赤小豆鲮鱼粉葛汤制作工艺　　　　　　　　（单位：克）

原料	净鲮鱼	章鱼	赤小豆	粉葛
	400	50	75	150
调料	盐	胡椒粉	食用油	绍酒
	10	2	20	15
料头	姜块			
	20			

（续）

烹调法	煲		
	步骤	操作过程及方法	操作要领
制法	1	粉葛去皮切块；赤小豆洗净，浸泡约 2 小时	粉葛要横纹切
	2	章鱼洗净，用清水浸约 30 分钟	—
	3	鲮鱼用油煎至两面金黄色熟透，用汤袋装好	鱼要煎熟透，汤袋捆绑好
	4	把所有原料放进汤锅内，加入清水、绍酒，猛火烧开	清水 2500 克
	5	撇去浮沫，转慢火煲约 100 分钟	—
	6	加盐、胡椒粉调味	—

（3）金银菜煲猪肺（制作工艺见表 10-21）

表 10-21　金银菜煲猪肺制作工艺　　　　　（单位：克）

原料	猪肺	白菜干	鲜白菜	猪脊骨	蜜枣	水发陈皮
	1 个	75	500	300	2 个	1 片
调料	盐	绍酒	胡椒粉	食用油		
	10	15	1	10		
料头	姜块					
	10					

烹调法	煲法		
	步骤	操作过程及方法	操作要领
制法	1	猪肺灌水洗净后切块飞水	切大块
	2	猪脊骨洗净，斩大块	每块约 100 克
	3	白菜干浸软后洗净，鲜白菜洗净，分别切段	鲜白菜小的可不切
	4	锅烧热，下姜块、猪肺、绍酒炒香	猪肺炒前沥干水分
	5	鲜白菜之外的原料放在汤锅内，加清水猛火烧开	—
	6	转用中慢火煲 30 分钟	—
	7	加入鲜白菜继续煲 60 分钟	—
	8	加盐、胡椒粉调味	另取生抽作佐料

（4）冬瓜薏米煲鸭（制作工艺见表 10-22）

表 10-22　冬瓜薏米煲鸭制作工艺　　　　　（单位：克）

原料	光鸭	冬瓜	薏米	陈皮
	750	1000	100	2 片
调料	盐	胡椒粉	绍酒	食用油
	10	1	15	10
料头	姜块			
	10			

（续）

烹调法	煲法		
	步骤	操作过程及方法	操作要领
制法	1	冬瓜洗净，去瓤，连皮切件	每件约100克
	2	光鸭洗净，斩件	每件约50克
	3	光鸭飞水，放在锅内，下姜块，煎香	也可煸炒
	4	全部原料和绍酒放在汤煲内加水用猛火烧沸	撇浮沫
	5	改用中慢火煲90分钟	—
	6	加盐、胡椒粉调味	

10.3.6 焖烹调法

1. 定义

焖是将碎件原料经油泡或爆炒、炸透、煲熟后放在炒锅中爆香，加入汤水和调味品，加盖用中火加热至软熟，经勾芡而成热菜的烹调方法。

2. 工艺特点

焖制菜品具有汁浓、味厚、馥郁、肉料软滑、芡汁稍宽的特点。

3. 分类

根据焖前原料的生熟状态，焖法分为生焖法、熟焖法和炸焖法三种。

（1）生焖法

1）定义：生焖法是生料经油泡或酱爆后焖熟的方法。因此，生焖法可分为泡油生焖法和酱爆生焖法两种。

2）工艺流程如下：

生肉料泡油或酱爆 ⟶ 烹酒 ⟶ 下汤水及调味品 ⟶ 中火焖制 ⟶ 勾芡 ⟶ 成品

① 生肉料泡油或用酱料爆香后重新下锅。

② 烹酒。

③ 下水及调味品焖制。

④ 勾芡后装盘。

3）操作要领如下。

① 肉质软嫩的原料油泡后焖制，肉质较韧的原料用酱料爆香后焖制。

② 酱爆时宜用中慢火爆炒，爆香后再下汤水焖制。

③ 焖制时要加盖。

④ 芡宜厚，芡量宜稍宽。

4）实例。

① 蚝油焖鸡（制作工艺见表10-23）。

蚝油焖鸡

表 10-23 蚝油焖鸡制作工艺　　　　　　　　　　　　　　　　　　　　（单位：克）

原料	光鸡			冬菇			二汤			
	300			25			100 克			
调料	盐	味精	白糖	老抽	蚝油	水淀粉	胡椒粉	香油	绍酒	食用油
	4	2	2	3	15	15	0.5	1	1	50
料头	蒜蓉			姜片			葱段			
	3			5			5			
烹调法	焖法——生焖法									

制法	步骤	操作过程及方法	操作要领
	1	光鸡斩成方形块，洗净沥干水，冬菇涨发后切片	鸡块重约 10 克
	2	鸡块拌水淀粉	—
	3	炒锅烧热，下油，下鸡块泡油至三成熟，沥油捞出	下锅油温 150℃
	4	原锅下蒜蓉、姜片爆香，下鸡块、冬菇，烹入绍酒	—
	5	下二汤、盐、味精、白糖加盖焖	焖 1 分钟左右
	6	下蚝油、葱段，用老抽调色	浅红芡
	7	用水淀粉勾芡，撒胡椒粉，装盘	泻脚芡（二流芡）

② 生焖草鱼（制作工艺见表 10-24）。

表 10-24 生焖草鱼制作工艺　　　　　　　　　　　　　　　　　　　　（单位：克）

原料	净草鱼			瘦肉			二汤		
	400			30			100		
调料	盐	味精	白糖	绍酒	淀粉	胡椒粉		香油	食用油
	6	2	2	10	60	0.5		1	75
料头	姜丝			葱丝			菇丝		
	5			5			10		
烹调法	焖法——生焖法								

制法	步骤	操作过程及方法	操作要领
	1	草鱼切成约 5 厘米×3 厘米的长方形件，猪肉切丝	鱼件重约 20 克
	2	鱼件用盐拌匀	拌至黏稠
	3	锅烧热下油，将油烧至 160℃，下鱼件泡油，捞出沥油	约三成熟
	4	原锅下姜丝、菇丝、肉丝爆香，烹入绍酒	—
	5	下二汤、盐、味精、白糖、鱼件，略焖	焖半分钟
	6	下胡椒粉、香油，勾芡	原色芡
	7	下包尾油及葱丝拌匀，出锅装盘	用锅铲装盘

③ 咖喱焖鸡（制作工艺见表 10-25）。

表 10-25　咖喱焖鸡制作工艺　　　　　　　　　　　（单位：克）

原料	光鸡				马铃薯		
	250				150		
调料	盐	味精	白糖	绍酒	淀粉	油咖喱	食用油
	6	2	2	10	60	15	75
料头	蒜蓉		姜米		洋葱米		辣椒米
	5		5		15		10
烹调法	焖法——生焖法						
制法	步骤	操作过程及方法				操作要领	
	1	马铃薯去皮切成菱形块，漂水后炸透				注意漂水	
	2	光鸡斩成鸡块，洗净，拌淀粉后，泡油至三成熟				—	
	3	原锅下料头、油咖喱、鸡块，爆香				中慢火	
	4	烹入绍酒，下水和盐、味精、白糖略焖，再下马铃薯，加盖焖				焖 2 分钟	
	5	焖熟后勾芡，加包尾油装盘				原色芡	

（2）熟焖法

1）定义：生料煲熟切件后再焖制的方法称熟焖法。熟焖法的操作与酱爆生焖法基本相同。成品有肉质软滑、味道浓郁、带较重的酱料香味等特点。

2）工艺流程如下：

煲熟生料 → 切件 → 爆香酱料及肉料 → 烹酒 → 下水及调味料 → 中慢火焖制 → 勾芡 → 成品

① 煲熟生料，切件。

② 爆香酱料及肉料，烹酒。

③ 下汤水及调味料焖制。

④ 勾芡。

3）操作要领如下。

① 肉料必须用酱料爆香、爆透再焖制。

② 控制好火候及水量，注意其熟度。

③ 焖制时间长，故要加盖。

④ 芡宜厚、稍宽。

4）实例：红焖牛腩（制作工艺见表 10-26）。

表 10-26　红焖牛腩制作工艺　　　　　　　　　　　（单位：克）

原料	牛腩								
	2500								
调料	盐	味精	白糖	柱侯酱	绍酒	生抽	老抽	淀粉	食用油
	25	10	15	150	10	30	15	60	100

（续）

料头	蒜蓉	姜块	葱段	香料	八角	陈皮
	20	100	50		10	15
烹调法	焖法——熟焖法					
制法	步骤	操作过程及方法				操作要领	
	1	牛腩飞水后放进锅内煲至五成焾				飞水后洗一洗	
	2	取出牛腩，切件				方块状	
	3	锅烧热下油，下姜块、蒜蓉、柱侯酱、牛腩，爆香				要爆香	
	4	烹入绍酒，下水、盐、味精、白糖、生抽及陈皮、八角，加盖焖制				水量要足够	
	5	牛腩焖焾后用老抽调色，下葱段、勾芡，出锅装盘				红芡	

（3）炸焖法

1）定义：肉料上粉炸熟再焖制的方法称炸焖法。炸焖法适用于鱼类原料，其成品具有外甘香、内软滑、鲜美的特点。

2）工艺流程如下：

生料拌味 —→ 上粉 —→ 炸透 —→ 焖制 —→ 勾芡 —→ 成品

① 肉料拌味、上粉。拌味是为了使肉料入味，表面上干淀粉。

② 把上粉的原料放油锅内炸至香酥。

③ 焖制。焖制过程中调味、调色。

④ 勾芡，装盘。

3）操作要领如下：

① 原料刀工要均匀。

② 上粉前原料应沥干水，上粉不能太厚。

③ 原料应炸透。

④ 略焖即可。

4）实例：蒜子焖草鱼（制作工艺见表10-27）。

表10-27 蒜子焖草鱼制作工艺　　　　　　　　　　（单位：克）

原料	净草鱼				猪肉			蒜子			二汤
	400				30			50			130
调料	盐	味精	白糖	生抽	老抽	绍酒	淀粉	胡椒粉	香油	食用油	
	6	2	2	5	3	10	60	0.5	1	1500	
料头	蒜蓉			姜丝			葱丝			菇丝	
	3			5			5			10	

(续)

烹调法	焖法——炸焖法		
	步骤	操作过程及方法	操作要领
制法	1	草鱼切成约5厘米×3厘米的长方形件,猪肉切丝	鱼件重约20克
	2	鱼件用盐拌匀后,拍上干淀粉	拍粉不能过厚
	3	净锅下油,下蒜子炸至金黄色,捞出	蒜不可炸焦
	4	将油烧至180℃,下鱼件炸熟,且呈金黄色,捞出	起锅油温要高
	5	原锅下蒜蓉、姜丝、菇丝、肉丝、炸蒜子,烹入绍酒	—
	6	下二汤、盐、味精、白糖、生抽、鱼件,略焖	焖半分钟
	7	下胡椒粉、香油、老抽调色,勾芡	—
	8	下包尾油及葱丝拌匀,出锅装盘	用锅铲装盘

注:原条焖制便称为红烧鱼。

10.3.7 煮烹调法

1. 定义

煮是将原料或经初步熟处理的半成品放在多量的汤汁或水中,先用猛火烧开,再转中火或慢火加热,经调味成为一道带汤汁热菜的烹调方法。煮制菜品具有汤菜合一、汤宽汁浓、口味清爽的特点。煮法适用于多种原料。

2. 工艺流程

煮前预制 → 放进汤汁内 → 猛火 → 中火或慢火 → 调味 → 成品

1)原料煮前预制。预制方法有油炸、泡油、飞水、滚煨、煎等。
2)放进汤汁内煮制。先用猛火烧开,再转中火或慢火煮制,调味。
3)煮好后,盛入备好的器皿。

3. 操作要领

1)根据原料特性正确选用预制方法及火候。
2)汤汁量不宜过多。
3)一般不勾芡,或只勾稀芡。

4. 实例

锅仔鲈鱼腩(制作工艺见表10-28)。

表10-28 锅仔鲈鱼腩制作工艺 (单位:克)

原料	鲈鱼腩			咸菜			青红椒			香芹	
	300			50			25			30	
调料	盐	味精	白糖	鱼露	生抽	绍酒	淀粉	胡椒粒	香油	食用油	
	4	2	1	5	5	10	10	1	1	15	
料头	姜片										
	5										

(续)

烹调法	煮法		
	步骤	操作过程及方法	操作要领
制法	1	青红椒切菱形件，香芹切段	辣椒去籽
	2	咸菜飞水，减少咸味	要留有咸菜味
	3	鲈鱼腩斩件，拌盐和淀粉，泡油至三成熟后，沥去油捞出	泡油不能过熟
	4	原锅下姜片、香芹、青红椒爆香	中火
	5	烹入绍酒、下水、胡椒粒及盐、味精、白糖、鱼露、生抽，烧开后下鲈鱼块、咸菜	—
	6	重新烧开后转放到锅仔内，配小炉上桌，边烧边食	—

10.3.8 扒烹调法

1. 定义

扒是两种或两种以上的原料分别烹熟后，以分层次的造型方式上盘而成热菜的烹调方法。

2. 工艺特点

扒的菜式由底菜和面菜两部分组成，先放装盘的称为底菜，后放的为面菜。底菜、面菜不是依主料、辅料而分的。

3. 分类

按面菜原料的属性分，扒法分料扒法和汁扒法两种，它们有以下几点区别。

1）定义不同（后有叙述）。

2）料扒的芡宜紧，汁扒的芡稍宽。

3）料扒芡色随面菜原料色泽而定，有深有浅；汁扒的芡一般有色，且稍深。

（1）料扒法

1）定义：将烹熟成型的面菜原料铺盖或围伴底菜的方法称为料扒法，简称料扒。料扒菜式层次分明、滋味丰富。

2）工艺流程如下：

烹制底菜 → 摆砌 → 烹制面菜 → 铺盖或围伴底菜 → 成品

① 烹制底菜，排放于盘上。底菜的烹制方法根据原料而定。

② 烹制面菜。

③ 把面菜铺盖在底菜之上或围伴底菜。

3）操作要领如下。

① 原料形状要求整齐、均匀，以便于造型。

② 原料配色宜协调、美观。

③ 底菜、面菜的烹制衔接要紧凑，以免失去菜品香味。

④ 面菜的芡宜紧，便于铺放原料。

4）实例。

① 肉丝扒郊菜（制作工艺见表10-29）。

② 冬菇扒芥胆（制作工艺见表10-30）。

肉丝扒菜胆

表10-29　肉丝扒郊菜制作工艺　　　　　　　　　（单位：克）

原料	肉丝			郊菜		
	150			400		
调料	盐	味精	水淀粉	胡椒粉	香油	食用油
	5	2	20	0.5	1	60
烹调法	扒法——料扒法					
制法	步骤	操作过程及方法			操作要领	
	1	肉丝拌水淀粉			肉丝为中丝规格	
	2	煸炒郊菜至仅熟，勾芡			薄芡	
	3	把郊菜整齐地排在盘上			不要有芡流出	
	4	将盐、味精、水淀粉、胡椒粉、香油调成碗芡，备用			根据肉丝的量调	
	5	用120℃油温将肉丝泡油至五成熟，出锅沥油			用筷子搅散肉丝	
	6	原锅下肉丝，烹入绍酒			动作要快	
	7	下碗芡勾芡，铺在郊菜上			芡不要太宽太稀	

表10-30　冬菇扒芥胆制作工艺　　　　　　　　　（单位：克）

原料	水发冬菇		芥菜		枧水		鸡油		二汤	
	150		500		20		30		100	
调料	盐	味精	白糖	绍酒	蚝油	老抽	胡椒粉	香油	水淀粉	食用油
	10	3	3	5	8	5	0.5	1	15	50
料头	姜件					葱条				
	10					15				
烹调法	扒法——料扒法									
制法	步骤	操作过程及方法					操作要领			
	1	用姜件、葱条滚煨冬菇15分钟					煨时最好用鸡油			
	2	将芥菜改成芥菜胆					芥菜胆长约14厘米			
	3	在锅内下清水烧沸，下枧水和芥菜胆灼，捞出漂水，切齐尾端					灼约1分钟，沥水			
	4	锅下油，煸炒芥菜胆，用盐调味，勾芡，装盘					要排整齐			
	5	锅烧热下油，烹入绍酒，下二汤、盐、味精、冬菇、蚝油、白糖略煮					煮约1分钟			
	6	下老抽、胡椒粉、香油，勾芡，铺在芥菜胆上					—			

③ 三宝扒菜胆（制作工艺见表10-31）。

表10-31 三宝扒菜胆制作工艺　　　　　　　　　　　　　　　（单位：克）

原料	生菜胆		鸡肉		鸭肫		中虾	
	300		100		1个		100	
调料	盐	味精	白糖	绍酒	水淀粉	胡椒粉	香油	食用油
	8	4	2	10	20	0.5	1	500
烹调法	扒法——料扒法							
制法	步骤	操作过程及方法					操作要领	
	1	鸡肉改成鸡球，鸭肫改成肫球，中虾改成虾球					改后洗净，沥干水	
	2	虾球腌制，鸡球拌水淀粉					—	
	3	用盐、味精、白糖、胡椒粉、香油和水淀粉调碗芡					芡液可稍多一点	
	4	焯生菜胆，加盐、味精调味，勾芡，整齐排在盘上					焯时火要猛，要放油	
	5	锅下油烧热，鸡球、肫球、虾球分别泡油、出锅沥油					肫球先飞水再泡油	
	6	原锅下鸡球、肫球、虾球，烹入绍酒，下碗芡勾芡					动作要快	
	7	下包尾油，铺在生菜胆上					—	

④ 鲜虾琼山豆腐（制作工艺见表10-32）。

表10-32 鲜虾琼山豆腐制作工艺　　　　　　　　　　　　　　（单位：克）

原料	腌虾仁		蛋清		上汤	
	50		100		250	
调料	盐	味精	水淀粉	胡椒粉	香油	食用油
	4	1	5	0.1	1	250
烹调法	扒法——料扒法					
制法	步骤	操作过程及方法				操作要领
	1	将蛋清打散，加入上汤、盐调匀后放在窝盘里				蛋清静置后撇去蛋泡
	2	用慢火蒸熟，即成琼山豆腐				若上汤是热的，火力可稍猛
	3	上汤、味精、香油、胡椒粉、水淀粉混合成芡液				要搅匀
	4	虾仁泡油，勾芡后铺盖于琼山豆腐上				可配其他菜料

（2）汁扒法

1）定义：将味汁勾芡后浇于底菜上的方法称为汁扒法，简称汁扒。汁扒菜式通过味汁显示其风味特点，因而选用恰当且优质的味汁为制作该类菜式的关键。

2）工艺流程如下：

烹制底菜 → 摆砌 → 味汁勾芡 → 浇淋在底菜上 → 成品

① 烹熟底菜，摆砌于盘上。

② 味汁下锅勾芡，浇于底菜之上。

3）操作要领如下。

① 必须选好味汁，菜式要突出味汁的风味。
② 底菜摆砌要整齐。
4）实例。
① 鲍汁鹅掌（制作工艺见表10-33）。

表10-33 鲍汁鹅掌制作工艺　　　　　　　　　　　　（单位：克）

原料	㸆好的鹅掌					西蓝花		
	3对（6只）					150		
调料	鲍汁	盐	味精	老抽	水淀粉	食用油	上汤	
	50	4	1	2	5	50	100	
烹调法	扒法——汁扒法							
制法	步骤	操作过程及方法						操作要领
	1	返热鹅掌，放在每位盘上						每位上
	2	用上汤、盐、味精煨过西蓝花，伴于鹅掌旁						每位两朵
	3	热锅滑油，入上汤、鲍汁、老抽，用水淀粉勾芡，加包尾油后淋在鹅掌上						芡宜偏稠一点

② 蚝油扒菜胆（制作工艺见表10-34）。

表10-34 蚝油扒菜胆制作工艺　　　　　　　　　　　　（单位：克）

原料	白菜						二汤		
	500						50		
调料	盐	味精	白糖	蚝油	老抽	水淀粉	胡椒粉	香油	食用油
	5	3	2	20	5	15	0.5	1	70
烹调法	扒法——汁扒法								
制法	步骤	操作过程及方法							操作要领
	1	白菜改成12厘米长白菜胆							大的对半切开
	2	沸水中加油，焯白菜胆，取出，沥干水							不要提前焯
	3	锅下油煸炒白菜胆，盐、味精、白糖、胡椒粉，勾芡，排在盘上							要排整齐
	4	锅下油，下二汤及盐、味精、蚝油、老抽，用水淀粉勾芡							用老抽调成浅红芡色
	5	将芡淋在白菜胆上面							芡宜稍稠一点

10.3.9 煀烹调法

1. 定义

煀是肉料经过煎、炸或泡油等方法增香、上色后，放在炒锅或砂锅内，加入水、调味料和较多辅料，用中慢火加热，制成热菜的烹调方法。

2. 工艺特点

1）辅料多。煀制菜式的辅料种类和数量都较多，主料通过辅料获得丰富的滋味而变得味道醇厚。

2）主料在焗制前都经过增香、上色处理，以保持色泽、风味一致。

3）菜品具有肉质软熔、滋味醇厚、香味浓郁的风味特色。

3. 分类

焗法分碎件焗和原件焗两种。

（1）碎件焗

1）定义：主料为碎件的焗制方法称碎件焗。由于原料形体较小，焗前原料的处理多为泡油或炸。

2）工艺流程如下：

辅料焗前加工 —→ 主料增香、上色 —→ 爆香 —→ 下汤水、调味料 —→ 中慢火加热 —→ 成品

① 辅料要经整理和初步加工处理。

② 主料经泡油或炸制，以增香和上色。

③ 主料、辅料及料头同放锅内爆香。

④ 加汤水、调味料焗制。

3）操作要领如下。

① 选配好辅料。辅料与主料的风味特色关系密切，故应合理选配。

② 控制好汤量及火候。

③ 视汤汁的浓稠情况决定是否勾芡。

4）实例：红烧甲鱼（制作工艺见表10-35）。

红烧甲鱼

表10-35 红烧甲鱼制作工艺　　　　　　　　　　　　（单位：克）

原料	甲鱼（1只）			烧肉			香菇		蒜子	
	700			100			30		50	
调料	盐	味精	白糖	蚝油	老抽	生抽	胡椒粉	绍酒	淀粉	食用油
	5	3	2	15	5	10	0.5	15	25	500
料头	蒜蓉		姜米		姜件		葱条		陈皮米	
	5		10		10		15		3	
烹调法	焗法——碎件焗法									

制法	步骤	操作过程及方法	操作要领
	1	治净甲鱼，斩成碎件。烧肉切成块	甲鱼块约10克
	2	甲鱼块先飞水，再用姜件、葱条在锅内煸炒	飞水后再剥除油脂
	3	拣出姜件、葱条，先拌生抽，再拌淀粉	—
	4	锅下油，下蒜子炸至金黄色捞起，接着甲鱼泡油	均沥净油
	5	原锅下蒜蓉、姜米、甲鱼件、烧肉块爆炒至香	—
	6	烹入绍酒后，下香菇、陈皮米及盐、味精、白糖、蚝油、老抽	甲鱼焗烂再下蚝油和老抽
	7	再转入砂锅内用中慢火焗至甲鱼软熔，撒胡椒粉	原锅上桌

（2）原件煸

1）定义：主料原件煸制的方法称原件煸，原件煸适用于鱼和禽鸟类原料。鱼和小型鸟类煸好后原件装盘，禽类应斩件，砌形装盘。

2）工艺流程如下：

辅料煸前加工 —→ 主料上色 —→ 汤水、调味料及主料、辅料下锅 —→ 中慢火 —→ 装盘 —→ 淋芡 —→ 成品

① 辅料要经整理和初步加工处理。
② 主料涂酱油后炸或煎至上色。
③ 把汤水、辅料、主料、调味料放在锅内，用中慢火加热至主料软熟。
④ 主料装盘，原汁勾芡淋于面上。形体大的熟料必要时先经刀工处理再装盘。

3）操作要领如下。
① 选配好辅料。辅料与主料的风味特色关系密切，故应合理选配。
② 主料炸上色时，油温要稍高。

4）实例

蚝油煸鸡（制作工艺见表10-36）。

表10-36 蚝油煸鸡制作工艺 （单位：克）

原料	光鸡					厚笋片				香菇	
	1只，约600					80				30	
调料	盐	味精	白糖	蚝油	老抽	绍酒	胡椒粉	香油	淀粉	食用油	
	5	3	2	25	5	10	0.5	1	25	500	
料头	姜件					葱条					
	20					30					
烹调法	煸法——原件煸法										

制法	步骤	操作过程及方法	操作要领
	1	用清水将笋片滚过，去除异味	冷水下锅
	2	光鸡洗净后抹上老抽	注意取出鸡肺
	3	用180℃的热油将鸡炸至金黄色	也可以煎至上色
	4	爆香姜葱，烹入绍酒，下汤、笋片、香菇及盐、味精、白糖、老抽调味	—
	5	放进鸡，加盖，用中慢火煸至熟，加蚝油、老抽	鸡煸好再下蚝油和老抽
	6	笋片、香菇放在盘中，鸡斩件摆在上面，砌鸡形	—
	7	原汁加蚝油、胡椒粉、香油，下老抽调色，用水淀粉勾芡，下包尾油后淋在鸡上	若伴青菜更好

10.3.10 焗烹调法

1. 定义

焗指将肉料腌制后，用密闭加热方式对肉料施以特定热气，使肉料温度升高，自身水分

汽化，由生变熟的烹调方法。

2. 工艺特点

焗制菜式最显著的风味特色是芳香、味醇。在制作上，焗法要求肉料焗前先腌制；烹制时用水量较少，甚至不用水；以热气加热。

3. 分类

按加热方式，焗可分为砂锅焗、盐焗、炉焗和汁焗四种。

（1）砂锅焗法

1）定义：将腌好的生料放在砂锅内，辅以特殊热气加热成熟的方法称为砂锅焗。砂锅焗菜式气味芳香、原汁原味。

2）工艺流程如下：

腌制主料 → 准备砂锅 → 主料下锅 → 慢火焗制 → 滗汁 → 装盘 → 淋汁 → 成品

① 腌制主料。根据原料特性腌制，目的是除韧、入味、增香。
② 准备砂锅，铺垫辅料。
③ 放进主料，加入少许汤汁加热焗制。
④ 滗出原汁，主料装盘摆砌后淋原汁。

3）操作要领如下。

① 主料要腌好。焗制过程难以对主料调味，不事先腌制就不入味。
② 砂锅不能太小。
③ 焗制过程中应适时翻转主料，使其受热均匀。

4）实例：砂锅葱油鸡（制作工艺见表10-37）。

表10-37 砂锅葱油鸡制作工艺　　　　　　　　　　（单位：克）

原料	光鸡					
	1只，约600					
调料	盐	味精	生抽	曲酒	八角	猪油
	6	3	10	15	3	30
料头	姜件			葱条		
	30			250		
烹调法	焗法——砂锅焗法					
制法	步骤	操作过程及方法			操作要领	
	1	光鸡内外抹上盐、味精；鸡内膛塞进姜件、部分葱条、八角，淋入曲酒，腌制30分钟			注意取出鸡肺	
	2	光鸡表面抹上生抽，放在锅内煎至金黄			抹均匀	
	3	把余下的葱条全部放在砂锅内垫底，鸡侧放，加入猪油后加盖，用中慢火焗8分钟			—	
	4	翻转鸡身再焗至熟，滗出原汁			视鸡的大小确定时间	
	5	继续用慢火加热至有葱香			熄火后5分钟后才揭盖	
	6	取出鸡，斩件装盘后淋原汁			—	

(2) 盐焗法

1) 定义：将腌制好的生料埋入热盐中，由热盐释放出的热量使生料成熟的方法称为盐焗法。除热盐外，用其他能储热的物料如沙粒、糖粒等也可将生料焗热焗熟。盐焗菜式具有盐香浓烈、回味无穷的特点。盐焗法由东江盐焗鸡而起，现仍以禽类原料为主。

2) 工艺流程如下：

腌制主料 → 加热盐粒 → 包裹主料 → 埋进热盐 → 取出熟料 → 斩件装盘 → 配佐料 → 成品

① 腌制主料。

② 让盐粒储热。常用方法是将盐粒放在锅内，用猛火炒热。也可以用烤炉加热。

③ 用涂油的纱纸将主料包裹好。

④ 将包好的生料埋在热盐中焗至熟。

⑤ 拆开纱纸，取出熟料，斩件装盘，配佐料上席。

3) 操作要领如下。

① 主料必须预先腌制入味。

② 盐粒数量不能太少，若盐量不足，应以微火补充热能或加盖减少热量散失。加热盐粒时，要使盐灼热，尽量多储热。

③ 一只鸡焗 25~30 分钟。生料应埋入热盐的中心。

4) 实例：东江盐焗鸡（又名正式盐焗鸡，制作工艺见表 10-38）。

盐焗鸡

表 10-38　东江盐焗鸡制作工艺　　　　　　　　　　（单位：克）

原料	光鸡				粗盐			棉纱纸	
	1 只，约 600				2500			2 张	
调料	盐	味精	生抽	汾酒	八角	猪油		沙姜粉	食用油
	6	3	10	15	3	30		5	25
料头	姜块				葱条				
	30				30				
烹调法	焗法——盐焗法								
制法	步骤	操作过程及方法						操作要领	
	1	用盐、味精抹匀鸡体内外，鸡腔内塞进姜块、葱条、八角，并加入汾酒，腌制 30 分钟						注意取出鸡肺 姜块要拍裂	
	2	把粗盐放进锅内，用猛火炒至灼热						要多翻动	
	3	鸡外皮涂匀生抽，纱纸涂匀猪油，用纱纸把鸡包裹好，埋入热盐中，焗 20 分钟左右至熟						若热盐不够，要用微火补充热量	
	4	剥开纱纸取出鸡，撕拆，拌沙姜粉、盐、味精、油，砌成鸡形，配佐料						骨在底，再铺肉，皮盖面	

(3) 炉焗法

1) 定义：将腌制好的生料放进烤炉内，用热空气或远红外线使生料成熟的方法称为炉焗法。炉焗与烧烤在炉具、加热温度、加热时间等方面的要求有区别。炉焗菜式除有辅料香味外,略带烤的风味。

2)工艺流程如下:

腌制主料 / 烹熟主料 → 调好炉温 → 入炉焗制 → 装盘造型 → 配佐料 → 成品

① 腌制主料或烹熟主料。
② 调节炉温。
③ 入炉焗制。
④ 装盘造型,配佐料上席。

3)操作要领:根据原料的特性调好炉温和确定时间,生料须预先腌制入味。

4)实例:荷香鸡(制作工艺见表10-39)。

表10-39 荷香鸡制作工艺　　　　　　　　　　　　　(单位:克)

原料	光鸡	肉丝	熟蛋黄	菇丝	腐皮	生网油	鲜莲叶	面粉
	1只,约600	75	3个	30	1张	1张	1片	1000
调料	盐	味精	汾酒	淀粉	猪油			
	6	3	15	10	15			
料头	姜蓉				葱丝			
	30				30			
烹调法	焗法——炉焗法							
制法	步骤	操作过程及方法			操作要领			
	1	把姜蓉、葱丝、盐、味精、汾酒放进鸡腔内腌制30分钟			注意取出鸡肺			
	2	肉丝拌淀粉飞水,与熟蛋黄、菇丝一同放进鸡腔内			蛋黄切碎			
	3	依次用网油、腐皮、涂过猪油的莲叶将鸡包裹好			—			
	4	面粉加水、汾酒调成面团,包在最外层			厚薄均匀			
	5	把鸡放进焗炉内焗熟			炉温180~200℃			
	6	取出鸡斩件装盘,砌成鸡形,配佐料上桌			—			

(4)汁焗法

1)定义:汁焗法是利用汤汁或味汁将腌制好的生料焗熟的方法。由于此法常用炒锅烹制,故又名锅焗法。汁焗的菜式偏于软嫩,滋味较浓。汁焗法可配辅料。

2)工艺流程如下:

腌制主料、处理辅料 → 初步熟处理 → 调入汤汁或味汁 → 慢火加热 → 成品

① 腌制主料。
② 处理辅料。
③ 主料初步熟处理。
④ 用汤汁或味汁焗制。

3）操作要领：预先腌制主料。焗制时用慢火，不宜过多翻动，要加盖。

4）实例：瑞士焗肉排（制作工艺见表10-40）。

表10-40 瑞士焗排骨制作工艺 （单位：克）

原料	肉排							马铃薯			
	300							200			
调料	盐	味精		白糖	露酒	淀粉		茄汁	糖醋	绍酒	食用油
	6	3		10	15	15		25	15	25	500
料头	姜件			葱条			蒜蓉		洋葱件		
	15			20			5		20		
烹调法	焗法——汁焗法										
制法	步骤	操作过程及方法							操作要领		
	1	肉排加入姜件、葱条、露酒、盐腌制30分钟							肉排斩件，约15克		
	2	马铃薯块先飞水再放在油锅中炸透							切菱形块，要炸熟		
	3	拣出肉排中的姜件、葱条，拌淀粉，用油炸至五成熟							—		
	4	原锅下蒜蓉、洋葱件、肉排，烹入绍酒，下水、茄汁、糖醋、盐、味精、白糖焗制							中火焗		
	5	排骨熟后下马铃薯焗至味汁浓稠，上盘							快出锅时要多翻动 成品的味汁宜宽		

10.3.11 浸烹调法

1. 定义

浸指把整件或大件的生肉料浸没在热的液体中，令其慢慢受热成熟，上盘后经调味而成热菜的烹调方法。

2. 工艺特点

浸制的菜式具有嫩滑的特点，烹制时液体的温度都偏低。适用于肉料。

3. 分类

根据浸制所用传热媒介的不同，浸法又分为油浸法、汤浸法和水浸法三种。

（1）油浸法

1）定义：油浸法是将腌制后的肉料放在较多的中偏低温度的油中，以热油加热成熟的方法。油浸菜式成品香而嫩滑，原味足，主要用于鱼类原料。

2）工艺流程如下：

腌制净料 → 油烧热 → 放入原料 → 熄火浸制 → 熟后调味 → 成品

① 腌制净料。对于鱼来说，主要用姜汁酒、生抽腌制。

② 把油烧热，放原料，熄火浸制。

③ 取出熟料，调味。

3）操作要领：原料投放前要先沥干水，投料后油温不能太高。

4）实例：油浸生鱼（制作工艺见表10-41）。

表10-41 油浸生鱼制作工艺 （单位：克）

原料	宰净生鱼			
	1条，约600				
调料	生抽	姜汁酒	蒸鱼豉油	胡椒粉	食用油
	5	5	50	0.1	1500
料头	葱丝				
	15				
烹调法	浸法——油浸法				
制法	步骤	操作过程及方法		操作要领	
	1	用姜汁酒、生抽腌制生鱼10分钟		生鱼用开背法宰杀	
	2	将油烧至150℃，提起鱼尾沥水后放进油内		油温不宜太高	
	3	熄火浸制约5分钟至熟，取出装盘		根据鱼的大小决定时间	
	4	撒胡椒粉、葱丝，淋热油及蒸鱼豉油		—	

（2）汤浸法

1）定义：将生肉料放进微沸的汤水中，慢火加热至熟的方法称为汤浸法。汤浸的菜品清鲜嫩滑，带有汤水鲜香味。汤浸法主要适用于鸡、鸽原料。汤水有清汤、浓汤、茶汤等多种。

2）工艺流程如下：

整理洗净原料 ⟶ 烧热鲜汤 ⟶ 浸制生料 ⟶ 取起熟料 ⟶ 转放冷汤中过凉 ⟶ 斩件装盘 ⟶ 配佐料 ⟶ 成品

① 整理洗净原料。鸡、鸽均要挖去肺，洗净血污。
② 烧沸鲜汤。使用老汤更好。
③ 将生料放入汤中，慢火浸制。
④ 浸熟后取出，转放在冷汤中过凉。
⑤ 斩件装盘，造型后配佐料上席。

3）操作要领如下。

① 原料浸前要清洗干净。
② 浸制过程保持95℃水温即可。
③ 浸熟后应立即转浸于冷汤中，冷汤越冷越好，但要卫生。

4）实例：姜蓉白切鸡（制作工艺见表10-42）。

表10-42 姜蓉白切鸡制作工艺 （单位：克）

原料	光鸡	鲜汤	冷汤	
	1条，约600	2500	2500	
调料	盐	味精	香油	花生油
	7	5	3	150

（续）

料头	姜蓉	葱丝
	100	50
烹调法	浸法——汤浸法	

	步骤	操作过程及方法	操作要领
制法	1	鸡挖去肺，治净，沥干水	可先飞水
	2	烧沸鲜汤，手持鸡颈将鸡放进汤内，待鸡腔灌满汤水后提起鸡，让汤水流回锅内	反复4~5次
	3	让鸡全部浸没汤中，待汤微沸后加盖，慢火浸至熟	浸约15分钟
	4	取出鸡，放进冷汤中过凉	约10分钟
	5	抹干鸡身，涂上熟花生油，斩件摆砌成鸡形	鸡凉才斩件，即刻就斩不涂油
	6	姜蓉、葱丝混合后浇入热油，加入盐、味精、香油搅匀制成佐料上桌	—

（3）水浸法

1）定义：将生肉料放在大热或微沸的水中，让生料慢慢吸热成熟的方法称为水浸法。水浸法适用于鱼类原料，成品肉质嫩滑。

2）工艺流程如下：

鱼体抹盐 → 水烧开 → 鱼放进沸水中 → 取出装盘 → 调味 → 成品
　　　　　　　　　　　　↓　　　　　　　↑
　　　　　　　　　如未熟，升温再浸 ——

① 在鱼体表面抹盐。
② 将锅里的水烧开。
③ 把鱼放进沸水中，加盖，烧开后熄火。
④ 浸熟，取出鱼，装盘，加调味料。

3）操作要领：水量不可太少，必须没过鱼面。水温不可太高，达到90℃就可以。

4）实例：五柳浸鲩鱼（制作工艺见表10-43）。

表10-43　五柳浸鲩鱼制作工艺　　　　　　　　　　（单位：克）

原料	宰净原条鲩鱼				
	1条，约700				
调料	盐	糖醋	胡椒粉	淀粉	食用油
	7	100	1	15	50
料头	蒜蓉	葱丝	五柳丝	青红辣椒丝	
	5	15	50	25	
烹调法	浸法——水浸法				

(续)

	步骤	操作过程及方法	操作要领
制法	1	把盐抹在鲩鱼表面	注意除鱼牙
	2	水沸后把鱼放进锅内,加盖,水重新沸时熄火,浸制至熟	约8分钟
	3	把鱼捞出放在盘上,撒胡椒粉、葱丝,淋上热油	—
	4	锅内下蒜蓉、青红辣椒丝、五柳丝、糖醋,用水淀粉勾芡	芡不要太稠
	5	淋在鱼体上	—

10.3.12 焯烹调法

1. 定义

焯是把生料投进滚沸的汤水中,用猛火将生料迅速加热至熟,上盘后配以佐料蘸食的热菜的烹调方法。

2. 工艺特点

焯法适用范围广,既适用于动物性原料,也适用于植物性原料,但一般只用于鲜料。焯制菜式具有滋味清爽的风味特点。焯制菜式的口味变化十分灵活。焯制菜式可在厨房焯制,也可在餐桌上焯制或由客人自行焯制。

3. 分类

焯法分为白焯法和生焯法两种。

(1) 白焯法

1) 定义:生料经过腌制后放进滚沸的味汤中焯制的方法称白焯法。与生焯法相比,白焯法具有以下几个工艺特点。

① 生料一般经过腌制。

② 用味汤焯制,味汤通常只有姜、葱、酒味。

③ 有些原料焯后,还要经煸、爆等增香处理。

④ 适用于肉料。

2) 工艺流程如下:

腌制原料 → 滚制味汤 → 投料焯制 → 煸爆 → 装盘造型 → 配佐料 → 成品

① 腌制原料。根据原料的特性进行腌制。

② 爆炒姜件、葱条,烹酒后加汤滚出香味,捞除姜、葱。

③ 把生料放进汤中,猛火焯制。

④ 捞出生料,沥水后放在热锅中略煸爆,装盘造型。

⑤ 配佐料上桌。

3) 操作要领如下。

① 肉料必须切得薄些,厚薄要均匀。

② 投料时汤汁必须滚沸,火必须猛。

③ 投料后应迅速使其散开,以保证均匀受热。

④ 及时捞出，不可过火。

4）实例：白焯响螺片（制作工艺见表10-44）。

表10-44　白焯响螺片制作工艺　　　　　　　　　　　（单位：克）

原料	响螺片					
	300					
调料	虾酱	蚝油	姜汁酒	绍酒	食用油	
	30	50	10	10	50	
料头	姜件				葱条	
	5				15	
烹调法	焯法——白焯法					
制法	步骤	操作过程及方法				操作要领
	1	响螺片加入姜汁酒，腌制30分钟				螺片要洗干净，沥干水
	2	热锅下油，下姜件、葱条爆香，烹入绍酒，下水滚2分钟				—
	3	捞除姜、葱，放入响螺片，猛火焯至九成熟，捞起沥水				响螺片下锅后迅速搅动
	4	热锅下油烧热，分别浇在虾酱、蚝油里搅匀制成佐料				油要热，但是不需要太多
	5	原锅下响螺片，烹入绍酒，煸爆3秒即可上盘				动作要快

（2）生焯法

1）定义：将生料直接放在滚沸的水中焯制的方法称为生焯法。生焯法适用于动、植物原料。

2）工艺流程如下：

水烧沸 → 投料焯制 → 捞出沥水 → 上盘、撒配料 → 配佐料 → 成品

① 将水烧沸。若焯制蔬菜，宜加少许油。

② 投入原料，猛火焯至仅熟。若原料太多，宜分批焯制。

③ 捞出沥水，上盘，撒上配料。

④ 配佐料一同上席。若佐料为味汁或汤，可直接淋在菜品上。

3）操作要领如下。

① 火要猛，水要开。

② 焯蔬菜原料时，水中要加食用油。

③ 注意水量与料量的比例。

④ 焯至仅熟即可。

4）实例：盐水菜心（制作工艺见表10-45）。

表10-45　盐水菜心制作工艺　　　　　　　　　　　（单位：克）

原料	净菜心				头菜丝	红辣椒丝
	400				50	10
调料	盐	味精	胡椒粉	香油	猪油	
	6	3	1	1	30	
烹调法	焯法——生焯法					
制法	步骤	操作过程及方法				操作要领
	1	将水烧开，加入少许猪油，放进菜心，猛火焯至仅熟				火要猛
	2	捞起菜心，沥水后排在窝盘内				—
	3	锅烧热下猪油、头菜丝、红辣椒丝，略爆炒，加入汤水，下盐、味精、胡椒粉、香油，汤沸后浇在窝盘内				头菜丝和红辣椒丝撒在面上

10.3.13 炒烹调法

1. 定义

炒是选用形体较小的原料（如丁、丝、片、球、块等）或液体原料，放在有底油的热锅内，运用合适火力加热并翻动原料，使原料均匀成熟、着味而成热菜的烹调方法。

2. 工艺特点

炒法是最常用的烹调方法，它有以下几个特点。

1）除清炒外，炒制的菜品由主料、辅料和料头三部分组成。
2）原料形体比较小。
3）适用原料广泛，动物和植物、鲜料和干料、普通原料和名贵原料均可使用。
4）制作规律性强，火力偏于猛烈，成菜比较快捷。
5）盘上造型标准为各种原料混合炒匀，堆叠成山形。
6）菜品滋味偏于清、鲜、爽、滑，锅气浓烈。

3. 分类

根据主料的特性及对主料处理方法的不同，炒法分泡油炒、熟炒、生炒、软炒及清炒等五种。

（1）泡油炒法

1）定义：主料用泡油方法处理后再与辅料混合炒匀而成热菜的方法称泡油炒。

泡油炒有以下几个特点。

① 由动植物原料组成菜品。
② 主料用泡油方法成熟。
③ 原料形体小。
④ 用火偏猛，成菜较快。
⑤ 成品味鲜、质嫩、锅气足、口感好、芡紧薄而油亮。
⑥ 成品装盘造型一般是主辅料混合炒匀，堆叠成山形。

泡油炒适用的原料范围较广，勾芡时多会用碗芡和锅芡两种方式。实际操作时，应当根据原料形状的大小及其耐火时间的长短等情况来决定选用哪种勾芡方法。

由泡油炒可衍生出拼炒的菜品。拼炒菜品就是在原菜品的基础上拼上由同样方法或其他方法烹制的食物，两者不混合在一起。拼料多围在主菜四周，有时也可以置于主菜中间。烹制拼炒菜品时应先烹制耗时长的原料，再烹制成菜快的部分。

拼炒菜品不同于料扒菜品。拼炒菜的拼料多围在主菜四周，形成两种风味。扒菜的面菜主要铺在底菜的面上，形成层次感。拼炒菜品的菜名不带"扒"字，如骨香鸡片、芦笋鱼球拼骨腩。料扒菜品的菜名带"扒"字，如冬菇扒菜胆、四宝扒大鸭。

其他炒法也可以做出拼炒菜品。

2）工艺流程如下：

泡油炒（碗芡勾芡）工艺流程

处理辅料 → 调碗芡 → 肉料泡油 → 下料头 → 下辅料 → 下肉料 → 烹酒 → 勾芡
　　　　　　　　　　　　　　　　　　　　　　　　　　　　　　　　　　　↓
　　　　　　　　　　　　　　　　　　　　　　　　　　　　　　　成品 ← 加包尾油

泡油炒（锅芡勾芡）工艺流程

处理辅料 → 肉料泡油 → 下料头 → 下肉料 → 烹酒 → 下汤水 → 调味 → 下辅料
　　　　　　　　　　　　　　　　　　　　　　　　　　　　　　　　　　　↓
　　　　　　　　　　　　　　　　　　　　　　　　　　成品 ← 加包尾油 ← 勾芡

鲜菇炒牛肉

腰果锦锈鸡丁

鲜菇肾球

① 处理辅料。处理的方法有煸炒（如菜软、辣椒、荷兰豆、芥蓝等）、干煸（如韭黄、银针等）、滚煨（如笋、马铃薯等）、泡油再煨（如西蓝花等）及炸（如干果、"雀巢"等）等多种。对蔬菜原料进行烹制的方法有煸炒和干煸两种。这两者的主要区别是：前者烹制时要加水，而后者不加水，煸炒芥蓝、荷兰豆时要烹酒；煸炒芥蓝时还要多加水和糖。

② 调碗芡。把菜品所需的调味料及芡粉加在一起调匀。若用锅芡方式勾芡则省去这一步。

③ 肉料泡油。注意油温及时间。

④ 下料头。沥油后，在原锅下料头，并将其爆香。

⑤ 下辅料（干果除外）。

⑥ 下肉料。

⑦ 烹酒。采用锅芡的，随后下汤水及调味料，加盖略煮。

⑧ 勾芡。调入碗芡或纯芡液。

⑨ 加包尾油，同时下炸好的干果。

3）操作要领如下。

① 肉料泡油时，一般只泡三到八成熟，不可过火。鱼球等形体较大的应泡至三成熟，而丝、片类则泡至八成熟。

② 选用恰当的勾芡方式。

③ 火力尽量偏猛。

④ 若干果回软应先返炸。

4）实例。

① 五彩肉丝（制作工艺见表10-46）。

表 10-46 五彩肉丝制作工艺　　　　　　　　　　　　　　　（单位：克）

原料	肉眼	笋	胡萝卜	辣椒	韭黄	水发香菇		
	200	100	30	25	50	25		
调料	盐	味精	白糖	淀粉	绍酒	胡椒粉	香油	食用油
	7	5	3	6	10	0.1	1	500
料头	蒜蓉				菇丝			
	3				25			
烹调法	炒法——泡油炒法							

	步骤	操作过程及方法	操作要领
制法	1	各种原料分别切中丝，韭黄切段	刀工要均匀
	2	滚煨笋丝	—
	3	用盐、味精、香油、胡椒粉、淀粉和水调碗芡	注意分量及比例
	4	肉丝拌水淀粉，泡油至五成熟，沥去油	用120℃油温泡油
	5	原锅先后下料头、笋丝、胡萝卜丝、辣椒丝、香菇丝、肉丝略炒，下韭黄	—
	6	烹入绍酒	—
	7	调入碗芡，快速炒匀，加包尾油	用锅铲

菜软炒鱼卷

② 菜软炒鲜鱿（制作工艺见表10-47）。

表 10-47 菜软炒鲜鱿制作工艺　　　　　　　　　　　　　（单位：克）

原料	鲜鱿				菜软			
	300				250			
调料	盐	味精	白糖	淀粉	胡椒粉	香油	绍酒	食用油
	6	3	2	5	0.1	3	10	500
料头	蒜蓉				姜片			
	3				5			
烹调法	炒法——泡油炒法							

	步骤	操作过程及方法	操作要领
制法	1	洗净鲜鱿，在鲜鱿内面剞花纹，切成件	规格6厘米×4厘米
	2	菜软煸炒至仅熟，加盐，沥水	菜快熟时才下盐
	3	用盐、味精、白糖、香油、胡椒粉、淀粉调碗芡	注意淀粉与水的比例
	4	鲜鱿飞水后泡油	飞水至卷曲就要捞出
	5	原锅下料头、菜软、鲜鱿略炒，烹入绍酒，勾碗芡	—
	6	加包尾油，装盘	堆成山形

（2）熟炒法

1）定义：将熟肉料与辅料混合炒匀成热菜的方法称熟炒法。

有些原料带韧性，如猪肚、蛇肉需滚熟除韧；干货原料如鲍鱼、蚝豉等需要涨发回软、去异味；有些熟料如叉烧、烧鹅等与原生料风味不同，这些原因促使了熟炒法的出现。熟炒菜品的风味与肉料熟处理的方法有一定的关系。

2）工艺流程如下：

处理辅料 → 调碗芡 → 肉料回热 → 爆香料头 → 下辅料 → 下肉料 → 烹酒 → 勾芡 → 加包尾油 → 成品

① 处理辅料。方法与泡油炒相同，此处略。

② 调碗芡。

③ 肉料回热。新鲜熟料可不回热，非新鲜熟料可用泡油、蒸、滚煨等方式回热。

④ 爆香料头。

⑤ 下辅料。

⑥ 下肉料。

⑦ 烹酒。

⑧ 勾芡。

⑨ 加包尾油，若有干果下干果。

3）操作要领：炒前应确保肉料已除韧。运用恰当的方法使肉料回热。

4）实例：蚝豉松（制作工艺见表10-48）。

表10-48 蚝豉松制作工艺　　　　　　　　　　　　　　　　（单位：克）

原料	浸发好的蚝豉		叉烧		笋肉		水发香菇	消毒生菜叶		炸榄仁（或炸松子仁）		
	100		50		50		25	200		25		
调料	盐	味精	蚝油	老抽	胡椒粉	香油		绍酒	食用油		芡汤	淀粉
	5	3	10	3	0.1	1		10	50		20	5
料头	蒜蓉		姜米		葱米			姜件		葱条		
	3		5		5			10		10		
烹调法	炒法——熟炒法											
制法	步骤	操作过程及方法							操作要领			
	1	蚝豉用姜件、葱条滚煨后切成粗粒待用							规格0.5厘米丁方			
	2	把叉烧切成幼粒							半肥瘦叉烧			
	3	笋肉、香菇滚煨后切幼粒，挤干水分，在锅内炒香							中火			
	4	将生菜叶剪成圆形片							注意卫生			
	5	芡汤、蚝油、胡椒粉、香油、老抽、淀粉混合调成碗芡							浅红色			
	6	锅烧热滑油，将蒜蓉、姜米、蚝豉粒炒透							中火			
	7	再加入叉烧粒、笋米、菇米、葱米，炒香							—			
	8	烹入绍酒，勾芡，加包尾油后上盘，撒上炸榄仁碎							生菜叶包着食用			

（3）生炒法

1）定义：把肉料直接放在锅内由生炒熟，并与辅料混合炒匀而成一道热菜的方法称为生炒法。生炒法有以下几个特点。

① 菜品由动、植物原料组成。

② 肉料不用泡油，烹制过程不用换锅，以煸炒为主，一锅成菜。

③ 中火烹制。

④ 成品锅气浓、原味足、芡紧、色鲜。

啫法是生炒法的一个特例，工艺有以下四个特点。

① 用砂锅烹制。

② 用猛火炒制。

③ 菜品组成没有限制。

④ 一般不勾芡。

2）工艺流程如下：

辅料初步熟处理 ────────────────┐
                              ↓
锅烧热滑油 → 下料头 → 煸炒肉料 → 下辅料 → 烹酒 → 下汤水 →
调味 → 勾芡 → 加包尾油 → 成品

① 用油滑热锅。

② 下料头。

③ 下肉料，煸炒。

④ 下辅料。必要时，辅料在炒前进行初步熟处理。

⑤ 烹酒。

⑥ 加少许汤水。

⑦ 下调味料。

⑧ 勾芡。

⑨ 加包尾油。

3）操作要领如下。

① 肉料在炒前应该先腌制。

② 煸炒肉料时，火力不要太慢，以中火偏猛为好。啫法则用猛火。

③ 根据菜品中各原料的受火程度，确定原料的投放顺序及投放的时间间隔。

④ 在辅料耐火、需除去异味、难入味等情况下，应先对辅料进行初步熟处理。

炸蛋丝

⑤ 汤水量不能太多。

4）实例：味菜牛柳丝（制作工艺见表10-49）。

表 10-49 味菜牛柳丝制作工艺 （单位：克）

原料	腌好的牛柳丝			味菜丝			炸蛋丝或炸粉丝			
	100			150			30			
调料	豆豉蓉	味精	白糖	生抽	胡椒粉	香油	绍酒	食用油	老抽	淀粉
	5	3	10	3	0.1	1	10	50	3	5

(续)

料头	蒜蓉	姜丝	青红辣椒丝
	5	5	25
烹调法	炒法——生炒法		

制法	步骤	操作过程及方法	操作要领
	1	把味菜丝放在锅内，加少许白糖煸炒，备用	慢火炒
	2	锅烧热滑油，下蒜蓉、姜丝、豆豉、青红辣椒丝、牛柳丝煸炒	猛火略炒
	3	接着下味菜丝，烹入绍酒炒匀	猛火
	4	下少量水和味精、生抽、胡椒粉、老抽，炒匀后用水淀粉勾芡，加包尾油	—
	5	装盘后，以炸蛋丝围边	蛋丝提前炸好

（4）软炒法

1）定义：以蛋液或牛奶加蛋清为菜品主体，运用火候及翻炒动作技巧，使液体原料凝结成为柔软嫩滑的定型食品的方法称为软炒法。

软炒法具有以下特点。

① 软炒法是将蛋液或牛奶炒至凝结的方法。

② 运用中火或中慢火烹制。

③ 不用调味料改变原料色泽或调出菜品色泽，以保持原色为美。

④ 成品软滑、清香、色泽清新。

炒蛋有半熟炒法、仅熟炒法和熟透炒法三种。

① 半熟炒法在炒制时只有下面蛋液贴锅加热，上面不贴锅，形成一个光滑明亮的表面，如炒黄埔蛋。

② 仅熟炒法要求把蛋液炒得均匀仅熟，肉料嵌在蛋中，口感嫩滑，如滑蛋虾仁。

③ 熟透炒法是把蛋液炒至熟透，使菜品香味十足，且色泽金黄，如桂花鱼肚。

半熟炒法没有辅料，仅熟炒法可配可不配辅料，熟透炒法要配辅料。

2）工艺流程如下：

蛋液或牛奶加入调味料 —→ 拌匀 —→ 加入熟肉料 —→ 拌匀 —→ 锅烧热滑油 —→ 下锅翻炒 —→ 成品

① 调味、拌匀。蛋液调味后打散，牛奶调味后加蛋清拌匀。

② 肉料泡油后，放进蛋液中拌匀。

③ 锅烧热滑油。

④ 放进全部原料，用中火翻炒至凝结。

⑤ 配炸榄仁或火腿蓉时，在最后撒上。

3）操作要领如下。

① 须注意成品成熟度的要求，如桂花鱼肚要求炒至甘香，多数菜品要求炒至仅熟，炒牛奶菜品全部炒至仅熟。

② 成品要求仅熟，不出水、不泻油、软滑可口，蛋液或牛奶能与配料混合成一体，不散碎，堆叠成山形。

③ 炒蛋液时不加淀粉、不加水；炒牛奶时应加淀粉，还要加蛋清。

④ 配炸果仁（如榄仁、松子）或火腿蓉时，在最后撒上。

炒牛奶要掌握以下要点。

① 牛奶、蛋清要新鲜。

② 锅、勺、油要十分干净，尽量用新鲜的浅色油。

③ 牛奶、蛋清、淀粉（常用粟粉）的比例要恰当，配料不能太多。

④ 蛋清不必完全打散，拌入牛奶后要搅匀。

⑤ 火力不能太弱，用中火或中慢火炒制，火力也不可太小，否则成熟慢、成型差。

⑥ 下油要适时、适量。

⑦ 翻炒手法要灵活有序，应掌握熟度及时出锅。

4）实例。

① 滑蛋炒牛肉（制作工艺见表10-50）。

表10-50　滑蛋炒牛肉制作工艺　　　　　　　　　（单位：克）

原料	腌牛肉		鸡蛋	
	120		4个	
调料	盐	胡椒粉	香油	食用油
	3	0.2	1	600
料头	葱花			
	3			
烹调法	炒法——软炒法			
制法	步骤	操作过程及方法		操作要领
	1	蛋液加入盐、胡椒粉、香油和食用油打散		食用油要用熟油
	2	牛肉片泡油至仅熟，取出，沥油		用130℃油温
	3	牛肉片放进蛋液中拌匀，加入葱花		略拌匀即可
	4	原锅下蛋液，中火炒蛋液至凝固		注意避火，分次下油
	5	出锅装盘		蛋液刚凝结时出锅

炒牛奶

② 大良炒牛奶（制作工艺见表10-51）。

表10-51　大良炒牛奶制作工艺　　　　　　　　　（单位：克）

原料	鲜牛奶	蛋清	熟蟹肉	鸡肝	腌虾仁	炸榄仁	火腿蓉
	250	200	50	100	50	80	10
调料	盐		味精		淀粉（粟粉）		食用油
	5		1		30		500
烹调法	炒法——软炒法						

（续）

	步骤	操作过程及方法	操作要领
制法	1	取少许牛奶放在大碗内，加入盐、味精、淀粉调匀	约50克
	2	余下牛奶加热至将沸后倒回此碗内搅匀	牛奶避免烧沸
	3	鸡肝滚熟后切粒，飞水后泡油，虾仁泡油，熟蟹肉蒸热	—
	4	鸡肝、虾仁、熟蟹肉一并放入牛奶内，加入蛋清，略搅匀	蛋清不要打太久
	5	锅烧热滑油，把牛奶全部放进锅内，用中火翻炒至仅熟	边翻炒边下油
	6	撒入炸榄仁上盘，最后在牛奶面上撒上火腿蓉	堆叠成山形

（5）清炒法

1）定义：运用煸炒、干煸等加热方式和直接赋味的调味方式将蔬菜净料烹制成热菜的方法称为清炒法。清炒法有以下特点。

① 菜品只有蔬菜原料，没有肉料。

② 炒制的火力偏猛，以增加菜品的锅气，减少营养素的损失，确保色彩鲜艳。

③ 成品比较清爽脆嫩。

2）工艺流程如下：

烹前初步处理 → 煸炒、干煸 → 调味 → 成品

① 烹前初步处理。方法有滚煨、飞水、挤水等。

② 煸炒或干煸。

③ 调味。

3）操作要领如下。

① 烹前初步处理。按原料的需要选择适合的方法进行。

② 料头在煸炒或干煸前先爆香。

③ 菜式是否勾芡按需要而定。

4）实例：核桃拼西芹鲜百合（制作工艺见表10-52）。

表10-52　核桃拼西芹鲜百合制作工艺　　　　　　　　　　（单位：克）

原料	西芹	鲜百合	琥珀核桃	木耳	胡萝卜	鲜汤
	250	200	100	20	30	适量
调料	盐	味精	白糖	香油	胡椒粉	淀粉	食用油
	5	3	1	1	0.1	5	50
料头	蒜蓉 5					
烹调法	炒法——清炒法					

（续）

	步骤	操作过程及方法	操作要领
制法	1	西芹撕筋，切榄形粒。鲜百合剥开、洗净。胡萝卜切成花状	形状要协调
	2	用鲜汤煨鲜百合片刻，木耳浸发后滚过	约1分钟
	3	锅烧热滑油，下蒜蓉炒香，下西芹、胡萝卜花、木耳煸炒至八成熟	猛火
	4	再下鲜百合和盐、味精、白糖、香油、胡椒粉炒匀	—
	5	用水淀粉勾芡，加包尾油上盘。琥珀核桃围伴在四周	—

10.3.14 油泡烹调法

1. 定义

油泡是将形体较细小的脱骨肉料用泡油方法加热，经调味勾芡制成热菜的烹调方法。

2. 工艺特点

1）由主料和料头组成菜品，且主料只能是肉料。

2）肉料形体不大，且要求不带骨或不带大骨。

3）一般以姜花、葱榄为料头。

4）肉料用泡油方法成熟。

5）成品锅气足、滋味好、口感爽滑，芡薄而紧，菜相清爽洁净。

3. 工艺流程

调碗芡 → 肉料泡油 → 下料头 → 烹酒 → 勾芡 → 加包尾油 → 成品
　　　　　　　　　　　　　　　　↓　　　　↑
　　　　　　　　　　　　　　　下汤水 → 调味

1）调碗芡（用锅芡的只准备芡粉）。

2）肉料泡油。

3）下料头。

4）下肉料。

5）烹酒。用锅芡的，接着下汤水和调味料。

6）勾芡。

7）加包尾油。

4. 操作要领

1）原料刀工要均匀、精细。

2）油泡菜式的质量标准是肉质爽滑，气味清香，味鲜，成芡较薄，有芡而不见芡流，色鲜芡匀滑，不潲油，不潲芡，菜料在盘上堆叠成山形。

防止潲油有以下要领。

1）肉料泡油后，要用笊篱控油，以去净肉料表面的油。

2）要刮净锅底余油。

3）要控制好包尾油的量，可用浸勺（或锅铲）方法加包尾油。

防止澥芡有以下要领。

1）用锅芡的要控制好水量，以免芡太多。

2）用碗芡的芡汤与芡粉比例要恰当。

3）锅内的油不能太多，以免影响挂芡。

4）调芡时要先搅匀芡液。

5）注意火候及芡液的熟度，不熟则容易澥芡。

油泡虾球

5. 实例

油泡虾球（制作工艺见表 10-53）。

表 10-53　油泡虾球制作工艺　　　　　　　　　　（单位：克）

原料	脆好的虾球					
	400					
调料	芡汤	胡椒粉	香油	淀粉	绍酒	食用油
	40	0.2	1	6	5	1000
料头	葱榄					
	10					
烹调法	油泡法					
制法	步骤	操作过程及方法			操作要领	
	1	在芡汤中加入胡椒粉、香油、淀粉，调成芡液			搅匀	
	2	将虾球放入 160℃ 的热油中，泡油至八成熟，沥去油			约 20 秒	
	3	原锅下葱榄、虾球，烹入绍酒，勾芡炒匀，加包尾油即可出锅			中火	

10.3.15　炸烹调法

1. 定义

炸是以较多的油量、较高的油温对菜品原料进行加热，使原料着色或达到香、酥、脆的质感，经调味而成热菜的烹调方法。

2. 工艺特点及操作要领

炸制菜式品种众多、风味各异，但有以下共同特点。

1）以较高的油温加热，菜品具有外香、酥、脆而内嫩的滋味特色。

2）色泽以金黄、大红为主。

3）味道多配酸甜味。

要使炸制菜式具有风味特色，必须把油温升高，用高油温对原料进行加热。不过要避免油脂温度过高或长期处于高温状态，因为油脂分子在高温下会脱水缩合成相对分子质量较大的聚合物，而有些聚合物带有不同程度的毒性。同时，高温下脂溶性维生素和必需脂肪酸容易被氧化破坏，油脂会变得混浊，色泽变深，使炸的食物颜色变深甚至变黑。

油温控制可分炸生料和炸熟料两种情况下的控制。将生料炸熟，使菜品外香、酥、脆而内鲜、嫩,油温须变化使用。

第一阶段:高油温投料,使原料迅速定型,浆粉涨发。

第二阶段:降低油温浸炸,便于热能传入,使原料熟透,防止外焦内生。

第三阶段:升高油温出锅。油温升高能使油分从原料内排出,成品便能干爽、耐脆、不油腻。

把熟料炸至着色一般用直炸方法,即运用使原料着色的最适当油温炸至均匀着色即可。

3. 分类

炸制的菜式大多数都要上浆上粉。浆粉不同,成品风味不同,制作工艺也不同。因此,以所上浆粉为依据,炸法分为酥炸法、吉列炸法、蛋白稀浆炸法、脆浆炸法、脆皮炸法、生炸法及纸包炸法等七种。

(1)酥炸法

1)定义:将上了酥炸粉的原料炸至酥脆而成热菜的方法称为酥炸法。

酥炸法有以下特点。

① 原料上的是酥炸粉。

② 一般投料油温是180℃。

③ 使用原料比较广泛。

④ 成品色泽金黄,外酥、香,内鲜、嫩,调味方式多样。

五柳松子鱼

2)工艺流程如下:

　　　　　拌味 —→ 上粉 —→ 下锅 —→ 浸炸 —→ 起锅 —→ 调味 —→ 成品

① 拌味。将净料加盐拌匀,使其入味,已有内味的则不拌味。

② 上粉。先拌入水淀粉(若原料水分大,则拌干淀粉),再加蛋液拌匀,最后拍干淀粉。

③ 下锅。油温应达到180℃,上粉的原料待回潮后下锅。

④ 浸炸。降低油温,将原料炸熟。

⑤ 升高油温起锅。

⑥ 调味。可勾芡,也可干上跟佐料。

3)操作要领如下。

① 上粉前原料必须沥干水。原料下锅时,宜从锅边下。

② 注意控制油温。

③ 需勾芡的菜式,应先在锅内勾芡,再下炸好的原料拌匀。

4)实例:糖醋排骨(制作工艺见表10-54)。

表10-54　糖醋排骨制作工艺　　　　　　　　　　(单位:克)

原料	排骨			鸡蛋液	
	300			30	
调料	糖醋	盐	水淀粉	淀粉	食用油
	100	5	15	120	1000

（续）

料头	蒜蓉		辣椒件		葱段	
	5		15		10	
烹调法	炸法——酥炸法					
制法	步骤	操作过程及方法			操作要领	
	1	净排骨斩成方形件，约重 10 克，洗净沥干			排骨件边长约 2.5 厘米	
	2	排骨件拌盐			—	
	3	排骨件上酥炸粉，次序是水淀粉、蛋液、淀粉			干淀粉不宜太厚	
	4	将油烧至 180℃，放入排骨，浸炸至金黄色且熟			排骨轻浮即为熟	
	5	升高油温再炸，捞起排骨，沥油			可返炸一次	
	6	原锅下蒜蓉、辣椒件、糖醋，用水淀粉勾芡			注意稀稠度	
	7	下炸排骨和葱段，拌匀装盘			操作要迅速	

（2）吉列炸法

1）定义：将上了面包屑（糠）的原料炸至酥脆的方法称为吉列炸法。

吉列炸法有以下特点。

① 原料上的是吉列粉，即先上蛋浆，再裹上面包屑。

② 原料下锅的油温为 150℃。

③ 肉料宜选用无骨净肉料。

④ 成品干上，跟佐料。

⑤ 成品色泽金黄、酥松且香。

吉列炸法与酥炸法在操作上有相似的地方，两者的主要区别有以下几点。

① 吉列炸法的原料上吉列粉，最后一层是面包屑；酥炸法的原料上酥炸粉，最后一层是淀粉。

② 吉列炸法用 150℃ 油温炸制，酥炸法是 180℃ 油温下锅。

③ 吉列炸法的菜式干上，以喼汁、淮盐为佐料；酥炸菜式调味有多种方式。

④ 吉列炸法的肉料不带骨，酥炸的肉料选择广泛，可带骨。

2）工艺流程如下：

原料拌味 ┐
　　　　　├→ 上粉 → 下锅 → 浸炸 → 起锅 → 跟佐料 → 成品
制馅 → 包卷 ┘

① 原料拌味，卷类的菜式则制馅。

② 卷类菜式包卷成型。

③ 上粉。先上蛋浆，再裹面包屑。

④ 油温在 150℃ 时，原料下锅。

⑤ 降低油温浸炸。

⑥ 升高油温起锅。

⑦ 配佐料。

3）操作要领如下。

① 蛋浆要上匀，但不宜太厚，蛋浆稀稠要根据原料而定。

② 上面包屑后，要稍微压紧。

③ 不能用甜面包做面包屑。

4）实例：吉列鱼块（制作工艺见表 10-55）。

表 10-55 吉列鱼块制作工艺 （单位：克）

原料	鱼肉		鸡蛋		面包屑
	300		1 个		150
调料	盐	味精	胡椒粉	淀粉	食用油
	3	1	0.1	20	1000
烹调法	炸法——吉列炸法				
制法	步骤	操作过程及方法		操作要领	
	1	鱼肉去皮，切成鱼件，下盐、味精、胡椒粉拌匀		鱼件切成扁长方形	
	2	蛋液与淀粉拌匀调成蛋浆		要略稠一点	
	3	鱼块拌蛋浆后粘上面包屑		要用手压一压	
	4	放进 150℃热油中炸至酥脆，捞起沥油		炸至金黄色	
	5	排在盘上		配喼汁、淮盐为佐料	

（3）蛋白稀浆炸法

1）定义：把挂蛋白稀浆的原料炸至酥脆的方法称为蛋白稀浆炸法。

蛋白稀浆炸法有以下特点。

① 原料上蛋白稀浆。

② 原料造型多为用两片薄的圆形肥肉片包馅料的盒形。

③ 宜用 130℃油温下锅炸制。

④ 成品干上，跟佐料蘸食。

⑤ 成品质量标准是色泽金黄、甘香酥脆，表面布幼脆丝和小珍珠泡。

2）工艺流程如下：

烹前造型 → 调蛋白稀浆 → 原料挂浆 → 下油锅炸制 → 出锅 → 跟佐料 → 成品

① 原料烹前造型。用两片腌制过的薄圆肥肉片夹住馅料，捏紧四周，做成钹形的盒，也可包成其他形状。

② 调蛋白稀浆。

③ 油烧至 130℃。

④ 原料挂蛋白稀浆后下油锅炸制。

⑤ 捞出，沥油后装盘，配佐料上桌。

3）操作要领如下。

① 蛋白稀浆的配方要准确，浆要调匀，要无粉粒、无蛋泡。

② 控制好下锅油温。

③ 炸制中注意保护表面脆丝。

④ 上浆前，在光滑原料表面应拍上一层薄的淀粉。

4）实例：酥炸虾盒（制作工艺见表 10-56）。

表 10-56　酥炸虾盒制作工艺　　　　　　　　　　　（单位：克）

原料	虾胶	肥肉	蛋清	芫荽
	120	100	100	10
调料	盐	汾酒	水淀粉	食用油
	2	5	150	1000
烹调法	炸法——蛋白稀浆炸法			
制法	步骤	操作过程及方法		操作要领
	1	将肥肉改成圆形薄片		尽量薄，直径 3 厘米
	2	肥肉片加上盐、汾酒腌制 30 分钟		—
	3	摊开肥肉片，挤上虾胶，贴上芫荽叶，再盖上一块肥肉，捏紧四周，制成虾盒		撒上少许淀粉
	4	用蛋清和水淀粉调蛋白稀浆		注意蛋清与水淀粉比例
	5	把油烧至 130℃，虾盒挂蛋白稀浆后放进油锅内炸至酥脆		要注意留下表面的蛋丝
	6	捞起虾盒沥油，排在盘上，跟佐料上席		佐料是淮盐、喼汁

（4）脆浆炸法

1）定义：将原料挂上脆浆炸至酥脆的方法称为脆浆炸法。

脆浆炸法有以下特点。

① 原料挂的是脆浆。

② 选用不带骨的原料。

③ 油温视所用脆浆类型而定。

④ 成品干上，跟佐料蘸食。

⑤ 成品色泽金黄、脆而松化。

⑥ 脆浆炸菜式的质量标准是起发好，表面圆滑、疏松，孔细且均匀，色泽金黄，耐脆，无酸或苦涩味。

2）工艺流程如下：

① 调脆浆。调有种浆要预留发酵时间。

② 原料刀工处理后拌味，或包卷成型。

③ 将油烧至合适的温度。急浆用 150℃油温，有种浆用 180℃油温。

④ 原料挂上脆浆后，放进油锅炸至酥脆。

⑤ 跟佐料上席。

3）操作要领如下。

① 要确保成品质量，最关键的是调好脆浆。

② 根据不同浆种运用恰当的油温。

③ 掌握原料挂浆、下锅的手法，保证成品表面圆滑、外形美观。

④ 浸炸时间足够，成品才能耐脆。

脆炸直虾

4）实例：脆炸直虾（制作工艺见表10-57）。

表10-57 脆炸直虾制作工艺　　　　　　　　　（单位：克）

原料	大虾	发酵粉	面粉	马铃薯	花纸
	250	10	250	1个	1张
调料	盐	胡椒粉	淀粉	食用油	
	2	0.1	70	1500	
烹调法	炸法——脆浆炸法				
制法	步骤	操作过程及方法		操作要领	
	1	大虾剥壳留尾，腹部横剖三刀，洗净下盐拌匀		去虾线；要吸干水分	
	2	用面粉、淀粉、油、发酵粉、盐和清水调成脆浆		—	
	3	马铃薯去皮切成条形，下油锅炸至酥脆		—	
	4	大虾挂脆浆后炸至酥脆，呈直身形		手执虾尾下锅	
	5	花纸垫底，薯条在盘中砌叠，直虾靠薯条摆好，配佐料		以喼汁、淮盐为佐料	

（5）脆皮炸法

1）定义：原料用白卤水浸熟后上脆皮糖水（上皮），晾干，放进油锅内炸至皮色大红、皮酥脆的方法称脆皮炸法。

脆皮炸法有以下特点。

① 以鸡、鸽和猪大肠为主要原料。

② 原料用白卤水浸熟，再上脆皮糖水，晾干后才炸。

③ 宜用150℃油温炸制。

④ 糖醋勾芡为佐料，或以淮盐、喼汁为佐料。

⑤ 成品质量标准是皮色大红、皮脆、肉香滑。

2）工艺流程如下：

白卤水浸制 → 调糖水 → 上糖水 → 晾干 → 炸制 → 调佐料、勾芡 → 斩件造型 → 成品

① 用白卤水将原料浸至仅熟（烹制前应注意选料）。

② 调脆皮糖水。用麦芽糖、浙醋、绍酒、干淀粉和水混合调成。

③ 上脆皮糖水。先在鸡表皮抹上4%～5%食用小苏打溶液，晾干后再抹脆皮糖水。

④ 晾干。

⑤ 炸制，并将佐料味汁勾成芡汁。

⑥ 斩件，装盘摆形。

3）操作要领如下。

① 鸡或鸽应选皮色靓的。

② 烫毛水温要合适，不可将皮烫坏。

③ 用白卤水浸制时，火不能太猛，以仅熟为度。

④ 上糖水前，用洁净的干毛巾吸干原料表面的油和水，再将小苏打水、脆皮糖水均匀地涂抹于表面。

⑤ 脆皮糖水可用蛋清、盐、水溶液代替。

⑥ 晾皮时，只可风干，不可晒干，不可用手触摸。

⑦ 用适当油温炸至皮色大红。

⑧ 砧板要干爽清，斩件时动作要干脆。摆件时，脆皮要朝上。

4）实例：脆皮炸鸡（制作工艺见表10-58）。

表 10-58 脆皮炸鸡制作工艺　　　　　　　　　　　　（单位：克）

原料	毛鸡					
	1 只					
调料	白卤水	脆皮糖水	糖醋	淀粉	食用油	食用小苏打
	3000	25	50	5	1500	1
料头	蒜蓉		辣椒米		葱米	
	5		5		5	
烹调法	炸法——脆皮炸法					
制法	步骤	操作过程及方法			操作要领	
	1	把毛鸡宰成光鸡，挖去眼珠			烫毛水温不要太高	
	2	用白卤水把鸡浸至仅熟，抹干鸡身的油和水			不要过熟	
	3	食用小苏打加20克水化开后抹在鸡表皮，晾干后再抹上脆皮糖水，晾干			不要晒，尽量用风吹干	
	4	把鸡颈斩下，放进150℃热油中炸至红色			—	
	5	再把鸡身放进油中炸至大红色，取出			油温不低于150℃	
	6	原锅下蒜蓉、辣椒米、葱米、糖醋，勾芡			另盘放，作佐料	
	7	把鸡斩成件，在盘上砌出鸡形			斩时鸡皮朝上	

(6) 生炸法

1）定义：把不上浆或粉的原料炸至大红色，成为带香酥风味菜式的方法称为生炸法。生炸法有以下特点。

① 原料先经过腌制。

② 原料不上浆、粉，但要上特制的糖水或老抽。

③ 原料用180℃油炸至定型、定色。

④ 浸炸时间较长。

⑤ 以选用禽类原料为主，主要是鸡和鸽。

⑥ 成品以糖醋勾成芡，或另跟淮盐、喼汁佐料。

⑦ 成品皮色大红、味鲜肉滑。

2）工艺流程如下：

腌制原料 ⟶ 上糖水或老抽 ⟶ 下油锅炸 ⟶ 浸炸出锅 ⟶ 调佐料 ⟶ 上盘 ⟶ 成品

① 腌制原料：根据原料的性质及菜品的风味要求选择腌料。腌制时间在 1 小时以上。

② 上糖水或老抽：为便于糖水附着，可先用沸水淋烫原料表面，以清洁表皮。

③ 180℃油温时下锅。

④ 降低油温浸炸。

⑤ 熟后升高油温，使色泽呈现大红，并使外皮香酥。

⑥ 调佐料。

⑦ 上盘。形大的需斩件，形小的原件上。

3）操作要领如下。

① 掌握生炸法与脆皮炸法工艺上的区别。

第一，生炸的原料用味料腌制入味；脆皮炸的原料用白卤水浸熟入味。

第二，生炸原料可上糖水，也可上老抽，使表皮能炸成红色；脆皮炸原料只用上脆皮糖水的方法使表皮炸成红色。两者都可在上糖水前抹小苏打水，使表皮酥脆。

第三，生炸原料抹老抽的可不晾干直接炸，炸制时间长；脆皮炸原料上糖水后须晾干再炸，炸制时间短。

第四，生炸菜式皮色虽红但不够鲜艳，且不耐脆；脆皮炸菜式皮色大红，耐脆。

第五，生炸菜式肉嫩滑、味鲜美、有肉汁；脆皮炸菜式肉软滑、骨带香、皮酥脆。

② 腌制时间长，要注意保鲜。

③ 掌握好炸制的时间与油温，既要使菜式香酥，又要保持肉质水分。

4）实例：红烧乳鸽（制作工艺见表 10-59）。

表 10-59　红烧乳鸽制作工艺　　　　　　　　　　（单位：克）

原料	乳鸽						
	1 只，350						
调料	盐	味精	五香粉	露酒	麦芽糖糖水	食用油	食用小苏打
	5	2	3	10	10	1500	1
料头	姜件				葱条		
	10				10		
烹调法	炸法——生炸法						
制法	步骤	操作过程及方法				操作要领	
	1	把味精、盐、五香粉抹进鸽腔内，再加入姜件、葱条、露酒				乳鸽要洗干净，沥干水	
	2	腌制 2 小时。食用小苏打加 20 克水调成小苏打水				腌制时要冷藏	
	3	用沸水淋烫鸽皮，抹小苏打水晾干后再涂上麦芽糖糖水，晾干				不要晒，要风干	
	4	将油烧至 180℃，下乳鸽炸至皮稍转色，离火浸炸 5 分钟至熟				油量不能太少，乳鸽下锅时要沥干水	
	5	升高油温，把乳鸽炸至大红色捞出，沥油				油温升至约 180℃	
	6	把乳鸽切成件，在盘上摆成鸽形				配淮盐、喼汁当佐料	

（7）纸包炸法

1）定义：用纸把腌制好或拌了味的原料包裹好，放进热油中炸熟成菜的方法称为纸包炸法。纸包炸法所用的纸是威化纸（又叫糯米纸），也可用卫生的薄质纸代替。

纸包炸法有以下特色。

① 原料用纸包成小件炸制。

② 150℃油温下锅。

③ 选用不带骨的净肉料。

④ 成品干上。

⑤ 成品色泽浅黄，肉香且嫩滑、不油腻。

2）工艺流程如下：

腌制拌味 → 用纸包裹 → 炸制 → 装盘造型 → 配佐料 → 成品

① 原料腌制或拌味之后分成若干份。

② 用威化纸把原料包成长方形，放在撒了淀粉的盘子上。

③ 炸制。

④ 装盘，配淮盐、喼汁作佐料。

3）操作要领如下。

① 原料腌制或拌味后，不应有汁液。

② 包裹的动作要利索，要包牢不漏馅。

③ 包裹后必须放在有淀粉铺垫的盘上，不能堆叠，即包即炸。

4）实例：威化纸包鸡（制作工艺见表10-60）。

表10-60　威化纸包鸡制作工艺　　　　　　　　（单位：克）

原料	鸡肉					威化纸			
	180					12张			
调料	盐	味精	白糖	豆豉	生抽	香油	绍酒	淀粉	食用油
	2	1	1	5	2	1	3	25	1000
料头	蒜蓉		姜丝		椒米		葱米		
	3		3		5		5		
烹调法	炸法——纸包炸法								
制法	步骤	操作过程及方法					操作要领		
	1	将鸡肉切成鸡条					鸡条粗细均匀		
	2	鸡条加入前7种调料和料头拌匀，分成12份					豆豉要剁成蓉		
	3	用威化纸把鸡条包裹成扁长方形，放在淀粉盘中					不能堆叠		
	4	把包好的鸡条放进150℃热油中炸至金黄色					控制好油温		
	5	捞出沥油，排在盘上					配淮盐、喼汁为佐料		

10.3.16 煎烹调法

1. 定义

煎是把加工好的原料排放在有少量油的热锅内用中慢火平移或静止加热,使原料表面呈金黄色、微有焦香、肉软嫩熟,经调味而成热菜的烹调方法。

2. 工艺特点

1)成品表面呈金黄煎色,气味芳香、口感香酥。
2)形状以扁平、平整为主。

3. 分类

按制作工艺区别,煎法分软煎、蛋煎、干煎、煎焖、煎焗、半煎炸等六种。

(1)软煎法

1)定义:加工好的原料挂上蛋浆(半煎炸粉)后煎熟,经过勾芡、淋芡或封汁等方法调味而成热菜的方法称为软煎法。

软煎法有以下特点。

① 原料要腌制,要挂蛋浆。
② 调味方式是勾芡、淋芡或封汁。
③ 成品酥香,肉嫩软滑,味香醇厚。

2)工艺流程如下:

腌制原料 ⟶ 挂浆 ⟶ 煎制 ⟶ 调味 ⟶ 成品

① 根据肉料特性选择腌料。
② 挂蛋浆。将调好的蛋浆与肉料拌匀,或将蛋液与肉料拌匀,再拍上淀粉。
③ 排放在锅内煎制,煎至熟透。
④ 调味。调味方式有勾芡、淋芡或封汁等几种。
⑤ 装盘。

3)操作要领如下。肉料在煎前应先腌制,使其松软、入味。上浆要厚,否则难以煎至酥香。若在锅里勾芡、封汁,操作应快捷,才能保持菜的香酥风味。

果汁煎猪扒

4)实例:果汁煎猪扒(制作工艺见表10-61)。

表10-61 果汁煎猪扒制作工艺 (单位:克)

原料	鬃头肉		鸡蛋		虾片	
	300		40		15	
调料	盐	小苏打	露酒	淀粉	果汁	食用油
	3	2	15	70	150	70
料头	姜件			葱条		
	5			10		

（续）

烹调法		煎法——软煎法	
	步骤	操作过程及方法	操作要领
制法	1	净鬃头肉切成猪扒，用刀背捶松	猪扒规格 5 厘米×4 厘米×0.4 厘米
	2	用盐、露酒、小苏打、姜件、葱条腌制猪扒	拣出葱条、姜件，腌制 1 小时
	3	猪扒裹上半煎炸粉（鸡蛋和淀粉拌匀而成）	上粉要均匀
	4	油烧至 150℃，下虾片炸至膨胀松脆	捞出虾片
	5	油倒出后原锅排入猪扒，煎至两面呈金黄色	中慢火煎制
	6	放少量油浸炸半分钟至熟透，取出沥油	—
	7	原锅下猪扒，烹入露酒，下果汁炒匀，装盘，伴虾片	下果汁炒匀动作要快

（2）蛋煎法

1）定义：把蛋液煎至凝结、成型扁平、色泽金黄而成热菜的方法称为蛋煎法。蛋煎法有以下特点。

① 以蛋液为主料，不掺水，但可掺入辅料。
② 用中慢火煎制。
③ 成品色泽金黄、滋味甘香、味道鲜美，多为扁平圆形。

2）工艺流程如下：

辅料初步熟处理 → 蛋液调味打散 → 蛋液与辅料拌匀 → 煎制 → 成品

① 辅料进行初步熟处理。采用蛋煎法的菜式，其辅料大部分先经初步熟处理，方法有油泡、滚煨、烧烤等。
② 调味打散。除荷包蛋外，其余菜式均须将蛋液打散。
③ 加入辅料，调匀。
④ 下锅煎制。锅须先烧热，然后下油滑锅。
⑤ 装盘。

3）操作要领如下。

① 辅料的比例不宜太大，以蛋液的 30%~50%为宜。
② 辅料加蛋液前必须先沥干水。
③ 煎制时下油不能太多。
④ 先将蛋液略炒至刚开始凝结再煎，这样更快、更好。

4）实例：香煎芙蓉蛋（制作工艺见表 10-62）。

表 10-62 香煎芙蓉蛋制作工艺　　　　　　　　　（单位：克）

原料	鸡蛋		叉烧	
	4 个		25	
调料	盐	胡椒粉	香油	食用油
	6	0.5	0.5	40
料头	笋丝	菇丝	葱丝	
	30	15	10	

(续)

烹调法		煎法——蛋煎法	
制法	步骤	操作过程及方法	操作要领
	1	叉烧切成丝。菇丝、笋丝滚煨，压干水	压至没有水滴出
	2	鸡蛋加盐、胡椒粉、香油打散	—
	3	将叉烧丝、笋丝、菇丝、葱丝放进蛋液中拌匀	配料不要超过蛋液50%
	4	锅烧热滑油，下蛋液煎成圆形，边煎边添少许油	用中慢火
	5	仅熟时翻转蛋煎另一面，煎至两面呈金黄色，装盘	注意熟度

(3) 干煎法

1) 定义：把没上浆或粉的原料煎熟使其呈金黄色，封入味汁或淋芡，或干上配佐料而成热菜的方法称为干煎法。

干煎法有以下特点。

① 主料不上浆也不上粉，直接煎制。

② 主料可以沾上芝麻。

干煎大虾

③ 成品香味浓烈、色泽金黄、甘香、肉质软嫩、味鲜。

2) 工艺流程如下：

原料形状整理或沾上芝麻 → 煎制 → 调味 → 成品

① 原料形状整理。有的原料要沾上芝麻。

② 煎制。

③ 调味。有的菜式用封汁方法调味，有的淋芡，也有的勾芡。

3) 操作要领：煎制时要煎熟，沾芝麻的既不封汁，也不淋芡，应干上配佐料。

4) 实例：香麻煎鸡脯（制作工艺见表10-63）。

表10-63 香麻煎鸡脯制作工艺 （单位：克）

原料	鸡肉		白芝麻		蛋液
	300		50		20
调料	盐	味精	淀粉	露酒	食用油
	3	1	30	10	70
料头	姜件		葱条		
	10		10		
烹调法	煎法——干煎法				

制法	步骤	操作过程及方法	操作要领
	1	鸡肉片成鸡脯，用刀背捶松	注意鸡脯规格
	2	用盐、味精、露酒、姜件、葱条腌制鸡脯	不少于15分钟
	3	拣出鸡脯中的姜件、葱条，拌蛋浆（蛋液和淀粉拌匀而成），两面沾上白芝麻	用手压一压，使其沾牢
	4	锅烧热滑油，将鸡脯逐件排进锅内煎制	先煎四周，待鸡脯滑动后旋锅煎制
	5	煎至鸡脯熟，且两面呈金黄色，装盘，配准盐、喼汁（另取）	用中火煎

（4）煎焖法

1）定义：原料煎香后，加入汤水和调味料略焖而成热菜的方法称为煎焖法。煎焖法有以下特点。

① 菜式由煎和焖共同完成，先煎后焖，以煎为主。

② 成品具有煎的焦香，又有焖的软滑、入味。

2）工艺流程如下：

原料造型 → 煎至金黄色 → 略焖 → 勾芡 → 成品

① 根据菜式设计要求进行原料造型。

② 将原料煎至金黄色。

③ 加汤水及调味料，略焖。

④ 勾芡。

3）操作要领如下。

① 本方法为煎与焖相结合，先煎后焖，以煎为主。

② 原料若以酿馅形式造型，须将馅酿牢。

③ 焖制时间不宜过长。

4）实例：煎酿椒子（制作工艺见表10-64）。

表10-64　煎酿椒子制作工艺　　　　　　　　　　（单位：克）

原料	鱼青						圆椒				
	200						300				
调料	盐	味精	白糖	生抽	老抽	淀粉	香油	胡椒粉	绍酒	食用油	
	3	1	1	2	1	10	0.5	0.1	5	50	
料头	蒜蓉			姜米			豆豉蓉				
	3			3			5				
烹调法	煎法——煎焖法										
制法	步骤	操作过程及方法						操作要领			
	1	圆椒洗净后切开、去瓤，修成圆盖形						保持内侧干爽			
	2	在内侧撒薄层淀粉，酿入鱼青						抹平开口			
	3	把圆椒肉馅朝下排在有油的热锅内						下锅时轻轻压一压			
	4	用中火煎至金黄色，取出						煎时油不能多，只煎一面			
	5	原锅下蒜蓉、豆豉、姜米爆香，烹入绍酒，加水						—			
	6	下盐、味精、白糖、煎过的圆椒，加盖略焖						肉馅朝下			
	7	下生抽、胡椒粉、香油，用老抽调色，勾芡									
	8	加包尾油，装盘						—			

茄汁煎大虾、煎封鲳鱼、煎酿鲮鱼等均属煎焖菜式。

（5）煎焗法

1）定义：原料煎香后，用少量汤汁（或味汁）或酒洒在热锅内，产生的热水汽将原料焗熟成热菜的方法称为煎焗法。

煎焗法有以下特点。

① 菜式由煎和焗共同完成，以煎为主，煎、焗结合。

② 成品色泽金黄、滋味甘美。

2）工艺流程如下：

$$腌制原料 \longrightarrow 煎熟 \longrightarrow 焗香 \longrightarrow 成品$$

① 腌制原料。

② 将原料放在锅内煎熟、煎香。

③ 加入汤汁（或味汁）或酒，加盖焗香至熟透。

④ 装盘造型。

3）操作要领如下。

① 原料以碎件或薄形为主。

② 原料必须腌制。

③ 焗制时火力不宜太猛，且要加盖。

④ 菜式一般不勾芡。

4）实例：煎焗鱼嘴（制作工艺见表10-65）。

表10-65 煎焗鱼嘴制作工艺　　　　　　　　　　　　　　（单位：克）

原料	鱼嘴（鳙鱼嘴或草鱼嘴）									
	400									
调料	盐	味精	生抽	胡椒粉	香油	淀粉	美极酱油	绍酒	食用油	
	5	2	3	0.1	1	10	15	15	50	
料头	姜件			短葱条			红椒件			
	20			30			25			
烹调法	煎法——煎焗法									
制法	步骤	操作过程及方法					操作要领			
	1	鱼嘴加入盐、味精、生抽拌匀，腌制15分钟					鱼嘴要沥干水			
	2	将美极酱油、盐、味精、胡椒粉、香油放在碗内，加适量水兑成味汁					味汁要搅匀			
	3	鱼嘴拌淀粉，放在锅内用中慢火煎香至仅熟					煎制时放入姜件同煎			
	4	下葱条、红椒件，烹入绍酒，加入味汁，略翻后加盖焗					葱垫着鱼嘴，慢火焗			
	5	焗至味汁收干，装盘					辅料在底，鱼嘴在面			

（6）半煎炸法

1）定义：原料上浆后用先煎后炸的加热方式烹制成熟而成热菜的方法称为半煎炸法。半煎炸法制成的主要是窝贴菜式。

半煎炸法主要有以下特点。

① 原料造型由一件扁形肉料与一片肥肉（或面包）相叠组成。

② 原料挂窝贴浆。若用面包片，面包片不挂浆。
③ 成品形状为规则的日字形。
④ 菜式干上，配佐料蘸食。
⑤ 成品色泽金黄，外形整齐，为日字形件，口感香酥、内嫩。

2）工艺流程如下：

腌制原料 → 调窝贴浆 → 挂浆造型 → 煎至定型 → 炸至香酥 → 装盘排齐 → 成品

① 腌制原料。肉料依需要选择腌料。肥肉用白酒、盐腌制。
② 调窝贴浆。稀稠应与原料配合。
③ 一片肉料与一片肥肉挂浆后，相叠成一个整体。
④ 煎至定型。
⑤ 炸至熟，呈香酥口感。
⑥ 在盘上整齐排放，配淮盐、喼汁为佐料。

3）操作要领如下。
① 肥肉不宜太厚，要用酒腌透。
② 挂浆要均匀，不要露出肉。
③ 下锅时要摆砌整齐，便于熟后逐件分开。先煎肥肉那一面。

4）实例：金华虾夹（窝贴明虾，制作工艺见表10-66）。

表10-66　金华虾夹制作工艺　　　　　　　　（单位：克）

原料	明虾		肥肉		鸡蛋		火腿末	
	12只		150		1个		10	
调料	盐		味精		汾酒		淀粉	食用油
	5		1		5		30	150
烹调法	煎法——半煎炸法							
制法	步骤	操作过程及方法				操作要领		
	1	明虾去壳，开背取肠，留尾，洗净成虾肉				—		
	2	虾肉加入盐、味精、蛋清、淀粉拌匀腌制				冷藏腌制30分钟		
	3	将肥肉切成薄日字形片，加汾酒、盐腌制				腌制30分钟		
	4	调窝贴浆，明虾与肥肉片分别拌上窝贴浆（蛋液与淀粉拌匀而成）				—		
	5	净盘撒上淀粉，排肥肉片，撒上火腿末				火腿末撒在肥肉上		
	6	逐一叠上虾肉				叠时刀口朝上		
	7	把叠好的虾排在锅内，用中火煎至金黄色				先煎肥肉面，再煎虾面		
	8	再加油略炸，沥油装盘				配淮盐、喼汁蘸食		

注：可用淡面包或咸面包代替肥肉，命名为"多士虾夹"。

10.3.17　滚烹调法

1. 定义

滚是将生料放在适量滚沸的汤水中，经加热和调味制成汤菜的烹调方法，也叫烧汤。

2. 工艺特征

1）滚是一种常用的制作汤菜的方法。

2）成品特色随滚法及用料的不同而有所区别。

3. 分类

按原料加工工艺的区别，滚法分清滚法与煎滚法两种。

（1）清滚法

1）定义：将生料放在沸汤中速滚成汤的方法称为清滚法。

清滚法有以下特点。

① 选料范围较广，禽畜肉料、内脏、鲜蛋、腌蛋、烤鸭等均可作为主料。

② 烹制时间较短。

③ 成品汤色较清、味鲜、肉料嫩滑。

2）工艺流程如下：

烧汤 → 下配料及耐火原料 → 调味 → 肉料拌粉 → 下肉料 → 撇去浮沫 → 上汤窝 → 成品

① 锅内下油、下汤，烧沸。

② 下配料及耐火原料，如咸蛋黄、烤鸭骨等。

③ 调味。

④ 下肉料。肉片类原料须先拌水淀粉。

⑤ 撇去浮沫，上汤窝。

3）操作要领如下。

① 根据原料的受火程度，灵活调节投料顺序及时间。

② 原料一般以仅熟为度。

③ 注意撇清浮沫，浮油不能太多。

4）实例：咸蛋芥菜肉片汤（制作工艺见表10-67）。

表10-67 咸蛋芥菜肉片汤制作工艺　　　　　　　　　　　（单位：克）

原料	净瘦肉	净芥菜	咸蛋	鲜菇片		
	75	150	1个	15		
调料	盐	味精	水淀粉	胡椒粉	香油	食用油
	5	2	5	0.5	0.2	3
烹调法	滚法——清滚法					
制法	步骤	操作过程及方法		操作要领		
	1	将咸蛋黄拍扁，蛋清打散待用		咸蛋黄放在砧板上用刀拍扁		
	2	瘦肉片成肉片，拌水淀粉		肉片规格5厘米×3厘米×0.15厘米		
	3	锅烧热下油，加入汤或沸水，下咸蛋黄煮沸		约1250毫升		
	4	汤烧沸后下芥菜、鲜菇片，滚至芥菜熟		鲜菇片要先滚过，此处用中火		
	5	下盐、味精调味，下肉片		肉片分散下		
	6	撇浮沫，下咸蛋清搅匀，下胡椒粉、香油即可		把咸蛋黄放在最上面		

（2）煎滚法

1）定义：将鱼类原料煎透后烹酒下汤水，用猛火滚至奶白，经调味制成汤菜的方法称为煎滚法。

煎滚法有以下特点。

① 以鱼类原料为主料。

② 主料滚前均须先煎透。

③ 烹制时间一般比清滚法要长。

④ 成品汤色奶白，滋味香腴鲜美。

2）工艺流程如下：

煎鱼 → 烹酒 → 下沸汤 → 加盖滚制 → 下辅料 → 调味 → 上窝 → 成品

① 煎鱼。中火煎制，下姜同煎。

② 烹酒。

③ 下沸汤。可用沸水代替。下汤后加盖，用猛火滚。

④ 下辅料。

⑤ 调味，上窝。

3）操作要领如下。

① 鱼要煎透，煎至金黄色。

② 鱼煎后要烹酒增香。

③ 用滚沸的汤水来滚。

④ 滚时要用猛火，加盖。

⑤ 汤水与鱼料的比例要恰当。

⑥ 以青菜作为配料的，要待汤滚好后再下。

4）实例：豆腐鱼头汤（制作工艺见表10-68）。

表10-68 豆腐鱼头汤制作工艺　　　　　　　　　　（单位：克）

原料	鱼头		豆腐		二汤	
	100		2件		500	
调料	盐	味精	绍酒	胡椒粉	香油	食用油
	12	5	7	0.5	1	50
料头	姜片			芫荽段		
	15			10		
烹调法	滚法——煎滚法					
制法	步骤	操作过程及方法			操作要领	
	1	洗净鱼头斩件，沥水；豆腐切成小块			鱼头每件重约30克	
	2	锅烧热下油，下姜片、鱼头煎至金黄色			煎两面	
	3	烹入绍酒，下二汤、豆腐，加盖滚约10分钟			用猛火滚至奶白色	
	4	下盐、芫荽段、胡椒粉、香油、味精略滚半分钟			—	
	5	盛进汤窝内			—	

10.3.18 烩烹调法

1. 定义

烩是将经过初步熟处理的主料、辅料放进调好味的鲜汤中加热,待汤微沸时调入芡粉,制成香鲜柔滑羹汤的烹调方法。

2. 工艺特点

1)选用的原料不带骨,质地细嫩。
2)原料形状较细。
3)汤水须调入芡粉,以使汤质柔滑,称为羹。
4)汤质柔滑是羹与各类汤菜相区别的特色。

要使汤质柔滑,掌握好调芡时机是关键,应在汤水微沸时调芡。烩羹调芡是对较多的汤量进行的,要求成芡较稀且匀滑。在汤水微沸时调入芡粉并迅速推匀,能达到令芡粉在汤水中完全分散后立即糊化的要求,这样成芡匀滑,且容易掌握芡的稀稠。

若过早调芡,汤水温度不足以使芡糊化,难以掌握稀稠。

若在汤水剧滚时调芡,则芡粉未推匀便会糊化结团,成芡不匀滑。

3. 工艺流程

主料、辅料初步熟处理 ⟶ 锅烧热下油 ⟶ 烹酒 ⟶ 下汤水 ⟶ 调味 ⟶ 下羹料 ⟶ 勾芡下韭黄 ⟶ 成品

1)主料、辅料初步熟处理。视肉料的具体情况选用适当的方法,使肉料仅熟,并去异味。常用方法为泡油和飞水。菇料、笋料、干货用滚煀方法处理,其余视具体情况处理。
2)起锅。即烧热锅,滑油,烹酒。
3)下汤水。
4)调味。
5)下羹料。
6)勾芡。在汤微沸时调入芡粉。加包尾油,下韭黄等。

4. 操作要领

1)掌握好羹料与汤水的比例,汤水一般是羹料的2.5~3倍。
2)烩前应根据主料、辅料的特性做好初步熟处理工作。
3)应配用鲜汤作为汤底。
4)宜用中火烩制。
5)在汤微沸时调入芡粉,并迅速推匀。
6)夏秋炎热时宜稍稀,冬春天寒时宜偏稠。

5. 实例

三丝烩鱼肚(制作工艺见表10-69)。

表 10-69　三丝烩鱼肚制作工艺　　　　　　　　　　（单位：克）

原料	发好的鱼肚	肉丝	幼笋丝	菇丝	韭黄	上汤	淡汤
	150	100	100	30	50	500	750
调料	盐	味精	绍酒	胡椒粉	香油	水淀粉	食用油
	15	5	10	0.5	1	80	500
料头	姜件				葱条		
	15				20		
烹调法	烩法						
制法	步骤	操作过程及方法					操作要领
	1	鱼肚切粗丝，用姜件、葱条滚煨，挤干水分。韭黄切段					滚煨不要超过 2 分钟
	2	笋丝、菇丝滚煨后沥干水					也要压干水
	3	肉丝拌水淀粉，泡油至五成熟					肉丝也可以不泡油
	4	原锅烹入绍酒，加上汤、淡汤、盐、味精、笋丝、菇丝、肉丝、鱼肚、胡椒粉、香油					中火
	5	汤微沸时勾芡，下韭黄，即可					中火

10.3.19　氽烹调法

1. 定义

氽是主料飞水或蒸熟，辅料滚煨或飞水后，一同放在汤窝内摆砌造型，然后淋上调好味并加热至微沸的上汤，制成汤菜的烹调方法。

2. 工艺特点

1）主料一般为鲜料。

2）主料处理的方法是飞水或蒸熟。

3）氽汤料基本固定，由笋花、菇件、火腿片和菜软组成。

4）成品主料鲜嫩爽滑、造型整齐、汤味清鲜。

3. 工艺流程

辅料初步熟处理 → 主料初步熟处理 → 摆砌造型 → 加热上汤 → 调味淋汤 → 成品

1）辅料滚煨或飞水。

2）主料飞水或蒸热。

3）在汤窝内摆砌造型。

4）加热上汤，调味，撇去浮沫。

5）淋汤。小心沿窝边淋入汤窝内。

4. 操作要领

1）主料、辅料选用适当的熟处理方法。

2）必须用上汤作汤底。

3）淋汤时，用手勺盖汤窝，汤沿手勺淋入，以免冲散造型。

4）加热上汤时不能让上汤大滚，以免汤混浊。

5. 实例

竹荪汆虾扇（制作工艺见表10-70）。

表10-70 竹荪汆虾扇制作工艺　　　　　　　　　　（单位：克）

原料	大河虾	净竹荪	笋花	火腿片	草菇片	菜软	上汤
	200	50	30	15	30	50	1000
调料	盐	味精	淀粉	香油	胡椒粉	食用油	
	7	2	100	1	0.2	50	
烹调法	汆法						

制法	步骤	操作过程及方法	操作要领
	1	河虾肉用淀粉垫底，轻轻捶成扇形片蒸熟待用	河虾去壳留尾
	2	竹荪、笋花、草菇片分别滚煨，沥干水	若火腿片卫生可不处理，也可略蒸热
	3	菜软飞水至熟	
	4	将主料、辅料同放在汤窝内摆砌造型	突出主料，色彩和谐
	5	加热上汤，调入调料，撇去浮沫，微沸后淋入汤窝内	不要冲散造型

10.3.20　清烹调法

1. 定义

将主料滚煨后（个别主料要上芡），放在汤窝内，然后淋入已调好味并加热至微沸的上汤，成为一道名贵汤菜的烹调方法。

2. 工艺特点

1）清汤主料为干货原料。

2）主料的处理方法是经涨发后滚煨。个别主料还要勾芡。

3）清汤没有固定配料，但一般配姜件、葱条。

4）清汤主料爽滑、汤味清鲜。

3. 工艺流程

　　　滚煨主料 —→ 辅料熟处理 —→ 主料、辅料下窝 —→ 加热上汤 —→ 调味 —→ 上汤下窝 —→ 成品

1）主料滚煨。有些主料宜适当上芡。

2）辅料熟处理。

3）主料、辅料放进汤窝内，摆好。

4）加热上汤，调味，撇去浮沫。

5）淋汤。

4. 操作要领

主料滚煨至入味，汤底必须用上汤，加热上汤时不能大滚。

5. 实例

清汤蟹底燕（制作工艺见表10-71）。

表 10-71　清汤蟹底燕工艺解说表　　　　　　　　　　　（单位：克）

原料	发好的燕窝		蟹肉		熟火腿丝		上汤	
	100		75		5		1200	
调料	盐	味精	绍酒	胡椒粉	香油		食用油	
	5	3	15	0.2	0.1		200	
料头	姜件				葱条			
	10				15			
烹调法	清法							
制法	步骤	操作过程及方法				操作要领		
	1	蒸热蟹肉，放在汤窝内				不要蒸太久，回热就可以		
	2	燕窝放在密篱上，用热汤冲淋几次				不可冲走燕窝		
	3	热锅滑油，下姜件、葱条煸炒，烹酒，倒入上汤略滚，捞出姜件、葱条，下盐、味精、燕窝浸煨半分钟，捞出沥汤				浸煨就是熄火煨		
	4	燕窝铺盖在蟹肉上，撒上火腿丝				火腿丝撒在燕窝上		
	5	加热上汤，加盐、味精、胡椒粉、香油，撇泡沫，淋入汤窝内				淋汤时用炒勺遮挡燕窝，不要冲散造型		

10.3.21　卤烹调法

1. 定义

卤是将原料放进卤水中浸制至熟且入味的烹调方法，通常称为浸卤，成品称为卤味。

2. 工艺特点

1）用卤水浸制。

2）加热时间较长，火力较弱。

3）卤水可反复使用。

4）成品气味芳香、滋味甘美。

卤水分红、白卤水两大类，卤制方法大致相同，但因卤水配方不同，成品风味有所区别。

红卤水成品带酱色，分一般卤水、精卤水及潮州卤水三种。一般卤水的主体是生抽和清水，比例为（5∶5）~（7∶3）。精卤水的主体是生抽，不加水或水比例极少。潮州卤水的主体是生抽和清水，生抽比例少，一般不超过25%，用老抽或珠油（潮州特色调料）调色。潮州卤水添加较多南姜，成品带南姜香味。

白卤水成品保持原料本色，其主体是清水，不加酱油。

3. 工艺流程

1）调制卤水。包括新调制、返热煮沸和补充调料等。

2）原料初步熟处理。目的是去除原料的异味及杂质，使肉料成熟或除韧，方法有飞水、煲焓等。

3）卤制。根据原料特性及菜式要求选用恰当的火候。

4）装盘、配佐料。有的是切件装盘，有的可直接装盘造型。

4. 操作要领

1）根据原料特性及菜式要求做好初步熟处理，并掌握好卤制火候。

2）及时补充卤水内的调料，确保卤水质量稳定。卤水质量是成品质量的保证。

3）不宜让原料长时间浸渍在卤水中，以免味过重。

4）同锅浸卤的原料形状大小要尽量均匀，且不宜过大。

5）应在卤水滚沸时或大热时捞出卤制品，可令卤制品色泽鲜亮。

5. 实例

筒子豉油鸡（制作工艺见表10-72）。

表10-72　筒子豉油鸡制作工艺　　　　　　　　　　（单位：克）

原料	宰净光鸡不开腹，翼下开口取内脏，肛门塞一短竹筒供卤水进出	
	1只，1000	
调料	精卤水	芫荽
	2000	25
烹调法	卤法	
制法	步骤	操作过程及方法	操作要领
	1	光鸡用沸水烫一下，用热水淋过，使鸡身干净	沥干水
	2	烧沸卤水，提鸡颈将鸡身浸入卤水中，然后提起让卤水流出。重复5次后，将鸡浸于卤水中至仅熟	浸约15分钟
	3	晾凉后斩件装盘，砌成鸡形，伴芫荽	调制精卤水为佐料

10.3.22　烤烹调法

1. 定义

烤是利用热源产生的热空气，通过辐射的方式对腌制好的肉直接加热，使肉料致熟成菜的烹调方法，广东习惯称之为烧烤或烧，如烧猪、烧肉、烧鸭、烧鹅等。

2. 工艺特点

1）由热源对原料直接加热。

2）烧烤常用的安全能源有木炭、天然气、电热及远红外线等。

3）选用原料以禽类和猪、羊为主。

4）肉料烤前均先经过腌制。

5）用于制作脆皮菜式的原料要先上皮，晾干后再烤制。

6）烧烤制品色泽以大红、金红为主，外皮酥脆或酥香，滋味甘香不腻，肉嫩味鲜，带有甜味。

3. 分类

烧烤的加热有开放和密闭两种形式，从而形成明炉烤和挂炉烤两种烤法。两种烤法的工艺程序基本相同，适用原料基本相同，而工艺方法略有不同，因此成品风味也有所区别。本书只详述明炉烤法。

（1）明炉烤法

1）定义：用开放的方式烧烤称为明炉烤。明炉烤的炉具为卧式炭炉。用专用的钢叉叉着已上皮、晾干的乳猪或鸭、鹅，在炭火上转动烧烤，直至皮脆、色大红。明炉烤一般用于制作脆皮的食品。

2）工艺流程如下：

整理并腌制原料 → 上叉 → 上皮 → 晾干 → 调炉火 → 烧烤 → 成品

① 整理并腌制原料。有些原料要整形。

② 上叉。用专用的叉把原料叉好，或用专用的叉挂好，再用钩勾好。

③ 上皮。把糖水涂抹在乳猪、鸭、鹅的表皮上。

④ 晾干。放在通风处风干或用微热焙干。

⑤ 调炉火。调整木炭堆放的形状、炭量及炉温。

⑥ 烧烤。乳猪要先烤内腔，使其达五成熟，然后再烤猪外皮。

3）操作要领如下：

① 原料外形整理要注意平整，不要有棱角或凹陷的形状。

② 腌制时间要足够。

③ 调好上皮的糖水，不同原料的糖水配方不同。

④ 脆皮菜式原料上皮后必须晾干后再烧烤。

⑤ 必须调好炉火、炉温，掌握好烤制时间。

4）实例：麻皮乳猪（乳猪全体，制作工艺见表10-73）。

表10-73 麻皮乳猪制作工艺 （单位：克）

原料	光乳猪					千层饼			
	1只，约10000					200			
调料	五香盐	白酒	麦芽糖	浙醋	食用油	葱球	白糖粉	乳猪酱	酸甜菜
	60	50	50	200	500	50	50	100	150

(续)

烹调法	烤法——明炉烤法		
制法	步骤	操作过程及方法	操作要领
	1	将五香盐均匀地抹在劈好的乳猪内腔腌制30分钟	—
	2	用乳猪叉把腌制过的乳猪穿插好	按要求上叉
	3	用木条把猪壳撑好，定型	乳猪呈扁平拱形
	4	将白酒、浙醋、麦芽糖、清水放在碗内调匀成糖水	—
	5	用沸水淋烫乳猪外皮，稍干后涂上糖水，挂在通风处晾干	如空气潮湿，可放在炉中微热焙干
	6	点燃卧式乳猪炉，把钢叉架在炉上，先烤内腔，再烤外皮。当外皮转为杏色时，用钢针轻轻扎入皮内，排出皮内气体。烧烤过程中不时用刷子往猪身扫油，帮助化皮。一直烤至乳猪全身呈大红色为止	控制好火候
	7	卸去木条、钢叉，把乳猪放在大盘上，在背上均匀片出四条长条猪皮，每条斩成6~8件，视乳猪大小和人数而定。若是小猪斩件便可，不片皮	配乳猪酱、千层饼、葱球、白糖粉、酸甜菜为佐料

（2）挂炉烤法

1）定义：将原料放在专用炉内密闭烧烤的方法叫挂炉烤法。挂炉烤的炉具有立式炭炉、燃气炉、电炉和远红外线炉等。

挂炉烤的效率比明炉烤高，但脆皮的质量不及明炉烤的好。非脆皮食品类如叉烧、排骨等，只宜用挂炉烤。

挂炉烤法与炉焗法虽同是将原料放进密闭的炉内加热，但两者是有明显区别的。

① 挂炉烤是用热源的热对原料直接加热，原料不上浆粉，也不包裹；而炉焗既要上浆粉，也可用物料包裹后焗，属于间接加热。

② 挂炉烤的温度要比炉焗的高，热力要强。

③ 挂炉烤成品色泽一般为红色，炉焗成品色泽大部分不为红色。

④ 挂炉烤原料形状较大，一般为原只原件或整件，烤熟以后再分割；炉焗原料一般为碎件或小的整件。

2）工艺流程如下：

整理、腌制原料 → 上叉 → 上皮 → 晾干 → 调节炉温 → 烧烤 → 成品
　　　　　　　　　　　　　　　　　　　　　　　　　　　　↓　　　↑
　　　　　　　　　　　　　　　　　　　　　　　　　淋糖浆 → 返烤

① 整理、腌制原料。刀工整理，洗干净，按配方腌制原料。

② 上叉。把腌制过的原料挂到烧鹅环或叉烧铁环上。

③ 上皮。把脆皮糖水抹在原料表面上。

④ 晾干。非脆皮食品不需上皮和晾干。

⑤ 调炉火。

⑥ 烧烤。

⑦ 淋麦芽糖浆、返烤。只适用于叉烧、排骨等个别食品。

3）操作要领：用炭炉烧烤时，必须将炉内烟雾排清才可放料烤制。炉温必须合适。

4）实例：蜜汁叉烧（制作工艺见表10-74）。

表10-74 蜜汁叉烧制作工艺　　　　　　　　　　　　（单位：克）

原料	去皮上肉									
	5000									
调料	白糖	片糖	柱侯酱	芝麻酱	盐	五香粉	生抽	大茴粉	汾酒	麦芽糖
	200	200	25	80	100	10	50	5	150	250
烹调法	烤法——挂炉烤法									
制法	步骤	操作过程及方法					操作要领			
	1	将上肉切改成均匀的方条形，洗净					扁方形，要均匀			
	2	加入前8种调料腌制1小时					防苍蝇防变质			
	3	用叉烧铁环将肉条穿插起来					肉条之间有距离			
	4	把穿插好的肉条挂入炉内，用中火烤约25分钟至熟					无烟才进炉			
	5	取出，淋上用麦芽糖调好的糖浆，返烤3分钟					麦芽糖用30克热水化开			

10.3.23 膏烧烹调法

1. 定义

膏烧是用高温的稠糖浆将经过油炸或水滚预制后的某些植物原料焐熟而成甜菜的烹调方法。亦称羔烧法、糕烧法。

2. 工艺特点

1）主要以热浓糖浆为传热介质。

2）适用于淀粉质较重的植物原料，如白果、芋头、板栗、薯类等。

3）用糖浆焐制前，原料常常先要进行初步熟处理。

4）用慢火加热。

5）成品特色是软糯浓甜。

3. 工艺流程

初步熟处理 → 糖渍 → 用糖浆煮制 → 加辅料 → 成品

1）原料初步熟处理。油炸或水滚，以油炸方法为主。

2）糖渍。把原料埋在白砂糖中，待糖化水后浸渍原料。

3）煮制。把原料连同糖和糖液一起放在锅内用慢火煮制，若需较长时间煮制，需稍加清水。

4. 操作要领

1）用浓糖浆煮制时火力要慢。

2）成品糖液要求浓稠，但不起丝，不呈胶状。

3）冰肉、橘饼等辅料不要过早下锅。

5. 实例

膏烧白果（制作工艺见表 10-75）。

表 10-75　膏烧白果制作工艺　　　　　　　　　　　　　　（单位：克）

原料		白果		冰肉		橘饼
		750		75		50
调料				白糖		
				700		
烹调法				膏烧法		
制法	步骤		操作过程及方法			操作要领
	1	用清水将白果滚熟去壳。把冰肉、橘饼切成粒				白果也可干去壳
	2	对半切开白果肉，用清水再次滚过，除去果衣及心				—
	3	用清水再滚，以去清苦味。沥干水				慢火滚即可
	4	把白果放在白糖中，让白果埋在糖里渍两小时				白果要沥干水
	5	白糖白果里加少量清水，用慢火加热约 30 分钟				保持糖液浓度足够
	6	最后加入冰肉粒、橘饼粒略煮便可				—

10.3.24　返沙烹调法

1. 定义

返沙是把炸酥的原料投入已熬稠的糖胶中翻炒，边翻炒边降糖温，最终使糖胶恢复固态，呈幼沙状，粘在原料上，成为甜食的烹调方法。

2. 工艺特点

1）这是一种把固态的白砂糖熬熔成液态，通过翻炒使其恢复固态的方法。

2）主料通常宜先炸至酥脆。

3）成品是甜食，可作甜菜，也可作小吃。其特色是成品由幼糖沙包裹，松酥带香，甜而不腻。

3. 工艺流程

炸酥主料 → 熬糖胶 → 投入主料 → 投入辅料 → 快速翻炒 → 成品

1）把主料炸酥。熟的原料用猛火把裹在表面的淀粉炸酥即可，生的原料则要炸熟、炸酥。

2）熬糖胶。把糖放进锅内，加少量清水，用中慢火熬全糖胶翻起大泡即可。

3）投入主料翻炒。若有辅料，可同时投入，一直翻炒至糖胶全部凝结，变成白色幼沙状。

4. 操作要领

1）选用植物原料为主料，如芋头、薯类、白果、腰果仁、花生仁、潮州柑等。

2）生的原料要先炸熟、炸酥。

3）只能选用白砂糖，不能选用绵白糖。糖与水的比例约为2∶1。

4）用中慢火熬糖胶。

5）翻炒时要熄火，还要降温，可辅以冷风吹。

5. 实例

返沙金银条（制作工艺见表10-76）。

表10-76 返沙金银条制作工艺　　　　　　　　　　　（单位：克）

原料	芋头	番薯	炸花生仁
	300	300	25
调料	白砂糖	葱珠	食用油
	250	15	1500
烹调法	返沙法		
制法	步骤	操作过程及方法	操作要领
	1	把炸花生仁碾碎	成小颗粒
	2	芋头、番薯去皮后切成长条形，放在热油中炸至熟	大小要均匀，每条约25克
	3	原锅下白砂糖和清水，用中慢火把糖熬至起大泡	—
	4	把芋条、薯条、炸花生仁、葱珠放进糖胶中迅速翻炒，直至糖胶全部凝结成白糖沙即可	熄火翻炒，迅速降温

注：潮州菜把葱花叫作葱珠。可以不下花生仁。

10.3.25　拔丝烹调法

1. 定义

拔丝是把原料块炸脆后放进热糖胶里拌匀装盘，夹起时能够拉出糖丝的烹调方法。

2. 工艺特点

1）原料都要先炸至脆。

2）夹起盘里食物时都能够拉出细长的糖丝。

3）以水果或果菜为原料。

3. 工艺流程

原料切块 → 上浆粉 → 炸脆 → 熬糖胶 → 拌糖胶 → 上盘 → 成品

1）原料切块，裹浆粉。

2）炸至酥脆。原料可同时复炸一次使其脆。

3）熬糖胶。熬至糖胶由稠转稀。要特别注意观测。

4）拌糖胶。原料与糖胶迅速拌匀，上盘。盘要热，并放在热水汤窝上保温。

4. 操作要领

1）熬糖胶有油拔丝、水拔丝和油水拔丝三种方法。油拔丝油糖比例约为1∶7。水拔丝水糖比例约为1∶5，油水拔丝用少许油滑锅后，按水拔丝的比例。

2）白糖要求选用干净不含杂质的白砂糖，不能选用绵白糖。

3）熬糖胶要用慢火，并用炒勺不停搅动。

4）糖胶达到140~150℃即糖胶由稠转稀时为最佳拔丝时机，应该马上下料拌匀。

5. 实例

拔丝苹果（制作工艺见表10-77）。

表10-77 拔丝苹果制作工艺　　　　　　　　　　　　　　（单位：克）

原料	苹果			
	300			
调料	白砂糖		淀粉	食用油
	150		75	700
烹调法	拔丝法			
制法	步骤	操作过程及方法		操作要领
	1	苹果削皮，去心切块		大小要均匀
	2	苹果块裹上淀粉，放进热油中迅速炸至酥脆		180℃油温
	3	原锅下白砂糖，用慢火把糖熬至由稠转稀		糖胶约150℃
	4	把苹果块放进糖胶里迅速拌匀装盘，放在热水汤窝上		备冷开水佐食

10.3.26 冻烹调法

1. 定义

冻是制取含有丰富胶质的汤液，加入经过熟处理的主料、辅料混合起来，经过冷却、凝结、成型，制成凉菜的烹调方法。

2. 工艺特点

1）以含有丰富胶质的汤液作为菜品的成型物。这些汤液可以由主料、辅料直接熬制而成，也可以用琼脂等富含胶质的物质熬制而成。

2）成型的方式可以是整体成型再用刀分割，也可以利用模具一次成型。

3）成品具有清爽柔滑、滋味凉润、晶莹透亮、形状规则等特色。

3. 工艺流程

主料、辅料熟处理 → 熬制浓汤 → 混合造型 → 冷却凝固 → 最后成型 → 成品

1）主料、辅料熟处理。

2）熬制胶质汤液。有的菜式第一步与第二步同时进行。

3）主料、辅料混合造型。

4）冷却凝固成型。有的菜式需在冷却后用刀切割成型。

4. 操作要领

1）熬取富含胶质的浓汤很重要，浓汤质量决定成品的成型效果和口感，过稀过稠都不好。

2）主料、辅料质感应较嫩，不可带骨。

3）成品为冻食，味道应稍偏重，还应注意卫生安全。

5. 实例

潮州肉冻（制作工艺见表10-78）。

表10-78 潮州肉冻制作工艺　　　　　　　　　　　　（单位：克）

原料	猪肘		五花肉		猪皮		芫荽	
	750		500		250		25	
调料	鱼露		味精		冰糖			
	15		3		12			
烹调法	冻法							
制法	步骤	操作过程及方法					操作要领	
	1	把猪肘、五花肉、猪皮洗净，斩成大块，飞水					要刮净猪毛	
	2	猪肘、五花肉、猪皮放在锅内加入清水猛火烧开，撇去浮沫，加入冰糖、鱼露转慢火煲至肉料软烂					注意不要煮煳	
	3	捞出猪皮，另作他用。拣去骨块					—	
	4	把猪肘、五花肉转放到另一高身锅内。原汤撇沫，再加入味精煮沸后用密筛滤出汤液，加到猪肘锅内，重新煮沸，熄火冷却凝结					要除清汤液里的杂质，若汤液稠度不足可添加琼脂促进凝结	
	5	取出切块，摆在盘上，伴芫荽，配鱼露为佐料					注意食品卫生	

10.4 主食的烹调方法

主食烹调包括米饭、面条、米粉、粉条等的烹调，本节介绍主食的代表品种。

10.4.1 米饭的烹调

1. 广州炒饭（金包银炒法）

金包银炒法的广州炒饭制作工艺见表10-79。

表10-79 广州炒饭（金包银炒法）制作工艺　　　　　（单位：克）

原料	叉烧	熟虾肉	鸡蛋	白米饭	葱花
	40	20	2只	300	10
调料	盐		味精		食用油
	3		0.5		10
烹调法	炒法——熟炒法				
制法	步骤	操作过程及方法			操作要领
	1	白米饭搅散，叉烧切粒，鸡蛋打散			白米饭不要煮得太烂
	2	锅烧热下食用油，下熟虾肉、叉烧粒炒香，盛出			—
	3	原锅下白米饭、盐、味精略炒			白米饭要炒散成粒
	4	加入鸡蛋液炒匀炒透			让饭粒均匀裹上鸡蛋液
	5	下熟虾肉、叉烧炒匀			—
	6	放葱花炒至有葱香味			—

2. 广州炒饭（金银炒法）

金银炒法的广州炒饭制作工艺见表10-80。

表10-80 广州炒饭（金银炒法）制作工艺　　　　　　　　（单位：克）

原料	叉烧		熟虾肉		鸡蛋		白米饭		葱花	
	40		20		2只		300		10	
调料	盐			味精				食用油		
	3			0.5				15		
烹调法	炒法——熟炒法									
制法	步骤	操作过程及方法						操作要领		
	1	白米饭搅散，叉烧切粒，鸡蛋打散						白米饭不要煮得太烂		
	2	锅烧热下食用油，下鸡蛋炒至刚熟，盛出						鸡蛋不要过熟		
	3	原锅下熟虾肉、叉烧粒炒香，盛出						—		
	4	原锅下食用油、白米饭、盐、味精炒散						白米饭要炒散成粒		
	5	加入熟虾肉、叉烧、鸡蛋炒匀						—		
	6	放葱花炒至有葱香味								

10.4.2　面条的烹调

1. 炒面

肉丝炒面的制作工艺见表10-81。

肉丝炒面

表10-81 肉丝炒面制作工艺　　　　　　　　　　　　（单位：克）

原料	蛋面	肉丝	银针	韭黄段	
	150	50	75	40	
调料	淡汤	盐	味精	白糖	水淀粉	食用油
	100	4	2	1	6	30
烹调法	煎法——干煎法，扒法——料扒法					
制法	步骤	操作过程及方法			操作要领	
	1	肉丝用水淀粉拌匀			—	
	2	焯蛋面，捞起，晾散			焯时水量要够	
	3	炒锅烧热，用油滑锅，下蛋面，煎至一面金黄色后翻面再煎另一面，煎香后出锅装盘			煎面时将油逐次少量加入	
	4	原锅下银针略炒，下淡汤、肉丝、盐、味精、白糖，用水淀粉勾芡			注意芡量及稀稠	
	5	加入韭黄炒匀，铺在煎好的面条上			韭黄要后下，不可过熟	

2. 捞面（拌面）

干烧伊面的制作工艺见表10-82。

表 10-82 　干烧伊面制作工艺　　　　　　　　（单位：克）

原料		伊面		韭黄段		菇丝	
		150		50		30	
调料		盐	味精	蚝油	老抽	香油	食用油
		3	1	10	2	1	20
烹调法		焖法					
制法	步骤	操作过程及方法				操作要领	
	1	把伊面放进沸水锅中略滚至软				不要滚得太软	
	2	热锅滑油，下水、调料和菇丝烧开				—	
	3	下伊面略焖，加韭黄和香油拌匀				如果是蛋面不要焖	

3. 汤面

牛肉汤面的制作工艺见表 10-83。

表 10-83 　牛肉汤面制作工艺　　　　　　　　（单位：克）

原料		蛋面		腌牛肉	菜软	姜片	
		150		50	50	5	
调料		盐	味精	胡椒粉		香油	食用油
		5	2	0.2		1	10
烹调法		滚法——清滚法					
制法	步骤	操作过程及方法				操作要领	
	1	焯蛋面，放在碗内				碗须洁净	
	2	锅中下食用油、姜片、水、盐、味精，烧开				油不要多	
	3	下菜软和腌牛肉，烧开，下胡椒粉和香油				如有浮沫要撇去	
	4	浇在碗里的面条上				—	

4. 窝面（汤面）

虾球窝面的制作工艺见表 10-84。

表 10-84 　虾球窝面制作工艺　　　　　　　　（单位：克）

原料		蛋面		虾球		韭黄段	
		100		50		30	
调料		盐	味精	胡椒粉	香油	水淀粉	食用油
		4	2	0.2	1	5	20
烹调法		扒法——料扒法					
制法	步骤	操作过程及方法				操作要领	
	1	焯面，放在汤碗里				碗须洁净	
	2	锅中下食用油、水、盐、味精，烧开，浇在面条上				汤水刚过面条面就可以	
	3	用盐、味精、胡椒粉、香油、水淀粉调成碗芡				—	
	4	虾球泡油，放回原锅，下韭黄，勾碗芡				芡宜稍宽一些	
	5	把虾球铺在面条上				—	

10.4.3 米粉和粉条的烹调

1. 炒米粉

韭黄炒米粉的制作工艺见表10-85。

表10-85　韭黄炒米粉制作工艺　　　　　　　　　　　（单位：克）

原料	米粉			韭黄段	
	150			50	
调料	盐	生抽	老抽		食用油
	3	5	2		30
烹调法	炒法——熟炒法				
制法	步骤	操作过程及方法			操作要领
	1	氽米粉，米粉放沸水中略滚，沥水焗10分钟至米粉透心、松散			以焗为主
	2	取少量水放在碗内，加入盐、生抽和老抽调成味汁			调和均匀
	3	锅烧热，用油滑锅，下米粉略煎后用中火炒透			煎至浅金黄色即可
	4	加入味汁和韭黄，炒至韭黄熟			—

2. 汤粉

肉片汤粉的制作工艺见表10-86。

表10-86　肉片汤粉制作工艺　　　　　　　　　　　（单位：克）

原料	米粉	肉片	菜软	汤	
	75	30	30	适量	
调料	盐	味精	香油	水淀粉	食用油
	4	2	1	3	10
烹调法	滚法——清滚法				
制法	步骤	操作过程及方法			操作要领
	1	氽米粉			以焗为主
	2	把米粉放进沸水烫过，捞出，放在碗内			要沥干水分，碗要洁净
	3	用水淀粉捽匀肉片			
	4	把汤放在锅内烧开，加入食用油、盐、味精、香油			油不宜多
	5	放进肉片和菜软，滚熟			—
	6	把汤连同肉片、菜软浇在米粉上			—

3. 干炒河粉

干炒牛河的制作工艺见表10-87。

表10-87　干炒牛河制作工艺　　　　　　　　　　　　（单位：克）

原料	河粉	腌牛肉	银针	韭黄
	250	50	80	50
调料	盐	生抽	老抽	食用油
	2	4	3	300
料头	姜丝		葱丝	
	5		5	
烹调法	炒法——生炒法			

	步骤	操作过程及方法	操作要领
制法	1	韭黄切段	长4厘米
	2	干煸银针，盛出	猛火炒，但不要过熟
	3	炒锅烧热滑油，放腌牛肉炒至刚熟，盛出	牛肉也可泡油至刚熟
	4	原锅下油，下姜丝略炒	炒出香味
	5	下河粉、盐炒透，再下生抽、老抽炒匀	不要把河粉炒断
	6	下牛肉、银针、韭黄、葱丝炒透	按顺序下，葱丝要炒散

注：干炒河粉制作方法同干炒牛河，不同的是不加牛肉。

4. 湿炒河粉

鱼片炒河粉的制作工艺见表10-88。

表10-88　鱼片炒河粉制作工艺　　　　　　　　　　（单位：克）

原料	河粉	鱼片	韭黄段	姜丝
	200	50	30	5
调料	盐	味精	水淀粉	食用油
	4	2	3	30
烹调法	扒法——料扒法			

	步骤	操作过程及方法	操作要领
制法	1	鱼片加盐抓匀	—
	2	锅滑油，下河粉、盐炒透，出锅装盘	河粉不要炒碎
	3	热锅下油，下姜丝炒香，下水、盐、味精	—
	4	汤沸后下鱼片、韭黄段，用水淀粉勾芡，浇在河粉上	鱼片刚熟即可

烹调法会随着烹调工艺的发展、科学技术的进步推陈出新，本章所介绍的是比较成熟的烹调法。

关键术语

烹调技法；烹调法；烹调技法与传热介质关系图；烹调技法与烹调法关系图；工艺流程。

复习思考题

1. 哪些是只运用一种传热介质的烹调技法？
2. 哪些是运用了两种传热介质的烹调技法？
3. 简述浸、熬、煲、滚、焯、油浸、油泡、炸、蒸、烤、焗、炖、煎、炒、焖、煮烹调法的定义。
4. 烹调法与烹调技法有何区别？
5. 烹调技法与烹调法是什么关系？
6. 简述蒸、焖、炒、炸、煎烹调法的分类、特征、工艺流程和操作要领。
7. 简述肉丝炒面、干烧伊面和干炒牛河的烹制方法。
8. 目前有哪些新的烹调法被运用到实践中？

11

鱼腐扒菜胆

菜品的造型艺术

【学习目的与要求】

菜品的造型和色彩是吸引消费者的重要因素，若菜品的造型和色彩不恰当，难以引起消费者的食欲，甚至会遭到消费者的拒绝。通过本章的学习，了解热菜造型和冷菜造型的意义与要求，掌握实现菜品造型艺术化的途径和技能。食品雕刻是提高菜品造型层次的重要辅助工艺，本章也作了介绍。菜品造型的一般要求、热菜造型艺术、菜品造型的设计是学习重点，菜品造型艺术体系是学习难点。

【主要内容】

菜品造型艺术的特点及造型的一般要求
热菜造型艺术
冷菜造型艺术
菜品造型艺术的设计
食品雕刻

菜品造型艺术是在美学基本理论的指导下，利用原料的特性，通过菜品的加工工艺使菜品具有艺术美感的一门艺术。造型艺术不仅要求制作者有高超的烹饪技术、刀工技法，而且还要具备一定的美术素养。随着人们鉴赏菜品的标准不断提高，菜品造型艺术越来越重要。

菜品造型一般分为热菜造型和冷菜造型两类，食品雕刻是菜品造型的辅助手段。

11.1 菜品造型艺术的特点及造型的一般要求

菜品造型指通过刀工技巧的运用、原料形状的修整及加热促进变形、盘上摆砌等工艺方法，使菜品呈现美感的一系列过程。从菜品形状及风格的形成看，菜品造型是一个操作过程；从烹调技术角度看，菜品造型是一项专门工艺；从菜品给人的视觉效果上看，菜品造型是一门艺术。粤菜十分重视菜品的造型，行业认为：一道菜品虽然美味，但造型不好，就"输"了。粤菜的造型艺术有自己独特的风格。

11.1.1 菜品造型艺术的特点与研究意义

菜品造型有不同的流派，华东地区以精细、小巧、清秀为特色；华北地区尤其是山东、北京，受宫廷御膳、孔府家宴的影响，讲究的是高贵、华丽，盘子以带花纹、带纹金线的为美；西南地区展现的是质朴的风格。粤菜习惯用主要线条、物象的基本轮廓来展现，属于简练、大方、巧妙的流派。简练，就是用主要线条高度概括，轮廓重于细节，神似重于形似；大方，就是原料规格偏于阔大，视觉效果有大气感；巧妙，即充分利用原料的自然成型进行艺术造型。除图案造型外，需人工摆砌整理得以不显露刻意痕迹为美。

粤菜造型风格体现的是实用、高效的理念，其形成主要受制于以下三大因素。

1. 粤菜地区竞争激烈的餐饮市场

粤菜地区餐饮市场竞争激烈，为在竞争中取胜，餐饮经营者、生产者必须向消费者提供优质的服务。粤菜地区工作节奏快，生活节奏快，菜品供应快自然就是优质服务之一。菜品造型选择简练放弃繁杂就是为了快。

另外，为了争夺高档的商务消费者，餐饮经营者必然要以高雅大气造型的菜品来满足他们的消费心理。

2. 粤菜口味重鲜味

粤菜注重原料的原汁原味，重视菜品的鲜味。这个原则对菜品造型的影响有两方面：一是减少造型中的手工摆砌，更好地保护菜品的鲜味；二是造型以原形原样为美。

3. 粤菜地区物产丰富

粤菜地区物产丰富，原料多样，可以充分利用原料本身的特性造型。久而久之形成了巧妙利用原料原形的习惯。同时，人们对菜品研究的重点是烹制的方法，至于形状构思习惯从简。

人们非常重视菜品的造型，这是因为菜品的造型能够提高菜品自身的竞争力；能够美化餐桌上的小环境，让消费者有美的享受；普通原料经造型艺术处理有可能成为名菜，因此菜品造型能够提高原料的使用价值；能够启发烹调师的艺术创作思维。

菜品造型艺术包括菜品实体的造型艺术、蔬果雕刻艺术、餐具造型艺术等，餐具造型是生产厂商的事，烹饪仅仅关注选用的问题。

11.1.2 菜品造型的一般要求

菜品的造型形形色色、多姿多彩，但有一些基本要求是共性的。

1. 正确处理食用价值与艺术欣赏价值的关系

由于立足点不同、评价标准不同，菜品的食用价值与艺术欣赏价值不是任何时候都是一致的。一旦两者发生矛盾，出现互斥时，首先要保护的是食用价值。

当菜品供给人们食用时，菜品的食用价值应处于首要地位、主导地位。只有在不损害菜品食用价值的前提下，才能着手构建菜品艺术欣赏价值。而且，提高菜品艺术欣赏价值的最终目的还是促进食用价值的提高。

当菜品作为非食用用途时，如展示、拍照、拍视频、教学等，菜品外观上的食用价值同样是极其重要的。就是说，它给人的视觉感觉应是可食用的而非不可吃、不敢吃、不想吃的。

在现代饮食中，科学饮食逐渐成为主旋律。科学饮食倡导的菜品艺术欣赏观是一种从健康、安全出发的观念，是将视觉欣赏与味觉融于一体的观念。在这种观念下，人们不会把不正常的鲜艳色彩看作美，不会把过分摆砌的形看作美。

2. 造型方法应适应菜品主题

每道菜品都有一个主题，造型应适应主题。菜品的主题可以从以下几方面体现。

1）从烹制方法体现。用菜心炒虾球，它表达的是菜心与虾球滋味和色彩融合的主题。

2）从菜品名称体现。如菜品"满载而归"。虽然用此名的菜品有多个版本——用鱼身制出船形或凹形盛装菜料，或用水果挖出果肉制出果车果船盛装菜料等，但是，它们都有一个"满载"的共同主题。

3）从所在宴席的位置体现。一个菜品，如果它在宴席中作热荤菜，那么它代表了这个宴席的规格，有可能成为宴席的灵魂菜品；如果它在宴席中充当大菜，那么它对宴席主题、设宴意图起辅助作用。

菜品的主题往往是通过造型的方式来表现的，所以，在确定造型方式的选用前，应先明确菜品的主题。

3. 充分利用原料的自然属性

食物原料的颜色、纹理、外观形态及它们在受热后发生的形变效果等属于原料的自然属性，呈现的是自然之美、质朴之美、和谐之美。对它们的欣赏就是对自然景物的欣赏。对自然景物的欣赏本来就是艺术欣赏的重要组成部分。这就使得造型艺术必须充分利用原料的自然属性。

4. 选配恰当的器皿

菜品的盛装器皿属于造型的一项重要内容。随着饮食文明的进步和物质的丰富，人们对菜品盛器的选配就更加讲究了。

（1）菜品分量与器皿大小相配合　菜品分量与器皿容量不仅有能否装得下的关系，还有美感的问题。器皿盛装菜品后边上应留有恰当的空间，这样看上去舒展，有美感。若菜品堆满在器皿里，就会给人臃肿的感觉。若菜品在器皿里只占一点位置，留下大量空间，则会产生空的感觉，还会产生不实惠的心理。

（2）菜品造型的样式与器皿形状相配合　菜品造型的样式与器皿形状相配合，菜品才能从整体上给人以和谐的美感。

1）菜品以放射状或围圈摆砌的应配圆盘；以排列形式、显示头尾的应配长圆盘；造型较方正的配方形或菱形盘。

2）圆形、粒形、短条形原料宜配圆盘；长形、条形原料宜配长形盘。

3）芡汁少的菜品最好配浅平盘；芡汁多的菜品应该配较深的窝盘。

4）善于使用异形盘。如原条鱼使用鱼形盘，海鲜可以使用蚌形盘等。

5）按位上菜品使用精致、优质小瓷盘。

（3）菜品与器皿色彩、色调相配合　多彩的菜品配花盘会令人眼花缭乱，单色的菜品配白瓷盘会感觉单调。青绿色的炒青菜如果配绿盘，既不能突出青菜的新鲜，还可能破坏青菜的色感。深色的盘装深色的菜品看上去缺乏清新感，装浅色的菜品可以使菜品色泽鲜明。可见，菜品与器皿的色彩、色调应该注意配合。

1）白色，无论是白瓷盘还是白花纸都是衬托菜品的最佳色彩。白色不仅与所有色彩都是强对比，而且还令人有洁净感。

2）多彩的菜品不应该配花盘，尤其不能配大花的盘。

3）单色或主色面积大的菜品可以配花盘，最好的配合是利用盘花作衬托或点缀。

4）除白色盘外，其他单色彩的盘叫彩色盘（碟），简称彩盘。从人们对食物的审美习惯来说，一般不宜配用红、蓝、紫等色彩的盘。其他色彩也最好用浅色盘。深色盘只适宜用于浅色菜品。

5）不锈钢器皿由于反光，不适宜作中档以上菜品的器皿，尤其不能作带观赏性菜品的器皿，如拼盘。

对菜品盛装器皿的选配，除了在材质、大小、形状、颜色、底纹等方面讲究外，还应注意盛器对菜品质量的保护（如加热、保温）、食用方式创新等方面的研究。

器皿还应该与菜品的主题或就餐环境相配合。如名贵的鲍鱼、燕窝等应该用精美的银器、瓷器盛装，能够增加菜品的价值。反之，乡土菜、农家菜用这些精美器皿盛装就不伦不类了。

5. 符合食品卫生要求

食品卫生要求包括食品本身卫生、餐具卫生、操作者健康及个人卫生、抹布卫生、不用不可食用物品、储存环境卫生、温度适宜等。应特别注意以下几点具体要求。

1）菜品必须使用消过毒的器皿盛装。

2）菜品造型的环境温度要适宜。复杂造型（如冷菜、拼盘）的环境应配空调等。在烹调间现场只适宜进行简单造型。

3）用消毒的抹布擦拭盘子和工具。抹布必须严格区分用途。

4）不可将非食品材料用于菜品造型中。严禁使用有毒的胶水。

5）操作者应该持有健康证。

6）注意个人卫生，操作时不能吸烟，并应戴口罩。

7）菜品成品应该尽快食用。如需短暂存放，应使用专柜或专用冷藏空间。

菜品造型美除要求原料形状整齐匀称外，原料形状的大小规格、芡汁量的多少、芡汁的厚薄及芡汁色泽也属于菜品造型的重要内容。不同类型的菜品在这些方面均有具体的要求。在菜品设计时必须注意使菜品达到艺术美的要求，在烹制时则要严格按设计要求完成制作。

11.2 热菜造型艺术

11.2.1 热菜造型艺术的表现形式

热菜造型艺术有抽象造型、具象造型、图案造型和装饰造型等四种表现形式。

1. 抽象造型艺术

抽象造型指不表现某一具体景物或形象的造型。在表现艺术里运用点、线、面、色彩构成几何形态，它所表现的形象由鉴赏者自由想象。抽象造型艺术所表现的不是一个含义明确的具体形象，对它的鉴赏需要调动想象、联想、理解等。在烹制工艺里要求把炒好的菜品堆放在盘的中心位置，并且尽量高高堆砌，像座小山，称为山形造型。这是一种抽象造型，因为没有一个菜品的设计者、制作者是模仿山来做出这个造型的。那么它将给鉴赏者哪些想象、联想和理解呢？首先，人们会从粮山、谷堆联想到丰收，联想到数量多，因此高高砌成的堆比平平的显得丰盛饱满。其次，用炒勺堆砌的山形是各种原始形态，由此而产生的联想更是五花八门。再次，由于堆成山形结构比较紧密，有较强的整体感，如图 11-1 所示。

抽象造型艺术有两种演绎方式，一是在菜名上对造型的形态加以夸张、转化，使其成为抽象化的形象，如把鳝鱼称为龙，海参称为乌龙，鸡称为凤，鸡翅也就成了凤袖。菜品凤巢鸡丝以炸鸡蛋丝作围边。这里就把炸鸡蛋丝喻作凤巢。二是利用菜品中的几何元素和色块构造出一个抽象的形态，给食用者、欣赏者留下想象的空间。脆炸直虾以直挺的虾形引人好奇；洁白的油泡鲈鱼球只点缀几段绿葱让人感到它的鲜嫩爽滑。抽象造型特别适用于热炒菜和汤菜。前者不宜精心摆砌，而后者则是难以摆砌。抽象造型虽然不刻意表现某个形象，但是在造型的时候不能过于凌乱无序，否则会失去美感。

图 11-1 抽象造型-香荠炒鱿鱼

2. 具象造型艺术

具象造型是根据现实生活中有的，或现实生活中虽没有但在人们心目中有默认造型的物象形状来设计和加工的造型。松子鱼、菊花鱼、麦穗鱿鱼等就是分别模仿松果、菊花和麦穗来设计制作的。具象造型艺术要求菜品的造型在达到神似的前提下努力做到形似，如图 11-2、图 11-3 所示。

图 11-2 具象造型-手撕盐焗鸡

图 11-3 具象造型-鸿运鱼榄

具象造型艺术有写实手法和写意手法两种演绎方式。

1）写实手法以自然物象为基础，在着力塑造物象主要特征和色彩的同时比较完整地表现物象的整体形象。大红脆皮炸鸡是把炸好的鸡斩成块，脆皮朝外紧密地摆砌在盘上，鸡胸鸡腿都铺在上面，充分表现了鸡的肥美和香脆感，同时也不忘把鸡头、鸡翅、鸡脚都摆上，使它成为一只完整的鸡。又如用虾丸、冬瓜丸、鹌鹑蛋或青萝卜丸组合而成的葡萄象形菜，必定会配上用冬瓜皮雕刻的叶子，使菜品惟妙惟肖。

2）写意手法就是在不破坏物象、形象固有特征的同时进行局部或整体夸张表现或突出表现的方法，令物象的特征更加清晰。在色彩处理上，可对各种色彩的食材重新搭配，使物象更加生动活泼。麒麟鲈鱼是将鲈鱼肉去皮切成长方块，与火腿片、香菇片和笋花片相间排成两三行，蒸熟配青菜而成。这道菜品显然没有按麒麟的形象来造型，但是它用五彩的食材表现了民间流传的花色瑞兽的主要特征。香油凤尾鸡是在摆砌成形的盐焗鸡尾部排上几行青菜，把凤凰的长尾展示出来，这道菜没有太多的修饰就显示了凤凰独特的形象。手撕盐焗鸡则是通过手撕成条状的鸡皮显示其工艺特征。

高层次的具象造型会具有某种象征性的意义。菜品满载而归用半边鱼炸成一叶弯弯的小舟，上面堆满了多种食材，令人联想颇多，意义深远。热菜具象造型应该让菜品的造型处在艺术形象与模拟对象之间，这种"似与不似"的菜品形象能令人产生丰富的联想。在进行造型时，可以大胆舍去那些次要的、有碍菜品滋味的、影响营养卫生的内容，不要在枝节处过分模仿，还要防止局部的过分渲染而损害了菜品造型的整体效果。

热菜的具象造型其供食用部分不能制出人形。

3. 图案造型艺术

这里的图案指图案元素的组合，偏重于装饰效果。图案造型艺术指菜品的造型按图案的基本形式和构图法则来表现的一种艺术。图案具有较强的装饰性，有整齐、简洁、匀称、有条理等特征，如图 11-4 所示。造型艺术需要处理好多样与统一、对称与平衡、重复与渐次、对比与调和等四种关系。

图 11-4 图案造型-碧绿琵琶豆腐

1）多样指组成菜品的原料多样，形状多样。统一指这些组成部分的内在联系有规律性。多样是客观存在的，它给人以丰富多彩、富于变化的感觉。但是多样的原料没有统一性容易使人感到松散、杂乱无章。如清蒸膏蟹的造型是：在圆盘上蟹脚朝盘心，肉朝外围成一圈，剪成圆形的蟹壳盛着蟹黄围在最外一圈，拍裂的蟹螯摆放在蟹脚上。这个造型符合了多样与统一的协调关系。如果蟹块随意乱放、蟹壳剪成三角形、配方盘或椭圆盘、蟹螯与蟹黄、蟹壳的位置对调等，则难以感受到美。

2）对称是同形同量的组合。各对称元素以某一点或某条线形成对称关系。如鸡的两只翅膀与鸡脊中心线形成对称。平衡是同量不同形的组合以取得均衡稳定的状态。在菜品造型中，对称通过对称物等距离分布来实现，平衡通过上下、左右、对角之间的轻重分量控制来实现，对称与平衡常常结合使用。冬菇扒菜胆是将煮好的冬菇铺在菜胆上面造型的，菜胆可以呈放射形排在圆盘上，也可以菜尾相对呈一字形排在长圆盘上。无论哪种排法，冬菇都应该放在正中，这样就既对称也平衡。如果冬菇放偏了，造型就不平衡。菜胆也可以不采用对称的摆法，而是头朝一个方向，尾朝另一个方向，呈一字形排在长圆盘里，冬菇铺在菜胆尾端。这种摆法必须注意冬菇与菜胆的分量与位置，不然就会不平衡。有些菜品会放花或其他装饰物来美化，由于装饰物占了空间，菜品应该相应离中心偏一点，否则也会不平衡。

3）重复指有规律地伸展连续，金华玉树鸡就是鸡肉拼火腿片的重复排列，围在扣肉旁的青菜也是重复，重复体现整齐美。渐次指逐渐变动，如一连串相类似或同形的图形由主到次、由大到小、由长到短、由粗到细、由厚到薄地排列，排列的距离由窄到宽、由紧密到稀疏，渐次产生节奏感和透视感。有时将芡汁的边缘点出由大到小的几滴芡滴，这也是渐次。

4）对比强调的是物与物的差异，可以产生醒目、鲜明、生动的效果；调和则是减少差异，给人以和谐、宁静的感觉，具有含蓄、协调的特点。在菜品造型中，图案的色彩、质感都可以运用对比和调和。白里透红的油泡虾球点缀几段青葱就是通过对比产生鲜明的色彩感，使造型看起来很生动。腰果质感酥脆，鸡丁质感嫩滑，腰果炒鸡丁里两者的质感不同，形成对比，以腰果的酥脆衬托鸡丁的嫩滑，无论是形还是味效果都特别好。质感的对比不能过度，如豆腐焖鸡就不好了，因为两者的质感很难协调在一起。

在菜品造型中，图案里的形象一般只强调调和而不主张明显的对比，尤其是刻意的对比，这就有了丁配丁、丝配丝、片配片的配形要求。油泡肾球、油泡鲜鱿鱼如果搭配韭黄，就不合适了。对比与调和要注意统一。豉汁蒸排骨要下豆豉末，如果没有调任何色彩，黑色的豆豉末与粉白的排骨混合起来，色彩对比就非常强烈。这种强烈的对比由于黑豆豉的突出，不但没有美感，还会产生不洁感，而且豆豉的风味也没有体现出来。如果调入适量的老抽，使排骨呈现酱红的色泽，不仅豉香风味能够体现出来，不洁感也消除了，美感自然形成，这就说明，对比与调和取得辩证统一的重要性。香滑鲈鱼球配几段青绿的葱段既鲜明又协调，这也是对比与调和统一的结果，如果配几片大红色的辣椒片或辣椒段，对比显然过分强烈，反而有生硬感，如果配几段韭黄，由于对比过于弱，不鲜明，那么产生的只有杂乱感。

菜品造型中各种原料的质感搭配也要注意辩证统一。大良炒牛奶中软嫩的牛奶配上松酥的橄榄仁滋味是和谐的,色泽和现象搭配亦不错,配松子也可以,但是如果配炸腰果就不合适了。腰果质感虽然酥脆,但偏于硬,与软嫩的牛奶比起来质感对比过于强烈,菜品形成两种质感特点,不协调。

4. 装饰造型艺术

装饰造型就是给菜品添加装饰物的工艺。装饰物可以用蔬果加工而成,可以用淀粉、面粉制作而成,可以用果酱绘画而成,也可以使用原料本身的某个部位,如龙虾的头尾、鱼骨等。此外,盛具也参与菜品的装饰造型,起特殊的装饰作用。装饰物一般不作为菜品的食用部分。

装饰物能够成为菜品主体的组成部分,与菜品浑然一体,共同表达菜品的主题,这样的造型称为菜品的装饰造型艺术。在菜软炒螺片的盘边摆放两个用澄面做成的小海螺,就对菜品主题起到了画龙点睛的作用。

菜品采用装饰来造型有以下两个作用。

(1) 烘托主题 葡萄造型的菜品配上几片绿叶,"葡萄"显得新鲜。以鱼形盘盛装香滑鲈鱼球,鱼的主题就突出了。在炖官燕的盅旁装饰两只用胡萝卜雕刻而成的小燕子,使补益的燕菜增添了几分可爱。烤乳猪的上席方式是将背部的皮片出来,切成32片,摆回原位,猪腹、头皮切块,切下猪尾,加上切开的猪耳、猪爪、猪舌、猪腰摆砌成猪形,整猪端上。这种造型无疑能够充分体现该菜品的整体感。龙虾为主料做成的菜品,必定要体现大的特点。盘的两端分别摆放了龙虾头和尾,龙虾造型栩栩如生。

(2) 增强美感 油煎大虾以橙壳盛装味汁,煎好的大虾挂在橙壳边,像一群活泼的虾争抢吸吮橙汁,造型可爱。鱼造型的菜品,在鱼嘴前仅仅加几个渐次变化的葱圈,鱼就活起来了。

装饰造型的形式按其特点可分成局部点缀造型(见图11-5)、中心装饰造型(见图11-6)、对称造型(见图11-7)、非对称造型、全围造型(见图11-8)和半围造型(见图11-9)等类型。

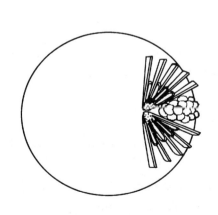

图 11-5 局部点缀造型

图 11-6 中心装饰造型

图 11-7 对称造型

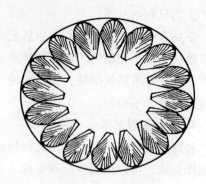
图 11-8 全围造型

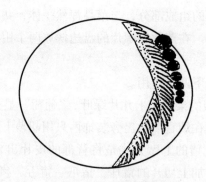
图 11-9 半围造型

菜品装饰造型有以下要求。
1）装饰物应该是可食材料，决不可使用有毒材料。
2）装饰应该配合菜品主题进行，决不可喧宾夺主。
3）装饰应该能够增强菜品的美感。
4）装饰必须符合食品卫生要求。
5）装饰应该注意控制成本。

11.2.2 热菜造型艺术的实现途径

选择好热菜造型艺术的表现形式后，还必须根据原料的性质、工作条件、艺术要求等，通过热菜造型艺术的实现途径来达到预定目的。热菜造型艺术的实现可通过原料烹调成型、菜品盛装成型和菜品盘上摆砌成型三个主要途径。

1. 原料烹调成型

原料烹调成型就是利用烹调加热使原料达到设计的、期望的变形状态。原料烹调成型有以下三种方式。

（1）自然成型 自然成型指原料在烹调过程中发生的自然正常变形，如收缩、变软、松散、变色等。如肉丝熟后会缩短，虾熟后会卷曲，鲜鱼片熟后会微微弯曲成凹形，鱼蒸熟后鱼的翼鳍会竖起，蟹蒸熟后变成红色，如图 11-10 所示。

（2）变形成型　针对导致原料受热变形的因素预先进行人为加工，迫使原料烹调后按设计要求成型称为变形成型。变形成型也可叫强迫成型。虾肉熟了是要卷曲的，但是如果先在虾的腹部浅浅地横剖三刀，裹上脆浆炸制，炸好的虾就是直的。类似这样的实例很多，如菊花鱼、松子鱼、肾球、腰球、鱿鱼等。如果用竹扦穿插在猪舌里再浸卤，猪舌熟后就比较直了。变形成型需要对肌纤受热变化规律比较熟悉，如图 11-11 所示。

图 11-10　自然成型-翡翠虾环

图 11-11　变形成型-油泡肾球

（3）模具成型　让单个原料或多个原料混合伏贴于模具内，在烹制过程中，原料按模具的形状成型就叫模具成型。模具成型属于强制性成型，具有使原料形状容易达到设计构想，成型较整齐、快捷等特点。模具成型的应用范围较广，如用扣碗作模具，可制作荔浦扣肉、生扣鸳鸯鸡、科甲冬瓜等；用点心盏作模具，可制作金盏鲍粒、金粟海鲜盏等；用专用的巢形模具，可制作各种雀巢菜式等；用汤匙作模具，可制作香煎琵琶翅、煎琵琶瑶柱等；用味碟作模具可制作竹荪海棠蛋中的海棠蛋；用杯子作模具，可制作潮州金钟鸡等，如图 11-12 所示。

图 11-12　模具成型-雀巢鸡丁

模具成型必须注意选择合适的模具，要求模具不会在烹调中变形，烹调后能够顺利脱模。

2. 菜品盛装成型

菜品的盛装成型指菜品在往菜盘上盛装过程中的成型，分生料装盘成型和熟品装盘成型两类情况。

（1）生料装盘成型

① 排法。按一定的规律把生料在盘中排列组合，如麒麟鲈鱼等。

② 砌法。按一定的规律把生料摆砌在扣碗内，如生扣鸳鸯鸡等。

③ 平铺法。把生料平铺在盘上，如香菇蒸滑鸡等。

（2）熟品装盘成型　熟品装盘成型指菜品直接上盘成型，没有中间手工摆砌环节，其途径分以下五种。

① 倒入法。用类似倒的方式用手勺把菜料一次性直接装进盘内，堆叠成山形。这种造型方式使用最为普遍，炒、焖、煎、炸等菜品都会用到这种装盘法。

② 覆扣法。把扣碗内的菜料覆扣在盘子上，脱出扣碗，使菜品形成扣碗倒放的状态，如蒜子焗大鳝。白焯虾也可以把焯好的虾先有规律地排在碗内，再覆扣过来，形成整齐的造型。

③ 拖入法。用锅铲插在菜料下面，把锅移至盘子上方，锅铲从锅底托着菜品入盘。主要用于须保持完整形状的菜品，如香煎芙蓉蛋、姜葱焗鲤鱼等。

④ 覆叠法。用锅铲把菜料逐层叠起，如大良炒牛奶。

⑤ 滑入法。把熟料滑移到盘上。如把蒸熟的原条鱼滑放到另一个盘子上。

3. 菜品盘上摆砌成型

有些菜品烹熟后不直接上盘，而是先经过简单的刀工或手工加工再上盘。这种非直接上盘的途径称为盘上摆砌成型。这种途径能使菜品造型显得整齐，也有方便食用的作用。菜品盘上摆砌成型有四种基本途径。

（1）斩切法　熟品经过适量的刀工处理再上盘，如原只的鸡、烤鹅、烤鸭、鸽、乳猪第二道⊖等需斩件上盘，拼盘、柠汁煎软鸭、煎酿鲮鱼、江南百花鸡等则需切件上盘。

（2）围伴法　主要指用熟副料围伴在主料旁，如碧绿蚝皇鸡，用熟菜心围伴在鸡旁。

（3）摆放法　把熟的副料用点缀的方式摆放在合理的地方，使菜品美观。这种方法常用于按位上的菜品，如红烧网鲍、鲍汁鸭掌、鲍汁花菇皇等菜式，一般会摆放一两朵西蓝花或菜胆，既是衬托，又是副料。一料两味、三味的菜品也需要运用摆放法，如大虾两吃的香酥虾球、鸭两吃的骨香鸭片。

（4）图拼法　综合运用菜品的主副料在盘上拼摆出花式图案或象形图案，如扇形、圆形、动物形、花草竹木形、等分形等。

11.2.3　烹调前热菜造型的准备工艺

造型的基本工艺指为了造型而对净料形状进行整理的工艺。它是造型的起点，也是造型的基础方法。基本工艺包括包、穿、卷、酿、挤、贴、按、扎、切、片、剞等。

造型组合工艺指运用至少两种基本工艺，在正式烹制前将具体的菜品原料形状加工完成的方法。比较常用的方法有包卷法、捆扎法、排砌法、蓉塑法、掏挖法、填酿法、挤揉法、上浆法、平铺法、切改法、层叠法等。

1. 包卷法

用鸡蛋皮、网油、肥肉、威化纸、薄饼皮等将，馅料或小原料包卷起来。包和卷两种成型方法有时结合运用。卷多是筒形，包有圆形、方形等，如三丝卷、纸包鸡等。

⊖　乳猪上桌前，背皮片切出32片放回原位，称为乳猪头道。其他部位斩件拼摆成原样称作乳猪二道。

2. 捆扎法

将原料加工成条或片，用香菜梗、紫菜片、干菜丝、鸭肠等一束束地捆扎起来的造型方法，如柴把鸭扎、桂花扎等。

3. 排砌法

先将加工成型的原料按设计好的图案进行碗内或平面排砌的造型方法。这种方法能使菜品造型整齐，如荔浦扣肉、麒麟生鱼等。

4. 蓉塑法

蓉状馅料塑上其他原料加以装饰成型的造型方法，如百花酿鱼肚、荔熟蝉鸣等。

5. 掏挖法

用专门工具掏挖原料成型的一种造型方法。这种方法的成品可以是掏挖出来的部分，如圆球形的哈密瓜球、冬瓜球等；也可以是被掏挖的部分，如冬瓜盅、节瓜盅等。

6. 填酿法

将馅料填进其他原料内部制成完整形态的造型方法，如酿辣椒、酿猪肚、酿瓜环等。

7. 挤揉法

用手将蓉状馅料从虎口挤出球形、橄榄形或其他形状的造型方法，如虾丸、狮子球等。

8. 上浆法

给原料裹上浆或淀粉的造型方法，如脆炸直虾、菊花鱼等。

9. 平铺法

把原料平铺在盘上的造型方法，如冬菇蒸滑鸡等。

10. 切改法

原料用包卷法、捆扎法或填酿法造型，烹制后或烹制前用刀切改成型的造型方法，如七彩酿猪肚、蛋卷、紫菜卷、潮州肉冻、冶鸡卷等。

11. 层叠法

原料有规律地分层堆叠起来的造型方法，如窝贴虾等。

11.3 冷菜造型艺术

11.3.1 冷菜的概念及作用

与热菜热食相对应，冷菜指凉食的菜品，是把可以直接食用的菜料摆放在盘上而成的菜品。冷菜的菜料除了经过烹调加工外，还可以经过腌渍拌味加工。可见，冷菜是我国菜品中别具特色的一大类别。

我国冷菜造型的风格分南北两大流派，北方冷菜造型体现刀工精细、刻画细致的细腻之美；南方冷菜造型主要突出简洁、实用之美。前者讲究形似，后者讲究神似。

冷菜在宴会上起着表明主题、体现档次、增强气氛、展现工艺水平和餐前小吃等作用。

冷菜造型艺术实际上就是指能够完美实现这些作用的造型，如图11-13所示。

图 11-13　蝴蝶拼盘

11.3.2　冷菜造型的分类

因研究角度不同，冷菜造型有不同的分类方法。

1. 按造型工艺繁简分

（1）简单造型　简单造型选用的材料少，构图简单，操作工序少，可用于普通宴席，如图案式拼盘、餐前小吃等，也可用于高档宴席，如乳猪整体。

（2）复杂造型　复杂造型构图复杂，图形主题明确，操作工序多，材料较多，造型难度大，适用于高档豪华宴席和展台，如像生拼盘，按组成原料数目可分为单拼、双拼、多拼和什锦拼等，每类又有若干种拼摆样式。

2. 按形象性质分

（1）抽象造型　抽象造型就是几何图案组合造型。菜料按排队、围圈、放射、棋盘等方式组合摆砌。

（2）具象造型　具象造型以模仿生活实际中的物象形象来造型。按模仿的对象来分，可分为动物类造型、植物类造型、景物类造型、物品类造型和人文类造型等。像生拼盘是典型的具象造型，也是技术含量最高的造型。

3. 按空间构成分

（1）平面造型　平面造型讲究的是平面图形。

（2）半立体造型　半立体造型以平面图形为主，以微微的凸起增强动感。像生拼盘多是半立体造型。

（3）立体造型　立体造型是在盘上塑造出具有空间高度的形象，具有较强的动感。

4. 按盘数多少分

（1）单盘造型　单盘造型就是在一个盘上完成造型。

（2）多盘造型　多盘造型是每个盘可以独立为一个造型形象，几个盘合起来形成一个形象主题。多盘造型可以是多个同样大小的盘，也可以是一个大盘带几个小盘。

11.3.3 冷菜的常用原料

冷菜的选料范围非常广泛，甚至可以说只要能够凉食的原料都可以作冷菜原料。从烹调角度说，冷菜多数是烹熟的原料，也有少数是未经过加热烹制的原料。未经加热的一般是蔬果或水果。无论是经过加热还是未经过加热的，所有上盘的原料都应该是可食且可口的。

常用熟料有以下几种。

1) 卤制品，如卤制的猪舌、猪肚、猪耳、肫肝、牛腱、豆腐干、冬菇、花生等。
2) 烧烤制品，如叉烧、烧鹅、烧鸭、烧肉、桂花扎等。
3) 蒸制品，如蛋皮卷、紫菜卷、如意卷、鱼胶糕、蛋白糕、蛋黄糕等。
4) 炸制品，如琥珀核桃、蛋丝、菜丝、花生等。
5) 冻制品，如以琼脂为凝结剂的菜品。

生料主要是蔬果原料，一般经腌渍加工或简单焯水处理。

11.3.4 冷菜造型的基本工艺

冷菜造型工艺研究以像生拼盘造型为主。

1. 像生拼盘造型的基本步骤

像生拼盘的造型分构思、备料、拟坯、成型和点缀五个基本步骤。

（1）构思　构思就是根据宴会的主题和要求设计出拼盘的基本构图，包括图形、色彩、用料、器皿等方面的设计。

构思的依据是宴会的主题、客人的特别要求、宴会的规模、拼盘的可容成本等。

宴会主题是构思的首要依据，因为拼盘是要强化和衬托宴会主题。拼盘图形与宴会主题矛盾，宴会气氛就会受到严重影响。

客人的要求也是构思的重要依据，在听取客人要求时必须耐心，准确把握客人的核心要求，要特别留意客人对图形的忌讳。

宴会的规模大、席数多，拼盘造型不宜过于复杂，以免影响供应速度和食品卫生。

成本也是决定构思的必要因素。可容成本大，拼盘造型可以复杂些，用料可以精一些；可容成本少，拼盘就宜简单些。

（2）备料　根据图形和配色需要准备好相关材料，并做好妥善保存。对所缺的材料要提前准备替代材料。

（3）拟坯　拟坯就是在盘内先按图形轮廓铺垫辅料，做成底坯。拟坯是拼盘造型的基础。成型时就是按这个轮廓摆砌主料的。拼盘坯的形没有拟好，成型时就难以拼摆出美丽的图形。拟坯的辅料可以选用萝卜丝、笋丝、卤豆腐等。拟坯辅料的要求是可食用、可塑形、不出水，以丝形为主。必要时可加铺琼脂垫底。

（4）成型　成型就是按设计的图形在底坯上铺排各种食材，使拼盘形象得以呈现。成型是拼盘造型的关键步骤。成型时应该从底坯边上开始往里往上铺排。要注意收口，以看不出收口处为佳。

（5）点缀　点缀就是在拼盘图形主体部分完成后点缀装饰物，使图形更加完美。点缀要讲究恰到好处，画龙点睛，切忌画蛇添足；图形结构要松紧合适，不要松松垮垮，也不要过于臃肿，杂乱无章。

2. 像生拼盘造型的工艺方法

（1）拼摆形式　同类拼盘材料相互叠排的形式称为拼摆形式。拼盘材料在拼摆成图形时主要有扇式、环式、平行式、交叉式、叶片式和随意式等六种基本形式。

1）扇式，成叠的片形材料旋转而成，像一把打开的扇子。

2）环式，片形材料围成圈。

3）平行式，片形材料的两端同方向等距离相距排叠。

4）交叉式，两片材料为一组，一端交叉叠起，逐组平行排叠。

5）叶片式，材料改切成叶形片，取一片作叶尖，然后每两片为一组，交叉平行渐次往下排叠，拼摆成一片大的叶形。

6）随意式，材料按图形构图需要自由拼摆。

随着拼盘新图形的不断增加，拼摆形式也会增加。

（2）拼摆手法　把材料拼摆到图形上主要有铺和排两种手法。

1）铺。铺是将若干片相互叠起的组合片用刀铲起，铺摆在图形合适位置上的手法。组合片的制作方法是将切好的材料叠整齐，用刀轻轻拍开，便可成为相互叠起的组合片。也可以在砧板上排叠而成。

2）排。排是指将加工成型的材料逐片排放在图形合适位置上的手法。

3. 像生拼盘的造型要求

1）主题突出，图形美观，配色合理。

2）刀工均匀，材料厚薄一致。

3）材料拼摆整齐，排叠伏帖，没有翘起。

4）用料多样，分量足够。肉料使用不少于 4 种，总重量不少于 400 克。蔬果材料按需要选配。

5）不使用合成色素和非食用材料。不使用变质材料。

6）器皿洁净。

7）不宜使用反光的不锈钢盘作盛器。

11.4　菜品造型艺术的设计

菜品造型艺术设计的重点是主题提炼、表现形式、构图、材料选用和器皿配用等方面的设计。

11.4.1　主题提炼

菜品的主题就是菜品使观者领悟到的精神方面的想法，是菜品的精髓，是饮食文化的反映。菜品的意境、特色、适用环境、适用对象等都可以成为菜品的主题。至于具体到每一道菜品的主题是什么,就要看菜品的具体用途、具体需要而确定。如同一道菜品,如果用于高档宴会,想要体现豪华气派的主题,其造型就会比较华丽,配器也比较精美,还要与宴会主题相匹配;如果是用于普通零点餐,想要体现经济实惠,其造型就会比较简单而朴实。根据需要来确定菜品主题就是主题提炼。

11.4.2 表现形式

主题确定后就要设计表现形式。

用什么形式来表现主题呢?可以用复杂的图形,也可以用简单的图形来表现主题;可以用原材料的品种众多,也可以用原材料的珍稀名贵来表现主题;可以通过图案,也可以通过色彩来表现主题;可以通过抽象造型,也可以通过具象造型来表现主题。设计表现形式时要考虑的是:菜品最佳的表现形式优先选用;菜品的性质与属性;菜品的数量;准备原材料的难易;生产场地与生产设备的许可。

对于拼盘来说,表现形式的设计也可称为选择题材。选择题材就是在造型素材中选择能充分表达主题的素材元素。如在六一儿童节宴会上要为小朋友送上一道以生动活泼为主题的拼盘,蝴蝶、小鸟、鱼类等都可以是造型的素材。如果选择鱼,那么鱼的形象就是这一造型的题材。

11.4.3 构图

构图就是设计图案,是造型图案其形状、结构、层次、色彩、点缀等方面的设计。无论热菜造型或冷菜造型都要先设计图案,操作时就可以按图"施工"。构图必须符合烹饪美学的基本原理和原则。

11.4.4 材料选用

在热菜的主料副料确定以后,选料主要指造型所需材料的选择。如五彩肉丝的主料是白色的肉丝,副料是黄色的笋丝,要呈现五彩还要配上若干种色彩的材料。红色可以选红辣椒、胡萝卜等。绿色可以选青辣椒、芥蓝、莴笋、葱、芹菜等绿色蔬菜。深色可以选冬菇、洋葱、紫甘蓝等。除颜色外,还应该考虑材料的质感、形状、加热变形、属性等方面的选择。高标准选料还应该考虑营养平衡。

冷菜和拼盘的原料都是经过加工的直接食用材料,应从原料的形状、色彩搭配、属性等方面综合考虑,特别要注意利用原料的自然形态和自然色彩来造型。

11.4.5 器皿配用

器皿是盛装菜品的用具。菜品完美的造型离不开器皿的合理配用。餐具种类繁多,形状各异,规格齐全。从材质来说,有瓷质、陶质、金属、玻璃、竹木。餐具等。从形状来说,有椭圆形、圆形、方形、多边形、三角形和异形等形状的餐具。三角形盘的角过于尖锐，不宜多用。从深浅来说，有平盘和深盘（或叫窝盘）。从色彩来说，有纯白、浅色、深色、花色和透明的餐具。从规格来说，有大、中、小等多种规格。从用途来说，有专用餐具和烹调器具（砂锅、汽锅等）替代性餐具。器皿还包括辅助性的用品用具，如荷叶、竹叶、竹算子等。

菜品造型与器皿的配用应注意以下方面。

1）菜品的主要形状元素与器皿相一致。菜品整体形状是长形，宜用长形盘。把原条鱼放在圆盘上就显得极不相称。虾丸、鱼丸、肉丸、鲜菇等圆形食材为主料的菜品，不应配方形、三角形的盘。

2）菜品的色彩与器皿的色彩、花色要相协调。洁白的菜品配以青花瓷盘，色彩就显得非常协调。五彩肉丝配花色盘就会令人眼花缭乱。

3）菜品芡汁的多少决定了盘的深浅。芡汁多的宜用深盘，少的宜用平盘。

4）菜品的分量与器皿规格大小要相称。相称才有美感。盘大量少或盘小量大无论怎样看都不舒服，自然不会有美感。

5）菜品的档次、主题表现与器皿材质要相吻合。器皿材质在菜品档次及造型主题的表现方面起着极明显的作用。精瓷具有高雅气质；钢化玻璃晶莹透亮，更具有现代感；银器高贵、典雅；砂锅、陶器能够保持原味，有乡土气息；竹木餐具令人感到回归自然；小蒸笼、小锅有新意感；不锈钢餐具虽然新颖，但免不了有冰冷的感觉；铁板、小火锅、异形盘较有情趣。器皿材质本身并没有优劣之分，重要的是要合理地选用。

11.4.6 粤菜造型习惯寓意分析

粤菜菜品盘上摆砌造型通常很有讲究。

原条鱼上盘无论是蒸还是煎都是按头左尾右腹靠身的方式侧卧在盘上。当转盘按顺时针方向转动时，盘上的鱼就像活鱼向前游动。按头左尾右腹靠身方式装盘的一个原因是方便服务员右手持刀左手持叉分鱼的操作。趴放方式不利于呈现鱼的原形，也不利于鱼体均匀成熟，故一般不用。鱼体修长的会通过开背增大鱼体的视觉效果，如生鱼。

用倒入法装盘的菜品应高高堆起呈山形，这种造型给人以菜品完整、食料丰富的感觉。

11.5 食品雕刻

食品雕刻是运用特殊刀具和特殊刀法将可食原料雕刻成立体形象的专门工艺。食品雕刻的定义有多种，有的偏窄，有的偏宽。偏窄的定义指萝卜雕刻、蔬果雕刻；偏宽的定义可称作雕刻或烹饪艺术雕刻。食品雕刻作品本质上是雕刻食品。食品有两个基本含义：所运用的材料是可食原料；食品雕刻作品为菜品、宴会和美食展示等饮食活动服务。食品雕刻品虽然是用可食原料雕刻而成，但它一般供观赏而不供食用。食品雕刻品虽然不供食用，但一般又必须达到可食的卫生标准。

11.5.1 食品雕刻的作用

食品雕刻对饮食活动的作用如下。

1）做菜品的点缀物，美化菜品，提升菜品档次。小型食品雕刻品可以放在菜品的某个位置作点缀物，使菜品美观。

2）衬托宴席的主题。在婚宴上摆一对鸳鸯雕刻，可表达对新人的祝福；在商务宴会上雕刻一只雄鹰，寓意生意如日中天、企业发展如大鹏展翅；鹤形雕刻可以祝愿寿星松鹤延年。

3）烘托宴会或周围环境气氛。大型的食品雕刻、组合的食品雕刻还能够把整个宴会或周围环境的气氛都调动起来，使客人深感主人匠心独具。

4）展示工艺技巧和饮食文化。食品雕刻带有极强的艺术性和工艺性，能够充分展示厨师灵巧的手工工艺和中华民族的饮食文化。

11.5.2 食品雕刻的种类

按食品雕刻的方法及成型特点，食品雕刻可以分为以下六大类。

1. 整雕

整雕是用一块原料为基础，雕刻成为一个完整的、独立的主体形象。整雕的特点是独立表现完整的实物形态，不添加其他物体的支持，无论从上下、左右、前后均可看到完整的物象形象。如用一个南瓜雕刻的"孔雀牡丹"，如图11-14所示。

2. 零雕组装

零雕组装是分别用几种不同原料或同一种原料雕刻成某一物象的各个部件，然后组装成完整的物象。零雕组装的特点是颜色多样，容易表现形象，不受原料大小限制，可充分利用原料，如图11-15所示。

图 11-14　孔雀牡丹整雕　　　　　图 11-15　松鹤延年零雕整装

3. 群雕

群雕是用几个或一组基本完整的独立形象组合在一起，共同表达一个主题。群雕的特点是单个成形象，组合有主题。

4. 凸雕

凸雕也称浮雕或阳纹雕，就是在原料表面刻出向外凸出的图案。凸雕可按凸出程度分为高雕、中雕和低雕，三者之间无明显的界限。一般凸出部分的高度超过基础部分一半的雕法称为高雕；高度依次递减的分别称为中雕和低雕。如"西瓜灯""冬瓜盅"等，如图 11-16a 所示。

5. 凹雕

凹雕又称阴纹雕，为凸雕的逆向雕法，即将图案花纹线条雕成凹槽，以平面上凹槽线条表示物象形态的一种表现方法。凹雕常用于瓜果表皮的美化，如图 11-16b 所示。凸雕和凹雕的共同特点是图案突出，花纹清晰。

图 11-16　凸雕、凹雕

6. 镂空雕

镂空雕是用剜、穿、掏等方法将原料雕刻成镂空花纹、图案的作品。镂空雕的特点是成型玲珑剔透，易于表现层次。镂空雕法常用于瓜果表皮的美化，如西瓜灯的镂空图案部分，如图 11-17 所示。

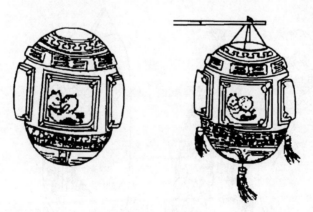

图 11-17　镂空雕

从食品雕刻使用的材料、物象形象、形体大小、用途、保存时限等角度还可对食品雕刻进行分类，这些内容留给读者研究。

11.5.3 食品雕刻的方法

1. 食品雕刻的刀具

食品雕刻的刀具形体一般比较小，雕刻者可以根据个人的使用习惯和雕刻需要选择。按照食品雕刻刀具的用途和形状可分为雕刻刀具、特殊刀具和取料刀具等三种。

1）雕刻刀具是主要刀具，按基本形状又可分为平口刀、斜口刀、尖刀、戳刀、刻线刀等。戳刀也叫槽刀，种类最多，而且分大小不同的规格。戳刀派生品种有 L 形、门形、V 形、弯头的 V 形、U 形、圆口刀具，刀口有尖的、圆的，也有方的，槽边可深可浅，刀身有长短多种规格，如图 11-18 所示。

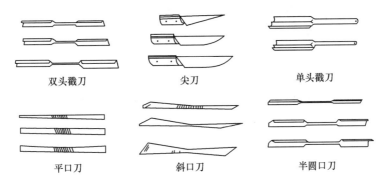

图 11-18 部分雕刻刀具

2）特殊刀具有特殊的用途，如雕刻刀具难以完成的旋转、圆形、弧形、波浪形加工，就可以由旋刀、挖球刀、波浪刀、锯刀来完成。去皮及打光用刨刀。空心模型刀可做平面图形，如图 11-19 所示。

图 11-19 空心模型刀

3）取料刀具是用于截取材料、整理毛坯、大料定型的刀具，可使用片刀、水果刀。

除刀具外，食品雕刻还需要使用一些辅助性工具，如镊子、剪刀、尺子、圆规等。

2. 食品雕刻的刀法

食品雕刻持刀的手法有如下几种。

1）反手持刀法。刀刃朝内，四指握刀，大拇指起稳定作用。

2）正手持刀法。刀刃朝外，五指握刀。

3）三指持刀法。与拿笔相同。

食品雕刻的刀法有切、旋、刻、剔、铲、削、挖、穿、划、剜、镂、戳等。

3. 食品雕刻的材料

（1）根菜类

1）白萝卜。选择质地嫩而细密、个大而细长的白萝卜，可雕刻各种花朵、花瓶、鸟兽、昆虫等。因白萝卜颜色洁白，便于配色，是理想的雕刻原料。

2）青萝卜。皮青、肉色嫩绿，适宜雕刻孔雀或其他作品。

3）红萝卜。皮红心白、质地细嫩，可雕各种形状的花朵，如月季花、菊花等。

4）胡萝卜。有黄色、红色两种，色泽鲜艳，形体细长，适宜雕刻小型花朵。

5）红心萝卜。又称心里美，外皮青绿、内心紫红，由于颜色与一些花卉相似，因此雕刻出的花形逼真。

（2）茎菜类

1）马铃薯。又称土豆，以肉洁白、没有筋络，个大体圆的为好，用途广泛，可以雕刻各种花卉。

2）甘薯。又称山芋，有红心、白心、黄心三种，均可雕刻花卉、物品、鸟兽、建筑物等。

3）芋头。质地细密坚实，色泽好，是雕刻动物、山石、海螺的理想材料。

4）球茎甘蓝。体型似球，略扁，色淡绿、肉脆嫩，宜雕花卉、小鸟等。

（3）果菜类

1）冬瓜。体大肉厚、皮绿肉白内空，外皮可雕刻大型图案。

2）黄瓜。皮绿肉白、质地脆嫩、色泽鲜艳，宜雕刻一些简单的小型动植物等。

3）西瓜。皮深绿，肉红，可雕刻西瓜盅等。

4）南瓜。有扁圆形、长圆形等，体大肉厚、色红内空，可用来雕刻大型作品，如龙凤呈祥、二龙戏珠等。

5）番茄。又称西红柿，色泽红润光亮、肉质细嫩，可雕刻较厚的片状花朵，如荷花等。

（4）叶菜类　一般用于点缀和装饰雕刻成品，如葱、香菜、芹菜、小白菜等可作为花朵的枝叶等。也可作雕刻原料，如大白菜就可以雕刻形象逼真的菊花。

（5）水果类

1）西瓜。是雕刻西瓜灯的主要材料。

2）哈密瓜。主要用作大型雕刻作品。

3）菠萝。主要用于盛装器皿。

（6）制品类　红肠、方腿、三明治、黄蛋糕、熟鸡蛋、熟鸭蛋、熟鸽蛋、熟鹌鹑蛋、琼脂、黄油、巧克力、冰块等原料均可作为雕刻的辅助原料。

（7）其他　除了上述原料外，可作为食品雕刻的原料还有很多，主要做雕刻品的装饰，如白果、紫菜头、赤豆、花椒籽、丁香籽、蒜苗等。

11.5.4　食品雕刻的制作流程

食品雕刻一般有命题、设计、选料、布局、制作、修饰六道工序。

（1）命题　根据食品雕刻的用途、宴席的主题与对食品雕刻的要求，确定雕刻作品的主题和题目。

（2）设计　根据命题设计雕刻作品的规格、内容、形式，并设计出初稿，经过仔细推敲、研究确定最后的图稿。

（3）选料　根据图稿选择食品雕刻的材料。包括材料品种、色泽、质地、大小、形状等方面的挑选。

（4）布局　根据图稿规定的形象、神态、姿势，对原料进行立体设计，形成布局。

（5）制作　依据图稿运用各种刀具和刀法对原料进行刻雕，使材料呈现出设计形象，有时需要按预定的要求组装。

（6）修饰　最后对所雕刻的作品进行适当的修饰，使之更完善。有的还需放在水中浸泡，使其吸水膨胀，呈现自然形态。

11.5.5　食品雕刻成品的保存

食品雕刻成品常用保存方法有以下几种。

（1）矾水浸泡法　将雕刻成品放入1%的明矾水溶液中，这种方法能较长时间保持雕刻作品质地新鲜和色彩鲜艳。保存过程中，应放在避光阴凉的地方，如发现矾水混浊，应立即更换相同浓度的明矾水溶液继续浸泡。需要用时拿出来使用，用后再继续浸泡。

（2）清水浸泡法　就是将雕刻成品放入清水中浸泡，这种方法适用于短时间保存，使其在短时间内不变质且处于较佳状态。

（3）低温保存法　将雕刻成品放入清水中浸泡，再放入1℃的冰箱中冷藏，可较长时间地保存。用此法能在反复使用四五次后保持其质地不受影响。

（4）隔绝空气法　此法是将雕刻成品处于隔绝空气的情况下保存，使水分不易挥发，而保持原有的质地。一般用琼脂溶液喷洒在雕刻成品的表面，并迅速凝固，使水分不易挥发，达到保存目的。在琼脂溶液中，琼脂占2%，白糖占1%左右，其余为清水。

（5）湿布覆盖法　即用湿布盖在雕刻成品上。这种方法适用于保存在制作过程中因故暂停制作的雕刻半成品。它能使雕刻半成品在短时间内保持原有的新鲜状态，在继续雕刻时质地不受影响。

（6）保鲜膜封存法　将洗干净的雕刻作品用保鲜膜包裹，或将作品放在框架内，外封保鲜膜。这种方法适用于不能用水浸保存的作品。

（7）冰箱保存法　将雕刻作品用器皿装好，放在3℃左右的冰箱保存。

菜品造型的艺术体系以热菜造型艺术为基础进行构建，但也包括冷菜造型艺术的内容。

从菜品造型的原则、目的、要求和表现形式看，热菜与冷菜是一样的；从用料看，冷菜的用料实际就是熟料，与热菜有相通之处。

菜品造型艺术伴随着饮食文化的漫长发展过程，现在已基本形成体系。菜品造型艺术体系的研究是对现有成果的总结，也是菜品造型艺术的新起点，如图11-20所示。

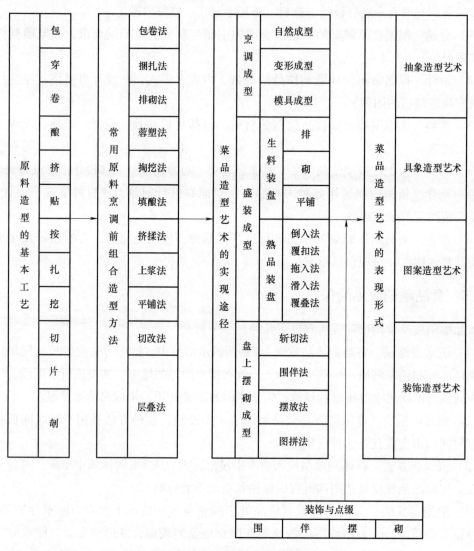

图 11-20　粤菜造型艺术体系图解

关键术语

抽象造型艺术；具象造型艺术；图案造型艺术；装饰造型艺术；自然成型；变形成型；模具成型；多样与统一、对称与平衡、重复与渐次、对比与调和；包卷法、捆扎法、排砌法、蓉塑法、掏挖法、填酿法、挤揉法、上浆法、平铺法、切改法、层叠法；斩切法、围伴法、摆放法、图拼法。

复习思考题

1. 菜品造型有哪些基本要求?
2. 热菜造型艺术有哪些表现形式?
3. 热菜造型艺术有哪些实现途径?
4. 冷菜造型分哪几类?
5. 像生拼盘造型有哪五个基本步骤?
6. 菜品造型艺术设计的重点是什么?
7. 菜品的主题用什么形式表现?
8. 什么叫食品雕刻?食品雕刻有哪几类?
9. 食品雕刻有哪些程序?食品雕刻用什么刀法?
10. 简述菜品造型艺术体系。

12

蒸大红毛蟹

宴席菜单编写与菜品销售核算

【学习目的与要求】

宴席菜单是制作宴席的计划书,是促进餐饮产品销售的工具。本章将介绍什么是宴席菜单,怎样才能编写出一份好菜单。通过本章的学习,掌握菜品成本核算及产品售价计算的各种实用方法。产品成本核算、售价计算和宴席菜单编写是学习重点,毛利率换算、成本核算和宴席菜单编写是学习难点。

【主要内容】

宴席菜单的编写
毛料量的计算
菜品成本核算
菜品售价计算

12.1 宴席菜单的编写

12.1.1 宴席的含义

宴席指人们为了一个特定目的的聚会,由一整套按规格、目的、风俗习惯和质量标准设定的菜点及进餐礼仪组成的正规餐饮形式。可见,宴席具有聚餐式、规格化和社交性三个基本特点。

宴席有多种别称,常见的有宴会、酒席、酒会等,它们在一般意义上是相同的,但在具体的含义上有差别。

1）宴会通常指整个饮宴的活动，所指范围较大，包括餐后歌舞会、大会场、小会场等内容。一般来说，宴会的规模较大，形式典雅，气氛隆重，如国宴、庆功宴、开业志庆宴、节庆慰问宴等。

2）酒席主要指围绕配套菜单、酒水进行的一系列就餐与服务活动，或指规模较小、形式较随意的餐饮活动，如家庭团圆席、为老人举行的祝寿席、婴儿的满月宴等。

3）酒会是一种形式简单、交往随意的聚餐形式，不排席次，客人到场、退场都较自由。不设正餐，仅备酒水、点心、菜肴，多以冷餐为主。根据进行方式、提供的食品和饮料的不同，酒会可分为冷餐酒会、鸡尾酒会、香槟酒会和茶会等四种形式。

烹饪工艺的发展是宴席发展的基础，宴席是烹饪工艺精华的集中反映。清代出现的满汉全席集当时名菜佳肴之大成，是我国古代烹饪精华的体现。

12.1.2 宴席菜点的整体组合

根据宴席规格化特点，宴席上的菜点组合不能随意拼凑，而是有一定规律的，研究宴席菜点的构成是编写菜单的前提。宴席的菜点由以下几个部分构成。

1. 冷菜

冷菜由各式拼盘组成，造型精致、美观，色彩鲜艳悦目，规格大器，原料摆设的图案不仅雅致，还要有象征性。冷菜上场等于宴席正式开始，主人通常会利用这个时间致祝酒词。由于冷菜可以凉吃，致辞所"耽误"的时间并不影响菜品质量。

2. 热荤菜

热荤菜一般为名贵、精致的炒泡（油泡）类菜肴，多为双数，即两道或四道。热荤菜选料精美、制作考究、口味清爽、质量标准高，是宴席规格和技艺的体现。

3. 汤品

广东的气候特点决定了粤菜宴席必有汤品，而且十分讲究。汤品一般介于热荤与大菜之间，起着承前启后、过渡转折的作用，可使宴席富有节奏感。

4. 大菜

大菜由各种烹调方法烹制的菜品组成，风味各异。大菜品种多、数量大，是宴席的主体部分。对于名贵干货宴席而言，核心菜品可能就在大菜之中。

5. 单尾

宴席中，大菜后的食品称为单尾。若再细分，单尾主要指主食。有些宴席对单尾有固定要求，如寿宴必有面条，若主角是年长者，还应有寿桃包。

6. 甜食

甜食主要指甜菜及甜点。在酒足饭饱之时进食甜食，可以起到解酒醒酒、解腻止渴、调和口味的作用，还能使宴席显得丰盛。

12.1.3 宴席菜单的编写原则

宴席菜单是开展宴席服务的示意图和施工图。菜单不仅直接反映了原料选配是否合理、技艺发挥是否充分,就连菜品的风味特点、饮食文化甚至编写者的综合素质也都尽显其中。

一份好的宴席菜单不是随意编写的,除需要灵感和熟悉烹调外还必须遵循以下原则。

1. 因意设计

意,就是主人举办宴席的意图、目的,是编写宴席菜单的根本依据。宴席好比一出戏剧,有主题,情节围绕主题而展开。意是宴席的主题,宴席中的每一道菜点及其附属的服务好比情节,它们都要满足主题的需要,力求选材恰当,主题鲜明。宴席同样要求选排合适的菜点、运用贴切的菜名来表达主人的意图和目的。

2. 因季排菜

人们在不同季节有不同的饮食习惯,这就要求宴席有鲜明的季节特色。宴席的季节性可以从三个方面来表现:一是选用合时令的原料;二是菜点的口味适合季节的口味变化;三是兼顾营养均衡。

3. 广泛选料

宴席选用多种原料会使人感觉丰盛,而丰盛是人们对宴席的普遍期望。因此,原料的选用应做到品种多样。至于全席,则应在辅料的选用上做到多种多样。

4. 技法多变

每一种烹调法烹成的菜品都有其独特的滋味,煎的焦香、炸的酥脆、炒的鲜嫩、焖的软滑等。为提高赴宴者的食欲,宴席的烹调技法不宜过于单一,同样,口味的运用亦应有所变化,若能增加一些新奇的招数,如现场加工、火焰上席等,更能增加人们的食欲,制造宴席气氛的高峰。

5. 菜点色彩协调,造型各异

宴席上的菜点应尽量做到花式多样、造型各异,并使多种色彩和造型对比鲜明,变化有节奏、有韵律,且能协调一致,使赴宴者在品尝美味的同时领略到烹饪的艺术美。

6. 菜肴档次平衡

菜肴档次指菜肴构成的规格水平,一般由原料的价值决定。如果不是出于客人的特殊要求、宴席配合上的需要,宴席菜点的档次不应悬殊过大,以免产生误解。

7. 数量合适

数量指宴席提供的食品数量,包括菜点的份数和每份菜点的分量。数量太多会造成浪费,数量太少则令人尴尬。

8. 考虑成本,质价相称

宴席的消费标准也是编制菜单的一个重要依据。既要满足顾客的期望,又要兼顾企业的经济效益,这就要求菜单要以消费标准为基础,以综合毛利为依据,综合考虑,合理搭配菜点,做到既令客人满意,又达到质价相称的目的。

对于消费标准低的宴席来说,质价相称不等于粗制滥造,也不是指降低服务标准。对于消费标准高的宴席来说,质价相称不是意味着数量的堆积,也不能随意加大成本。

9. 掌握信息

下面的基本信息是编写宴席菜单必须掌握的。

（1）设宴时间　包括日期（公历或农历）、时段和具体时间。

（2）赴宴对象　具体指宴席主要宾客的国籍、身份、民族、宗教信仰、年龄、性别、职业、赴宴目的等。

（3）开宴形式　指中餐还是西餐，传统宴会还是自助餐。

（4）参加人数　清楚总人数，了解参加人员是否分类，各类人数是多少，是否有分批，每批多少人等。

（5）消费标准　可以按席为单位，也可以按人为单位。在预订者报出消费标准时，应当较详细地向客人介绍有关的服务和价格标准。在了解客人消费心理的前提下，尽力推销较高的消费标准。当客人对价格较为敏感时，应尽量在其期望的价格范围内定价。

（6）特殊要求　如音响、音乐、祝酒仪式、布局、布置、摄像、灯光等。

（7）嗜好与忌讳　包括饮食、席位、花草、色调等。

12.1.4　宴席菜单的编写技巧

编写宴席菜单除了要遵循一定的原则外，还应掌握一定的技巧，才能令客人满意。宴席菜单的编写技巧如下。

1. 熟悉菜点

要熟悉餐厅向客人供应的菜点，哪些可以供应，哪些已经沽清，同时还要熟悉菜点的风味特点、原料组配、制作时间、销售状况等，特别要熟悉新菜点的情况。只有熟悉了菜点，做到心中有数，编写菜单才能得心应手。

2. 突出重点

宴席菜单必须突出宴席的风格才能显示其生命力，令客人满意。宴席的风格源自于重点菜品，因此菜单应突出重点菜品，以重点菜品带动其他菜品。

3. 把握客人心理

要把握客人的需求心理，准确判断其设宴目的、特别爱好、标准底线、消费习惯等。只有把握好客人的心理需求，菜单才容易被认可。准确把握客人的心理，需要与客人充分沟通。

4. 综合平衡

要注意菜单的营养平衡、价格平衡、用料平衡、制作岗位平衡、制作耗时平衡等。

5. 对菜点名称进行恰当的艺术化加工

根据设宴目的选用恰当的代用词，如虾、鳝称龙；鸡称凤；两种原料叫鸳鸯、双喜；冬瓜称白玉；冬菇叫金钱；芥蓝叫玉兰、玉树等。

利用谐音美化名称，如生菜称为"生财"；猪舌称"大利"；蚝豉称为"好市"；鱼块称为"愉快"；白莲子称为"百年"；鹌鹑称为"春"，花椰菜称为"花"，两者相合成"春花"等。

长的名称要压缩，如"金针云耳红枣砂锅焗生鱼横片"，用代字方法压缩为"家乡焗金钱片"，"大地鱼上汤韭黄鲜虾云吞"用减字法缩写为"上汤云吞"等。

短的菜名则适当加长，如"芙蓉蛋"可改为"香煎芙蓉蛋"；"冬瓜盅"可改为"八宝冬瓜盅"或"鲜莲冬瓜盅"；"马蹄糕"改成"生磨马蹄糕"或"泮塘马蹄糕"；"萝卜糕"加长为"腊味萝卜糕"或"广式萝卜糕"。

菜点名称无论是缩写还是加长，其目标是为了整齐。菜点名称艺术化应当符合贴切、文雅、通顺等要求。

12.1.5 宴席菜单实例

下面以表格方式列出部分菜单，见表12-1～表12-4。

表12-1　某宾馆国宴菜单

序号	属性	菜点名	主要原料	制法	主色调	口味
1	咸点	月映仙兔	虾、蟹黄、鸡肉、薄饼、澄面、芋头	蒸、炸、煎	白、金黄	鲜爽香口
2	热荤	双龙戏珍珠	龙虾、明虾、火腿、芝麻、田鸡	油泡、炸	红、白	咸鲜酥香
3	汤品	凤凰八宝鼎	冬瓜、蟹肉、鲜菇、田鸡、莲子	炖	绿	清鲜
4	大菜	乳燕入竹林	燕窝、竹荪、芦笋、蟹黄	扒	红、黄、白	清爽
5	大菜	金红化皮乳猪	乳猪	烤	金红	香脆味浓
6	大菜	锦绣石斑鱼	石斑鱼、菜心	蒸、炸	白、金黄	清鲜咸香
7	单尾	清香荷叶饭	糯米、冬菇、江珧柱	蒸	白、褐、黄	软糯咸鲜
8	甜品	南杏万寿果	木瓜、南杏、冰糖	炖	金红、白	清甜
9	水果	一帆风顺	哈密瓜、葡萄、苹果、西瓜	冻	多彩	水果甜

表12-2　商务宴请菜单

序号	属性	菜点名	主要原料	制法	主色调	口味
1	冷菜	鹏程万里	乳猪、牛脹、猪舌、桂花扎、肉卷	烤、卤	酱红	甘香味浓
2	热荤	生财珧柱脯	珧柱脯、生菜、蒜头	蒸、炒	金黄、绿	咸鲜
3	热荤	双顺稻田鸡	田鸡腿、冬笋、芦笋	炒	绿、白、黄	清鲜
4	汤品	大展宏图	火腿、蟹	烩	黄、金、红	咸鲜
5	大菜	园林白切鸡	鸡、菜心	浸	白、绿	清鲜
6	大菜	美极焗明虾	明虾	煎、焗	红	鲜香
7	大菜	凤脂扒豆苗	豆苗	炒	绿	清爽
8	大菜	奶油蒜香骨	排骨	炸	金黄	咸香
9	大菜	清蒸东星斑	东星斑	蒸	白、绿	清鲜

(续)

序号	属性	菜点名	主要原料	制法	主色调	口味
10	单尾	锦绣丝苗	米饭、虾仁、火腿、青豆仁、鸡蛋、葱	炒	多彩	清鲜
11	甜品	鸿运连年	莲子、红豆	煮	红	绵滑甜
12	点心	美点双辉	面粉、肉馅	蒸、烤	白、黄	咸与甜
13	水果	岭南佳果	时令水果	冻	多彩	水果甜

表 12-3　冬季婚宴菜单

序号	属性	菜点名	主要原料	制法	主色调	口味
1	冷菜	龙凤大拼盘	乳猪、烧鹅、牛腩、桂花扎、鸡肉卷	烤、卤	酱红	甘香味浓
2	热荤	比翼双飞	田鸡腿、鸡翅、火腿、菜心	油泡	白	清鲜爽滑
3	热荤	人人齐贺（腰果炒虾仁）	虾仁、腰果、冬笋、冬菇	炒	金红	香脆咸鲜
4	汤品	珧柱烩鱼肚	珧柱、鱼肚、蟹肉	烩	淡黄	清鲜
5	大菜	当红脆皮鸡	鸡	炸	大红	咸鲜微酸
6	大菜	碧绿映佳人（西蓝花带子）	鲜带子、西蓝花	扒	绿、白	清鲜爽
7	大菜	洪武耀郎君（红菱鸽脯）	鸽肉、菱角肉	焖	浅红	软滑粉糯
8	大菜	如意添骨肉（煎焗橙汁骨）	排骨	煎、焗	金黄	酸甜
9	大菜	金华麒麟鲈	鲈鱼肉、火腿、笋肉、香菇、生菜胆	蒸	多彩	清鲜
10	单尾	幸福绵绵长	伊面、韭黄、香菇	焖	蛋黄	香爽
11	甜品	百年皆好合（莲子百合糖水）	白莲子、百合、冰糖、鹌鹑蛋	滚	白	清甜
12	点心	双喜临门	咸甜点心各一份	—	—	咸、甜
13	水果	永结同心果	时令水果	—	—	水果甜

表 12-4　素菜菜单

序号	属性	菜点名	主要原料	制法	主色调	口味
1	冷菜	锦绣花篮（像生素拼盘）	面盘、素蹄扎、魔芋、瓜果、青菜	卤、烤	彩色	甘香味浓
2	汤菜	法海银盅（冬瓜盅）	冬瓜、鲜莲子、鲜菇、百合、冬菇	炖	绿、白	清鲜
3	大菜	佛光普照（碧绿素鸡）	腐皮、马铃薯、白芝麻、菜心	炸	红、绿	咸香
4	大菜	柳影袈裟（酿扒竹荪）	竹荪、芦笋、生菜	扒	黄、绿	清爽

(续)

序号	属性	菜点名	主要原料	制法	主色调	口味
5	大菜	鼎湖上素	冬菇、蘑菇、鲜菇、桂花耳、榆耳、黄耳、白菌、鲜莲子、笋、银针、菜软	焖	褐、白、绿	鲜爽
6	大菜	雪里藏珍（雪山藏上素）	蛋清、云耳、芡实、青豆仁、香菌、豆腐	煨、炸	金黄	香酥
7	大菜	金秋佛堂（榄仁香积卷）	榄仁、油豆皮、咸蛋	蒸、炸	金黄	香酥
8	大菜	泮香彩馔（泮塘五秀）	莲藕、马蹄、菱角、慈姑、茭白	煎、焖	浅红、白	软糯
9	单尾	罗汉斋面	伊面、冬菇、韭黄	焖	金黄	软滑
10	咸点	鼎湖斋粉果	澄面、淀粉、鲜菇、韭黄	煎	白	软糯
11	咸点	罗汉鲜竹卷	豆腐皮、云耳、笋	炸、蒸	黄	柔韧
12	甜品	南华映雪（银耳炖雪梨）	银耳、雪梨	炖	浅黄	清甜
13	甜点	泮塘马蹄糕	马蹄粉、马蹄	蒸	褐黄	爽甜
14	甜点	香麻炸软枣	糯米粉、莲蓉、白芝麻	炸	金黄	甜

注：本菜单原由广州泮溪酒家设计，此处略有更改和补充。

12.2 毛料量的计算

12.2.1 净料与毛料的概念

净料就是经过初步加工可以直接下锅的菜肴原料。初步加工含义较广，包括宰杀、拆卸、整理、腌制、制馅、涨发等，也包括对原料的初步熟处理加工，如鲜菇、芥菜的焯制。把原料加工成为熟成品，如将猪肉加工成叉烧等也属于初步加工。

毛料指还不能直接下锅的烹饪原料。活鸡、未宰杀的鱼、未去皮的芋头、未涨发的干货等都是毛料，未分档处理的猪肉、牛肉也是毛料。严格来说，用于切肉丝的里脊肉、用于刮鱼青蓉的鲮鱼肉也是毛料。

根据净料与毛料的概念可知，对于某种具体的原料，它的净料定义是可以转换的。如光鸡，对于烹制白切鸡来说，可以直接下锅浸制，是净料，但是对于烹制菜软炒鸡片来说，必须先把光鸡起肉，再把鸡肉片成鸡片才可下锅烹制，所以光鸡在此时只能算毛料。

净料的重量称为净料量，以克、千克为单位。

毛料的重量叫毛料量，同样以克、千克为单位。

单位毛料量的平均净料量称为净料率。净料率一般用百分比表示，如1000克生鱼能够起出500克鱼肉，生鱼肉的净料率便为50%；100克冬菇水发后可得到350克水发冬菇，水发冬菇的净料率为350%。在实际中，也可以用重量直接表达净料率。如上例中的生鱼肉净料率就可以说成"500克""1000克起500克""2000克得1000克"等，可以写成"1∶0.5"或"2∶1"。当然，在计算中用百分比较为准确，且不容易算错。

净料率不是某次测试得出的结果，而是在多种情况下反复测试，并将取得的测试结果进行加权平均所得。此外，采用的净料率还应扣除正常的损耗。

净料率尽管是经过反复测试所取得，但它不是一成不变的，引起净料率改变的原因主要有以下几点。

1）原料的种养技术改变使原料质量普遍发生变化。

2）净料标准改变。

3）生产加工人员技术水平及稳定性等。

在经营管理实践中，管理者应当根据企业的实际情况灵活确定净料率，使成本趋向合理化。但是，净料率也应相对稳定，以免引起不必要的混乱，本书进行相关计算时以本章所附净料率为准。常用烹饪原料净料率见表12-5。

表12-5 常用烹饪原料净料率

毛料		净料	净料量/（克/千克）	净料率（%）	附注
蔬菜类	有壳笔笋	净笔笋	200	20	—
	蒜心	净蒜心	600	60	—
	苋菜	净苋菜	800	80	—
	空心菜	净空心菜	700	70	—
	圆白菜	净圆白菜	900	90	—
	苦瓜	净苦瓜	800	80	—
	原只辣椒	净辣椒	750	75	—
	矮脚芥菜	净菜胆	400	40	—
	西葫芦	净西葫芦	700	70	—
	黄瓜	净黄瓜	700	70	—
	丝瓜	净丝瓜	500	50	—
	有壳鲜莲子	净莲子	850	85	—
	去壳鲜莲（14个计）	净莲子	150	15	初出（头茬）
	去壳鲜莲（14个计）	净莲子	400	40	大造（盛产期）
	冬瓜	净冬瓜	750	75	—
	节瓜	净节瓜	850	85	—
	茄瓜	净茄瓜	850	85	—
	有壳竹笋	净笋肉	400	40	—
	夜来香花	净夜来香花	400	40	连枝
	无苗仔姜	净仔姜	600	60	—
	豆角	净豆角	950	95	—

（续）

毛料	净料	净料量/(克/千克)	净料率（%）	附注
西洋菜	净西洋菜	850	85	—
菜心	净菜软	250	25	—
菜心	净菜软	550	55	短装净菜
菜心	净郊菜	350	35	—
菜心	净郊菜	800	80	短装净菜
有壳鲜栗子	净栗肉	600	60	—
芥蓝	净芥蓝	400	40	—
无壳凤眼果	凤眼果肉	600	60	—
菠菜	净菠菜	700	70	—
大白菜	撕筋大白菜	500	50	—
枸杞	枸杞叶	400	40	—
萝卜	净萝卜	800	80	—
槟榔芋	净槟榔芋	800	80	—
有壳冬笋	净冬笋	200	20	—
马蹄	净马蹄肉	500	50	—
生菜	净生菜胆	400	40	—
带壳菱角	菱角肉	500	50	—
无苗杷齿萝卜	净杷齿萝卜	600	60	—
茼蒿	净茼蒿	700	70	—
荷兰豆、甜蜜豆	净豆荚	900	90	—
胡萝卜	净胡萝卜	700	70	—
粉葛	净粉葛	600	60	—
豆苗	净豆苗	1000	100	—
菜花	净菜花	800	80	—
西蓝花	净西蓝花	800	80	—
鲜菇	净鲜菇	750	75	—
白菜	净白菜胆	500	50	—
绿豆芽	净银针	500	50	—
韭黄	净韭黄	950	95	—
番茄	净番茄	900	90	—
洋葱	净洋葱	800	80	—
蒜头	净蒜肉	800	80	—
生姜	净姜肉	800	80	—
青蒜	净青蒜	700	70	—
青蒜	净青蒜白	350	35	—

蔬菜类

（续）

	毛料	净料	净料量/（克/千克）	净料率（%）	附注
蔬菜类	芫荽	净芫荽	900	90	—
	马铃薯	净马铃薯	800	80	—
	心薯	净心薯	700	70	—
	莲藕	净莲藕	700	70	—
	木瓜	净木瓜	700	70	—
水产类	黄花鱼	净黄花鱼	800	80	600 克头
	鲋鱼	净鲋鱼	850	85	2500 克头
	鲋鱼	鲋鱼肉	500	50	2500 克头
	鲋鱼	鲋鱼腩	120	12	2500 克头
	龙鲷鱼	净龙鲷鱼	900	90	500 克头
	龙鲷鱼	龙鲷鱼肉	650	65	500 克头
	鲟鱼（鲟龙）	净鲟鱼	650	65	1500 克头
	海鲫	净海鲫	800	80	750 克头
	拗颈鱼（和顺鱼）	净拗颈	850	85	1000 克头
	石斑鱼	净石斑	800	80	—
	石斑鱼	石斑肉	550	55	—
	红鱼	净红鱼	850	85	—
	鳡鱼	净鳡鱼	880	88	—
	鲳鱼	净鲳鱼	900	90	—
	鳜鱼	净鳜鱼	830	83	750 克头
	鲈鱼	净鲈鱼	800	80	1000 克头
	鲈鱼	鲈鱼球	370	37	2500 克头
	生鱼	净生鱼	850	85	750 克头
	生鱼	有皮生鱼肉	500	50	750 克头
	生鱼	生鱼球	320	32	750 克头
	山斑鱼	净山斑	880	88	200 克头
	山斑鱼	山斑肉	430	43	200 克头
	笋壳鱼	净笋壳鱼	880	88	200 克头
	笋壳鱼	笋壳鱼肉	480	48	300 克头
	乌鱼	净乌鱼	880	88	200 克头
	乌鱼	乌鱼肉	460	46	200 克头
	塘虱	净塘虱	880	88	200 克头
	塘虱	塘虱肉	480	48	200 克头
	鲢鱼	净鲢鱼	800	80	1000 克头
	鲢鱼	鲢鱼肉	350	35	1000 克头

（续）

毛料		净料	净料量/(克/千克)	净料率（%）	附注
水产类	鳙鱼	净鳙鱼	800	80	1000 克头
	鳙鱼	鳙鱼肉	300	30	1000 克头
	草鱼	净草鱼	780	78	1000 克头
	草鱼	草鱼肉	400	40	1000 克头
	鳜鱼	净鳜鱼	850	85	600 克头
	鲤鱼	净鲤鱼	850	85	750 克头
	鲂鱼	净鲂鱼	850	85	—
	鲮鱼	净鲮鱼	850	85	—
	鲮鱼	鲮鱼肉	450	45	去鱼腩计
	鲮鱼肉	鱼青蓉	380	38	—
	龙虾	净龙虾	800	80	—
	龙虾	龙虾肉	250	25	—
	明虾	剪净明虾	800	80	—
	明虾	明虾肉	600	60	—
	大海虾	净大海虾	800	80	—
	大海虾	净虾肉	300	30	—
	大、中海虾	净虾肉	350	35	—
	中海虾	净熟虾肉	330	33	—
	肉蟹	净肉蟹	700	70	—
	肉蟹、膏蟹	净蟹肉	200	20	—
	膏蟹	净膏蟹	700	70	—
	膏蟹	蟹黄	100	10	—
	鲜鲍鱼	鲜鲍肉	300	30	—
	鲜带子	净带子	500	50	—
	鲜蚝	净蚝肉	350	35	—
	响螺	净响螺肉	220	22	—
	角螺	净角螺肉	150	15	—
	鲜鱿鱼	净鲜鱿鱼	700	70	—
	鲜鱿鱼	熟鲜鱿鱼	450	45	—
	鲜墨鱼	净墨鱼	600	60	—
	鲜墨鱼	熟墨鱼	380	38	—
	白鳝	净白鳝	900	90	—
	黄鳝	净黄鳝肉	550	55	—
	甲鱼（公）	净甲鱼（公）	750	75	—
	甲鱼（公）	甲鱼肉（公）	250	25	肉裙 100 克
	甲鱼（母）	净甲鱼（母）	650	65	—

（续）

	毛料	净料	净料量/（克/千克）	净料率（%）	附注
水产类	甲鱼（母）	甲鱼肉（母）	220	22	肉裙 80 克
	田鸡	净田鸡	500	50	1~5 月
	田鸡	净田鸡	560	56	6~7 月
	田鸡	净田鸡	640	64	8~12 月
	田鸡	田鸡腿	300	30	1~5 月
	田鸡	田鸡腿	340	34	6~7 月
	田鸡	田鸡腿	380	38	8~12 月
	田鸡	田鸡片	200	20	1~5 月
	田鸡	田鸡片	220	22	6~7 月
	田鸡	田鸡片	250	25	8~12 月
禽蛋类	毛鸡项	净光鸡项	630	63	（1000 克头） 肫肝 60 克 肠 40 克 脚 1 对
	毛阉鸡	净光阉鸡	680	68	1750 克头
	光鸡项	鸡肉	550	55	翅 90 克 骨 350 克
	光阉鸡	阉鸡肉	600	60	翅 100 克 骨 300 克
	毛鸭	光鸭	600	60	（1250 克） 肫肝 80 克 肠 50 克 脚 50 克
	光鸭	鸭肉	480	48	骨 500
	光鸭	熟鸭	680	68	—
	毛鹅	光鹅	650	65	（2500 克） 肫肝 70 克 肠 50 克 脚 50 克
	光鹅	鹅肉	500	50	骨 480 克
	光鹅	熟鹅	680	68	—
	毛肫肝	净肫肝	900	90	
	净肫肝	切肫肝	950	95	—
	净鹅肫	净肫肉	600	60	
	10 对鸭掌	拆鸭掌	90	9	
	鸡蛋	鸡蛋液	840	84	
	鸭蛋	鸭蛋液	800	80	—

（续）

	毛料	净料	净料量/（克/千克）	净料率（%）	附注
畜肉类	瘦猪肉	净瘦猪肉	890	89	—
	净瘦肉	切瘦猪肉	970	97	—
	有皮上肉	去皮上肉	870	87	—
	有皮上肉	熟有皮上肉	780	78	—
	净猪头肉	熟猪头肉	850	85	—
	排骨	净排骨	880	88	—
	净排骨	斩排骨	950	95	—
	净猪肘	熟猪肘	650	65	—
	猪肝	净猪肝	900	90	—
	净猪肝	切猪肝	950	95	—
	猪腰、猪心	净猪腰、猪心	900	90	—
	净猪腰、猪心	切猪腰、猪心	850	85	—
	净猪舌	熟猪舌	720	72	—
	净猪肠头	熟肠头	480	48	—
	净猪肚	熟猪肚	580	58	—
	净猪肺	熟猪肺	580	58	—
	牛肉	净牛肉	840	84	—
	净牛肉片	腌牛肉	1300	130	—
	牛坑腩	熟坑腩	700	70	—
	牛肝、牛腰、牛心	净牛肝、牛腰、牛心	920	92	—
	净牛下杂	净牛下杂	500	50	—
	有皮羊肉	熟有皮羊肉	700	70	—
	羊肝、羊腰、羊心	净羊肝、羊腰、羊心	900	90	—
	净羊下杂	熟羊下杂	500	50	—
	净羊头、羊蹄	拆熟羊头、羊蹄	400	40	—
干货类	网鲍	发网鲍	1750	175	—
	窝麻鲍	发窝麻鲍	1500	150	—
	吉品鲍	发吉品鲍	1500	150	—
	婆参	发婆参	3500	350	—
	港石参	发港石参	3500	350	—
	乌石参	发乌石参	3500	350	—
	梅花参	发梅花参	3500	350	—
	辽参	发辽参	3500	350	—
	红参、白参	发红参、白参	3000	300	—
	海参	油发海参	2500	250	—

（续）

毛料		净料	净料量/（克/千克）	净料率（%）	附注
干货类	榄参	发榄参	2500	250	—
	杂港参	发杂港参	2500	250	—
	广肚	水发广肚	3000	300	—
	鳝肚	炸发鳝肚	4500	450	—
	鱼肚、鳖肚	炸发鱼肚、鳖肚	4500	450	—
	鱼白（花肚）	炸发鱼白（花肚）	4500	450	—
	花胶	水发花胶	2500	250	又称筒肚
	黄花胶	水发黄花胶	2000	200	—
	蹄筋	炸发蹄筋	4000	400	—
	蹄筋	水发蹄筋	3000	300	—
	鳖裙	水发鳖裙	1700	170	—
	蓉皮（石斑皮）	水发蓉皮	1200	120	—
	鱼唇	水发鱼唇	3000	300	—
	鱼骨	水发鱼骨	4500	450	—
	干鱿鱼	发鱿鱼	1500	150	—
	干章鱼	发章鱼	1500	150	—
	干墨鱼	发墨鱼	1300	130	—
	干蚝豉	发干蚝豉	1500	150	—
	爽蚝豉	发爽蚝豉	1300	130	—
	元贝	发元贝	1500	150	—
	干带子	发带子	1400	140	—
	干大虾	发大虾	1500	150	—
	干虾米	发虾米	1500	150	—
	火腿	熟净火腿	550	55	—
	蛤士蟆油	发蛤士蟆油	20000	2000	—
	燕窝盏	发燕盏	7000	700	—
	碎燕窝	发碎燕	6000	600	—
	碎燕窝	发碎燕	6000	600	—
	一级雪耳	发雪耳	6000	600	—
	二级雪耳	发雪耳	5000	500	—
	木耳	发木耳	5500	550	—
	石耳	发石耳	2500	250	—
	黄耳	发黄耳	8500	850	—
	桂花耳	发桂花耳	3000	300	—
	榆耳	发榆耳	7000	700	—

(续)

毛料		净料	净料量/(克/千克)	净料率（%）	附注
干货类	云耳	发云耳	6000	600	—
	冬菇	发冬菇	3500	350	—
	香信（香蕈）	发香信（香蕈）	3500	350	—
	一级蘑菇	发蘑菇	2500	250	—
	一般蘑菇	发蘑菇	1500	150	—
	陈草菇	发陈草菇	3000	300	无泥
	竹荪	发竹荪	7000	700	连花
	金针菜	发金针菜	3000	300	—
	玉兰笋	发玉兰笋	6000	600	—
	毛尾笋	发毛尾笋	1500	150	—
	干莲子	发干莲子	2000	200	—
	百合	发百合	2500	250	—
	白果	白果肉	750	75	—
	薏米	发薏米	5500	550	—
	芡实	发芡实	2500	250	—
	粉丝	发粉丝	3500	350	—
	橄榄仁	炸橄榄仁	1100	110	无衣
	花生仁	炸花生仁	900	90	—
	核桃仁	炸核桃仁	750	75	—
	南杏仁	炸杏仁	900	90	—
	腰果	炸腰果	1100	110	—
野生动物类	原条三蛇	光三蛇	550	55	—
	原条三蛇	拆蛇肉	220	22	—
	原条水律	光水律	600	60	—

12.2.2 计算公式及应用

毛料量的计算一般用于已知净料需要量的情况下求所需毛料的重量。此类计算应注意对小数点后数字的处理，所有小数点后数字都应进位为整数，若采用"四舍"方法处理，将会造成净料量不足。以下各实例食材单价并非市场单价，仅作举例之用。

1. 计算公式

主公式：毛料量＝净料量÷净料率

相关公式：净料率＝(净料量÷毛料量)×100%

净料量＝毛料量×净料率

2. 应用

例1 每盘豉椒鸡片需用鸡肉 300 克,现要制作 20 盘,需要购买 1000 克头毛鸡项多少只?

解法一:

20 盘豉椒炒鸡片需用鸡肉量为

$$300 \text{ 克} \times 20 = 6000 \text{ 克}$$

因为光鸡项起鸡肉净料率为 55%,且

$$\text{毛料量} = \text{净料量} \div \text{净料率}$$

所以需用光鸡量为

$$6000 \text{ 克} \div 55\% \approx 10909.09 \text{ 克}$$

因为毛鸡项得光鸡项净料率为 63%,所以需用毛鸡项重量为

$$10909.09 \text{ 克} \div 63\% \approx 17316.016 \text{ 克}$$

需要购买毛鸡项数量为

$$17316.015 \text{ 克} \div 1000 \text{ 克/只} \approx 17.32 \text{ 只} \approx 18 \text{ 只}$$

答: 需要购买 1000 克头毛鸡项 18 只。

解法二:

因为光鸡项起鸡肉净料率为 55%,毛鸡项得光鸡项净料率为 63%,且

$$\text{毛料量} = \text{净料量} \div \text{净料率}$$

所以 20 盘豉椒炒鸡片需用毛鸡项重量为

$$300 \text{ 克} \times 20 \div (55\% \times 63\%) \approx 17316.017 \text{ 克}$$

需要购买毛鸡项数量为

$$17316.015 \text{ 克} \div 1000 \text{ 克/只} \approx 17.32 \text{ 只} \approx 18 \text{ 只}$$

答: 需要购买 1000 克头毛鸡项 18 只。

例2 购回海参 12 千克,涨发后得到净海参 40.5 千克,求这批海参的净料率。

解: 净料率 = 净料量 ÷ 毛料量 = 40.5 千克 ÷ 12 千克 × 100% = 3.375 × 100% ≈ 330%

答: 这批海参的净料率为 330%。

说明: 净料率的计算一般不四舍五入,以免造成毛料量的不足。

例3 五一节前,某单位举行庆功宴会,需要净田鸡 5 千克,现采购员购回毛田鸡 9 千克,请问是否足够?

解法一:

五一节前,田鸡净料率为 50%,所以所需毛田鸡量为

$$5 \text{ 千克} \div 50\% = 10 \text{ 千克}$$
$$10 \text{ 千克} - 9 \text{ 千克} = 1 \text{ 千克}$$

答: 不够,差 1 千克毛田鸡。

解法二:

五一节前,田鸡净料率为 50%,所以 9 千克毛田鸡所得净田鸡为

$$9\text{ 千克} \times 50\% = 4.5\text{ 千克}$$
$$5\text{ 千克} - 4.5\text{ 千克} = 0.5\text{ 千克}$$

答：不够，差 0.5 千克净田鸡。

12.3 菜品成本核算

12.3.1 净料单价的核算

1. 一料一档的净料单价核算

（1）没有副料值的净料单价核算　一种毛料加工出一种净料的情形称为一料一档，若除了净料外，还加工出可以用作菜肴原料的下脚料，这些下脚料即称为副料。计算成本时规定，单位毛料所得副料的价值称为副料值。单位毛料一般指每 1000 克或每 500 克的毛料。

没有副料值的净料单价核算公式为

$$\text{净料单价} = \text{毛料单价} \div \text{净料率}$$
$$\text{净料单价} = \text{毛料总价} \div \text{净料总量}$$

例 1　每千克鲈鱼（1000 克头）购进价为 40 元，那么宰好的鲈鱼单价是多少？

解：因为 1000 克头鲈鱼净料率为 80%，所以其净料单价应为

$$\text{净料单价} = \text{毛料单价} \div \text{净料率}$$
$$= 40\text{ 元}/\text{千克} \div 80\% = 50\text{ 元}/\text{千克}$$

答：宰好的鲈鱼每千克 50 元。

例 2　购回鳝肚 3.3 千克，每千克 2000 元，涨发后得发鳝肚 15.8 千克，这一批发鳝肚单价为多少？

解：净料单价 = 毛料总价 ÷ 净料总量
$$= 2000\text{ 元}/\text{千克} \times 3.3\text{ 千克} \div 15.8\text{ 千克} \approx 417.7\text{ 元}/\text{千克}$$

答：每千克发好的鳝肚单价为 417.7 元。

（2）有副料值的净料单价核算　有副料值的净料单价核算公式为

$$\text{净料单价} = (\text{毛料单价} - \text{副料值}) \div \text{净料率}$$
$$\text{净料单价} = (\text{毛料总价} - \text{副料总值}) \div \text{净料总量}$$

例 3　750 克头生鱼每千克 20 元，如果鱼头、鱼骨每千克计 10 元，那么，生鱼肉的单价应是多少？

解：750 克头生鱼鱼肉净料率为 50%，头、骨净料率为 35%，则鱼肉的单价为

$$\text{净料单价} = (\text{毛料单价} - \text{副料值}) \div \text{净料率}$$
$$= (20 - 10 \times 0.35)\text{ 元}/\text{千克} \div 50\% = 33\text{ 元}/\text{千克}$$

答：每千克生鱼肉为 33 元。

2. 一料多档的净料单价核算

一种毛料加工出两种净料以上的情形称为一料多档。一料多档的净料单价的计算需要根据原料品质、市场需求等因素，准确分摊各档的单价。核算步骤如下。

1）确定各档重量所占比例，设为 a_i，即第一档比例为 a_1，第二档比例为 a_2，第三档比例为 a_3……该比例可在生产实际中测出。

2）确定各档单价比例，设为 x_i，即第一档原料单价比例为 x_1，第二档原料单价比例为 x_2，第三档原料单价比例为 x_3……这个比例可根据各档的质量、市场需求等情况确定。确定时，最好把最高价或最低价确定为1，然后依次递减或递增，也可以把中档单价确定为1，比它低的依次递减，比它高的依次递增。

3）求基准单价。

$$基准单价 = 毛料值 \div \sum_{i=1}^{n} a_i x_i$$

当毛料值为单价时，a_i 直接使用比例。

当毛料值为总值时，a_i 应乘以毛料总重量。

4）根据基准单价计算各档单价。公式为

$$各档单价 = 基准单价 \times x_i$$

例4 草鱼每千克10元，现加工成鱼肉、鱼腩、硬边和鱼头四档，各档重量比例 a_i 经测定为11%、8%、48%、13%。根据市场需求及原料质量，确定鱼肉价格最高，鱼腩、硬边、鱼头价格依次降低，单价比例为1.5、1.2、1 和 0.85。求各档理论单价。

解：根据已知条件求基准单价

10元/千克÷(1.5×11%+1.2×8%+1×48%+0.85×13%) ≈ 10元/千克÷0.8515 ≈ 11.744元/千克

鱼肉单价为 11.744元/千克×1.5 ≈ 17.62元/千克

鱼腩单价为 11.744元/千克×1.2 ≈ 14.09元/千克

硬边单价为 11.744元/千克×1 ≈ 11.74元/千克

鱼头单价为 11.744元/千克×0.85 ≈ 9.98元/千克

答：每千克鱼肉为17.62元，鱼腩为14.09元，硬边为11.74元，鱼头为9.98元。

3. 多料一档的净料单价核算

多种原料合成一种净料的情形称为多料一档，这种方法主要用于腌制原料、馅料、面点制品、半制品等批量加工的净料核算。其计算公式为

$$净料单价 = 各料总值 \div 净料总量$$

$$净料单价 = 各料总值 \div 成率$$

由多种原料加工成一种净料的时候，一般来说会有一种原料是基本原料，如腌虾仁、腌牛肉中的虾仁、牛肉，做鱼青、虾胶中的鱼青蓉、虾肉，面团中的面粉等。单位基本原料（每1000克或每500克）加工成净料的百分比称为成率或起率，用重量单位表示就叫起货量。

例5 每千克牛肉100元，求腌牛肉的单价。设腌制牛肉片配料每千克单价如下：食粉

20元,生抽15元,生油25元,淀粉10元。

解:首先求净牛肉单价,因为牛肉片净料率为84%,所以净牛肉片单价为

$$100 元/千克 \div 84\% \approx 119.05 元/千克$$

再求腌牛肉的总值及总量,见表12-6。

表12-6 腌牛肉的成本构成

原料	用量/千克	单价/元/千克	成本额/元
牛肉片	1	119.05	119.05
食粉	0.012	20	0.24
生抽	0.02	15	0.3
生油	0.05	25	1.25
淀粉	0.05	10	0.5
清水	0.15	略	略
合计	1.282	—	121.34

最后求腌牛肉的单价

$$121.34 元/千克 \div 1.282 元/千克 \approx 94.65 元/千克$$

答:每千克腌牛肉为94.65元。

例6 用5千克面粉制作面包皮,成本如下:高筋面粉35元,白糖5元,鸡蛋3元,牛油4元,干酵母1.5元。如果面包皮起率为188.7%,那么,每千克面包皮价格是多少?

解:先求每千克面粉做成面包皮成本

$$(35+5+3+4+1.5)元 \div 5 千克 = 9.7 元/千克$$

再求每千克面包皮单价

$$9.7 元/千克 \div 188.7\% \approx 5.14 元/千克$$

答:每千克面包皮5.14元。

12.3.2 菜点成本核算

1. 单个菜肴成本的核算

单个菜肴成本的核算公式为

$$菜肴总成本 = 主料成本 + 副料成本 + 调料成本$$

$$主(副)料成本 = 主(副)料单价 \times 用量$$

调料用量少,种类多,一般用估算方法来确定。

2. 批量生产的菜点成本的核算

批量生产的菜点最终也要核算出单个成品的成本,以便于计算售价。其基本方法是先核算该批菜肴、点心的总成本,再根据计划成品的个数算出单个成品的成本。

例7 每千克面包皮5.14元,每千克酥皮6.88元。做100个酥皮面包要用面包皮8千克,酥皮1.75千克,每个酥皮面包的成本是多少?

解： (5.14×8+6.88×1.75)元÷100 个 ≈0.532 元/个

答：每个酥皮面包成本约为 0.532 元。

3. 宴席成本的核算

核算宴席成本是各种成本核算方法的综合应用，核算的方法有以下两种。

1）单个菜点核算法。逐一核算宴席中每道菜点的成本，然后相加求出成本总额。

2）净料分类核算法。先求各种净料单价，然后分类求净料成本，最后相加求总成本。

12.4 菜品售价计算

12.4.1 毛利率

毛利率是毛利额所占的百分比，常用的毛利率有两种，分别为销售毛利率和成本毛利率。

1. 毛利额

毛利额一般包括餐饮企业在经营中耗费的各种费用（如人工费、折旧费、管理费、水电费、燃料费、卫生费等）、要上缴的税金和获得的利润。菜点的售价包括成本和毛利额两部分。

2. 销售毛利率

毛利额与销售额的比率称作销售毛利率，它表达的是毛利额在售价中所占的百分比，记作 r，即

$$销售毛利率(r)= 毛利额÷销售额×100\%$$

销售毛利率又叫内扣毛利率。

3. 成本毛利率

毛利额与成本额的比率称作成本毛利率，它表达的是毛利额与单位成本的比例关系，通俗地说，就是每百元成本应加多少毛利额，记作 f，即

$$成本毛利率(f)= 毛利额÷成本额×100\%$$

成本毛利率又叫外加毛利率。

4. 销售毛利率与成本毛利率的关系

两者可以互相推出，公式为

$$r=\frac{f}{1+f} \qquad f=\frac{r}{1-r}$$

销售毛利率的确定是一件重要而又复杂的工作，需要用到会计学、管理学、营销学、心理学等多方面的知识。

12.4.2 单件成品的售价核算

1. 计算公式

单件成品的售价有两个计算公式：

理论售价=菜点总成本÷(1-销售毛利率)
理论售价=菜点总成本×(1+成本毛利率)

2. 计算步骤

售价核算一般按四个步骤进行：求净料单价→求主、副料成本→求总成本→求售价。

3. 实例

例 1 菜式"菜软生鱼片"用生鱼肉 100 克，菜软 150 克，调味料 2.5 元。750 克头生鱼每千克 40 元，菜软每千克 5 元，若销售毛利率为 55%，理论售价是多少元？

解法一：

因为生鱼肉净料率为 50%，所以生鱼片单价为 40 元/千克÷50%=80 元/千克，生鱼片成本为 80 元/千克×0.1 千克=8 元。

因为菜软净料率为 25%，所以菜软单价为 5 元/千克÷25%=20 元/千克，菜软成本为 20 元/千克×0.15 千克=3 元。

菜肴总成本为

$$8 \text{ 元}+3 \text{ 元}+2.5 \text{ 元}=13.5 \text{ 元}$$

所以　　　　理论售价=菜肴总成本÷(1-销售毛利率)
　　　　　　　　　　=13.5 元÷(1-55%)
　　　　　　　　　　=30 元

答：该菜的理论售价为 30 元。

解法二：

因为生鱼肉净料率为 50%，菜软净料率为 25%，所以理论售价为

菜肴总成本÷(1-销售毛利率)
=(40÷50%×0.1+5÷25%×0.15+2.5)元÷(1-55%)
=13.5 元÷0.45=30 元

答：该菜的理论售价为 30 元。

例 2 菜式"鲜菇炒鸡片"用鸡肉 200 克，净鲜菇 300 克，调味料 3 元。毛鸡项每千克 28 元，鲜菇每千克 20 元，按 52%销售毛利率计算，该菜理论售价为多少元？

解法一：

因为光鸡净料率为 63%，鸡肉净料率为 55%，所以鸡肉成本为

28 元/千克÷(63%×55%)×0.2 千克≈16.162 元

因为净鲜菇净料率为 75%，所以鲜菇成本为

20 元/千克÷75%×0.3 千克≈8 元

理论售价=菜肴总成本÷(1-销售毛利率)
=(16.162+8+3)元÷(1-52%)≈56.59 元

答：该菜理论售价为 56.69 元。

解法二：

因为光鸡净料率是 63%，鸡肉净料率 55%，净鲜菇净料率为 75%。所以理论售价为：

理论售价=菜肴总成本÷(1-销售毛利率)
= [28÷(63%×55%)×0.2+20÷75%×0.3+3] 元÷(1-52%)
≈27.162 元÷0.48≈56.59 元

答：该菜理论售价为 56.59 元。

例 3 菜式"姜芽炒鸭片"用鸭肉 150 克，姜芽 200 克，调味料计 3 元。已知毛鸭每千克 16 元，无苗子姜每千克 10 元，每千克鸭肫肝计 8 元，鸭肠 5 元，鸭脚 14 元，姜肉腌成酸姜净料率为 90%。如果成本毛利率为 92.3%，理论售价应是多少元？销售毛利率是多少？

解：

因为光鸭净料率为 60%，每千克毛鸭的肫肝、肠和脚分别为 0.08 千克、0.05 千克和 0.05 千克，所以光鸭每千克价格为

(16-8×0.08-5×0.05-14×0.05)元÷60%≈24.02 元

因为鸭肉净料率为 48%，所以鸭肉每千克价格为

24.02 元÷48%≈50.04 元

鸭肉成本为

50.04 元/千克×0.15 千克=7.506 元

因为姜肉净料率为 60%，腌姜芽净料率为 90%，所以腌姜芽成本为

10 元/千克÷60%÷90%×0.2 千克≈3.704 元

售价为

理论售价=菜肴总成本×(1+成本毛利率)
= (7.506+3.704+3) 元×(1+92.3%) = 14.21 元×1.923≈27.33 元

销售毛利率为

$r = f \div (1+f) = 92.3\% \div (1+92.3\%) \approx 0.48 = 48\%$

或根据销售毛利率定义计算

(27.33-14.21) 元÷27.33≈0.48=48%

答：该菜理论售价为 27.33 元，销售毛利率为 48%。

12.4.3 批量成品的售价核算

批量成品售价核算的基本步骤如下。

核算整批成品的总成本→计算单位（单件）成品的成本→计算单件成品的售价。

例 4 "油泡虾丸"用虾胶 200 克，调味料计 3 元，按 45%的销售毛利率计算其理论售价。虾胶用料每千克单价如下：有壳中海虾 70 元，肥肉 20 元，每千克虾蓉调味料计 1 元。虾肉打成虾胶成率 110%，虾肉吸干水分脱水率 20%。

解：

① 求虾胶单价：因为用中海虾取虾肉，净料率为 35%，虾肉脱水率 20%，所以虾胶单价为

[70÷35%÷(1-20%)+20×0.2+1]元/千克÷110%≈231.82 元/千克

② 求"油泡虾丸"理论售价:"油泡虾丸"理论售价为

理论售价 = 菜肴总成本 ÷ (1 − 销售毛利率)

= (231.82×0.2+3) 元 ÷ (1−45%)

≈ 89.75 元

答:该菜理论售价为 89.75 元。

例 5 已知每个叉烧包皮重 35 克,馅重 20 克,销售毛利率为 40%,求每个叉烧包的售价。相关资料见表 12-7。

表 12-7 叉烧包原料单价表

品名	单位/克	价格/元	品名	单位/克	价格/元	品名	单位/克	价格/元
低筋面粉	100	0.4	白糖	100	0.5	其他	—	1
叉烧	100	2	臭粉	100	1			
面种	100	0.3	发酵粉	100	1.5			
叉烧包芡	100	0.3	纯碱	100	1			

解法一:

解题思路:总成本──→单个产品的成本──→单个产品的售价

配方:低筋面粉 500 克,面种 100 克,清水 250 克。发面皮面种单价为

(0.4×5+0.3×1) 元 ÷ (5+1+2.5) 百克 ≈ 0.271 元/百克

配方:发面皮面种 5000 克,白糖 1500 克,低筋面粉 2000 克(含操作耗用 500 克),臭粉 20 克,发酵粉 75 克,纯碱 30 克,清水 250 克,其他材料若干。发面皮起重与起率为

起重为

5000 克 + 1500 克 + (2000−500) 克 + 20 克 + 75 克 + 30 克 + 250 克 = 8375 克

起率为

8375 克 ÷ 5000 克 = 1.675 = 167.5%

发面皮总成本

0.271 元/百克×50 百克+0.5 元/百克×15 百克+0.4 元/百克×20 百克+1 元/百克×0.2 百克+1.5 元/百克×0.75 百克+1 元/百克×0.3 百克+1 元 = 31.675 元

1 个叉烧包皮成本为

31.675 元 ÷ 8375 克 × 35 克 = 0.132 元

配方:叉烧 500 克,叉烧包芡 350 克。叉烧馅单价为

(2×5+0.3×3.5) 元 ÷ (5+3.5) 百克 = 1.3 元/百克

1 个叉烧包馅料成本为

1.3 元/百克 × 0.2 百克 = 0.26 元

售价为

售价 = 总成本 ÷ (1 − 销售毛利率)

= (0.132+0.26) 元 ÷ (1−40%) = 0.653 元

答：每个叉烧包的理论售价为 0.653 元。

解法二：

解题思路：标准批量总成本──→标准批量销售价──→标准批量──→单个产品销售价

据解法一可知批量（5000 克面种）起重为 8375 克，该发面皮面团可制作包子个数为

$$8375 \text{ 克} \div 35 \text{ 克/个} \approx 239 \text{ 个}$$

据解法一可知该发面皮面团总成本为 31.675 元，叉烧馅单价为每百克 1.3 元，由此可知这批包子总成本为

$$31.675 \text{ 元} + 1.3 \text{ 元} \times (0.2 \times 239) = 93.815 \text{ 元}$$

这批包子总售价为

$$\text{售价} = \text{总成本} \div (1 - \text{销售毛利率})$$
$$= 93.815 \text{ 元} \div (1 - 40\%) \approx 156.358 \text{ 元}$$

则每个包子售价为：

$$156.358 \text{ 元} \div 237 = 0.66 \text{ 元}$$

答：每个叉烧包的理论售价为 0.66 元。

注：这里的"标准批量"指单位配方量的批量，即以配方中主要原料为单位，调和原料所能生产出的单件产品数。

解法三：

解题思路：标准批量总成本──→起率──→设定批量──→设定批量总成本──→设定批量总售价──→单件产品售价

据解法一可知，标准批量（即 5000 克面种调和成的面团）总成本为 31.675 元，起率为 167.5%，现假设生产 100 个叉烧包，需用标准发面皮面种量为

$$35 \text{ 克/个} \times 100 \text{ 个} \div 167.5\% \approx 2090 \text{ 克}$$

设定批量（100 个）与标准批量的成本比例为

$$2090 \text{ 克} \div 5000 \text{ 克} \times 100\% = 0.418 \times 100\% = 41.8\%$$

（注：此处若有标准批量个数也可用"设定批量÷标准批量"求得）

因为叉烧馅单价为 1.3 元/百克，所以设定批量（100 个）总成本为

$$31.675 \text{ 元} \times 41.8\% + 1.3 \text{ 元/百克} \times 0.2 \text{ 百克/个} \times 100 \text{ 个} \approx 39.24 \text{ 元}$$

设定批量（100 个）的售价为

$$\text{售价} = \text{总成本} \div (1 - \text{销售毛利率})$$
$$= 39.24 \text{ 元} \div (1 - 40\%) = 65.4 \text{ 元}$$

每个叉烧包的售价为

$$65.4 \text{ 元} \div 100 = 0.654 \text{ 元}$$

答：每个叉烧包的理论售价为 0.654 元。

12.4.4 成本与售价综合分析及核算

成本与售价的核算常常需要综合分析。综合分析特别要注意联系生产与经营实际。

例6 菜式"什锦鱼青丸",用鱼青150克,配料200克,调味料计3元。鲮鱼每千克25元,鲮鱼起肉后可用的头和腩计30%,每千克作价8元。所用配料计每千克25元。另外,制作鱼青所用的蛋清每千克12元,淀粉每千克5元,盐每千克2元,味精每千克30元。若销售毛利率为52%,试求该菜肴的售价多少?(提示:水淀粉成率为150%。)

解:因为鲮鱼加工成鲮鱼肉净料率为45%,鲮鱼肉加工成鱼青蓉净料率为38%,所以鱼青蓉单价为

(25-8×0.3)元/千克÷45%÷38%≈22.6÷45%÷38%≈132.164元/千克

鱼青的配方:鱼青蓉500克,蛋清100克,盐10克,味精5克,水淀粉25克。根据制作鱼青的配方,鱼青的单价为

[132.164+12×0.1×2+5×(0.025×2÷150%)+2×0.01×2+30×0.005×2]元÷(1+0.1×2+0.025×2+0.01×2+0.005×2)千克

=135.071元÷1.28千克=105.52元/千克

菜肴总成本为

105.52元/千克×0.15千克+25元/千克×0.2千克+3元=23.83元

售价=总成本÷(1-销售毛利率)

=23.83元÷(1-52%)=23.83元÷0.48≈49.65元

答:什锦鱼青丸理论售价为49.65元。

分析:鱼青蓉的单价须经过鲮鱼加工成鲮鱼肉、鲮鱼肉加工成鱼青蓉两个先后阶段的单价计算,而且在第一阶段还需要计算副料值。

制作鱼青的用料是按鱼青蓉500克为基础配方,而该题的计算单位是千克,故需要将配方数值乘以2。

例7 一份红烧海参的总成本是22元,若以125%的成本毛利率销售,售价是多少?该菜原本每天销售85份,现计划折价促销,以9.5折价格销售。预测折价后平均每天销量可增加10%。请分析,从获得毛利率出发,该促销方案是否可行?

解:售价=总成本×(1+成本毛利率)

=22元×(1+125%)=49.5元≈50元

每天原毛利额为

(50-22)元×85=2380元

折价后每天毛利额为

(50×0.95-22)元×[85×(1+10%)]=25.5元×93.5=2384.25元

2384.25元<2380元

答:由于折价后每天的毛利额2384.25元少于折价前毛利额2380元,故方案不可行。

分析:折价后每天不能按93.5份计算,因为现实中没有半份菜品出售,也不能按94份计算,因为多加了半份菜品的毛利额不符合题意。

例8 红烧甲鱼的原售价为65元,若销售毛利率是57%,该菜的原成本是多少元?现在,由于甲鱼的进货价上涨了12%,如果该菜仍按原售价出售,那么,实际的成本毛利率

为多少？比原成本毛利率下降了多少个百分点？下降率是多少？

提示：辅料与调料占成本的18%。下降百分点取1位小数

解：原成本 = 售价×(1-销售毛利率)
= 65元×(1-57%) = 27.95元

甲鱼涨价后的新成本是

27.95元×(1-18%)×(1+12%) + 27.95元×18% = 30.7元

按原价出售的成本毛利率为

毛利额÷成本额×100% = (65-30.7)元÷30.7元×100% ≈ 111.7%

原成本毛利率为

(65-27.95)元÷27.95元×100% ≈ 132.56% ≈ 132.6%

也可以用转换公式计算，$f = \dfrac{r}{1-r} = 57\% \div (1-57\%) \approx 132.56\% \approx 132.6\%$

下降百分点 132.6% - 111.7% = 20.9%

下降率 20.9% ÷ 132.6% × 100% = 15.76%

答：该菜原成本为27.95元，甲鱼涨价按原价出售实际成本毛利率比原成本毛利率下降了20.9个百分点，下降率为15.76%。

分析：甲鱼涨价按原价出售实际销售毛利率〔111.7%÷(1+111.7%)×100%≈52.77%〕比原销售毛利率（57%）下降了4.2%的答案是错的。注意区分下降百分点与下降率，为易错点。

例9 蒜子鲶鱼若以60%的销售毛利率计算售价为68元。现在，由于鲶鱼的进货价上涨了15%，如果该菜仍按原售价出售，那么，实际的成本毛利率为多少？如果要维持原毛利率水平，售价应为多少？

提示：辅料、调料占成本的8%。

解：该菜原成本为 68元×(1-60%) = 27.2元

鲶鱼涨价15%后的新成本为 27.2元×(1-8%)×(1+15%) + 27.20元×8% ≈ 30.95元

鲶鱼涨价后按原售价出售，则成本毛利率为

(68-30.95)元÷30.95元×100% = 119.7%

按原毛利率水平计算，售价为 30.95元÷(1-60%) = 77.38元

答：鲶鱼涨价后按原售价出售则成本毛利率为119.7%，按原毛利率水平计算，售价应为77.38元。

分析：该题先分别计算原成本和新成本比较好解答。辅料、调料占成本的8%即意味着主料占成本比例为92%。

例10 一份铁扒牛仔骨的总成本是28元，若以55%的销售毛利率销售，售价是多少？每天平均销售80份。最近市场上牛仔骨的价格上升了13%。据预测，如果售价按牛仔骨新成本计算，销售量将减少10%，如果按原价销售，销售量将可增加15%。请分析，从获得毛利额出发应该执行哪个售价？铁扒牛仔骨的调辅料成本占10%。

解：售价＝总成本÷(1－销售毛利率)
　　　　＝28元÷(1－55%)≈62.22元

牛仔骨涨价后按新成本价格销售，毛利额预测为

　　[28×(1－10%)×(1+13%)+28×10%]元÷(1－55%)×55%×80×(1－10%)≈2752.29元

牛仔骨涨价后仍按原价格销售，毛利额预测为

　　[62.22－28×(1－10%)×(1+13%)－28×10%]元×80×(1+15%)≈2846.84元

2846.84元＞2752.29元

答：由于按原价销售的毛利额大于新价格的毛利额，故应该执行原售价。

分析：此类题目只要按题意分别计算两种价格单个菜品的毛利额，再计算总毛利额进行比较，就容易作出判断。

例11　一份"菜软生鱼球"用生鱼球200克，菜软200克，调料计3元。生鱼（0.75千克头）进价每千克45元，菜心每千克6元，按成本毛利率125%计算，该菜的售价应该是多少元？答案保留2位小数。生鱼头、骨、皮等每千克计6元。如果生鱼进价涨15%，头、骨、皮等不涨价，菜品按原价出售，则销售毛利率下降了多少个百分点？下降率是多少？净生鱼、生鱼球的净料率分别是85%和32%。

解：因为净生鱼、生鱼球的净料率分别是85%和32%

所以生鱼头、骨、皮的比例约为　85%－32%＝53%

菜软净料率为25%

售价＝总成本×(1+成本毛利率)

　　＝[(45－6×0.53)÷32%×0.2+6÷25%×0.2+3]元×(1+125%)≈76.36元

如果生鱼涨价15%，新成本为

[45×(1+15%)－6×0.53]元/千克÷32%×0.2千克+6元/千克÷25%×0.2千克+3元≈38.156元

若菜品按原价出售则销售毛利率为

　　　　(76.36－38.156)元÷76.36元×100%≈50.03%

原销售毛利率是　125%÷(1+125%)≈55.56%

　　　　下降百分点55.56%－50.03%＝5.53%

　　　　下降率5.53%÷55.56%×100%＝9.95%

答：原售价为76.36元，生鱼涨价后按原价出售则销售毛利率下降了5.53个百分点，下降率为9.95%。

分析：首先要确定生鱼副料头、骨、皮的比例。可从已知条件中推出。
分别算出新售价和原售价的销售毛利率就可以知道销售毛利率下降了多少。
生鱼涨价按原价出售实际成本毛利率[(76.36－38.156)÷38.156×100%≈100.13%]比原成本毛利率（125%）下降了24.87%的答案是错的。

关键术语

宴席；宴席菜单；净料；净料率；净料单价；销售毛利率；成本毛利率；成本。

复习思考题

1. 宴席菜单由哪几部分组成？
2. 编写宴席菜单应掌握哪些原则？
3. 练习编写各式宴席菜单。
4. 净料率、净料量、毛料量的含义是什么？如何计算？
5. 净料率变化受哪些因素影响？
6. 如何计算菜点成本及售价？
7. 销售毛利率与成本毛利率的含义是什么？两者如何换算？
8. 如何进行定价决策？

白切鸡

参考文献

［1］黄明超. 粤菜烹饪教程［M］. 广州：广东人民出版社，2015.

［2］《中国烹饪百科全书》编辑委员会，中国大百科全书出版社编辑部. 中国烹饪百科全书［M］. 北京：中国大百科全书出版社，1992.

［3］《中国菜谱》编写组. 中国菜谱〈广东〉［M］. 北京：中国财政经济出版社，1976.

［4］《岭南文化辞典》编委会. 岭南文化辞典［M］. 广州：广东人民出版社，2024.